国家出版基金项目
NATIONAL PUBLICATION FOUNDATION

中国猪业科学与技术创新系列丛书

人工智能与智能养猪

熊本海　王朝元　沈维政　主编

Artificial Intelligence and
Intelligent Pig Farming

中国农业大学出版社
China Agricultural University Press
·北京·

内 容 简 介

本书将系统介绍物联网、大数据与人工智能新技术在养猪业领域的应用实践与未来的发展前景。全书分为两篇，第 1 篇是理论篇，主要介绍物联网、大数据、人工智能与区块链技术的基本概念以及涉及的技术内涵与研究内容，还系统阐述人工智能养猪的研究内容。第 2 篇是实践篇，主要从“家畜及其产品主要标识技术”“传感器技术及应用”“猪饲料营养价值数字化评定进展”“猪营养需要的模型化”“猪日粮优化技术”“养猪工艺与设施化”“环境控制智能化”“养猪智能养殖设备与养猪机器人研究进展”及“‘猪联网’大数据平台案例分析”九大方面，介绍国内外在智能养猪方面取得的研究进展，包括开展智能养猪需要的技术、装备、数字化平台等，特别是总结国外智能养猪在近 5 年取得的研究进展，对未来基于机器人及远程网络技术支撑的“无人值守”的猪场模式也从各个方面做出展望。

图书在版编目(CIP)数据

人工智能与智能养猪/熊本海，王朝元，沈维政主编. --北京：中国农业大学出版社，2022.9

(中国猪业科学与技术创新系列丛书)

ISBN 978-7-5655-2863-7

Ⅰ.①人…　Ⅱ.①熊…②王…③沈…　Ⅲ.①人工智能-应用-养猪学　Ⅳ.①S828-39

中国版本图书馆 CIP 数据核字(2022)第 160241 号

书　　名　人工智能与智能养猪

Rengong Zhineng yu Zhineng Yangzhu

作　　者　熊本海　王朝元　沈维政　主编

总 策 划　席　清　丛晓红

责任编辑　杜　琴

策划编辑　杜　琴　赵　中

封面设计　李尘工作室

出版发行　中国农业大学出版社

社　　址　北京市海淀区圆明园西路 2 号

邮政编码　100193

电　　话　发行部 010-62733489,1190

编辑部 010-62732617,2618

读者服务部 010-62732336

出　版　部 010-62733440

网　　址　http://www.caupress.cn

E-mail　cbsszs@cau.edu.cn

经　　销　新华书店

印　　刷　涿州市星河印刷有限公司

版　　次　2023 年 1 月第 1 版　　2023 年 1 月第 1 次印刷

规　　格　185 mm×260 mm　　16 开本　　17 印张　　425 千字

定　　价　115.00 元

本书编委会

主　编　熊本海　王朝元　沈维政
副主编　杨　亮　王　辉　白云峰
编　者　（按姓氏笔画排序）

于　莹　北京农信互联科技有限责任公司
王　辉　中国农业科学院北京畜牧兽医研究所
王朝元　中国农业大学
白云峰　江苏省农业科学院
刘龙申　南京农业大学
杨　亮　中国农业科学院北京畜牧兽医研究所
杨飞云　重庆市畜牧科学院
杨秋妹　华南农业大学
肖德琴　华南农业大学
沈明霞　南京农业大学
沈维政　东北农业大学
张　帆　中国农业科学院北京畜牧兽医研究所
陆明洲　南京农业大学
陈睿鹏　中国农业科学院北京畜牧兽医研究所
罗远明　无锡富华科技股份有限公司
郑姗姗　中国农业科学院北京畜牧兽医研究所
胡肄农　江苏省农业科学院
南雪梅　中国农业科学院北京畜牧兽医研究所
夏　天　肇元成都科技有限公司
徐顺来　重庆市畜牧科学院
高　萌　东北农业大学
高华杰　北京大北农科技集团股份有限公司
曹　沛　河南南商农牧科技股份有限公司
雷凯栋　中国农业科学院北京畜牧兽医研究所
裴孟侠　河南南商农牧科技股份有限公司
熊本海　中国农业科学院北京畜牧兽医研究所
潘海海　无锡富华科技股份有限公司
戴百生　东北农业大学

—序一—

养猪产业作为畜牧业占比最大的产业，改革开放40年以来，特别是"863"和"973"计划实施以来，取得了巨大的进步，保持着持续快速的发展。但是，我们也应该清楚地看到，与先进国家相比，与现实需求和国家整体战略发展目标相比，还存在着相当大的差距。

目前中国养猪业面临的环保、效率、疫病等问题与挑战仍十分严峻。近几年的蓝耳病和非洲猪瘟，更是给生猪产业造成严重的损失。不论是消费需求还是生产供给，两个方面都出现了新的特点。这种局面昭示中国猪业大生态发生重大变化，进入了转型攻坚新阶段。我国养猪业如何进一步转型升级，提高竞争力，克服资源和环境的约束难题，走出一条健康、稳定、可持续发展之路，是行业内专家和管理者需要认真思考和回答的问题。

到本世纪中叶，我国将建成为富强民主文明和谐美丽的社会主义现代化强国。在未来30年，中国猪业将进入一个高质量发展的快车道。作为产业发展的重要驱动力，科技在养猪产业未来发展中将起到越来越关键支撑作用。基于此，由行内多位优秀专家编写的、聚焦当前我国生猪产业链重要技术领域热点、难点，以及未来走向等问题的这套《中国猪业科学与技术创新系列丛书》，对于解决当前问题，引导行业未来的健康发展，有着特别重要的意义。

从已经提交的书稿来看，本系列专著是基于产业发展的需要，全面阐述养猪业具有前沿性的创新性科研成果。《猪基因组选择》论述了应用现代生物信息学技术、大数据理论和人工智能技术结合的全基因育种技术，将性状选择从单一性状跨越到多性状选择的新阶段，会极大改变中国猪育种现状，大大提高育种效率。该书对于猪的良种选育工作很有价值。猪病已经是制约生猪产业发展的瓶颈，必须从理论上突破，《基因编辑与猪抗病育种》介绍了基因编辑技术在猪抗病育种方面的最新研究成果，并提出了利用基因编辑技术进行抗病育种的新策略，对于抗病育种工作有重要的参考价值。《猪主要传染病与防控新技术》《猪病毒病研究与防控》和《疫苗免疫与养猪生产》专著，基于生猪产业疫病防控理论与方法的创新，把现代猪病防治理论突破与实践结合在一起。猪的肠道健康是决定猪健康水平和养猪生产效益的关键因素之一，《猪肠道健康与营养调控》作为国内第一本系统论述猪的肠道健康研究的专著，对于猪精细化、高效化健康养殖提供了重要的理论和技术支撑。《福利化养猪与工程防疫》专著，论述养猪生态补偿的创新性机制，并从系统工程理论提出工程防疫的概念和技术。《人工智能与智能养猪》将信息技术与智能养猪新技术导入猪业生产系统，全面提高饲养效率。基于人类健康与生物安全，《无抗饲料营养调控》与《饲用抗生素替代品》代表了最新的对于无抗饲养要求下饲料的营养调控理论与技术，以及抗生素替代品的研发及应用。《中国地方猪种质资源特性研究》对我国现有地方猪种保种理论与方法的研究进行系统分析，对于我国地方品种猪的品种保护、品种选育、遗传资源保护都具有重要意义。总之，各分册专著，都体现了养猪主要领域的国内外最新研究、技术发展的成果。

系列专著各分册主编年龄都是在 45～60 岁之间，是我国猪科学研究领域里的中坚力量。他们一直紧跟猪业科技国际研究水平，结合中国猪业生产实际开展和承担国家相关科学研究项目，很多成果已获得国家级科技进步奖。这些学者多年研究的成果，是中国猪业科学研究领域不可多得的宝贵财富。

本套专著作为一批优秀专家学者前瞻性科技创新成果的集成，具有战略引领意义，将为中国养猪业未来高质量的发展发挥重要导向和推动作用。相信这套系列专著的出版，将促进中国养猪生产整体水平的极大提升。

吴常信院士 吴常信

2022 年 10 月

— 序二 —

经过改革开放40年的发展，中国养猪业取得了举世瞩目的成绩，猪肉产销量占全世界一半以上，生产方式从最初的分散小规模饲养走向规模化机械化，正在向智能化发展。随着规模化养殖集约化程度的日益增强，一些矛盾逐步显现，猪业发展与资源环境、疾病暴发、养猪福利等矛盾越来越突出，生产力提高与品质风味下降、品种单一、退化等矛盾不断加大，养猪成本高，市场供给大起大落，未来养猪产业仍面临多种挑战。尤其近几年非洲猪瘟的暴发，更是集中暴露了养猪行业业已存在亟待解决的问题。全社会对于高质量健康食物的要求，生态环境对于产业发展的要求，促使养猪业必须反思过去，重新选择新的发展道路，选择基于健康、绿色、环保理念的新的道路和策略。面对这样的发展瓶颈，迫切需要行业内有识之士、行业内科学家共同研究和提出系统化的应对策略，用前瞻性的理论和理念、创新性技术指导产业转型升级。

非常欣喜地看到，集合行业内众多领军科学家的集体智慧，共同编著的这套《中国猪业科学与技术创新系列丛书》，具有鲜明的针对性、创新性和引领性，全角度反映了养猪业目前迫切关注和需要解决的核心问题的最新研究进展，特别对于猪基因组选择、肠道营养、基因编辑与抗病育种等新的抗病防病机制的研究，对于工程防疫、智能化养殖、无抗饲料的理论研究与技术研制，以及我国猪种质资源的研究等，这些科学家在自身扎实的研究基础上，结合国内外最新研究进展提出的新理论新技术新方法，对于解决我国目前猪业发展中面临的问题，推进我国养猪业健康发展，争取在本世纪中叶真正实现绿色、健康、环保和高效的目标，有着重要的战略引领意义和技术指导作用，是不可多得的全角度系统化集中反映养猪业前沿研究成果的高水平系列专著。

本套著作立意高远，作者队伍权威。各分册均由高等院校、科研院所获得过国家及省部级奖励的长江学者、国家杰青等正在岗位上工作的中年骨干学者专家担任主要编著者，以他们研究团队多年的科研成果为基础集体完成。本套专著是创新性科技成果集成的再创新，对于中国养猪业未来的发展具有重要的战略引领作用和科学技术支撑作用。

李德发院士 李德发

2022年10月

— 前言 —

畜牧业是我国农业的支柱产业之一，同时也是农民增收的主要来源以及乡村振兴的重要途径。当前，我国畜牧业主要特征体现在：第一，总产值大。2016 年，我国畜禽养殖业年总产值近 3.17 万亿元，占全国农林牧渔业总产值的三分之一，其中猪肉是我国单项产值最大的农产品，接近于全国种植业的总产值。第二，就业人口数量大。畜禽养殖产业全产业链从业人口近 2 亿人，其中生猪和家禽产业链从业人员分别约为 7 200 万人和 9 000 万人。第三，关联产业多，产业带动作用大。现代畜禽养殖业涉及种业、饲料、兽药、皮毛加工、食品加工、生物肥料、养殖设施设备、物流等多个重要产业。第四，经济效益提升的潜力巨大。我国养殖规模世界第一，但由于技术相对落后，我国的养殖效益仍不及世界平均水平，养殖成本远高于发达国家，养殖业的现代化程度显著落后。

在国际上，物联网、大数据及人工智能(AI)技术快速发展，与传统养殖业的深度融合也悄然发生，深刻改变了传统产业，主要特征如下：第一，基于先进感知手段的精准畜牧业技术成为提升畜禽健康和产品质量的发展新动态。近年来，欧盟通过实施“Bright Animals”“EU-PLF”等重大项目，取得了突破性进展，显著加速了精准畜牧业技术的发展。精准畜牧业技术通过传感、信息、图像处理与声音分析等先进感知方法与手段，实现健康环境智能调控、生理状态与典型生理参数非接触测量、体征与特征行为的自动识别、疾病非接触/远程诊断与健康预警、均衡营养供应、生产系统失效报警等功能，并逐步应用于生产实际中，进一步提高现代畜牧业的智能化程度与信息化水平，优化饲养环境与条件，改善畜禽生产性能、健康与福利以及产品质量与安全。第二，基于物联网技术的信息化和智能化成为提升畜禽养殖效率和产品安全的发展新方向。物联网已被广泛引入国际畜禽养殖领域。在畜禽舍内环境控制方面，荷兰、美国、丹麦、日本、加拿大等发达国家已做得较为成熟，主要有对畜禽舍内的温湿度检测、氨气浓度检测、通风供暖控制、畜禽发声监测等系统，可实现对畜禽舍内环境的智能化控制。同时，在饲养管理方面也有很多成熟的产品，如美国奥斯本工业公司的全自动种猪生产性能测定系统(FIRE 系统)和育肥猪自动分栏系统在欧盟市场深受好评。第三，以先进饲喂系统为代表的精准作业装备已经成为提升畜牧业资源利用效率和产业节本增效的主流技术。精准饲喂、精准环控等先进作业装备的全面普及，使得欧美发达国家畜牧业生产水平、资源利用效率以及劳动生产率得以显著提升。例如，丹麦、荷兰等养猪业发达的西北欧国家，平均每头母猪年生产的断奶仔猪数已达到 30～32 头，而我国仅为 17～18 头；每人可以管理 500 头母猪，每批次可以管理育肥猪 5 000 头以上，为我国的 10 倍以上。第四，以畜牧业机器人为代表的应用技术成为降低畜牧生产对人工依赖和从事“脏、累、险”工作的必然选择。随着人工智能技术的发展，以自动饲喂、自动清粪、自动圈栏清洗、自动喷药、自动巡检等为代表的畜牧业作业机器人技术日臻完善，并逐步替代人工从事劳动强度大、作业环境差、安全隐患大的“脏、累、险”工作，已经成为欧美畜牧业发达国家降低人工依赖与生产成本以及提升生产效率的必然选择。

在我国，自“十五”国家科技攻关计划执行“数字畜牧业”“畜牧业信息技术与智能装备”等相关项目、课题及研究任务以来，在消化吸收国际智慧畜牧业的先进技术与装备、发展理念的基础上，结合我国国情、饲料资源、畜禽品种特性、养殖模式及社会经济水平等背景，通过跟跑、模仿与自主创新相结合，也取得了一批原创性研究成果，包括参与本丛书研究团队执行国家科技部“十四五”揭榜挂帅项目“绿色高效智能养猪工厂创新与应用（2021YFD2000800）”取得的部分研究成果，尤其在家畜的电子标识技术和精准饲喂模型上有了新的突破，基本奠定了我国智慧畜牧业的发展基础。

本书将系统介绍物联网、大数据与人工智能新技术在养猪业领域的应用实践与未来的发展前景。全书分为两大部分：第一部分是理论篇，主要介绍物联网、大数据、人工智能与区块链技术的基本概念以及涉及的技术内涵与研究内容，还系统阐述人工智能养猪的研究内容。第二部分是实践篇，主要从“家畜及其产品主要标识技术”“传感器技术及应用”“猪饲料营养价值数字化评定进展”“猪营养需要的模型化”“猪日粮优化技术”“养猪工艺与设施化”“环境控制智能化”“养猪智能养殖设备与养猪机器人研究进展”及“‘猪联网’大数据平台案例分析”九大方面，介绍国内外在智能养猪方面取得的研究进展，包括开展智能养猪需要的技术、装备、数字化平台等，特别是总结国外智能养猪在近 5 年取得的研究进展，对未来基于机器人及远程网络技术支撑的“无人值守”的猪场模式也从各个方面做出展望。

信息与通信技术发展日新月异，智能制造技术突飞猛进，尤其 AI 技术的发展超乎大众的认知，养猪的模式也会不断颠覆传统的思维。本书的撰写团队受专业知识、养猪实践的经验及投入精力等多因素的制约，书中难免存在诸多不足，恳请读者批评指正。

编者

2021 年 6 月

目录

第1篇 理论篇

第1篇
理论篇

第1章 人工智能的发展及应用

【本章提要】 本章主要介绍人工智能的发展及应用情况。明确人工智能的基本概念及组成要素，掌握其核心技术特点。人工智能的发展经历了技术驱动、数据驱动、场景驱动3个阶段，引领行业的未来发展。

1.1 引言

近年来，人工智能(Artificial Intelligence，AI)技术不断取得突破，逐渐开始在多个行业领域中得到应用并取得显著的成效，推动相关产业的创新与变革。在新一代传感器、物联网、5G移动互联、深度学习和大数据等新技术、新理论与新硬件的共同驱动下，人工智能正逐步成为具有颠覆性的基础技术和引领未来的战略性技术，极大地影响着各个行业在未来进一步发展与变革的方向。世界各国相继将发展人工智能技术列为国家战略，将其视为国与国之间科技实力与未来经济竞争的制高点。我国也于2017年7月发布了《新一代人工智能发展规划》，为抢抓人工智能发展的重大战略机遇，该规划提出要发挥我国产业特色与优势，加强和推进相关产业与人工智能技术的融合发展。

我国是畜牧业生产大国，畜牧总量常年位居世界前列，而其中又以生猪养殖占比较大，生猪养殖业的健康发展已在国民经济中占据着极其重要的地位。随着生猪养殖规模化程度的不断提升，其对现代化养殖技术的需求日趋迫切，利用以人工智能为代表的新一代信息技术，构建智能化生猪养殖解决方案，突破以生猪养殖信息智能感知、精准饲喂、养殖环境智能调控等为核心的智能化养殖新装备与新技术，是保持和推动生猪养殖业健康发展的关键。为此，农业农村部和中共中央网络安全和信息化委员会办公室(中央网信办)于2020年1月联合发布了《数字农业农村发展规划(2019—2025年)》，明确提出要推进人工智能等数字技术快速向农业农村渗透，加快建设数字农业标准体系，推进现代化数字畜牧业的发展。借助人工智能技术，发展生猪智能化养殖已势在必行。近年来，随着国家政策的大力支持以及科研院所和相关企业的技术攻关，我国在利用人工智能技术升级生猪养殖装备与技术等方面也取得了一定的成果。为了更好地总结人工智能对我国生猪养殖行业带来的推动与变革，本章首先就人工智能的定义、内涵及其发展历程做概要性介绍，并简要阐述当前人工智能在各类行业的应用现状，以及由此带来的机遇与挑战，以发掘和展望未来人工智能技术在智慧畜牧特别是生猪养殖领域的应用前景。

1.2 人工智能的基本概念

运用人工智能技术突破生猪养殖关键环节的技术瓶颈和实现生猪养殖的智能化，其首要关键是要明确人工智能的基本概念及其组成要素，并掌握人工智能的核心技术特点。本节就相关内容做简要介绍，以便理解发展生猪智能养殖过程中出现的新技术、新方法和新理念。

1.2.1 人工智能的定义

1. 人工智能概念的起源

人工智能这一概念起源于 1956 年美国达特茅斯学院召开的夏季学术研讨会，该会议的发起人之一美国计算机科学家与认知科学家约翰·麦卡锡(John McCarthy)将人工智能定义为“制造智能机器的科学与工程”。随后，研究者们针对这一领域展开了深入的研究，也正是从这个时期开始，人工智能作为一门新兴学科逐渐兴起，并得到了更加广泛的关注。

经过 60 多年的发展，人工智能已成为涉及计算机科学、统计学、脑神经学、心理学和社会科学等众多交叉学科的前沿综合科学，其定义也在不断地拓展和更新。总体来说，研究者们普遍认为人工智能是研究、开发用于模拟、延伸和扩展人类智能的理论、方法、技术及应用系统的一门新的技术科学，它的主要目标是使机器能够完成一些以往需要人类智能才能胜任的复杂性的工作。根据美国教育心理学家霍华德·加德纳(Howard Gardner)提出的多元智能理论，人类的智能可以分成九大范畴，即语言、逻辑、空间、肢体运动、音乐、人际、内省、自然探索和存在智能。因此，通俗地讲，人工智能是人们通过研究与开发的相关理论与技术，赋予机器上述某些或全部的人类智能。

为了使机器具备上述人类智能，从 20 世纪 50 年代开始，人工智能领域的研究者们陆续开创了众多的研究方向，从知识表示、自动推理与搜索、知识获取，到机器学习、计算机视觉、语音处理、自然语言理解，再到深度学习、智能机器人等，相关方向已成为人工智能领域的重要内容，相关成果也在多个行业展开应用，并极大地提升了人类的生产方式与生活方式。

2. 人工智能的分类

(1)从技术基础来看　人工智能可以分为两大类，一类是符号智能，一类是计算智能。符号智能是以知识为基础，通过建立规则和推理来完成问题的求解，即所谓的传统人工智能。早期的人工智能研究多集中在符号智能的范畴，如专家系统、知识推理等，这类研究多以知识为对象，重点研究知识的获取、知识的表示以及知识的运用。计算智能则是以数据为基础，通过样本数据训练构建数学关系模型，进而对问题进行求解。近年来，人工智能领域常用的神经网络、遗传算法、模糊系统、进化程序设计以及人工生命等算法和理论都属于计算智能的范畴。因此，也有学者将人工智能中的“人工”看成是数据的准备和模型的训练。特别是近些年，随着大数据技术的发展，新模型(深度学习)的出现以及计算硬件(GPU)的普及，极大地提升了以往“人工”的效率，使得人为设计的“智能”在类人功能上有了突破性的进展，因此，才带来了人工智能在当今社会的飞速发展和行业应用的浪潮。

(2)从发展等级来看　人工智能又可以分为弱人工智能、强人工智能和超人工智能。弱人工智能(Weak AI)又被称作狭义人工智能(Artificial Narrow Intelligence，ANI)或应用人工智能(Applied AI)，通常是指仅能完成某一项特定任务或者解决某一特定问题的人工智能，其本身并不具备自主意识或真正的人类智能。强人工智能(Strong AI)又被称作通用人工智能(Artificial General Intelligence，AGI)，是指能够像人类一样可以胜任任何智力性任务的智能，其通常要求人工智能具备思考能力、计划能力、学习能力、交流能力等。强人工智能是部分人工智能领域研究的终极目标。超人工智能(Super AI 或 Artificial Super Intelligence，ASI)，则是指能实现与人类智能等同的功能，且具备递归自我改进功能。尽管当今人工智能领域最为热门的无人驾驶、人脸识别以及阿尔法围棋(AlphaGo)等应用,已经拥有了超过人类某些功能特性的优势,然而,这些智能仍只能执行特定、有限的预设功能。因此,从这个意义上说,当今的绝大多数人工智能及其应用仍然属于弱人工智能。本书后续章节,若不做特殊说明,所讨论的人工智能均属于弱人工智能的范畴。

1.2.2 人工智能的组成要素

如图 1-1 所示,人工智能的基本组成要素主要分为 4 个层面,即基础设施层、算法模型层、技术领域层和行业应用层。基础设施层主要包括支撑人工智能所需的基础数据资源、计算硬件资源以及计算平台资源等;算法模型层主要包括支撑人工智能所需的基础算法与模型,如机器学习、深度学习等理论中的相关算法和模型;技术领域层主要包括支撑人工智能各分支领域所需的核心技术,也是人工智能研究领域最为活跃和广泛且持续时间最长的一个层面,当前主要包括计算机视觉、语音信号处理、自然语言处理、大数据分析和智能决策支持系统等;行业应用层面相当于前述人工智能相关技术在各个行业的落地,也是近年来人工智能技术从研究领域走向社会大众领域的具体应用。

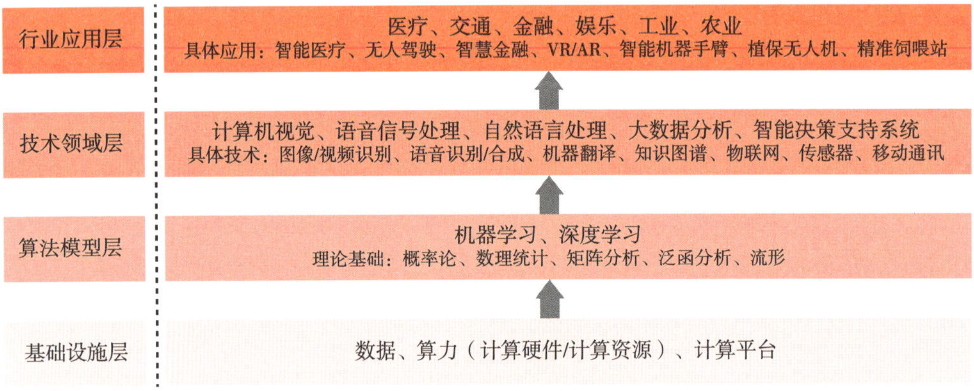

图 1-1 人工智能基本组成要素

1.2.2.1 基础设施层

基础设施层为人工智能领域其他各个层面提供基础性的数据与硬件支撑。纵观人工智能的发展历程,每一次基础设施的革新与进步都显著地推动其他各个层面的快速演进。从 20 世纪 70 年代计算机的兴起,到 80 年代个人计算机的普及,再到 90 年代计算机运算速度和存储容量的大幅度升级,以及互联网兴起带来的资源数字化与信息化,都起到了较大的推动作用。特别是 21 世纪 10 年代前后,大规模数据集的积累、大规模计算机集群的出现以及高性能 GPU 与异构/低功耗芯片兴起所带来运算力的大幅度提升,是促进深度学习成熟与发展的重要前提,进一步带动当今人工智能在各个行业的应用。

针对大规模数据集,在计算机视觉方向,有经典的 ImageNet、MegaFace 等数据集,此外,IBM 新近推出的 DiF 人脸数据集提供了含有 100 万张带注释的人类面部图像,Google 推出了包含约 900 万个 URL 的 Open Image 数据集,其中包含 190 万张图片上针对 600 个目标物体类别的 1 540 万个目标定位框。YouTube 则推出了由 600 万个视频 ID 组成的具有 4 700 多个视觉实体标签的大型标记视频数据集。国内腾讯公司推出了目前最大的开源多标签图像数据集 Tencent

ML-Images,该数据集包含有近 1 800 万张图像数据和超过 1 万个物体类别的标注信息。在语言信号处理方面,Mozilla 发布了 Common Voice 多语言语音数据集,包含有 42 000 名贡献者超过 1 400 h的语音样本数据,且涵盖了汉语、英语、法语、德语以及荷兰语等 18 种语言。此外,还有 NSynth、LibriSpeech 和 Google Audioset 等大规模语音数据集以及国内的 THCHS30、ST-CMDS 和 AISHELL 等中文语音数据集。在自然语言处理方面,Wikipedia 推出了包含近 1 900万个的单词,400 万篇文章的通用文本数据集。Amazon 推出了含有3 500万条的评价文本,包含产品信息、用户信息、评分和评价的 Amazon Reviews 数据集,此外,还有用于情感分析的 IMDB、Sentiment140 等文本数据集。国内近些年也有推出如今日头条中文新闻分类数据集,包含 38 万条短文本,共 15 个大分类,以及包含 74 万篇新闻文档的清华新闻分类语料数据集和超过 33 万首唐宋诗词的中华古诗词数据集。上述大规模的数据集对训练人工智能模型以及提高模型的性能极具重要意义。然而,这些公开或开源的数据集多数仍主要针对技术领域层各研究方向专门设计的大规模通用数据集,对于具体智慧畜牧的应用研究,目前仍未有成规模的数据集出现。

针对计算硬件资源,对当前人工智能研究和应用贡献最为突出的应属 NVIDIA 公司推出的高性能 GPU(Graphics Processing Unit),如 Tesla P40 系列和 GTX Titan 系列等,利用这些高性能计算显卡同时借助该公司推出的 CUDA(Compute Unified Device Architecture)并行运算框架控制 GPU 进行并行计算,使得大规模训练和计算神经网络(即深度神经网络,Deep Neural Networks)成为可能,从而也使得基于深度学习(Deep Learning)的人工智能取得突破性的进展。与此同时,通过大规模计算集群的加持,如华为、浪潮推出的分布式高性能计算集群,以及阿里、腾讯、百度等推出的云计算平台,更进一步升级了大规模数据集下模型的训练与计算,如医疗、制造领域人工智能的研究与应用。此外,随着物联网和移动互联技术的成熟与发展,边缘计算智能硬件也得到了极大的关注,如 NVIDIA 推出的 Jetson Nano、Jetson TX2、Jetson AGX Xavier,Google 的 Edge TPU,Intel 的 Movidius NCS/ NCS2 等,以及国内华为推出的嵌入式神经网络处理器(NPU)、百度的 EdgeBoard 等,这些微型、低功耗的智能边缘计算硬件产品的研发,有效拓宽了人工智能应用与研究的边界,进一步促进了人工智能从学术界走向社会大众领域。嵌入式物联网应用程序的开发,使得各种人工智能产品得以应用在现实生活中的方方面面,如智能家居等,同样也促进了智慧畜牧应用场景中智能穿戴式设备或非接触式设备的研发。

针对计算平台,在有了相应的大规模数据集和合适的计算硬件资源之后,需要借助相应的计算平台完成人工智能相关模型或算法的训练、测试与预测/推理,从传统的 Matlab 计算平台,到当今以深度学习理论为基础框架的人工智能计算平台,如美国加州大学伯克利人工智能研究小组推出的 Caffe、Google 推出 TensorFlow、Facebook 人工智能研究院推出的 Pytorch、Amazon 推出的 MxNet 等平台,以及国内百度推出的飞桨(PaddlePaddle)平台,这些通用的人工智能计算平台,已经可以支持视觉、语音、自然语言以及多媒体领域大规模的工业应用与科学计算,同时借助相应版本的轻量化框架,还能够有效支持移动端、嵌入式、物联网以及边缘计算端的预测/推理模型的部署。此外,还有诸如 NVIDIA 推出的医疗 AI 框架等行业专用计算平台。上述平台的出现有效加速了人工智能所需的新算法和新模型的出现、迭代与更新,进而推动了人工智能研究与应用的发展与普及。

1.2.2.2 算法模型层

算法和模型是人工智能得以实现和取得突破的理论基石，人工智能中类人的“智能”如何学习或获得，正是算法模型层所要解决的核心问题。其中，以机器学习、深度学习为代表的相关算法和模型，是近几十年来实现人工智能，特别是计算智能的主要途径。

机器学习通常是从给定的数据当中抽象或解析出数据之间的规律与联系，即学习特定的模型和算法或确定模型和算法的参数，进而对真实世界中的任务做出决策或预测。与传统的为解决特定任务或硬编码的软件程序不同，机器学习是利用大量数据来“训练”并从数据中“学习”如何完成任务的一类方法。因此，有学者总结机器学习所要研究的主要内容就是关于在计算机上从数据中产生“模型”的算法，即“学习算法”；在面对新的数据时，机器学习的模型或算法可以根据经验数据来完成相应的判断，即决策或预测。机器学习通常包括定义问题、收集数据、特征工程、模型训练、模型评估和模型应用。

(1)按照数据学习模型方式的不同分类　机器学习通常可以分为有监督学习、无监督学习、半监督学习、强化学习和迁移学习。其中，有监督学习是指在训练模型时所用的数据既包含特征(Feature)信息，又包含数据标签(Label)信息，常见的有监督学习算法或模型有 kNN、决策树、朴素贝叶斯分类算法、Logistic 回归算法、支持向量机(SVM)模型、AdaBoost 集成学习算法等；无监督学习使用不包含标签信息的数据直接学习或抽象出模型，常见的有 k 均值聚类算法、Meanshift 聚类算法等；半监督学习使用同时包含有标签信息的样本和无标签信息的样本来学习模型；强化学习是通过由环境提供的强化信号对产生动作的好坏做出评价，来促使模型演进的一类学习最优策略；迁移学习是考虑到大部分数据或任务具有一定的相关性，通过把已经训练好的模型参数迁移到新模型上来帮助新模型训练的学习方法。

(2)按照任务类型的不同分类　机器学习又可分为回归模型、分类模型和结构化学习模型。其中，回归模型又叫预测模型，其输出的是不能枚举的数值，如对天气的预测；分类模型是将数据分为两类或多类，因此又可分为二分类模型和多分类模型；结构化学习模型输出的不再是一个固定长度的向量而是其他结构的数据，如图片语义分析模型中输出的是图片的文字描述。

(3)按照模型复杂程度的不同分类　机器学习还可分为线性模型和非线性模型，主要考虑解决样本数据在特征空间线性可分和不可分的问题来进行的划分。线性模型是非线性模型的基础，很多非线性模型都是在线性模型的基础上变换而来的。非线性模型则又可以分为传统机器学习模型(如核 SVM、kNN、决策树等)和深度学习模型。

因此，严格来讲，深度学习只是机器学习的一个分支，其本身也同样会使用有监督或无监督的学习方式从数据中学习或训练模型，这里的模型常特指深度神经网络(Deep Neural Networks，DNN)模型。但由于这类模型优异的性能和近年来迅猛发展的态势，以及学术界相继提出的多种针对不同问题的 DNN 模型，如卷积神经网络(Convolutional Neural Networks，CNN)、循环神经网络(Recurrent Neural Network，RNN)、长短期记忆(Long Short-Term Memory，LSTM)网络、生成对抗网络(Generative Adversarial Networks，GAN)等，为了与传统机器学习方法进行区分，人们也常将深度学习看成是一种独立的学习方法。本书将在后续章节对深度学习内容做进一步的阐述，此处不再展开介绍。

1.2.2.3 技术领域层

在综合多元智能理论以及中国科学院计算技术研究所(简称中科院计算所)史忠植研究员

提出的人类思维层次模型的基础上，研究者们普遍认为人工智能在技术层面要实现类人的“智能”，需要从视觉、听觉、表达、分析与决策等多个维度进行研究。因此，常见的人工智能相关研究与应用主要包含以下几个重要的技术领域：计算机视觉、语音信号处理、自然语言处理、大数据分析、智能决策支持系统等。

（1）计算机视觉　旨在研究如何利用视觉传感器和计算机来实现人类的视觉功能，以实现对客观世界场景的感知、加工和理解。具体而言，计算机视觉通过借助视觉传感器对客观世界进行视觉信息采集，生成并存储真实场景的图像、视频或点云等视觉数据，进而在一定的理论和算法的基础上，利用计算机处理所采集到的视觉数据，从客观世界的杂乱场景中抽取像素、空间或光谱等信息，分析感兴趣的目标或区域，进而明确目标或区域的结构、空间排列与分布以及目标或区域间的相互关系，最终形成对场景内容的理解和认知。具体的计算机视觉技术通常包括目标检测、图像分割、图像识别、图像检索、视频识别、三维重建等。

（2）语音信号处理　旨在利用计算机辅助人们更加有效地产生、传输、存储、理解和应用语音信息，是实现人工智能应用场景中易于使用且更加自然和人性化的人机交互的重要技术手段。常见语音信号处理技术有语音识别、语音编码、语音合成、语音检索、语音增强等。

（3）自然语言处理　旨在实现人与计算机之间的自然语言通信，具体而言，即要实现使计算机既能理解自然语言文本的意义，又能以自然语言文本来表达给定的意图、思想等。前者可以称为自然语言理解，后者称为自然语言生成，这两种具体的技术内容组成自然语言处理的基本研究内容。

（4）大数据分析　指对规模巨大的数据进行分析，以获取数据更有深度的价值，同时利用对大数据的可视化分析来获得更重要的预测性推断。具体技术包括数据仓库、数据安全、数据分析、数据挖掘，相关内容将在后续章节进行展开介绍。

（5）智能决策支持系统　是人工智能和决策支持系统的结合，通过运用前述多种人工智能技术，结合专家系统解决方案，以更充分地应用人类的知识，包括决策问题的描述性知识、决策过程中的过程性知识以及求解问题的推理性知识，进而通过逻辑推理来帮助解决复杂的决策问题。特别是，在决策支持系统中加入自然语言处理系统和知识图谱技术，使得智能决策支持系统更加便捷化、智能化和实用化。

1.2.2.4　行业应用层

作为当今科技的前沿技术，人工智能已深入到包括医疗、交通、金融、娱乐、工业和农业等在内的众多行业中，实际驱动着相关产业的创新与变革，并积极影响着行业的未来发展方向以及改变着人们的生活方式。1.3 人工智能的发展历程将对 AI 在相关行业的应用进行具体介绍。

1.3　人工智能的发展历程

尽管人工智能在当今社会已取得了突破性的进展，并且带来人工智能应用的巨大浪潮，但是，人工智能在 60 多年的发展历程中并不是一帆风顺的，其经历了从快速起步到停滞不前，再到蓬勃发展的 3 个阶段，不同阶段的时间分布如图 1-2 所示。

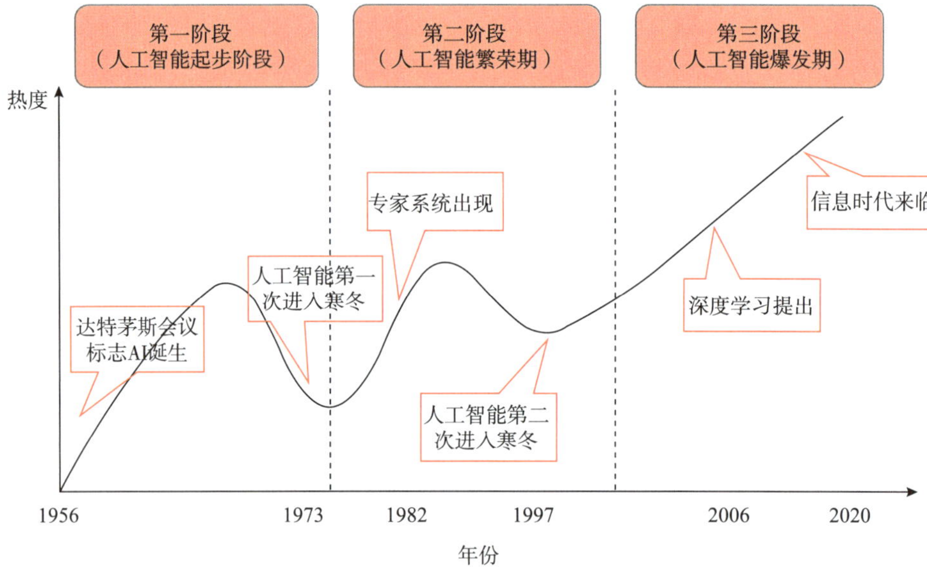

图 1-2　人工智能发展历程

1.3.1　人工智能的早期起步阶段

1956—1973 年是人工智能发展的起步阶段。在这个阶段中，研究者们普遍使用的方法和思路是令机器模拟人类的逻辑推理过程，试图使机器拥有人类的智慧和思考方式。在此阶段，也取得了一些令人瞩目的研究成果。例如，赫伯特·西蒙（Herbert A. Simon）和艾伦·纽厄尔（Allen Newell）在 1956 年的达特茅斯会议上向业界专家演示了他们的人工智能程序"逻辑理论家"，其能够独立证明出《数学原理》一书中第 2 章的 38 条定理。同时，阿瑟·萨缪尔（Arthur L. Samuel）也在该会议上提出了一种跳棋程序，该程序可在比赛中不断地提升自身的学习能力。在随后的 3 年里，跳棋程序不断地被调试，于 1959 年该程序最终击败了它的设计者萨缪尔本人。几年后，美国康涅狄格州的跳棋冠军也被此程序击败。

短短几年内取得的成果很快便掀起了人工智能发展的第一个高潮。于是西蒙和纽厄尔便预言未来 10 年内计算机就将会在诸多领域完全击败人类，届时众多行业内的人工将很快被人工智能所替代。然而，到了 20 世纪 70 年代初，人工智能并未取得预期成果，自动定理证明遇到了瓶颈，计算机推算了数十万步也没有证明出 2 个连续函数之和仍然是连续函数这一数学定理。萨缪尔的跳棋程序虽然击败了州冠军，但在全国冠军面前节节败退，止步不前。计算机在自然语言理解与翻译的实际应用中更不尽人意。正是基于这些低迷的表现，再加上相关研究过程耗费大量财力、物力以及人力，负责研究的主管部门也开始对人工智能的研究持怀疑的态度。著名数学家詹姆斯·莱特希尔爵士（Sir James Lighthill）在 1973 年发表了"机器永远只能进行常识的推理，下一些业余水平的国际象棋等简单的任务"的观点。这些因素促使相关政府大幅度削减对人工智能领域的经费支持，人工智能领域的研究很快便进入了其发展历程中的第一个低谷时期。

此时，研究者们所经历的挫折使他们不得不反思人工智能方向的新出路，即一些研究者意识到人类之所以能够做出思考、判断、决策等行为，是基于人类有着相关领域的知识。例如，计算机领域的专家爱德华·费根鲍姆(Edward A. Feigenbaum)认为:传统的人工智能的方法过于强调通用求解的方法,而并没有意识到专业领域的知识能够起到巨大的作用。此后,研究者们开启了利用计算机专业知识和各领域知识相结合的摸索过程,开始尝试利用人类各领域专家解决其专业领域问题时的方法来开发同样能够解决专业问题的计算机程序。

1.3.2　以专家系统为代表的繁荣期

人工智能在经历了上一阶段的高潮与低谷后,研究者们经历了一段反思时期,随后,一种用来模仿特定领域专家计算机化的知识专家系统(简称专家系统)相继问世。专家系统可以通过模拟人类专家解决特定领域的问题,这种简单的设计方案使得专家系统能够较容易地进行编程和修改。这一特征既满足了专家系统的实用性,又使人工智能脱离了理论研究,正式进入了大众视野。专家系统的功能源自各领域不同的专业知识,因此种类繁多的专家系统开始陆续出现,发起了一场知识变革。

从 20 世纪 70 年代末到 80 年代初,多种专家系统相继被各大公司投入使用,并为各大公司节省了数以千万计的成本。例如,美国 DEC 公司(美国数字设备公司)于 1982 年开始将专家系统 R1(XCON)首次应用于商业领域,该系统每年能够节省约 1 500 万美元。在同一时期,日本宣布为第五代计算机研发计划投资 8.5 亿美元,旨在未来 10 年内成功创造出智能计算机。该计算机能够与人类进行交流并实现准确的语言翻译功能,同时能进行类脑推理并解释不同的图像所包含的信息。同样,其他国家也不甘落后,纷纷出台了各项人工智能政策。其中,英国于 1983 年开始着手打造阿尔维(Alvey)计划,该计划针对软件工程、人机接口、智能系统等领域进行技术研究,研究期为 10 年,共花费了 3.5 亿英镑。同时,美国也成立了微电子与计算机技术集团(MCC),并对人工智能和信息技术相关的大规模项目提供资金帮助。随后,西欧也于 1985 年提出类似的尤里卡计划。

我国也于 1986 年提出 863 计划并正式开始实施,虽然 863 计划并不是只针对人工智能这一单一领域,但人工智能被列为该计划的核心部分。随着时间的推移,诸多问题也在理论研究和实际应用中不断突显。其中,专家系统促使了知识工程的诞生和发展,研究者们发现知识是无穷尽的,知识本身很难进行总结并输入到计算机中,同时从外界获得的大量知识在输入计算机的过程中费时费力。基于上述问题,研究者们提出了一种新的解决方案　将知识学习能力赋予计算机本身,但那时并未得到足够的重视。随后,研究进度迟缓且没有达到预期效果,导致人工智能系统的市场需求逐渐下降,各大公司接连遭受巨大的损失,因此,各国相继缩减了研究经费,人工智能的研究再一次进入瓶颈期。

1.3.3　以深度学习为驱动的暴发期

21 世纪初,神经网络的出现使人工智能领域开始出现全新进展。起初,研究者们构造了一种新的计算模型——模仿大脑神经突触连接的结构,通过构造人工节点来模仿人脑的运行模式,进而对输入的信息进行训练。此计算模型早在 1943 年便由心理学家沃伦·麦卡洛克(Warren McCulloch)和数理逻辑学家沃尔特·皮茨(Walter Pitts)在论文 *A Logical Calculus of the Ideas Immanent in Nervous Activity* 中首次提出,表明该模型是基于已知神经细胞生物过程原理,成为人类历史上首个含有神经元的数学模型。随后,美国心理学家弗兰克·罗森布拉特(Frank Rosenblatt)于 1957 年发明了人类历史上首个神经网络——感知器模型,该模型是生物神经细胞的简单抽象，是最简单的前向人工神经网络形式。

1974 年，保罗·韦伯斯在哈佛大学攻读博士学位期间提出了影响深远的 BP 神经网络学习算法，但当时并没有引起学界的重视。直到 1982 年，大卫·帕克又重新发现了 BP 神经网络学习算法，并于 1985 年再次发表，才使 BP 神经网络学习算法有了进一步发展。同样是在 1982 年，约翰·霍普菲尔德(John Hopfield)构造了一种循环神经网络模型，其从输出到输入均有反馈连接，每一个神经元跟所有其他神经元相互连接，因此又称为全互联型神经网络。该模型的出现极大地推进了神经网络的研究进展，进而促使神经网络又有了新的生机。在连续的几年时间里，人工智能领域的研究者们相继提出了其他不同的神经网络模型，这些模型的出现使得人工智能的发展重新进入下一个蓬勃发展阶段。然而，神经网络模型虽然可以解决曾经难以解决的问题，但人们对模型研究不够深入，并不清楚为何模型能够实现既定的目标，因此研究者们在如何改进模型结构、提高参数训练速度及精度等方面几乎一筹莫展。以上种种因素迫使人工神经网络停下了研究的脚步，在此后将近 10 年的时间里，尽管支持向量机的出现弥补了神经网络的不足，并在某些领域中表现得很好，但其浅层结构依旧是致命缺陷，也注定其不能成为人工智能领域最佳的发展趋势。

直到 2006 年，“深度学习之父”加拿大多伦多大学杰弗里·欣顿(Geoffrey Hinton)和他的学生亚历克斯·克里泽夫斯基在 *Science* 杂志上发表题为 *Reducing the Dimensionality of Data with Neural Networks* 的文章，首次解决了深度神经网络的训练问题，开始将深度学习理论带入学术界的视野，并激起深度学习在学术界和工业界的研究热潮。

在深度学习的发展过程中，计算机的计算能力(又称算力)对于人工智能领域来说至关重要，原有的中央处理器(CPU)并不足以支持神经网络的复杂计算。如之前提到的日本五代计算机计划，曾尝试使用大规模、多 CPU 并行计算来解决人工智能领域的计算能力问题，甚至一度研发出了具有 512 个 CPU 进行并行计算的第五代计算机。但计算机技术的迅猛发展使这项研究失去了大部分意义。早在 1965 年戈登·摩尔(Gordon Moore)提出了著名的摩尔定律：当价格不变时，集成电路上可容纳的元器件的数目，每隔 18～24 个月便会增加 1 倍。事实证明，半导体物理学的局限使得如今的 CPU 性能提升缓慢。2007 年 NVIDIA 率先推出 GPU(图形处理器)，这是一种主要用于做图像处理相关运算的微处理器，其具有高并行结构，因而在处理图形数据和复杂算法方面拥有比 CPU 更高的效率，GPU 拥有的逻辑运算单元(Arithmetic Logic Unit，ALU)结构更适合对密集型数据，如矩阵、张量等进行并行处理。GPU 所带来计算性能的提升远远超过 CPU。此后的 GPU 加速技术的成熟以及计算机处理速度的加快使得计算能力不再是限制神经网络发展的主要因素。与此同时，人工神经网络模型的规模也在不断增加，其对计算能力有着更高的要求与更大的消耗，而计算能力的不断提高使得此问题得以解决。其中，深度神经网络在训练上的难度也被计算能力与相应的方法所克服，曾经需要几个月才能完成的训练被缩短到几天甚至于几个小时。

信息时代的来临以及“互联网＋”的发展，使得人们可获取的数据量不再是 20 世纪的小规模数据集，而是由社会日益数字化驱动带来的大基准数据集，如图 1-3 所示。大数据充斥在社会生活的方方面面，数据采集、处理、分析、应用等环节的成本不断降低，也为模型的训练奠定了基础。而计算机领域内的单位价格可购买的硬盘存储空间也在以超过摩尔定律的速度增长，计算机的存储容量增加，存储成本降低，为大数据时代的来临打下了基础。近年来，互联网技术的发展催生了“互联网＋”这一新概念，这个“＋”可以是任何基于云计算等互联网技术的应用。谷歌前 CEO 埃里克·施密特(Eric E. Schmidt)曾表示:现在每 48 小时收集到的数据总量相当于人类从文明之初到 2003 年为止收集到的数据的总和。互联网对用户数据的准确记录与后续的处理使得现如今的世界步入了一个数据爆炸时代,海量的数据是创建数据集最重要的内容,而深度学习正依赖于具有海量数据的数据集来训练所需要的模型。2007 年,当时仍在普林斯顿大学任教的李飞飞和她的团队开始建立大规模图像数据库 ImageNet 项目(截至目前,该数据库已拥有超过 1 500 万张人工标定的图像数据),该项目包含众多类别的图片数据,为人工智能研究机构提供了大量的高质量图像资料。自 2010 年起,ImageNet 开始举办视觉识别的挑战赛,全球各地的人工智能研究者们都可以使用各自的图像识别算法来参加比赛。2012 年,杰弗里·欣顿和他的学生亚历克斯·克里泽夫斯基训练出的深度神经网络模型 AlexNet,以破纪录的大比分赢得 ImageNet 竞赛,初次向学术界展示了深度学习的强大优势。2016 年,谷歌旗下 DeepMind 公司基于深度学习开发出的 AlphaGo 围棋程序成为第一个战胜围棋世界冠军的人工智能,真正让人工智能的概念从学术界走向社会大众,并在世界范围内持续发酵,走向新时代的浪潮之巅。

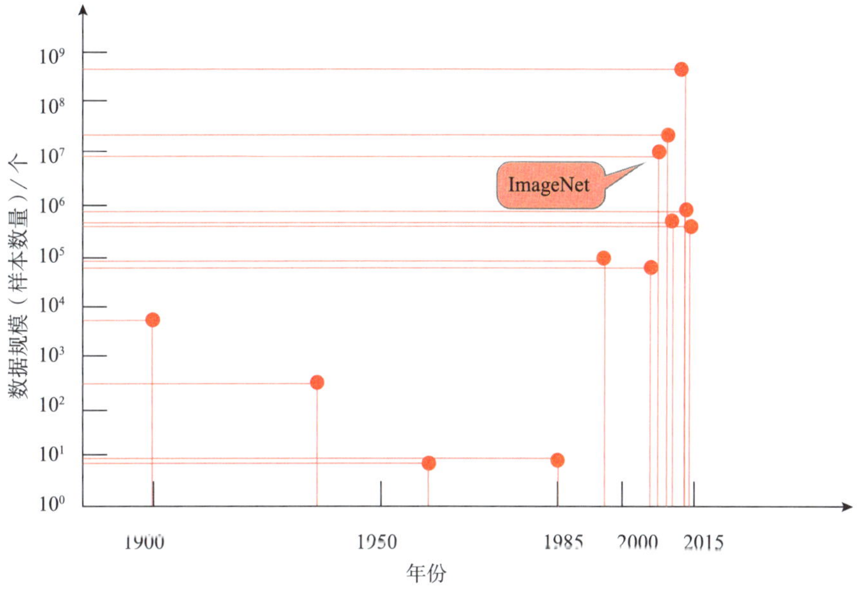

图 1-3 进入信息时代的数据量规模

1.4 人工智能的应用现状及展望

人工智能在其发展的第三阶段,经历了以深度学习和高性能可集群计算资源为代表的技术驱动和以大规模数据集为代表的数据驱动,如今已开始进入以落地解决行业应用问题为代表的场景驱动阶段,相关技术已应用在医疗、交通、金融、娱乐、工业、农业等众多行业领域,取得了令人瞩目的成就,也逐渐开始引领相关行业的未来发展。

1.4.1 人工智能在医疗行业的应用

医疗行业密切关系到人类的身体健康和生命安全,因此一直是人工智能相关技术重点关注的领域。当前，人工智能技术已经深入应用到临床病理与疾病诊断、咨询服务、药物研发、智能手术机器人等多个方面，正积极改变着现代医疗行业。

医疗数据中有超过90%的数据来自医学影像，但是传统上对医学影像的诊断依赖于人工主观分析，受临床经验和重复性工作的影响，容易引发疾病的误诊或漏诊。人工智能技术的出现在一定程度上可缓解以上问题。利用计算机视觉技术，通过海量医疗影像数据的训练，人工智能辅助诊断产品可以辅助医生进行病灶区域定位与识别，有效缓解漏诊、误诊等问题。相关人工智能技术在肺癌、肠癌、食管癌、乳腺癌、皮肤癌、阿尔兹海默症、糖尿病视网膜病变、年龄相关性黄斑变性等疾病的早期检测方面，已取得较高的临床检测精度。例如，美国艾奥瓦州的 IDx 公司设计并开发了一款检测糖尿病视网膜病变的人工智能系统，该系统的灵敏度和特异性分别达到87%和90%。早在2017年，相关产品就在美国的10个地区，对900名患者进行了测试。国内哈尔滨工业大学感知计算研究中心也较早地开展了针对糖尿病视网膜病变的智能检测与识别方面的研究，所研发的相关算法与系统的性能已比肩训练有素的人工专家。北京致远慧图公司联合北京协和医院等多家医疗单位合作研发的 EyeWisdom 人工智能眼底病辅助诊断系统，已实现眼底疾病的智能分级判定、智能病灶识别、智能报告生成，并支持本地及云端智能集中阅片，该系统已在多家医疗机构进行了合作应用与推广。香港中文大学研究团队利用人工智能技术，研发出判读肺癌及乳腺癌的医学影像系统，准确率达90%以上。德国海德堡大学利用卷积神经网络模型对皮肤镜检查图像中黑色素瘤进行自动识别，当灵敏度设置为与人类临床医生相当的水平时，该软件算法的特异性比人类临床医生高10%，并可在63.8%的特异性下实现95%的高灵敏度。荷兰 SkinVision 公司正借助人工智能技术尝试利用智能手机拍照来提供对皮肤癌风险等级的评估，利用3.1万用户超过13.1万张照片进行算法训练，其检测恶性肿瘤的灵敏度为95.1%，特异性为78.3%，该公司研发的智能诊断 App 见二维码1-1。

二维码 1-1

借助自然语言处理、知识图谱等技术，通过大规模分析临床病例以及海量医学文献，人工智能技术已具备辅助医生进行临床诊断的能力。例如，部分科技公司开始借助人工智能技术对当前临床决策支持系统进行升级改造，利用人工神经网络具备的自主学习能力，通过在人机交互、不断训练的过程中总结和明确知识，并利用知识为用户提供建议。IBM 公司推出的基于自然语言处理技术的 Watson for Oncology 系统，通过结合机器学习技术对既有病例的输入以及超过300种医学期刊、250本专业书籍和1 500万页学术论文进行学习，为肿瘤医生提供个性化精准的辅助诊断意见，该系统已在全球13个国家和地区的医疗机构进行了应用。国内的零氪科技、生命奇点等公司也相继推出类似的人工智能医疗辅助决策系统，相关产品已在天津多家医疗卫生单位进行了合作应用。

借助语音识别技术，人工智能还可为患者和医务工作者提供医疗咨询、自诊/导诊、远程医疗、电子病历等服务。例如，美国 Intermountain Healthcare 借助人工智能技术开发了 Connect Care Pro 虚拟医院，通过智能虚拟助手的一些提问来了解患者疼痛的位置和严重程度，同时在后台访问患者的电子病历并给出初步诊断意见，可为患者和医生节省大量需要面对面常规疾病诊治的时间成本。美国 Mayo 医疗机构和以色列语音分析公司 Beyond Verbal 联合研发了智能手机 App 来监测声音信号，通过声音特征来预测冠状动脉疾病的可能性。国内解放军总医院第六医学中心，借助语音识别技术和 AI 辅助实时翻译系统，与克利夫兰医学中心专家开展国际远程医疗交流，有效验证了人工智能在远程医疗中的应用。

此外，通过机器学习方法，人工智能技术还可以从传统的药物里学习新的分子结构，加快传统药物的研发进程。据统计，目前全球有至少 100 家企业正在探索新药研发的人工智能方法。在国外，葛兰素史克、默克、强生与赛诺菲公司都已经布局人工智能新药研发；在国内，也涌现了深度智耀、零氪科技、晶泰科技等人工智能新药研发企业。

特别是，在 2020 年初的新型冠状病毒肺炎（新冠肺炎）疫情期间，为了加快对新冠肺炎患者的筛查诊断，包括阿里健康、平安健康、推想科技、中山大学、清华大学、澳门科技大学、哈尔滨工业大学在内等多家企业和科研院所利用人工智能技术相继研发出基于胸部 CT 的人工智能辅助诊断或筛查系统；北京大学医学部联合亿药科技，借助人工智能技术加快抗病毒药物研发；中悦科技、大立科技等借助人工智能技术研发精准、快速的体温检测系统；广州市疾控中心联合阿里云推出智能语音呼叫，实现特定人员的智能回访和信息收集。这些利用人工智能技术所研发的系统或平台，有效促进了我国对新冠肺炎疫情的积极防控。

上述医疗行业各种应用人工智能的成功案例，均取得了较为显著的成果，也充分说明了人工智能技术对提升医疗技术以及促进医疗行业变革与升级具有巨大的推动作用。

1.4.2 人工智能在交通行业的应用

在交通领域，无人驾驶无疑是近年来人工智能在该领域风头最盛的应用，已有大量国内外知名企业先后涌入该领域，利用传感器、实时定位与建图、无人避障、先进控制等技术并结合强大的计算硬件资源，研发出适用于各种用途的无人驾驶汽车。图 1-4 为一台配备有无人驾驶所需的多种常规传感器的典型无人驾驶汽车示例。

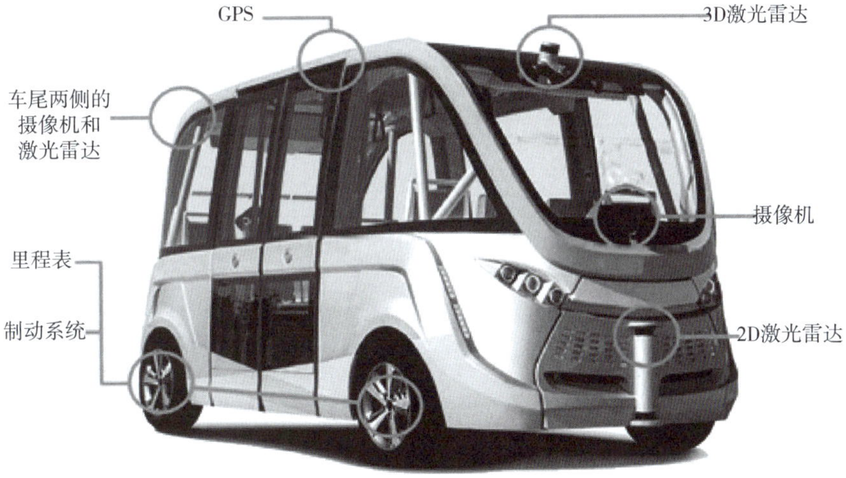

图 1-4 典型无人驾驶汽车及其智能装置

无人驾驶主要通过汽车自动驾驶系统，部分或完全代替人类驾驶员安全地驾驶汽车。汽车自动驾驶系统是一个涵盖多个功能模块和多种技术的复杂的软硬件结合的综合系统。在机器学习、大数据和人工智能技术大规模崛起之前，自动驾驶系统和其他的机器人系统类似，整体解决方案基本依赖于传统的优化技术。随着人工智能和机器学习在计算机视觉、自然语言处理以及智能决策领域获得重大突破，学术界和工业界也逐步开始在汽车自动驾驶系统的各个模块中进行基于人工智能和机器学习的探索，并加快对无人驾驶汽车的研发进程。

无人驾驶主要原理在于通过车载传感系统感知道路环境，自动规划行车路线并控制车辆到达预定目标，同时通过车载传感器感知周围环境，并根据感知所获得的道路、车辆位置和障碍物信息，控制车辆的转向和速度，从而使车辆能够安全、可靠地在道路上行驶。因此，常见的汽车自动驾驶系统主要包含五大部分：环境感知模块、决策规划模块、供电模块、信号通信模块、执行和制动模块。其中，环境感知模块主要用来代替有人驾驶汽车中驾驶员的眼睛和“车感”，通常由摄像头、激光雷达、毫米波雷达、GNSS/IMU 组成。环境感知模块主要利用人工智能技术，自动识别行人、车、树等障碍物，并实现对汽车自身的实时定位以及对驾驶环境进行在线地图构建等。决策规划模块对传感器传回的实时路网信息、交通环境信息和自身驾驶状态等信息进行分析来产生决策和规划行驶路径等。执行系统模块主要用于接收自动驾驶系统操作车辆的执行指令，控制车辆动力、转向、制动以及相关电子电器等系统的执行，实现对速度和方向的精准控制。

国外无人驾驶汽车研发较早，如图 1-5 所示，早在 20 世纪 80 年代，美国国防高级研究计划署(DARPA)与陆军合作，发起自主地面车辆(ALV)计划。随后美国各知名大学如卡内基・梅隆大学、斯坦福大学、麻省理工学院等都相继加入无人驾驶汽车的研究工作中。其中，以美国卡内基・梅隆大学研制的 NavLab 系列智能车辆最具有代表性。然而，随着传感器和人工智能技术的发展，奥迪、福特、沃尔沃、日产、宝马等众多汽车制造厂商也于 2013 年开始大量涌入无人驾驶汽车领域。2015 年，特斯拉推出了半自动驾驶系统 Autopilot，Autopilot 是第一个投入商用的自动驾驶技术。2016 年，通用汽车收购了自动驾驶技术创业公司 Cruise Automation，正式进入无人驾驶领域。此外，以谷歌为代表的新技术力量和以 nuTonomy、Zoox 为代表的创业公司也纷纷加入无人驾驶汽车的研发队伍。

图 1-5　国外无人驾驶汽车发展历程

与欧美等发达国家相比，我国在无人驾驶汽车方面的研究起步稍晚。如图 1-6 所示，国防科技大学从 20 世纪 80 年代末开始先后研制出基于视觉的 CITAVT 系列智能车辆，直至 1992 年，该校成功研制出中国第一辆真正意义上的无人驾驶汽车。2011 年 7 月，由一汽集团与国防科技大学共同研制的红旗 HQ3 无人驾驶汽车完成了 286 km 的面向高速公路的全程无人驾驶试验。2012 年，军事交通学院研发的“军交猛狮Ⅲ号”以无人驾驶状态行驶了 114 km，最高时速为 105 km/h。2015 年 4 月，长安汽车发布智能化汽车“654 战略”，即建立六个基础技术体系平台，开发五大核心应用技术，分四个阶段逐步实现汽车从单一智能到全自动驾驶。2015 年 8 月，宇通大型客车从郑开大道城铁贾鲁河站出发，在完全开放的道路环境下完成自动驾驶试验，这也是国内首次大型客车高速公路自动驾驶试验。2016 年 4 月的北京车展上，北汽集团展示了基于 EU260 打造的无人驾驶汽车，目前搭载的无人驾驶感知与控制设备大部分都国产化了，为将来的量产打下基础。2018 年 5 月，宇通客车在其 2018 年新能源全系产品发布会上宣布，宇通自动驾驶纯电动客车已具备面向高速结构化道路和园区开放通勤道路的 Level 4 级别自动驾驶能力。除了上述传统的汽车制造厂商在无人驾驶领域的研究外，以百度为代表的高科技公司也于近几年相继加入无人驾驶汽车领域的研发。

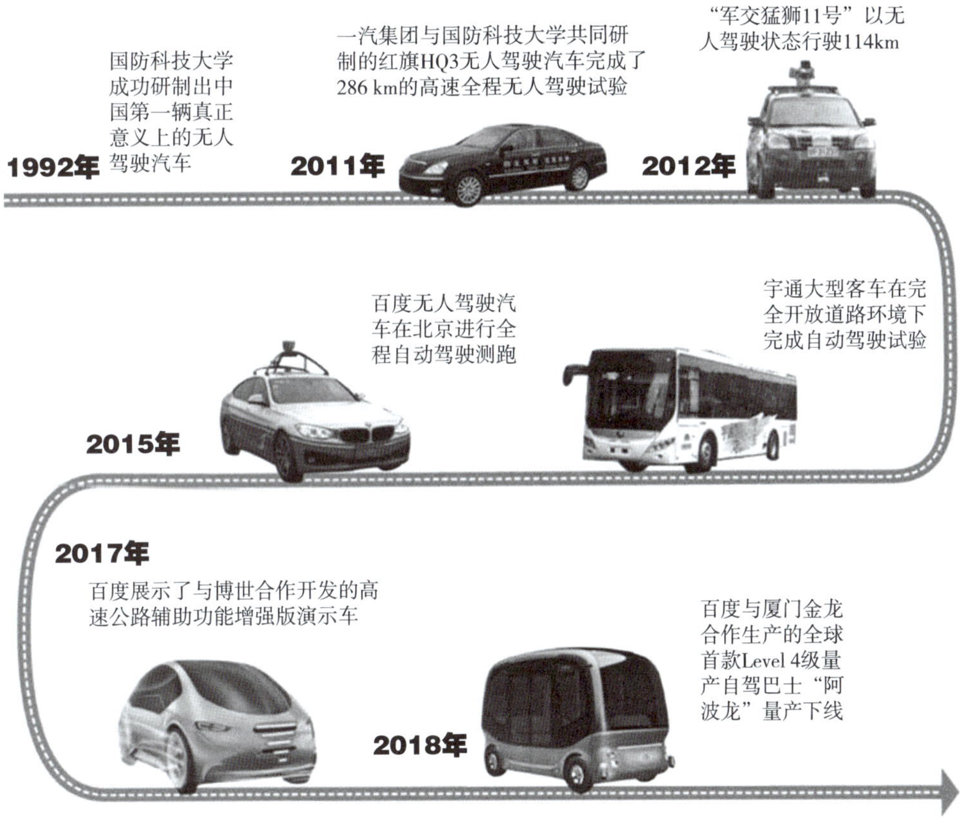

图 1-6　国内无人驾驶汽车发展历程

从国内外无人驾驶汽车发展历程可以看出，在 2010 年前后，随着人工智能技术的发展，利用传感器和计算机视觉相关技术对驾驶环境进行智能感知以及对汽车行驶路线进行智能规划等方面取得了突破性进展，无人驾驶汽车领域出现了井喷式的爆发，人工智能相关技术无疑为无人驾驶的发展提供了强有力的技术支撑。

除此之外，众多互联网企业也已开始利用传感设备获取道路上汽车、行人、路况等实时信息，并结合视频智能分析、互联网、云计算等新技术，构建智慧交通管理与指挥云服务体系，并可以引导政府进行城市交通规划，促进城市交通管理更加科学化、人性化，进一步打造智慧城市。还有，部分汽车制造商尝试借助移动互联、车联网、卫星导航技术，与区域内其他智能终端进行实时通信，并通过智能分析实时的复杂路况以及人、车、路的动态信息，使用人工智能技术为驾驶者带来更加安全与便捷的出行规划，进而打造智慧出行。人工智能还使交通行业的物流领域发生了翻天覆地的变化。如上汽集团人工智能实验室推出的基于深度学习的物流供应链人工智能平台(Spruce)，已经在上汽旗下的安吉物流得到了应用。该平台可以通过大数据、云计算智能规划整车运输的路径，时间效率比人工调度提高约 95%，运输车辆全年还可以减少 720 万 km 以上的行驶里程。此外，如京东、阿里等互联网企业纷纷借助人工智能和无人驾驶技术，开始物流配送机器人的探索与应用。

1.4.3 人工智能在金融行业的应用

在金融领域，人工智能正在为金融产品、服务渠道、服务方式、风险管理、授信融资、投资决策等带来新一轮的变革。人工智能在金融业的应用，主要集中在智能客服、智能投顾、智能风控、智能支付、智能营销、智能投研、智能理赔等七大场景。以下介绍其中六种。

(1)智能客服　在金融服务诸多环节中，智能客服的应用是最为广泛的。各大交易平台和金融机构纷纷推出智能客服应用与系统，借助人工智能技术并通过大规模语料数据库的训练，极大地提高了客服在线响应速度并提升了用户体验。以交通银行为例，2015 年底，该行推出国内首个智慧型人工智能服务机器人，目前已在上海、江苏、广东、重庆等地的营业网点应用。该款机器人采用全球领先的智能交互技术，交互准确率达 95%以上，是一款真正“能听会说、能思考会判断”的智慧型服务机器人。此外，智能客服在电话场景当中主要表现为机器管理和语音问答分析。通过深度学习文本及语音中的对话，人工智能技术可以有效代替人工客服的在线工作。据统计，平安银行在该业务部分的人工替代率超过 80%，且通过智能客服，平安银行在过去两三年服务量提升 2～3 倍，客服的人力降低 40%。

(2)智能投顾　在智能投顾方面，利用大数据与人工智能技术，可对投资者进行风险偏好分析与财富画像，为投资者量身定制投资组合管理。2016 年底，智能投顾产品“摩羯智投”在招商银行手机 App 上线，自此开始，智能投顾开始逐渐从实验性技术转变为主流趋势，成为银行、券商、保险等金融机构的标配型服务。

(3)智能风控　面对国内信贷业务的迅速增长，众多千亿级的信贷平台开始利用更加智能的机器学习模型辅助甚至代替人工进行信贷业务审批，为加快审批速度，部分银行开始采用智能声纹反欺诈系统，该系统通过语音识别技术来提高信用审批风险的防范。在贷前审核、贷中监控和贷后管理等风控环节引入人工智能技术，能提高金融科技产品质量及服务效率。除此之外，智能风控还能促进风险管理差异化和业务人性化以及提供异常交易检测功能。

(4)智能支付　在智能支付场景中，通过引入人工智能领域中已经相当成熟的人脸识别技术和指纹识别技术，极大地改变了人们的支付习惯，根据不同的场景采取不同的风控措施，还能够有效增强智能支付的安全性。

(5)智能营销　在人口红利逐渐消失的大背景下，金融机构对产品精细化的运营需求越来越大，借助人工智能技术分析各种营销场景下的用户购买习惯、消费能力等信息与数据，可以帮助金融产品实现精准营销。

(6)智能理赔 在智能理赔场景中，人工智能技术已经利用计算机视觉方法自动识别保险业务中的各类票据，并且还能够通过三维影像重建和图像智能识别方法，实现车险的视频查勘与智能定损，可有效提高理赔的时效性和便捷性。

1.4.4 人工智能在娱乐行业的应用

娱乐行业特别是影视业一直是计算机视觉技术和计算机图形技术应用的重要领域。随着近几年人工智能技术的快速发展，相关技术已逐渐开始应用到大众娱乐生活的方方面面，逐渐改变着持续多年的传统娱乐方式。

在智能阅读方面，Novel Effect 等公司已经研发出语言内容交互系统，通过人工智能技术，可以伴随故事情节自动匹配各种小动物的声效。除了将人工智能用于合成娱乐声效，还可以智能模仿名人的声音，包括人物的语音、语调和语气。此外，语音交互式人工智能更是智能娱乐设备未来的发展趋势。

随着手机摄影硬件的发展和功能需求的增长，利用人工智能技术已经可以自动捕捉感兴趣区域，进行智能化的图像增强，以生成最佳效果的照片。除了对图片进行智能修补，谷歌全新推出的 Magenta 项目，正研究利用人工智能进行艺术创作，已研发出人工智能作曲软件，并且一部完全由人工智能编写的科幻短片“Sunspring”也已成功上映。

然而，人工智能在娱乐行业应用最引人关注的应属虚拟现实(Virtual Reality，VR)和增强现实(Augmented Reality，AR)。VR 主要指利用计算机生成的环境或现实，将使用者带入预设完成的虚拟空间，通过虚拟空间体验实现在视觉上的图像刺激，从而达到三维成像技术应用的目的，其核心结构主要以环境模拟系统、环境感知系统及环境传感系统构成。AR 则将计算机生成的虚拟世界叠加在现实世界上，其不仅在娱乐领域，还在医药、教育、工业等领域都有各种实际应用，如增强现实游戏、远程手术指导、航空智能维修等。据高盛分析报告预测，增强现实和虚拟现实将是下一代具有革命性的新技术平台。当前业界较为成熟的 Oculus 虚拟现实设备和 Hololens 增强现实设备见图 1-7。

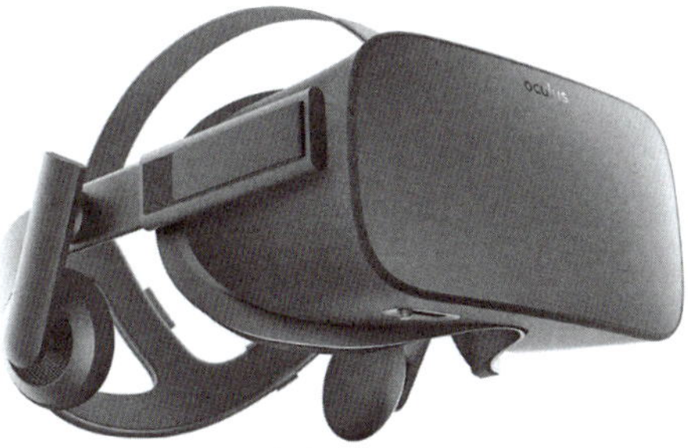

(a) Oculus

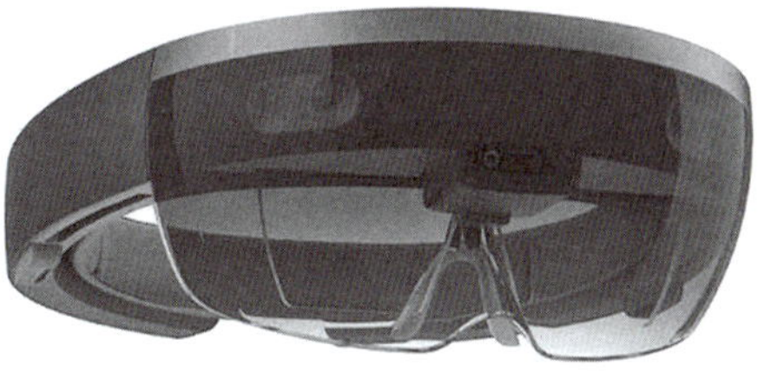

(b) Hololens

图 1-7 Oculus 虚拟现实设备和 Hololens 增强现实设备

1.4.5 人工智能在工业领域的应用

在制造领域，人工智能技术主要从 3 个方向推动当前的制造业发展。

一是将人工智能技术应用到生产加工环节，以提高生产效率和降低生产成本。通过机器学习算法建立产品标准模型，控制各制造环节参数对产品质量的影响，实现生产工艺参数的优化，以及借助机器视觉与智能分析技术，实现产品质量的快速高效无损检测。例如，日本 NEC 公司推出的机器视觉检测系统可以逐一检测生产线上的产品，从视觉上判别金属、人工树脂、塑胶等多种材质产品的各类缺陷，从而快速侦测出不合格品并指导生产线进行分拣，在降低人工成本的同时，还可提升出厂产品的合格率。美国工业设计软件巨头欧特克推出的产品创新软件平台 Fusion360 和 Netfabb3D 打印软件集成了人工智能和机器学习模块，能够理解设计师的需求并掌握造型、结构、材料和加工制造等数字化设计生产要素的性能参数，在系统的智能化指引下，设计师只需要设置期望的尺寸、重量及材料等约束条件，即可由系统自主设计出成百上千种选择方案。在国内，富士康也已经开始采用工业机器人来取代流水线员工进行生产作业。中策橡胶基于阿里云 ET 工业大脑，将生产端的各类数据进行深度运算和分析，形成资源最优利用的方案组合，可提升 5%混炼胶合格率。天合光能基于阿里云数据科学家研究的光伏电池的业务流程和制作工艺，构建出数据分析模型，对工艺参数进行调整，最终在丝网印刷环节捕获到了关键因子，优化后 A 品率可提升 7%。

二是将人工智能技术应用到产品售前营销和售后维护，为制造企业提供精准的增值服务。借助大数据、物联网和人工智能算法，制造企业可以实现精准的用户需求分析和对产品进行实时监测与状态预警，提升产品市场满意度和降低产品后期维护成本。例如，日本的小松机械在生产工程机械的同时，也推出了智能化工程服务项目，可实现由一队无人机测绘三维地图，然后指导智能机器人控制大型工业车辆作业，从而帮助用户大幅度提高施工效率和品质。亚马逊商城基于机器学习模型对用户的购买习惯以及产品的属性进行深度学习，可形成全面的知识图谱，在此基础上向用户进行个性化推荐，同时也向销售商提供相关的生产与营销建议。

三是智能产品的制造与升级，通过封装或嵌入智能硬件单元来实现，目前，已出现一批新一代的智能产品，如智能工业机器人、智能家居产品、智能分拣机器人等，如图 1-8 所示。集成了西门子 Autonomous 系统的 KUKA 机器人，通过搭载三维感知摄像机，利用图像识别和深度学习技术，对现场环境变化做出灵敏反应，及时调整操作轨迹，可极大地提高生产线的柔性，使生产线不再局限于生产标准化产品。国内如埃尔森、梅卡曼德、库柏特、埃克里得、阿丘科技等企业也都相继开始借助人工智能技术研发智能化的分拣系统。随着物联网和人工智能技术的普及，国内家电生产厂商如海尔等，也都开始布局智慧客厅、智慧厨房、智慧卫浴、智慧卧室

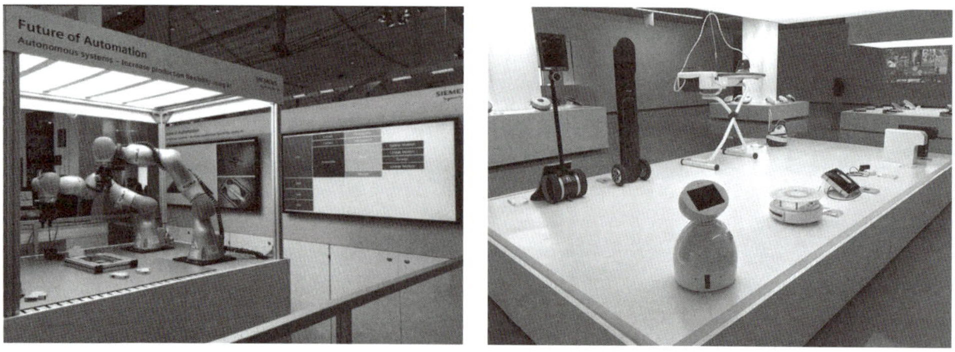

图 1-8　智能工业机器人与智能家居产品

与智慧安防等家居智慧产品，它们还将推出智慧家庭、智慧社区、智慧酒店、智慧校园、智慧园区等不同的智慧方案，借助人工智能技术来改变人们的生活方式。

可以看到，当前人工智能技术向工业制造领域的渗透从广度、深度来看均在快速推进，对制造业整体发展的支撑效应初显。其主导企业既有小松机械、蒂森克虏伯、富士康这样的传统制造企业作为人工智能技术的应用实施主体，又有谷歌、亚马逊、阿里、百度等具有人工智能技术优势的互联网企业，还有欧特克、ABB 等向人工智能领域转型的工业软硬件产品提供商以及科技创新企业。人工智能在工业领域的应用总体上呈现出多领域融合、多行业合作的发展态势。

1.4.6 人工智能在农业领域的应用

农业作为人类从事的最古老的行业，同样受到人工智能技术的深刻影响。通过融合物联网、大数据、移动互联、云计算与空间信息等新一代信息技术，人工智能已为农业信息感知、生产作业、生产决策等农业活动关键环节带来了变革。

1.4.6.1 农业信息感知

在种植业方面，现代化农场利用卫星遥感、无人机、近地传感器和手持装备等“空、天、地、人”一体化信息感知体系（图 1-9），并借助物联网设备和无线网络传输技术，获取海量的作物生长与环境数据，再结合云计算、大数据分析与人工智能技术，实现了种植面积测算、作物长势监测、作物产量预估、灾害及病虫害预警与应急响应等。借助近红外光谱、X 射线、超声波等多种传感器及成像设备，人工智能技术还实现了对农产品营养成分、功能成分、有害成分等内部品质与外部性状指标的无损检测。通过在诱虫架和捕虫仪中放置视觉传感器，并借助计算机视觉分析方法，可实现对田间虫情的自动监测。利用移动设备的便携性，并在移动端部署人工智能技术，可实现田间自助采集大豆、玉米等种质资源的性状特征。

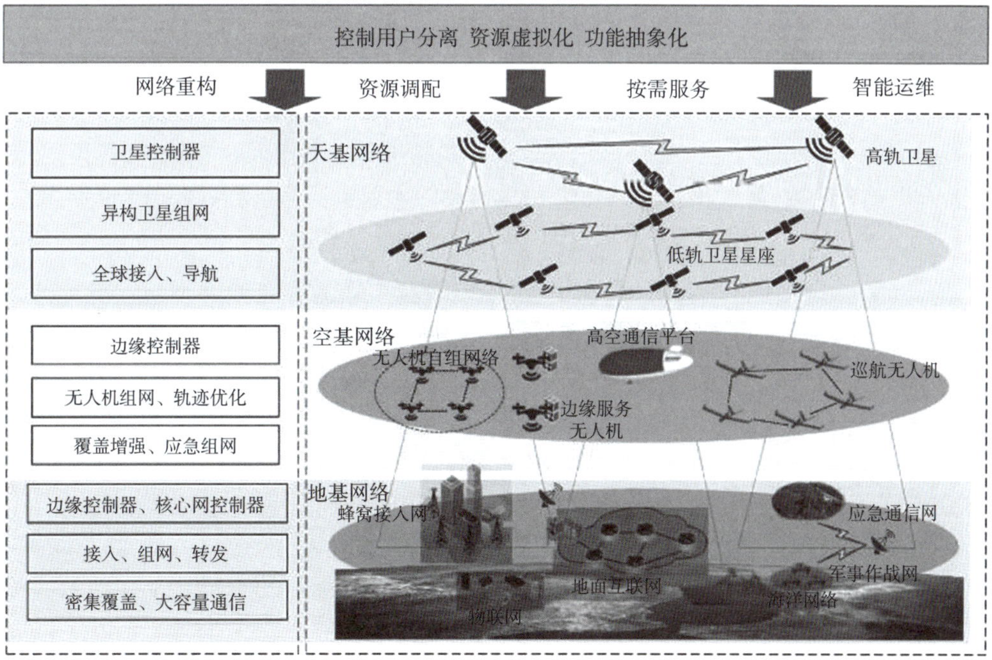

图 1-9 “空、天、地、人”一体化信息感知体系

在养殖业方面，近年来人工智能技术在养殖场景的应用异常活跃，养殖场与互联网企业进行合作的案例比比皆是，如农信互联、京东农牧、阿里云智慧农业、影子科技等。规模化养殖场已开始通过使用智能传感器和视频分析技术，实时监测养殖环境中猪只个体的体重、饮食、运动、孕情等生长与生理信息，以及利用红外测温设备与音频分析技术，实时监测猪只个体体温与呼吸道疾病，即畜牧养殖信息智能感知（图 1-10）。借助穿戴式传感器，如以色列阿菲金、以色列 SCR 等，现代化牧场也已开始尝试实时获取奶牛个体的反刍信息以及群体的活动量数据，在线监控奶牛个体和群体的健康状况，以及利用视频传感器与智能分析技术，实时监控奶牛个体运动姿态，可及时发现奶牛个体的跛足行为。此外，利用物联网及传感器设备，设施化水产养殖企业可对温室内环境及水质数据等生态养殖参数进行自动监测，实现智慧化的远程控制与科学管理。

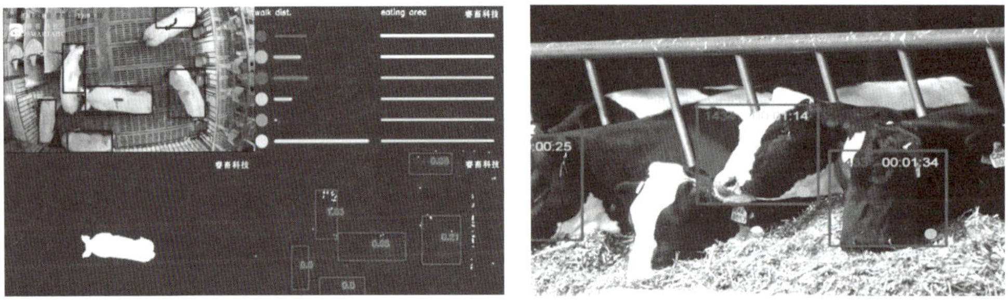

图 1-10　畜牧养殖信息智能感知

1.4.6.2　精准生产作业

在获取到相关农业信息后，人工智能技术被进一步应用到农业生产过程中，现已深刻地改变了我国传统的农业生产模式，促进了我国农业生产方式的提档升级。

（1）农业植保无人机　是当前人工智能技术在农业生产作业过程中应用最为普及的方向之一。通过借助视频传感器与智能分析技术，农业植保无人机可实现农田、果树等植保工作的精准、变量喷药。此外，无人机融合地形跟随、自主避障、RTK 高精度定位技术，目前已实现一站式多机全自主协同作业，极大地促进了农业无人机精准作业的普及。据统计，我国现有超过 200 家无人机相关企业，研发出了多款用以植保作业的无人机，其中以大疆 T16 植保无人机和极飞 P30 植保无人机最具代表性，其机型如图 1-11 所示。

图 1-11　大疆 T16 和极飞 P30 植保无人机

(2)果蔬采摘机器人　是继农业无人机后成为人工智能技术引爆新一轮农业科技创新发展的领域,通过搭配机械手臂并借助多源传感器与先进控制、智能分析等技术,国内外智能科技企业先后开发出草莓、芦笋、黄瓜、苹果、蘑菇等智能采摘机器人。通过与运送机器人、换行机器人等进行多机协同作业,还将进一步促进果蔬种植业的标准化、规模化与工厂化。此外,诸如施肥机器人、喷药机器人、除草机器人、分拣机器人、剪枝机器人等也是众多科技公司和科研院所重点突破的方向,通过智能计算机视觉系统和智能硬件的配合,已实现自动化、智能化、精准化的相关生产作业,可有效提高作业效率和大大降低人工作业成本。如美国 Root AI 公司研发出的 Virgo 1 采摘机器人,利用人工智能技术自动定位和识别具有较高成熟度的番茄,并通过控制机器手臂及采摘装置完成对番茄的自动收获,通过集成灯光设备,还可实现夜间采摘作业。比利时 Octinion 公司研发了全自动草莓采摘机器人 Rubion,该款采摘机器人通过搭载大量的视觉传感器,自动生成作业场景三维立体地图,同时对机器人自身和待采摘区域进行实时定位,并借助计算机视觉技术识别和判断草莓成熟度,进而控制机器手臂完成对草莓的挑选和摘取。美国 Abundant Robotics 公司通过采用计算机视觉技术识别成熟的苹果,并控制真空抽吸式采摘作业系统完成对苹果的智能采摘。此外,西班牙 Agrobot、英国 Dogtooth 以及美国 Harvest Croo 等农业机器人公司也都相继推出了多款浆果类的采摘机器人。目前国内在采摘机器人领域的研发工作多处于实验室试验阶段,江苏大学、西北农林科技大学、华南农业大学和中国农业大学也都相继研发出了多款果蔬采摘机器人。上述部分采摘机器人如图 1-12 所示。

图 1-12　果蔬采摘机器人

(3)无人驾驶拖拉机　大田精准作业也是人工智能技术重点突破的领域之一。当前已有国内外知名大型农机装备企业将无人驾驶系统、自动变量施肥与喷药技术应用于现代化大型拖拉机装备上，可实现农业机械 24 小时自动导航、自动驾驶进行土地耕整、精量播种等田间作业，并结合智能分析系统依据作物长势情况实现精准施肥与喷药，如美国凯斯公司最新研发出的无人驾驶概念拖拉机 Magnum、俄罗斯 Avrora Robotics 公司发布的无人驾驶拖拉机 Agro-Bot 和美国约翰迪尔公司推出的电动无人驾驶拖拉机 GridCON，以及国内由河南省智能农机创新中心牵头，联合中国一拖集团、中科院计算技术研究所、清华高端装备洛阳基地、中联重机公司等多家单位联合研发的国内首台纯电动无人拖拉机“超级拖拉机 1 号”，上述部分无人驾驶拖拉机如图 1-13 所示。其他如无人驾驶打浆平地机、无人驾驶侧深施肥撒药高速插秧机、无人驾驶联合收割机、无人驾驶喷雾机等大田作业智能农机装备也都相继完成田间耕作试验，并逐渐开始量产和示范作业，最终将形成全过程、成体系的作业模式运用于实际生产中。高强度的农业人工劳动终将被智能化的农业设备所取代。这些智能农机作业装备是物联网、云计算、大数据、移动互联网以及人工智能等新一代信息技术与农业产业的深度融合，势必加快我国农机装备的技术创新和转型升级。

图 1-13　无人驾驶拖拉机

（4）精准饲喂站　在养殖业的生产环节中，智慧畜牧企业已将人工智能技术应用于精准饲喂站，通过结合智能化视频分析系统掌握生猪、奶牛体重等生长信息，已研发出集个体身份识别、自动定时、自学习、精准配方与给料的生猪及奶牛精准饲喂站，并通过物联网系统实时统计生猪、奶牛采食量，进而根据大数据分析技术进行控制系统自学习与自校准，在满足生猪、奶牛饲喂量需求的同时避免浪费饲料。

（5）挤奶机器人　新一代挤奶机器人利用 3D 传感器，实现挤奶杯的精准定位，并结合智能光谱分析技术在挤奶过程中，对牛奶中蛋白质、脂肪、糖类等成分进行实时检测，同时利用物联网技术自动收集、记录及处理奶牛体质状况、泌乳数量、每天挤奶频率等参数，并在云端服务器进行奶牛生产预警，不仅可以提高劳动生产率和牛奶品质，还可以降低奶牛发病概率，有效节约奶牛管理成本。养殖产业智能化、养殖工人专业化是未来养殖业发展的必然趋势。

1.4.6.3　智能生产决策

由于人工智能、物联网、云计算等技术的快速发展，基于专家系统技术的传统农业生产决策系统将逐渐被新形态的“农业大脑”平台所代替，该类平台通过将众多传感器终端嵌入到农业的研、供、产、销、服务等各个环节，系统分析各环节相关信息与数据，通过云计算、大数据与智能分析技术，最终做出最合理、最经济、最高效率的措施与决策。作为农业全产业链人工智能工程，阿里云ET“农业大脑”等平台通过对农业环境与资源、农业生产、农业市场和农业管理等数据进行收集、处理和分析，从而对相关过程进行指导，实现跨行业、跨专业、跨业务的数据分析与挖掘，以及数据可视化，进一步推动我国农业的转型与升级。

1.4.7 未来展望

尽管人工智能技术已经在众多行业中进行了应用，并取得了一些引人瞩目的成绩，然而，畜牧养殖尤其是生猪养殖行业对人工智能的融合与应用，多数还处于探索阶段，对部分环节的应用模式还存在一定的不确定性，且距全行业普及与应用仍有较大距离。

未来，通过借助人工智能在信息感知与智能决策方面的优势，以及借鉴其他行业应用人工智能技术的成功经验，可以针对生猪生理、生长及生态信息获取、营养精细调控、健康诊断等方向，研发多维度的生猪养殖信息智能化感知新技术与新装备，通过海量生猪养殖大数据的分析，构建生猪养殖信息与精细生产之间的管控机理，进而构建智能化养殖技术体系，为集约化、规模化、福利化生猪健康养殖打造数字化与智能化的养殖新模式。

参考文献

何东健，刘冬，赵凯旋．精准畜牧业中动物信息智能感知与行为检测研究进展．农业机械学报，2016，47(5)：231-244.

尼克．人工智能简史．北京：人民邮电出版社，2017.

全耀．浅谈人工智能的发展史．现代信息科技，2019，3(6)：80-81，84.

史忠植．人工智能．北京：机械工业出版社，2016.

孙红敏．数字农业技术基础．北京：高等教育出版社，2015.

孙烨．人工智能发展概述．中国新通信，2018，20(6)：52-53.

熊本海，王旭，郑姗姗．畜禽养殖智能装备与精准饲喂专利技术研究．北京：中国农业科学技术出版社，2018.

张国锋，肖宛昂．智慧畜牧业发展现状及趋势．中国国情国力，2019，12：33-35.

第 2 章　人工智能的基础技术

【本章提要】 本章主要介绍人工智能的基础技术。通过融合知识图谱与深度学习，提升模型的性能。通过对海量数据进行“加工”，释放其蕴含的潜在价值，揭示某种规律，发现被隐藏的事实，实现数据资产的价值变现。

2.1　深度学习与知识图谱

深度学习(Deep Learning)是当代人工智能技术引领产业变革最为重要的基石之一，其主要是指利用深度神经网络(Deep Neural Networks，DNN)来解决特征表达的一种学习过程，以获得样本数据更有效的内在规律和表示层次。严格来讲，深度学习是属于机器学习(Machine Learning)的一个分支领域，但在相关应用场景中所取得的成效，已远远超过传统的机器学习技术。作为深度学习的核心，深度神经网络本身并不是一个全新的概念，其本质可以看成是包含有多个隐含层的人工神经网络(Artificial Neural Network，ANN)。比较不同的是，为了提高深度神经网络的训练效率和预测效果，研究人员相继对传统神经网络中神经元的连接方法以及激活函数等多个方面做出了相应的改进。由于深度神经网络的深层次结构特性，深度学习可以看成是通过建立和模拟人脑的分层结构来实现对外部输入数据进行从低层到高层的特征提取，也因而能够更加有效地表达客观世界的外部数据，进而为解决复杂问题和智能控制提供有效的途径，目前深度学习已成为实现人工智能的主流方法。

然而，随着人工智能对数据理解需求的日益多元化，深度学习的局限性也日益凸显，尤其体现在依赖大规模标注数据和难以有效利用先验知识等方面。这些局限性阻碍了深度学习的进一步发展。如何让深度学习摆脱对大规模样本的依赖，充分利用大量存在的先验知识，已成为当前研究领域的热点问题，知识图谱则是解决这类问题的关键。

知识图谱(Knowledge Graphs)本质上是一种语义网络，表达各类实体、概念及其之间的语义关系。相对于传统知识表示形式，知识图谱具有实体/概念覆盖率高、语义关系多样、结构友好以及质量较高等优势，从而使得知识图谱逐渐成为大数据时代和人工智能时代最为主要的知识表示方式。通过融合知识图谱与深度学习，利用知识图谱中的知识指导深度学习从而提升模型的性能，已然成为人工智能下一步发展的重要思路。

2.1.1　深度学习

深度学习的基础是深度神经网络(DNN)，要理解什么是深度学习，就要首先明确什么是DNN 模型，本节将就相关内容做简要回顾，并对近年来针对不同应用提出的 DNN 模型，如卷积神经网络(Convolutional Neural Networks，CNN)、循环神经网络(Recurrent Neural Network，RNN)、长短期记忆(Long Short-Term Memory，LSTM)网络等进行简要介绍。

2.1.1.1 深度神经网络

1. 从感知机到传统人工神经网络

假设输入空间(特征空间)是 $X \subseteq \mathbb{R}^n$，输出空间是 $Y = \{+1, -1\}$。输入 $x \in \chi$ 表示实例的特征向量，对应输入空间中的点；输出 $y \in Y$，由输入空间到输出空间有如下函数：

$$f(x) = \text{sign}(w \cdot x + b) \tag{2-1}$$

称为感知机。其中 w 和 b 称为感知机模型参数，w 为权值向量，b 为偏置向量。“·”为内积符号，$sign$ 函数为符号函数，其形式如下：

$$\text{sign}(x) = \begin{cases} +1 & x \geqslant 0 \\ -1 & x < 0 \end{cases} \tag{2-2}$$

感知机是一种线性分类模型，其通过参数 w 和 b 所确定的超平面将样本数据分为 2 类。以 $n = 3$ 为例，该模型可以用图 2-1 表达。

图 2-1 中圆形即代表符号函数(又称激活函数)，感知机模型只能用于二元分类，且无法学习比较复杂的非线性模型，因此难以在实际问题中真正推广应用。传统的人工神经网络(ANN)模型则在感知机模型的基础上做了以下 3 点扩展：

(1)加入了隐藏层　模型中的隐藏层可以有多层，以增强模型的表达能力，如图 2-2 所示，ANN 模型的复杂度随隐藏层层数的增加而增加。

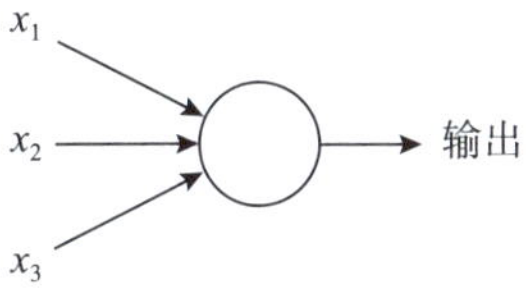

图 2-1　感知机模型

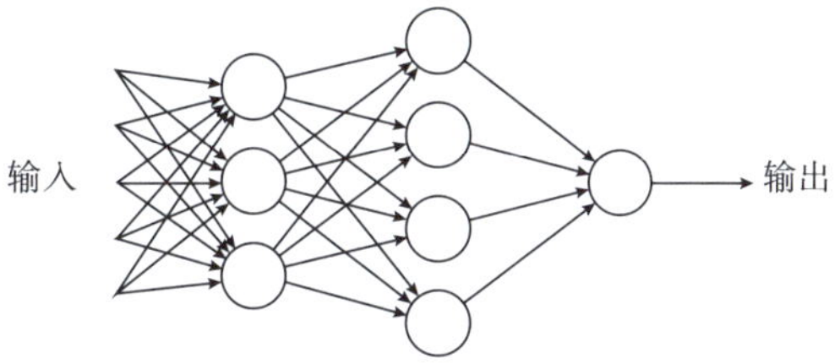

图 2-2　增加了隐藏层的 ANN

(2)多个神经元输出　输出层的神经元也可以不止一个输出，即可以有多个输出，模型因此可以灵活地应用于多分类或回归问题中，以及其他机器学习领域，如特征降维和聚类等。多个神经元输出的输出层对应的一个实例，如图 2-3 所示，该输出层现有 4 个神经元可以输出。

(3)对激活函数做扩展　感知机的激活函数是符号函数 sign(x)，虽然简单但处理能力也较为有限，因此人工神经网络中一般使用其他更加复杂的激活函数，比如在逻辑回归中常用的 Sigmoid 函数，即

$$\text{Sigmoid}(x) = \frac{1}{1 + \mathrm{e}^{-x}} \tag{2-3}$$

通过使用不同的激活函数，可以得到神经网络不同的非线性表达能力，如后面提到的现在深度神经网络中常用的 Softmax、tanh 和 ReLU 激活函数等。

借助训练样本，神经网络模型就可以得到训练。训练模型的过程是通过计算模型损失函数的梯度，利用梯度下降算法来更新和确定最优权重和偏置的。为了加快模型参数的更新，反向传播算法(Back Propagation，又称 BP 算法)得以提出，直到现在 BP 算法依然是神经网络学

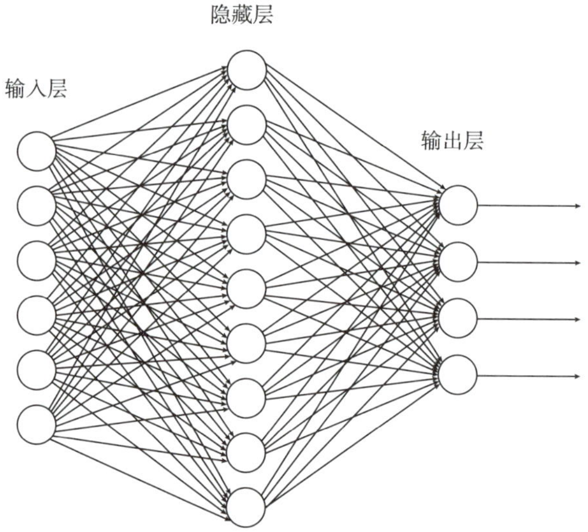

图 2-3　增加了输出层神经元个数的 ANN

习的核心。然而，如前所述，ANN 模型的复杂度随隐藏层层数的增加而增加，但因为当时计算硬件资源的限制和大规模训练样本的缺乏，所以包含有多个隐藏层的 ANN 模型难以得到训练，从而限制了 ANN 在当时条件下的模型表达能力。

2.深度神经网络模型

随着 GPU 等高性能计算资源的发展和大规模数据集的出现，研究人员开始尝试在 ANN 中添加多个隐藏层，以提高模型对复杂的非线性数据的表达能力。图 2-4 所示的是一个典型的包含有多个隐藏层的深度神经网络模型。根据不同层的位置划分，DNN 可以分为输入层、隐藏层和输出层。通常来说，DNN 中第一层为输入层，最后一层为输出层，中间的各层均为隐藏层，图 2-4 中含有 3 个隐藏层。

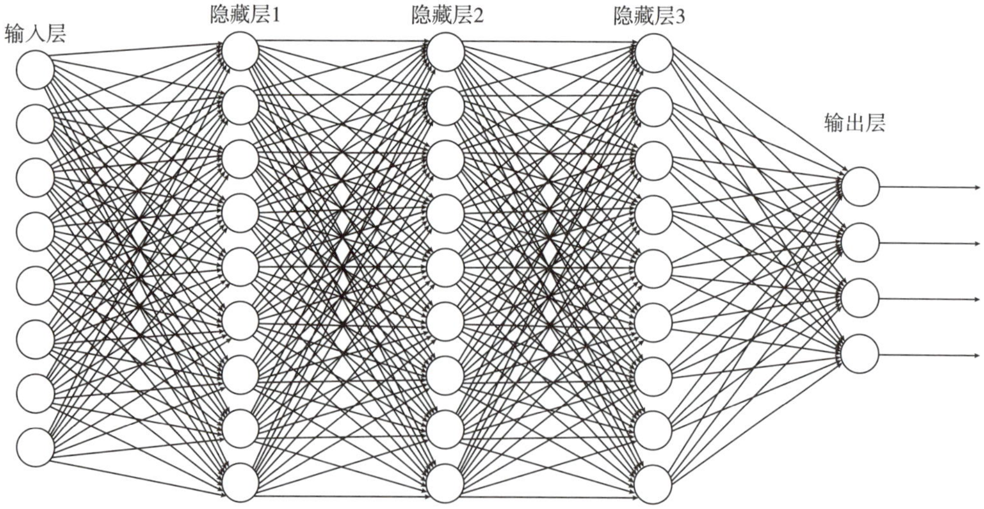

图 2-4　DNN 模型示例

因为增加更多的隐藏层，DNN 的模型表达能力得到很大的提升，所以传统的人工神经网络又常被称作浅层神经网络(Shallow Neural Network)。随着研究的深入,DNN 模型增加更多的隐藏层。为了解决模型收敛慢、梯度消失、梯度爆炸以及过拟合等问题,相继提出了新的激活函数(如 ReLU 等)、新的层结构(如 Dropout 等)以及新的数据标准化方法(如 Batch Normalization,BN)等众多策略。此外,为了解决对不同形式和特性的输入样本,如图像、语音、文本等数据进行深度神经网络的训练,还设计了不同类型的 DNN 模型,如 CNN、RCNN 和 LSTM 等。

2.1.1.2 卷积神经网络

卷积神经网络(Convolutional Neural Networks,CNN)是一种以卷积运算为基础的神经网络,专门用来处理具有类似网格结构数据的深度神经网络。例如,在图像处理中,可以将图像看作是二维的像素网格。CNN 模型通常由若干卷积层叠加全连接层所组成,中间也包含各种非线性操作以及池化操作。相较于其他网络模型,卷积操作的参数共享特性使得需要优化的参数数量大大缩减,提高了模型的训练效率以及可扩展性。卷积运算主要用于处理类网格结构的数据,因此对于图像数据的分析与识别具有显著优势。

1. 卷积神经网络的基本结构

卷积神经网络的基本结构包括 5 层,分别是输入层、卷积层、激活层、池化层以及全连接层。首先,卷积神经网络由输入层将图片输入到卷积层,进行卷积核运算;其次,卷积核操作后,得到特征映射图,再输入到池化层,做最大池化;最后,池化过的数据进入到全连接层,采用 SoftMax 进行分类(图 2-5)。

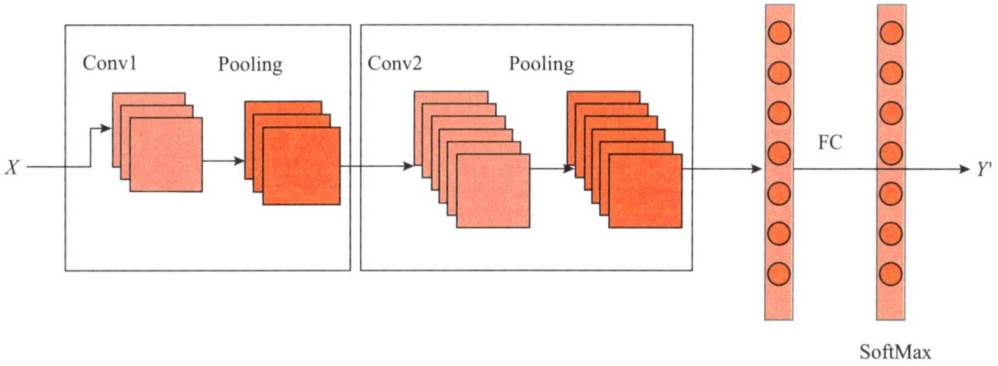

图 2-5 CNN 基本结构

(1)输入层 在输入层中,CNN 将保留图片本身的结构,即保留图片的样本数、图像高度、图像宽度和图像通道数。

(2)卷积层 其计算方式和细节设计是整个卷积神经网络的重中之重。卷积层的设计主要包括步长、填充方式、卷积核大小等的组合设计。不同的组合叠加方式及组合内任意参数的改动,都会对整个模型的运算时间产生不同长短的影响,且最终干预模型输出的结果。其中,卷积核的运算直接关系到整个卷积层的结果。使用卷积核后的图片尺寸变小,这极大地为整个模型的后续计算带来了便利,并且不再需要费时费力地手动选取数据特征,往往只需要设定好卷积核的尺寸、数量和滑动的步长,即可自动提取图片的某些特征,从而达到对输入数据的分类效果,极大地减少了人力成本和时间成本。下面详细介绍卷积层中的卷积核、填充方式以及步长。

①卷积核。卷积是一种针对局部的数学运算，指通过一定大小的卷积核作用于局部图像区域获得图像的局部信息。目前常被应用的3种边缘卷积核（又称滤波器）包括整体边缘滤波器、横向边缘滤波器和纵向边缘滤波器。卷积运算是2个卷积核大小的矩阵内积运算，不是矩阵乘法，即相同位置的数字相乘再相加求和。虽然理论上每个神经网络层的卷积核大小和个数均可自己定义，不过，在一般情况下，常常会在靠近输入层的卷积层设定少量的卷积核，越往后，卷积层设定的卷积核数目就越多。

②填充方式。在卷积操作中，处理后的图形将会小于原始图形，并且图形缩小会导致丢失一些边缘信息。因此，保持图像的边界信息以及输入、输出图像的尺寸一致是非常必要的。填充方式的参数一般是 VALID 和 SAME 2 种：VALID 表示对图像不进行填充；SAME 表示对图像进行补零操作，即在卷积操作之前对输入图形的周围进行全零填充，从而保证输入、输出图像的尺寸一致。

③步长。是卷积核在原图上每一步移动的距离。若步长数值设定较小，特征提取会更全面，但计算量会大大增加，甚至导致过拟合等问题；若步长数值设定较大，计算量会下降，但可能会遗漏数据信息，错失有用的特征信息。通常，步长的选择与输入图像的大小、卷积核大小息息相关。

（3）激活层　在输入和输出都是线性组合的情况下，网络逼近能力相当有限。所以，在模型中加入非线性元素，可表示更大范围的函数。引入非线性函数作为激励函数，极大地扩展了深层神经网络的表达能力。常用激励函数有 Sigmoid、tanh 以及 ReLU 等。如图 2-6（彩图另见二维码 2-1）所示：Sigmoid 函数是指把输入的连续值转换为 0 和 1 之间的输出，其梯度消失发生的概率较大；tanh 函数的输出在 −1 和 1 之间，依然可能存在梯度消失问题；ReLU 函数可解决随着模型深度的增加而梯度消失的问题，因此 ReLU 成为 CNN 模型中最为常用的激励函数。

二维码 2-1

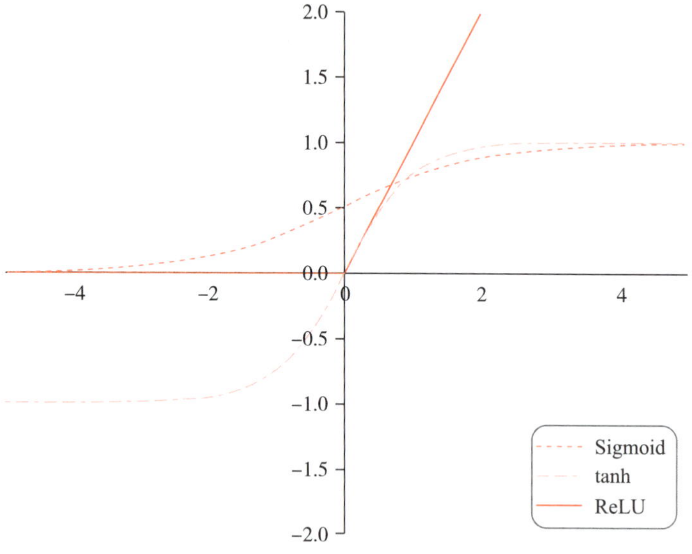

图 2-6　常用激励函数示例

（4）池化层　具有使特征、参数减少的作用。池化层的主要目的是通过降采样的方式，在不影响图像质量的情况下压缩图片可保持某种不变性（旋转、平移、伸缩等）。通常来说，池化方法一般有 3 种：①最大池化，取滑动窗口里最大的值；②平均池化，取滑动窗口内所有值的平均值；③随机池化，随机选择特定区域的任意一个值。对其进行最大池化操作后，模型得出最具特征代表的数值，丢弃那些无意义的数值，以此降低参数范围，最终减少模型的计算量，并最终保留好的模型输出效果。

(5)全连接层　做完 Max Pooling 后，将多层的特征映射展平成一维向量，然后采用全连接的方式将向量连接到输出层，输出层则对应每个类别。卷积层后会输出多个特征图，需要将这些特征图转换成向量序列的形式，才能与全连接层一一对应。全连接层的每个神经元与其前后相邻层的每一个神经元都有连接关系，输入为特征，输出为预测的结果。全连接层就是高度提纯的过程，方便交给最后的分类器进行回归。常采用 SoftMax 作为全连接层的激活函数，并作为分类模型的输出层对其进行分类。自 1998 年的 LeNet 网络成功应用在手写体识别任务中，早期的经典卷积神经网络为现代卷积神经网络奠定了基本结构。此后，经过深度学习技术不懈的研究，提出多种卷积神经网络结构，如，AlexNet(2012)、VGG(2014)、GoogleNet(2014)和 ResNet(2015)，这些算法已被广泛应用于计算机视觉领域。研究人员对卷积神经网络的探索和挖掘从未停止，后续许多研究人员也将卷积神经网络不断应用于自然语言处理和语音识别等时序任务中，进一步拓展卷积神经网络的应用领域。

2. AlexNet

图 2-7 所示的是经典的 AlexNe 结构，它是卷积神经网络发展过程中的重要转折点。AlexNet 包含了以下 4 个主要创新点：①使用 ReLU 作为 CNN 的激活函数。解决了以往传统机器学习中 Sigmoid 函数随着网络层数增加而产生的梯度扩展问题。证明其实验效果优于 Sigmoid 函数。②训练时使用 Dropout，随机忽略部分神经元，避免模型的过拟合问题。③最大池化的有效应用，避免了以往模型中使用平均池化的模糊效果。④局部响应归一化，极大地增强了模型的泛化能力。

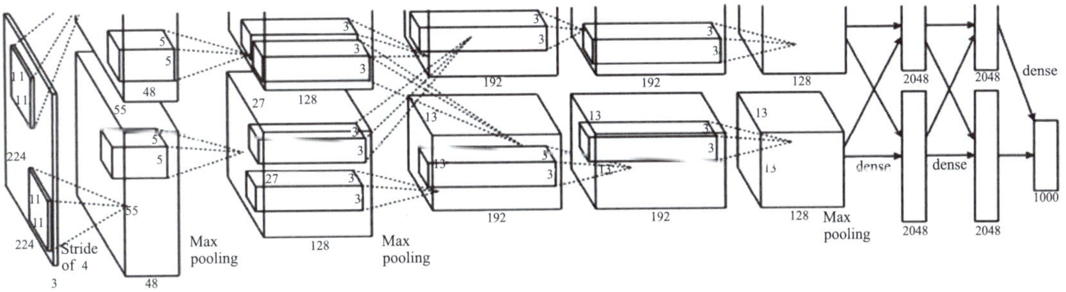

图 2-7　AlexNet 结构

2.1.1.3　循环神经网络

循环神经网络(Recurrent Neural Network，RNN)基本上就是在时间上进行扩展的神经网络，即随着不同的时间序列的推移，当下这一层的输出是在当下时间点上，前一层的输出与这一层的隐藏层相互作用的结果。循环神经网络主要是用于处理序列数据的神经网络，如语音信号或者文本。其内部的循环意味着网络中存在短期记忆，也就是说，不仅会学习当下时间点的信息，还会依赖之前的序列信息，允许信息持久化。其具有特殊的网络模型结构，因而可解决信息保存的问题。典型的 RNN 模型如图 2-8 所示。

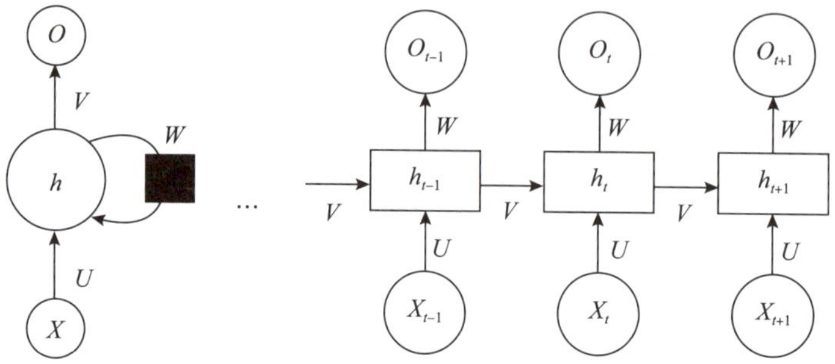

图 2-8 RNN 模型结构

由图 2-8 可以看到 RNN 引入了隐状态 h 的概念，h 可以从序列形式的数据中提取特征，接着再转换为输出。$h_t = \tanh(h_{t-1}, x_t)$ 有前一个神经元的输出和当前时刻的输入共同决定。然而由于 RNN 具有特殊的网络结构，其主要存在以下 3 个主要问题。

（1）梯度消失　更新模型参数的方法是反向求导，因此，时间越往前推梯度越小。当激活函数是 Sigmoid 和 tanh 的时候，这 2 个函数的导数在两端都是无限趋近于零，最终的结果是到达一定“深度”后，模型结果不再变化，停滞不前。

（2）梯度爆炸　由于初始化权值过大，反向传播时对激活函数进行求导，如果此部分大于 1，那么层数增多的时候，最终求出梯度的更新将以指数形式增加，即发生梯度爆炸的现象。

（3）长期依赖问题　当下某个时刻的模型预测能力与之前神经网络层总的信息直接相关，因此随着二者之间的距离横向拉长后，RNN 难以有效获得富有价值的信息。

2.1.1.4 长短期记忆网络

当时间间隔较短时，RNN 可以利用简单的循环学习先前的信息，但其不具备长久学习的能力。长短期记忆（Long Short Term Memory，LSTM）网络是经典的 RNN 模型变体，通过遗忘门、输入门和输出门 3 个门控装置，长时间对特征数据进行学习。简单来说，就是相比普通的 RNN，LSTM 能够在更长的序列中有更好的表现，同时能够解决长序列训练过程中的梯度消失和梯度爆炸问题。目前，LSTM 网络已经广泛应用于语言建模、语音识别以及语音分离等任务上，并取得了显著效果。典型的 LSTM 网络模型，如图 2-9 所示，在该网络中，信息首先

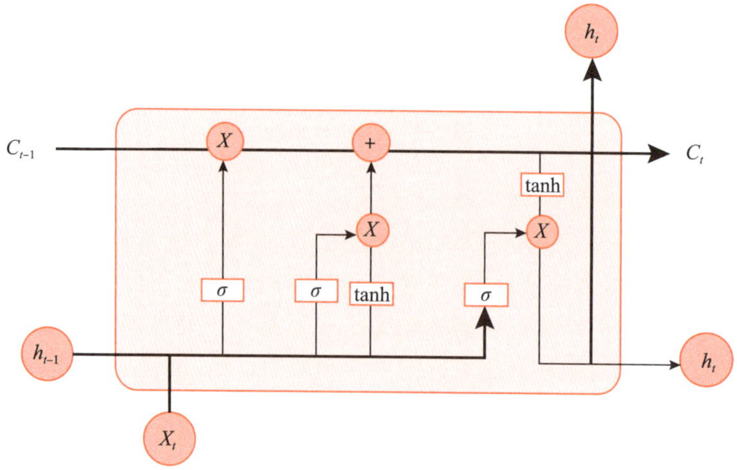

图 2-9 LSTM 网络模型结构

通过遗忘门，此时遗忘门将隐藏层上一时刻输出的 h_{t-1} 和当前时刻输入的 x_t 作为输入，此时的 σ 为 Sigmoid 函数，所以输出值在 0 和 1 之间，“0”值代表信息完全丢弃，“1”值代表信息完全保留。随后，通过遗忘门筛选过的信息，进入输入门，此时对信息的更新由 Sigmoid 层和 tanh 层 2 个部分构成。最后，输出门决定输出哪些信息，3 个门控则决定对信息进行不同选择。

门控循环单元(GRU)是 2014 年提出的 LSTM 模型的一个经典变形，它继承了“门控制”这一中心思想，在 LSTM 的基础上，简化了 LSTM 单元的内部结构。GRU 将 LSTM 中的遗忘门和输入门合并成复位门，另外，数值输出前只通过更新门即可，即 GRU 只有复位门和更新门 2 个结构，参数更少，相比 LSTM 计算和训练更加简单。图 2-10 展示了 GRU 的内部单元结构。图中 z_t 和 r_t 分别表示更新门和复位门。复位门控制前一状态中有多少信息被丢弃，有多少信息被输入。更新门将前一时刻输出信息更新到当前时刻，更新门的值越大则说明前一时刻的状态信息带入得越多。

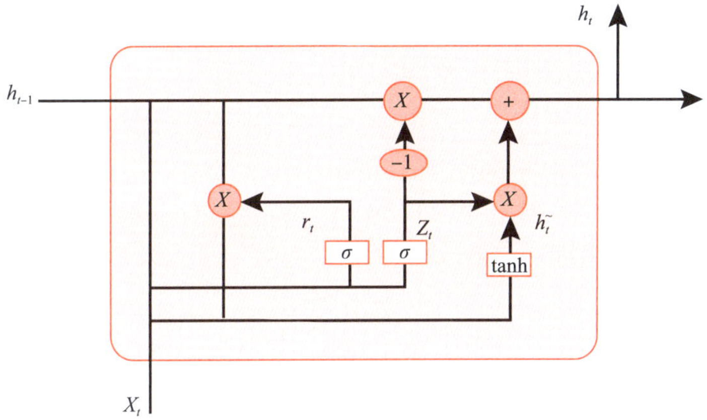

图 2-10 GRU 内部单元结构

2.1.2 知识图谱

下面将首先阐述知识图谱的相关概念及其表现形式，进而对知识图谱涉及的具体技术，如知识抽取、知识表示、知识融合以及知识推理等技术进行详细介绍。

2.1.2.1 知识图谱的基本概念

知识图谱可以理解为一种基于结构化的知识库，将散乱的知识有效地结合起来，方便人们更易获取有用的信息。具体而言，知识图谱就是由一些相互联系的实体及其属性构成的，在实体间相互联系的基础上就形成了“知识”，或者说知识图谱是由一条条知识组成的，每条知识都可表示为一个 SPO 三元组(Subject-Predicate-Object)，如图 2-11 所示。

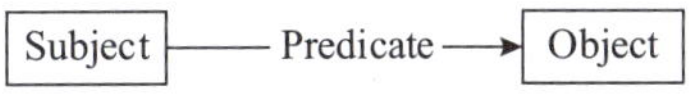

图 2-11 SPO 三元组

在知识图谱中，为更加形式化地表示出三元组之间的关系，一般采用资源描述框架(Resource Description Framework，RDF)的方法。RDF 是由万维网(World Wide 、Web、W3C)推出的，用来对实体/资源进行表述的标准数据模型。RDF 可以分为国际化资源标识符

(Internationalized Resource Identifier,IRI)、结点类型空节点(Blank Node)和字面量(Literals)3 类。IRI 是在整个网络或者图中唯一定义了的实体/资源,相当于人类使用的身份证号。Literal 是字面量,它是一个字母或符号,它所代表的意思就是它本身,而与它所具有的属性、函数或相关的实体无关。Blank Node 简单来说就是没有 IRI 和 Literal 的资源,或者说是匿名资源。SPO 每个部分的类型约束如下:

①Subject 可以是 IRI 和 Blank Node;

②Predicate 是 IRI;

③Object 3 种类型都可以。

那么“马云-阿里集团-CEO”这样一个三元组用 RDF 形式来表示见图 2-12。

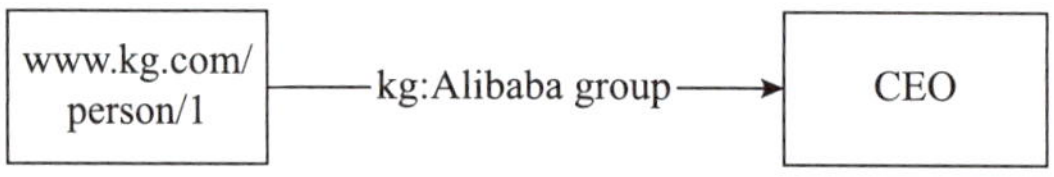

图 2-12 三元组的 RDF 表示形式

“www. kg. com/person/1”是一个 IRI,用来表示“马云”这个唯一的实体。“kg:Alibaba group”也是一个 IRI,用来表示“阿里集团”这样一个属性。“kg:”是 RDF 文件中所定义的 prefix 前缀,如下所示:

@prefix kg: <http://www. kg. com/ontology/>

即 kg:Alibaba group 其实就是“http://www. kg. com/ontology/Alibaba group”的缩写。将上面的知识可用知识图谱进行表示,如图 2-13 所示。

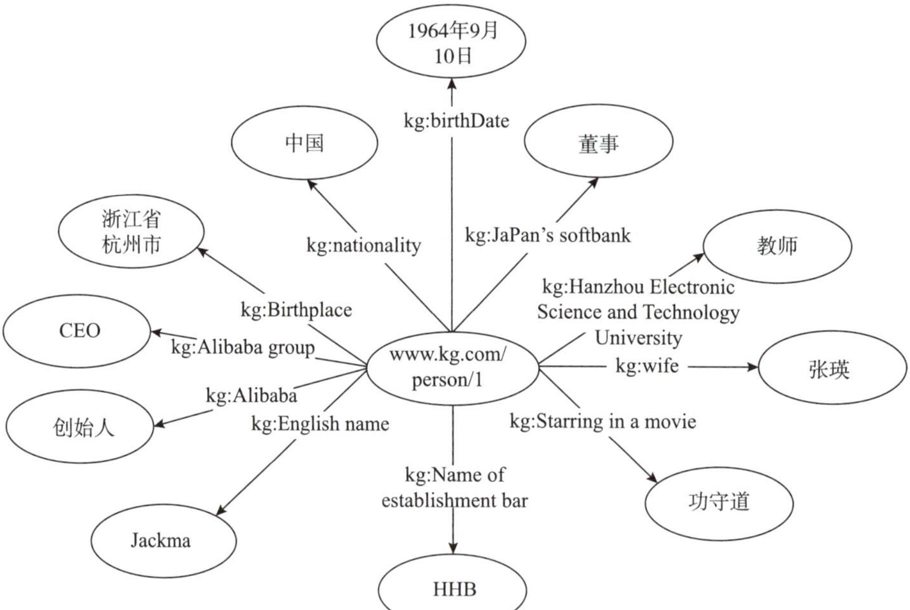

图 2-13 知识图谱示例

综上所述,知识图谱所含有的 2 种不同节点类型为资源和字面量。在这里所要着重表明的是:“马云”一词被看作是字面量,是不能指向外部节点的边的,以此才能够更加有效地揭示出知识图谱中 IRI 这个十分重要的概念。从上面的例子中可以看出,计算机现阶段一直无法克服如何获取网络文本这个难题。虽然经过不断地进步，人工智能技术得到了前所未有的发展，甚至在某些领域做出了比人还要优异的成绩，但若要让计算机有两三岁小孩的推理能力，还得需要进一步的摸索，其中最重要的方面是使计算机拥有“知识”。要想使计算机充分了解语句、文本真正要表达的意思，需要采用智能图谱技术完成对实体的建模，不断地补充其属性，加强与其他事物的关联性，即创造计算机的先验知识。如图 2-13 所示，当其拥有了这样的先验知识，它再次看到“阿里集团的创始人是谁?”时，就会进一步“想”：“阿里集团的创始人是出生在浙江杭州，曾任阿里巴巴 CEO 的马云。”这和人类在看到熟悉事物的时候所产生的联想与推理是类似的。通过知识图谱技术进行实体关系分析和抽取让人工智能技术更上一层楼，相较于传统模式，知识图谱技术可以查询具有某类特征的某类实体，比基于关键词的检索更为精准。同时，知识图谱对问句的语义解析、大规模知识的推理、各种实体间的关系分析也推动着机器学习的发展。

知识图谱之所以得到快速的发展：一方面，是由于互联网信息的爆炸式增长且信息杂乱无章，人们无法快速检索到有效的信息；另一方面，随着现代科学技术的发展，人们希望能在海量的信息中快速、准确并且智能地分解网络信息，得到自身所需要的关键信息。知识工程的概念最早可以追溯到 1977 年，在第五届国际人工智能大会上，研究者们提出了以专家系统为代表的知识库系统；紧接着，1990 年初知识库概念的出现加速了研究者们对知识表示以及知识组织的探索。最早概括知识图谱（Knowledge Graph，KG）概念的机构是谷歌，其目的是为了提高搜索引擎的能力，增强用户的搜索质量，从而掀起了一场语义网络研究的热潮，正如电子科技大学徐增林教授的著作中所提到的：知识图谱技术的出现得益于以上相关研究，可以说是对语义网络标准与技术的一场扬弃与升华。知识图谱整体架构如图 2-14 所示。

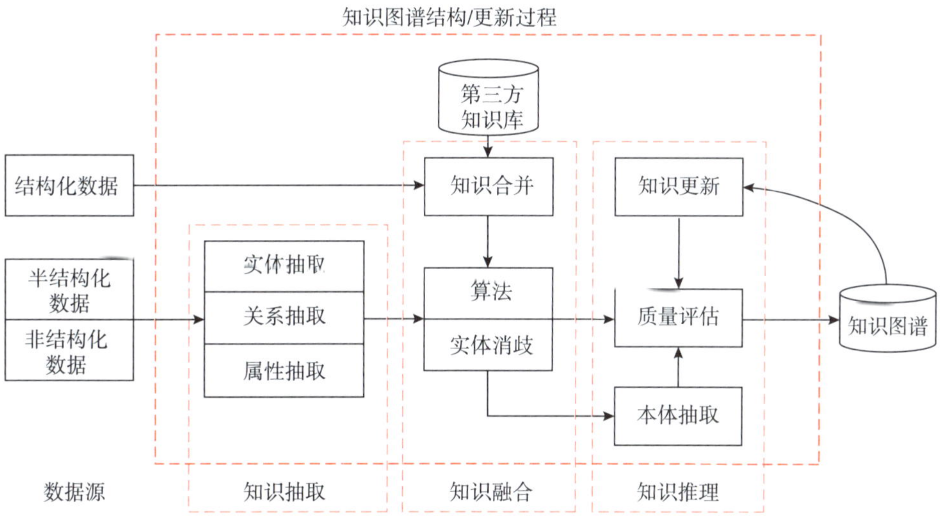

图 2-14 知识图谱整体架构

大规模知识库的构建与应用需要多种技术的支持。通过知识提取技术，可以从一些公开的非结构化、半结构化和第三方结构化数据库的数据中提取出实体、关系、属性等知识要素。知识表示指首先通过一定有效手段对知识要素进行表示，以便进一步处理使用，然后通过知识融合，可消除实体、关系、属性等指称项与事实对象之间的歧义，形成高质量的知识库。知识推理则指在已有的知识库基础上进一步挖掘隐含的知识，从而丰富、扩展知识库。分布式的知识表示形成的综合向量对知识库的构建、推理、融合以及应用均具有重要的意义。接下来，本书将以知识抽取、知识表示、知识融合以及知识推理技术为重点，选取代表性的方法，阐明其中相关的研究进展和实用技术手段。

1. 知识抽取

知识抽取又称信息抽取，具体指在不同来源、不同结构的数据集的基础上，进一步提取实体、实体属性以及实体间的相互关系。此过程不仅能形成本体化的知识表达，还将获得的知识储存至知识图谱。知识抽取是知识图谱在构建及进行问答检索时的核心步骤，而且在语义的理解和分析中作用最大。实体抽取、关系抽取和属性抽取 3 种关键技术组成了知识抽取部分，具体如图 2-15 所示。

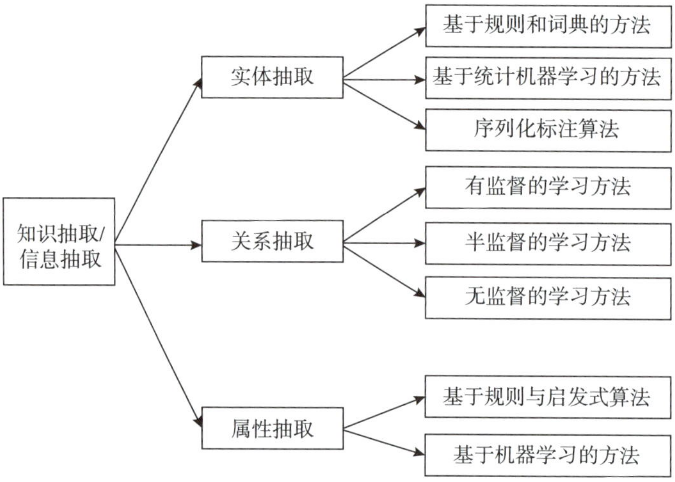

图 2-15　知识抽取关键技术

(1)实体抽取　在实体抽取过程中，可以将实体识别过程转化为序列标注问题。基于规则和词典的方法、统计机器学习方法以及序列化标注算法都可以进行实体抽取，但是序列化标注算法一般只能获取到相邻词位置且比较近的上下文特征，也就表明其缺点在于该算法并不能得到整个句子甚至整篇文章的上下文特征。

(2)关系抽取　包括有监督、半监督以及无监督 3 种学习方法。有监督的学习方法能够将关系抽取技术看作分类问题，可以根据训练数据不断学习有效特征，从而进一步构建出各种分类模型。但该方法也有不足之处，即需要大量人工对训练数据进行标注，会花费很多不必要的时间成本和人力成本。紧接着，为克服有监督学习的缺陷，研究者们又构建出了半监督的学习方法。半监督的学习方法中含有少量的训练样本，学习机通过从训练样本中获得知识，结合测试样本的分布状况进一步修正已获取的知识，并作为测试样本的基础类别。还有一种是无监督的学习方法，其本质上是一种聚类的方法，无训练样本，根据测试样本在特征空间分布情况来进行数据标记，但通过构建模型所得到的准确性很不理想。这 3 种方法当中，目前半监督和无监督的学习方法在多数情况下，模型的训练结果表现较弱，而有监督的学习方法与其他 2 种方法相比较而言，一方面该方法能够抽取出数据中有效的特征信息，另一方面该方法在模型训练结束后所得到的准确率及召回率 2 种评价指标中都具有较好的结果。因此无论是在研究领域还是在实际应用中所涉及最多的算法还是有监督的学习方法。

(3)属性抽取　指从不同信息源中采集不同实体的属性信息，最重要的 2 个过程为属性的抽取和属性值的抽取。属性的抽取最主要的目的是为每一个本体描绘出相应的属性列表；属性值的抽取可为一个语义类的实体总结出与实体相关的属性值。属性抽取可以进一步完善事实表达方式，最终为知识图谱描绘出最佳的实体概念。

2. 知识表示

知识是指信息接收者首先接收到信息，其次对信息进行推理、分析，最后得出正确结论的一个实际过程，也可以描述成是对外界客观事实的归纳和总结。例如，太阳早上从东方升起，晚上从西方落下，这是人对自然界、人类社会以及思维方式与运动规律的认识和掌握，是人的大脑通过思维重新组合并进行系统化的信息集合。在知识图谱中，人类世界中的知识通过知识表示的形式进行表达与存储。

构建知识图谱的难点在于知识推理，而知识推理的难点在于知识表示。一方面，知识的表示形式和手段决定知识推理的形式和难度；另一方面，知识表示的形式也决定知识获取的形式。可见，一种合适的知识表示技术方法对知识图谱的构建十分重要。目前，知识表示常见方法有语义网络、框架表示法以及脚本表示法等。

(1)语义网络　1966 年，Quillan 首次提出了语义网络的概念，并将其表示为人类在联想记忆过程中总结出的一种心理学模型。进一步分析而言，语义网络是一种由有向图表示的知识系统，它将知识描述成为相互连接的点和边。在此过程中，节点表示概念，边则表示概念与概念之间的语义关系。其中，语义网络中最基本的单元称为语义基元，可以用上述提到的三元组进行简单的表示：＜实体 1，关系，实体 2＞。例如，通过语义网络，可以把“台湾是中国的一部分”表示为三元组的形式：＜台湾，中国的，一部分＞。由此可见，语义网络就是由大量的实体以及它们之间的关系构建而成的，并以这样一种较为简单的方式叙述人类世界中的知识。同时，这种构建方式也便于计算机对知识进行存储和检索。

(2)框架表示法　到了 1975 年，框架表示法首次出现在大众的视野当中。该框架具体是指通过模仿人类认识世界的模式，将现实世界中的事物根据具体的情况抽象成一定的框架，框架中定义这个事物应该或者可能具有的属性，又被称为槽(Slot)。如图 2-16 所示，可用框架表示法来表示“汽车”这一概念，它总共有 4 个属性，包括“发动机”“车身”“底盘”以及“电气设备”等，图 2-16 分别对各个属性的值进行了填充展示。

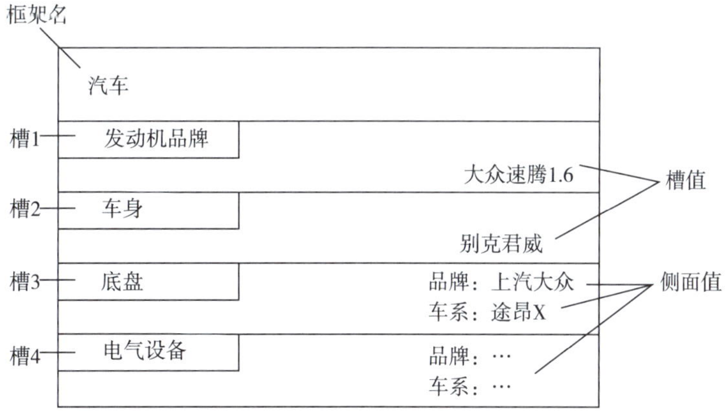

图 2-16　知识框架表示

框架表示法具有强大的结构表达能力且接近人类的思维过程，但同时也存在不足之处：一是人类世界是复杂且多样的，对于整个框架体系设计难度太大；二是不同框架系统之间的框架很难对齐，难以建立一个统一的标准；三是基于框架体系的思想，很难实现知识体系的自动化构建。知识表示方法在知识图谱的计算、补全、推理等方面仍占有举足轻重的位置，其代表模型如图 2-17 所示。

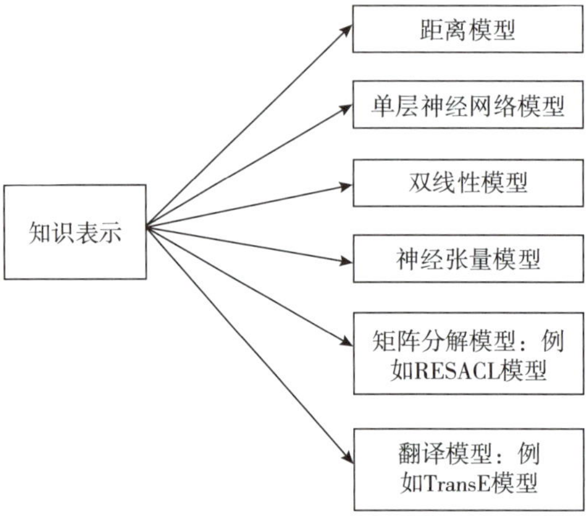

图 2-17　知识表示关键技术

其中，距离模型首先将实体用向量进行表示，随后通过关系矩阵将实体投影到与实体向量同一纬度的向量空间中，最终通过计算投影向量之间的距离来判断实体间已经存在的关系置信度。距离模型自身也存在些许问题，例如，因为距离模型中的关系矩阵是 2 个不同的矩阵，所以实体间的协同性较差。单层神经网络模型克服距离模型的不足，构造出一种采用单层神经网络的非线性模型(Single Layer Model，SLM)，其优点是可以进一步加强实体在关系下的语义相关性，进一步完善知识表示方法。

综上所述，知识图谱中的知识表示方法的核心部分在于本体，以 RDF 的三元组模式为基础框架，体现出实体、类别、属性、关系等多颗粒度、多层次的语义关系。此外，知识图谱在整个构建过程中还是以数据、业务为重心的，该过程在本质上使机器拥有认知能力，去更好地理解这个世界，这也是人工智能的价值所在。

3. 知识融合

当知识图谱获得新知识后，需要对其进行整合，从而消除语义矛盾和歧义，比如一些实体可能有多种表达方式，某个特定称谓也有可能对应多个不同的实体。知识融合部分主要包含 2 种关键技术，即实体链接与知识合并，图 2-18 对知识融合关键技术进行了详细描述。

(1)实体链接　主要包括实体消歧和实体对齐。实体消歧是用于解决同名实体在知识融合过程中产生歧义的技术，其主要采用聚类法。使用聚类法消歧的关键技术问题是如何定义对象与指称项之间的相似度，常用的方法有空间向量模型(也称词袋模型)、语义模型、社会网络模型以及百科知识模型。其中，对于社会网络模型而言，主要使用“物以类聚、人以群分”的基本假设方法。在社会化的环境中，实体指称项的意义在很大程度上是由其相关联的实体所决定的。如上述例子所示：实体如“阿里 CEO”“阿里创始人”等都与“马云”这个实体相关联，其表达的背后含义是一致的。使用实体对齐的最主要目的是消除异构数据中实体间存在的冲突或指向不明等问题。对于这种问题，实体对齐多采用从顶层创建一个大规模的统一知识库，该知识库帮助机器快速识别有歧义的数据，在识别过程中进一步形成更高质量的知识库。该技术使用的算法主要包括成对实体对齐、局部实体对齐以及全局集体实体对齐。

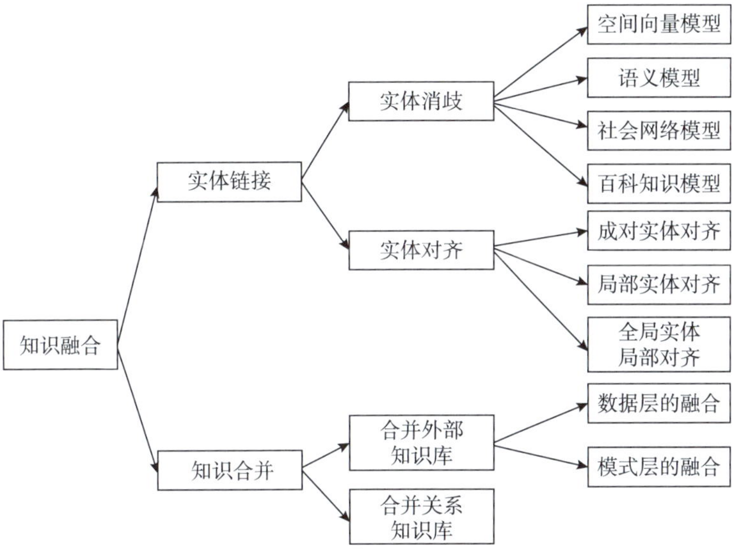

图 2-18 知识融合关键技术

(2)知识合并 即将结构化数据进行合并，包括合并外部知识库与合并关系知识库两大部分。将外部知识库融合到本地知识库需要处理 2 个方面的问题：一方面是数据层的融合，包括实体的指称、属性、关系以及所属类别等，主要是指如何避免实例以及关系之间不必要的冲突问题，从而避免不必要的数据冗余；另一方面是通过模式层的数据融合，将新得到的本体数据进一步融入现有的本体知识库当中。

4. 知识推理

在知识图谱领域中，其核心技术是知识推理。知识推理是指从知识库中已存在的实体关系数据(本体抽取)出发，通过计算机的不断推理，建立起实体间的新关联并进行质量评估的一种方法。质量评估可以对知识的可信度进行量化，通过排除置信度较低的知识来进一步提高知识库的质量，从而拓宽和增强知识网络。在知识推理的基础上，可以从现有知识中不断地发现新知识，在知识更新过程中逐渐完善知识图谱。由此可见，知识推理是走向人工智能的必经之路。知识推理常见的几种方法如图 2-19 所示。

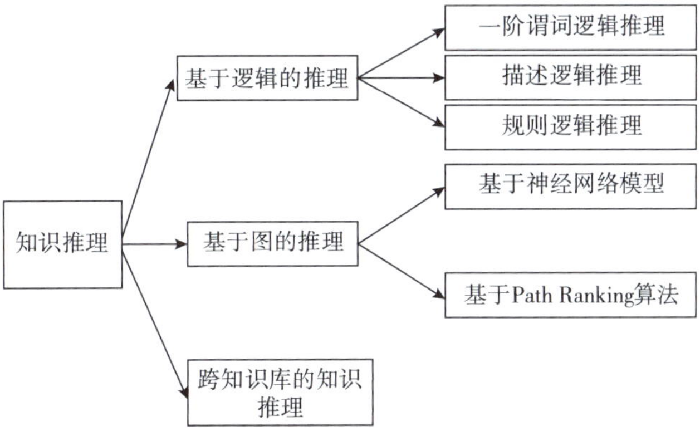

图 2-19 知识推理关键技术

知识推理技术在实际应用过程中存在很多问题，例如，很多从语义网络的角度讨论的推理技术(如基于深度学习和概率统计)很难在实际应用的过程中得到较好的结果，解决这一问题最好的方法是获取较大的数据集并进行存储。

2.2 大数据技术

伴随着移动互联网、物联网等新一代信息技术的发展及其在各行各业的广泛应用，海量数据源源不断地产生并迅速累积，大数据时代随之到来。近年来，云计算技术日益成熟，大数据便不再是夸夸其谈的“镜中月”，而成为能够真正解决问题的“手中刃”。

什么是大数据？目前尚未对其有严格、统一的学术定义，但IBM、麦肯锡、高德纳等国际机构均对大数据的概念进行过讨论，其中，IBM认为：大数据(Big Data)是指无法在一定时间范围内用常规软件工具进行捕捉、管理和处理的数据集合，是需要新处理模式才能具有更强的决策力、洞察发现力和流程优化能力的海量、高增长率和多样化的信息资产。同时，定义了大数据的“4V”特征，即数据量大(Volume)、数据类型繁多(Variety)、处理速度快(Velocity)、价值密度低(Value)。

由此可见，大数据不仅仅数据体量大，还区别于传统数据获取、存储、管理、处理和分析手段的支撑，以对海量数据进行“加工”，释放其蕴含的潜在价值，揭示某种规律，发现被隐藏的事实，从而实现数据资产的价值变现，这才是大数据真正的意义所在。大数据的处理流程及技术框架(以畜牧生产为例)如图2-20所示。

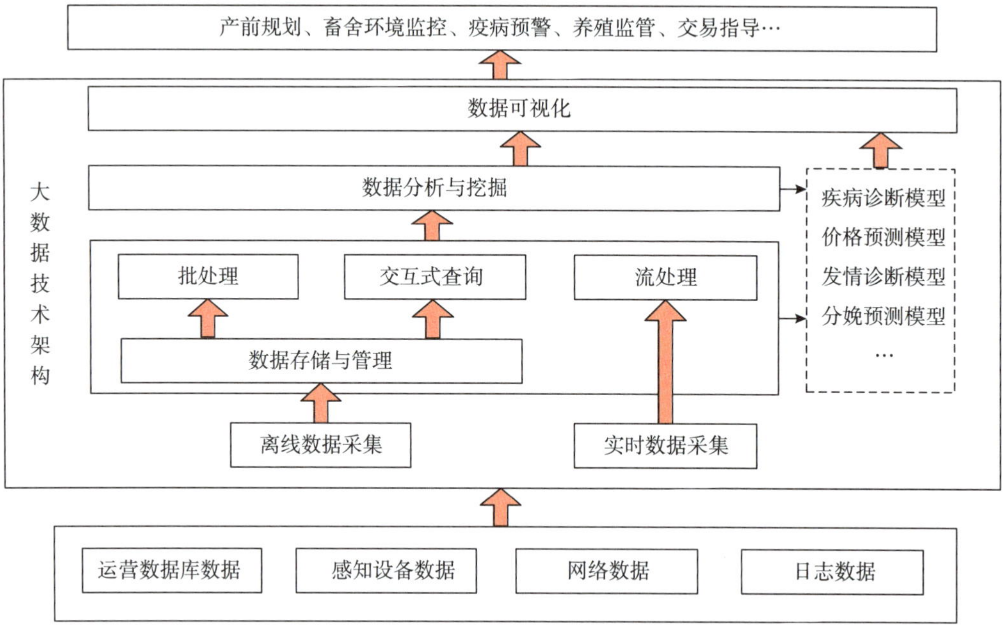

图2-20 大数据处理流程及技术架构

2.2.1 数据采集

2.2.1.1 大数据的分类

大数据的来源众多，大致可分为运营数据库数据、互联网数据、感知设备数据和系统日志数据4类。

(1)运营数据库数据　是行业生产实践中各类应用系统中记录的相关业务数据,例如奶牛存栏、饲料流通量、牛奶产量等。这些数据通常存储在MySQL、SQLServer、Oracle等关系型数据库中。

(2)互联网数据　是由社交媒体(微博、微信、Twitter、贴吧、博客等)、电商平台(淘宝、京东、亚马逊等)、门户网站(网易、新浪、搜狐以及各行业领域的专业性网站等)所产生的数据,例如发表的文章、留言、评论等半结构化数据,以及图片、音频、视频等非结构化数据。这些数据通常采用网络爬虫(Apache Nutch、Crawler4j、Scrapy等框架)及应用平台提供的公共API(如新浪微博API)等方式获取,并经过简单地清洗和转换,存入数据库或以文本文件的形式存储在本地。

(3)感知设备数据　是利用传感器、摄像头和其他智能终端自动采集的信号、图片或视频等,例如二氧化碳、氨气、硫化氢、温湿度、光照强度、粉尘等畜舍环境参数监测数据,以及畜禽体温、体重、采食、饮水、声音、姿态等体征监测数据。这些数据一般采用物联网技术完成采集和传输,并存储在数据库或文件系统中。

(4)系统日志数据　是应用系统和服务器在运行过程中产生的大量访问日志和运行日志,例如用户访问系统时点击了哪一个链接、打开了哪一个页面、采用了哪个搜索项、总体会话时间等行为数据,以及CPU利用率、吞吐量、响应时间等服务器性能数据。这些数据通常以日志文件的形式存储在服务器上。

2.2.1.2　大数据的预处理

上述数据源构成了大数据的庞大数据集,其采集分为2种形式:一是从上述的一个或多个数据源中抽取数据,并对其进行转换和加载,形成一个面向分析主题的统一数据集,供离线批处理场景使用;二是实时采集持续到达的流数据,供实时流处理场景使用。无论应用场景如何,数据源通常存在数据不完整、数据噪声、数据不一致等问题,因此,均涉及对原始数据的预处理,包括数据清洗、数据集成、数据规约和数据变换。

1. 数据清洗

数据清洗的主要任务是通过填写缺失值、光滑噪声数据、识别或删除离群点等方法清除数据中的噪声,并纠正不一致。其中,缺失值可通过回归、贝叶斯、决策树、K-近邻等方法确定一个最可能的值进行填充。平滑噪声数据、识别离群点可采用分箱、聚类、回归等方法。

2. 数据集成

数据集成的主要任务是将来自多个数据源的数据合并成一个一致的数据存储(例如数据仓库),并注意避免数据冗余,涉及实体识别、数据冗余和数据冲突等的检测及处理。

(1)实体识别　是从单个或者多个数据源中确认匹配同一实体的多条记录(实体匹配),并且尽可能好地将这些记录进行合并(实体合并)。实体匹配在计算记录的相似度时,分为记录对计算和聚类计算2种方式。因为待合并记录的模式、属性以及属性数据类型均会有所差异,所以需通过模式识别与转换来统一数据集的模式。

(2)数据冗余　主要表现为同一属性在不同的数据库中有不同的字段名,一个属性可以由另外一个属性导出等。采用相关分析方法进行检查以消除数据冗余,例如标称数据采用χ^2检验,数值数据采用相关系数和协方差等。

(3)数据冲突　主要表现为来源不同的同一实体具有不同的数据值,一般是由属性度量方式、数据编码、表示方式等的不同造成的，需要人工处理。

3. 数据规约

数据规约的主要任务是得到原数据集的规约表示，以降低数据的规模，简化数据集。规约后的数据集小得多，但可以产生与原数据集相同的（或几近相同的）分析结果，主要包括维规约、数值规约和数据压缩。

（1）维规约　其目的是减少所考虑的随机变量或属性的个数，常用的方法包括小波变换、主成分分析和属性子集选择等。

（2）数量规约　其目的是用较小的数据表示、替代或估计原始数据，常用的方法包括回归、对数线性模型等参数方法，以及直方图、聚类、抽样、数据立方体聚集等非参数方法。

（3）数据压缩　其目的是使用编码机制压缩数据集。针对字符串压缩方法包括行程长度压缩、哈夫曼编码压缩、LZW 压缩等，通常是无损压缩；针对音频、视频的压缩方法主要有小波变换、主成分分析等，通常是有损压缩。

4. 数据变换

数据变换的主要任务是将数据转换或统一成适合分析、挖掘的形式，使得数据的挖掘可以在多个抽象层上进行。通常的变换策略包括光滑、聚集、规范化、离散化、属性构造等。

（1）光滑　其目的是去除数据中的噪声，常用的方法包括分箱、回归、聚类等。

（2）聚集　其目的是对数据进行汇总或聚集，通常采用数据立方体聚集方法。

（3）规范化　其目的是将属性数据按比例缩放，使之落入一个小的特定区间，以消除量纲，常用的数据规范化方法有最大、最小值规范化和 z-score 规范化以及小数定标等。

（4）离散化　其目的是将数据进行概念分层，以适应分类算法的要求，减少数据规模，克服数据中隐藏的缺陷。数值数据的离散化可用区间标签或概念标签替换原始值，递归形成属性的概念分层；标称数据的离散化可由用户或专家在模式级显式地说明属性的部分序或由预先定义的语义关系产生概念分层。

（5）属性构造　其目的是根据给定的属性，构造和添加新的属性，并添加到属性集中，可帮助提高准确率和对高维数据结构的理解，一般以人工方式进行。

目前，业界已有很多成熟的大数据采集工具，例如 Sqoop 可通过 MapReduce 分布式计算模型将关系数据库中的数据导入 HDFS、Hive、HBase 中，也可将 HDFS 的数据导入关系数据库中，实现离线关系型数据采集；Flume 可将大批量的不同数据源的日志数据收集、聚合并移动到 HDFS 中，实现离线日志数据采集；Kafka 可实时收集系统服务的日志，并以统一接口服务的方式开放给其他使用者，实现实时流数据采集。

2.2.2　数据存储与管理

大数据分为结构化、半结构化和非结构化 3 种数据类型。结构化数据是可以用二维表结构来表示的数据，如关系数据库中存储的各类数据；半结构化数据是一种自描述的数据结构，它通过标记来分隔语义元素，并对记录和字段进行分层，如 XML、HTML、JSON 文件数据；非结构化数据是没有预定义的数据模型，不方便用规则或完整的数据结构来表示，如纯文本文档、图片、图像、音频、视频等。按照数据类型和应用场景的不同，大数据存储和管理技术主要包括分布式文件系统、NoSQL 数据库和 NewSQL 数据库。

2.2.2.1 分布式文件系统

相对于传统的本地文件系统而言，分布式文件系统（Distributed File System，DFS）是把文件分布存储到多个计算机节点上，成千上万的计算机节点构成计算机集群，并通过网络实现文件在多台主机上的分布式存储。

目前，众多需处理海量数据的公司都有自主研发的分布式文件系统，其中，Google 公司的 GFS（Google File System）和 HDFS（Hadoop Distributed File System）广为人知，HDFS 开源实现了 GFS 的基本思想，它是 Hadoop 生态系统的一个组成部分，能够运行在由廉价的普通机器组成的集群上，支持超大规模（GB 甚至 TB 级别）文件处理，文件模型简单（一次写入、多次读取），且具有强大的跨平台特性，支持 JVM 的机器都可以运行 HDFS。

一个 HDFS 集群由一个名称节点（NameNode）和若干个数据节点（DataNode）构成，采用主从（Master/Slave）结构模型，如图 2-21 所示。

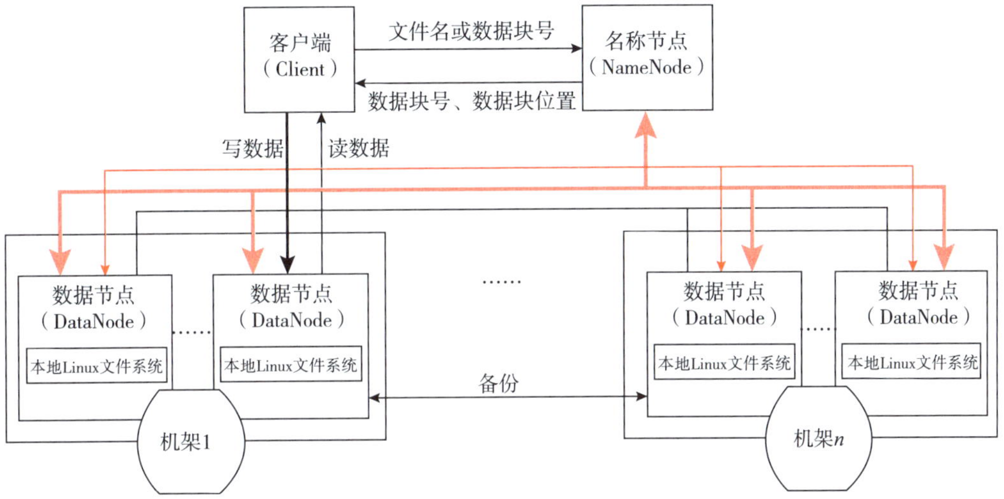

图 2-21 HDFS 体系结构

1. 名称节点

名称节点（NameNode）记录着每个文件中各个块所在的数据节点的位置信息，由其中的 FsImage 和 EditLog 日志文件负责维护，前者负责记录文件系统树以及文件树中所有的文件和文件夹的元数据，后者负责记录所有针对文件的创建、删除、重命名等操作。

在 NameNode 启动时，会将 FsImage 文件中的内容加载到内存中，之后执行 EditLog 文件中的各项操作，使内存中的元数据和实际同步。但是，在 NameNode 运行期间，EditLog 会越来越大，此时 NameNode 的重启会变慢，因此，HDFS 加入第二名称节点（Secondary NameNode），它一般单独运行在一台机器上，通过对 NameNode 的周期刷新，获取并保存 NameNode 中对 HDFS 元数据信息的备份，从而减轻 NameNode 中 EditLog 的负担，这样既能减少名称节点重启的时间，又能作为 NameNode 的备份节点，还能提高系统的可用性。

2. 数据节点

数据节点（DataNode）负责具体处理客户端的读、写请求，在 NameNode 的统一调度下进行数据块的创建、删除和复制等操作。

当客户端发出写数据请求时，NameNode 执行合法性检查并创建新的元文件，此后，数据文件会被划分成若干个块(块是 HDFS 的基本存储单位,默认为 64 MB),以冗余的方式存储在不同机架的不同数据节点上,来提高系统的容错性和可用性。同时,DataNode 会定期向名称节点发送自己所存储数据块的列表。

当客户端发出读取数据请求时,从 NameNode 获取数据块不同副本所在的数据节点,并按照“就近”原则,从离客户端最近的数据节点中读取所需数据块。

HDFS 采用流式数据读取,具有很高的数据吞吐率,但也意味着有较高的延迟,因此,它不适合低延迟(如秒级)的数据访问场景;另外,HDFS 无法高效存储和处理大量的小文件,因为这些小文件的元数据信息会大量消耗 NameNode 所需的内存空间,极大地降低元数据的检索效率。总之,HDFS 适合大规模数据的批处理应用场景,既可作为元数据的文件系统使用,又可作为支持 HBase 等分布式数据库的底层文件系统使用。

2.2.2.2 NoSQL 数据库

NoSQL 数据库是对非关系型数据库的统称,不同于关系型数据库,它采用非关系数据模型,没有固定的表结构,且没有严格遵守 ACID 约束。NoSQL 数据库具有灵活的可扩展性,通过“横向扩展”替代传统的“纵向扩展”,能充分利用云计算基础设施,性价比高,方便实现。因此,NoSQL 数据库适用于存储海量的半结构化和非结构化数据。

按照数据模型的不同,NoSQL 数据库可分为键值数据库、列族数据库、文档数据库和图数据库 4 种。不同 NoSQL 数据库的数据模型、典型应用及优缺点对比如表 2-1 所示。

表 2-1　4 种 NoSQL 数据库的数据模型、典型应用及优缺点对比

对比指标	键值数据库	列族数据库	文档数据库	图数据库
代表产品	Redis	HBase、Cassandra	MongoDB	Neo4J
数据模型	键/值	列族	版本化的文档	图结构
典型应用	内容缓存,如会话、配置文件、参数、购物车等	分布式数据存储与管理	存储、索引并管理面向文档的数据或者类似的半结构化数据	大量复杂、互连接、低结构化的图结构场景,如社交网络、推荐系统等
优点	扩展性好,灵活性好,大量写操作时性能高	查找速度快,可扩展性强,易分布式扩展,复杂性低	性能好(高并发),灵活性高,复杂性低,数据结构灵活	灵活性高,支持复杂的图形算法,可构建复杂关系图谱
缺点	无法存储结构化信息,条件查询效率较低	功能较少,大都不支持强事务一致性	缺乏统一的查询语法	复杂性高,只能支持一定的数据规模

2.2.2.3 NewSQL 数据库

与传统的关系数据库相比,NoSQL 数据库具有良好的扩展性和灵活性,但因为采用了非关系数据模型,所以对于高度复杂的结构化查询,查询效率较低,且不支持事务的 ACID 特性。于是,近年来出现了 NewSQL 数据库。

NewSQL 数据库是对各种新的可扩展、高性能数据库的统称,它不仅具有 NoSQL 数据库对海量数据的存储管理能力,还保持了传统关系型数据库的 ACID 和 SQL 等特性。不同 NewSQL数据库的内部结构差异很大,但它们有 2 个显著的共同特点:一是支持关系数据模型;二是使用 SQL 作为主要的接口。NewSQL 数据库可用于存储海量的结构化数据,适用于

面向分析型应用的场景。

2.2.3 数据计算处理

根据应用场景的不同，大数据处理的类型分为 3 种：复杂的批量数据处理（小时级，简称批处理）、基于实时数据流的处理（毫秒级/秒级，简称流处理）和基于历史数据的交互式查询处理（分钟级/秒级）。针对不同的数据处理场景，分别简要介绍一下业界具有代表性的技术框架。

2.2.3.1 批处理

批处理适用于基于静态大数据的离线分析场景，如用户画像分析、生产适宜性分析等，其特点是数据已经产生并存储在文件系统或数据库中，对数据处理的时效性要求不高。

Hadoop 的 MapReduce 是大规模数据集（大于 1 TB）批处理的代表性技术，它是一种并行编程模型，可将复杂的、运行于大规模集群上的并行计算过程高度抽象到 2 个函数：Map 和Reduce，使得分布式程序的开发只需要关注这 2 个函数的具体实现，而不需要关注分布式存储、工作调度、负载均衡、容错处理、网络通信等其他并行编程问题，极大地降低了使用门槛。

MapReduce 体系结构主要由 4 个部分组成，分别是 Client、JobTracker、TaskTracker 以及 Task，如图 2-22 所示。其中，Client 负责提交用户编写的 MapReduce 程序，并供用户查看作业运行状态；JobTracker 负责 TaskTracker 与 Task 的健康状况监控和调度，并跟踪任务的执行进度、资源使用量等信息，通知 TaskScheduler；TaskScheduler 负责选择合适的任务使用 TaskTracker 上的空闲资源；TaskTracker 周期性地向 JobTracker 汇报所在节点上资源的使用情况和 Task 任务的运行进度，并接收和执行 JobTracker 的启动新任务、杀死任务等命令；Task 分为 Map Task 和 Reduce Task 两种，均由 TaskTracker 启动。

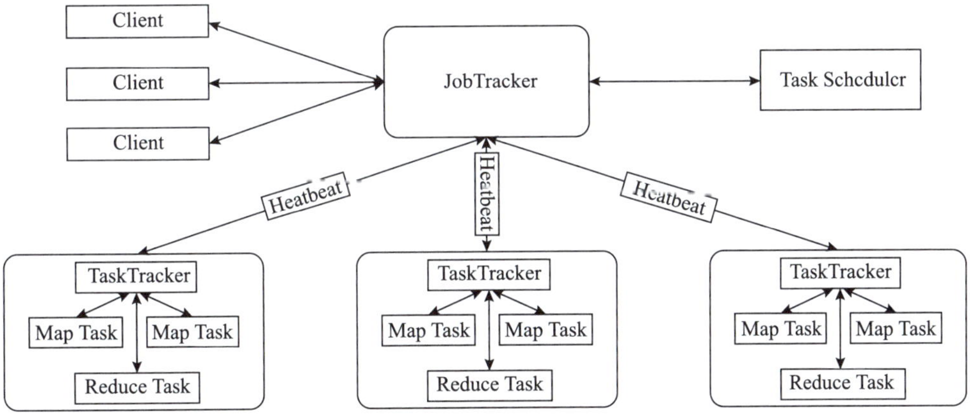

图 2-22 MapReduce 体系结构

MapReduce 在执行过程中，采用“分而治之”策略，一个存储在分布式文件系统（如 HDFS）中的大规模数据集，会被切分成许多独立的小数据块（Split），这些小数据块可以被多个 Map 任务并行处理（每一个 Map 任务的输入是一个数据子集），Map 任务生成的结果作为 Reduce 任务的输入，最终，由 Reduce 任务输出最后结果，并写入分布式文件系统，如图 2-23 所示。

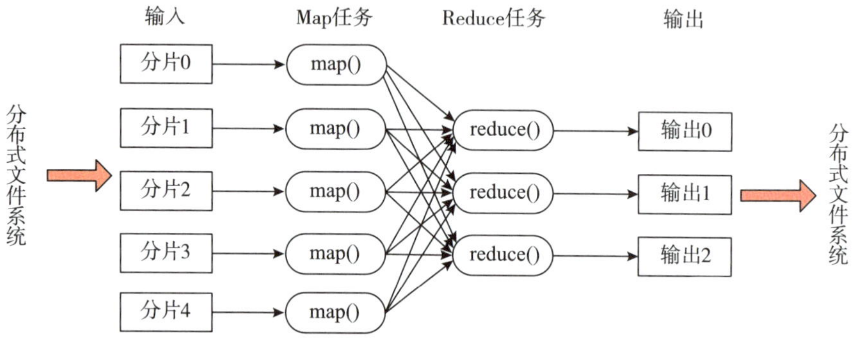

图 2-23 MapReduce 工作流程

2.2.3.2 流处理

流处理适用于基于流数据的实时分析场景，例如根据用户点击实时计算用户喜好，根据传感器监测数据实时预警，等。其特点是数据源源不断地产生，对其进行实时计算并反馈结果，计算结果既可丢弃，又可按需存储，供后续分析使用。

Storm 是大规模流数据处理的代表性技术，它将其主要的设计思想抽象为 Streams、Spouts、Bolts、Topology 和 Stream Groupings。其中，Streams 是对流数据的抽象描述，每个 Stream 是一个无限的 Tuple（元组）序列，它们会以分布式的方式并行地创建和处理；Spouts 是 Streams 的源头，一个 Stream 对应一个源头 Spout，它会从外部读取流数据并持续发出 Tuple；Bolts 是 Streams 状态转换过程的抽象，对 Tuple 的处理逻辑都被对应地封装在一个个 Bolt 中；Topology 是 Spouts 和 Bolts 所组成网络的抽象，它可以被提交到 Storm 集群中执行；Stream Groupings 用于告知 Topology 如何在 2 个组件间（如 Spout 和 Bolt 之间，或者不同的 Bolt 之间）进行 Tuple 的传送。Topology 是 Storm 最高层次的抽象概念，如图 2-24 所示。

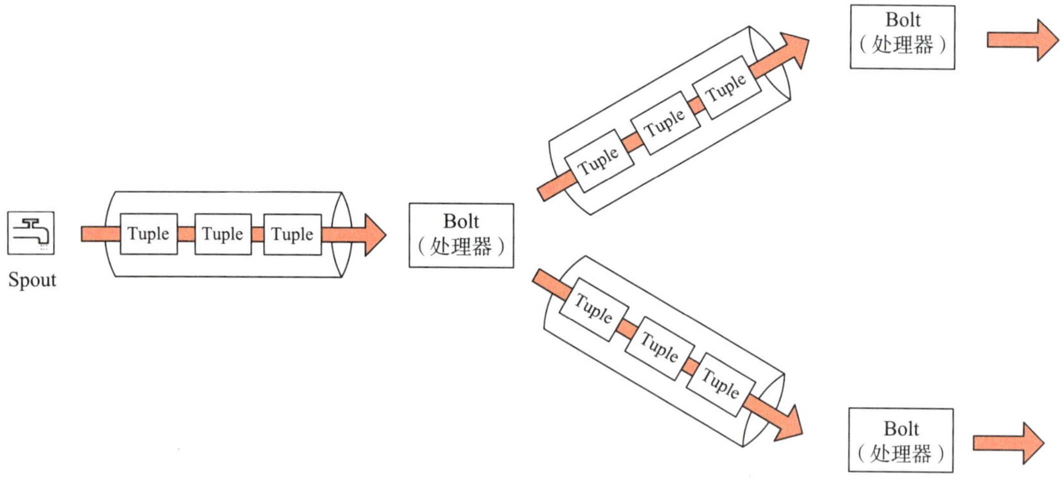

图 2-24 Storm 中的 Topology

Storm 运行在分布式集群中，它上面运行的是 Topology，Topology 会对数据进行持续处理，直到人为终止。Storm 集群架构如图 2-25 所示。

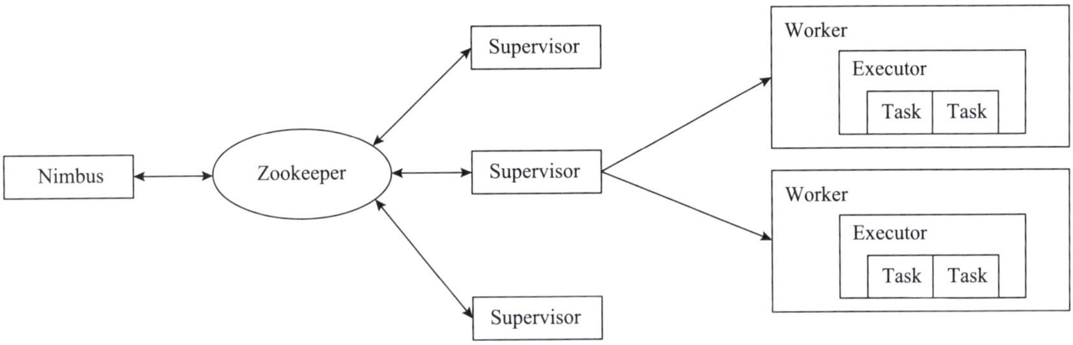

图 2-25 Storm 集群架构

其中，Nimbus 是 Storm 的核心组件，分析 Topology 并收集运行 Task，分发 Task 给 Supervisor，并通过 Zookeeper 监控 Topology 的运行状态；每个 Supervisor 有 n 个 Worker 进程，负责代理 Task 给 Worker，Worker 再孵化执行线程，最终运行 Task；Worker 负责执行特定的 Task，Worker 本身不执行任务，而是孵化 Executors，让 Executors 执行 Task；Executor 运行 Task，Task 执行实际的 Spout 或 Bolt 任务处理。

在实际生产实践中，Storm 可以与 Kafka 结合使用，Kafka 负责数据实时采集，Storm 负责数据实时计算。

2.2.3.3 交互式查询处理

交互式查询处理适用于基于历史数据的交互式查询分析场景，其特点是类似于基于传统 SQL 的查询和交互方式。

Impala 是大规模数据交互式查询处理的代表性技术，它是一个基于 MPP(Massively Parallel Processing)技术架构的新型实时交互 SQL 大数据查询引擎，与以 MapReduce 为代表的 Hive 技术不同，Impala 守护进程克服了 MapReduce 批处理查询启动开销大的局限性，能够快速提高存储在 HDFS、HBase 中大数据的查询速度。

Impala 的查询组件主要由分布式查询引擎(Impalad)、集群状态监视器(StateStore)、元数据监视器(Catalog)、客户端(调度工作站)及接口组成，如图 2-26 所示。

其中，Impalad 是 Impala 的核心组件，以守护进程的形式运行在分布式存储系统的从节点上，由查询计划生成器(Query Planner)、查询调度器(Query Coordinator)、查询执行器(Query Exec Engine)组成 MPP 并行查询组件。任何从节点的 Impalad 都可以接收客户端的查询请求，接收请求的节点作为本次查询的协调者节点。协调者节点调用查询计划生成器解释查询语句，生成查询计划树，发给查询调度器，再由调度器把计划树发给其他含有相应数据块的 Impalad 节点的查询执行器。多个从节点的查询执行器并行执行查询，并把结果通过网络流式传回至协调者节点，由协调者返回至调度工作站。

StateStore 运行在分布式存储系统的主节点上，监视集群中所有分布式查询引擎的健康状况，并将集群健康状况分发给所有从节点，当某个 Impalad 节点因硬件或网络故障不能正常工作时，协调者节点就不会将查询计划发给此故障节点，增强集群的鲁棒性(robust)。

Catalog 负责监视集群的元数据信息，当某个 Impalad 节点执行的查询语句(如 DDL 或 DML)引起元数据变化时，Catalog 经由 StateStore 将这些变化发送到其他 Impalad 节点，使各节点元数据保持同步，保证各节点能够并行工作。

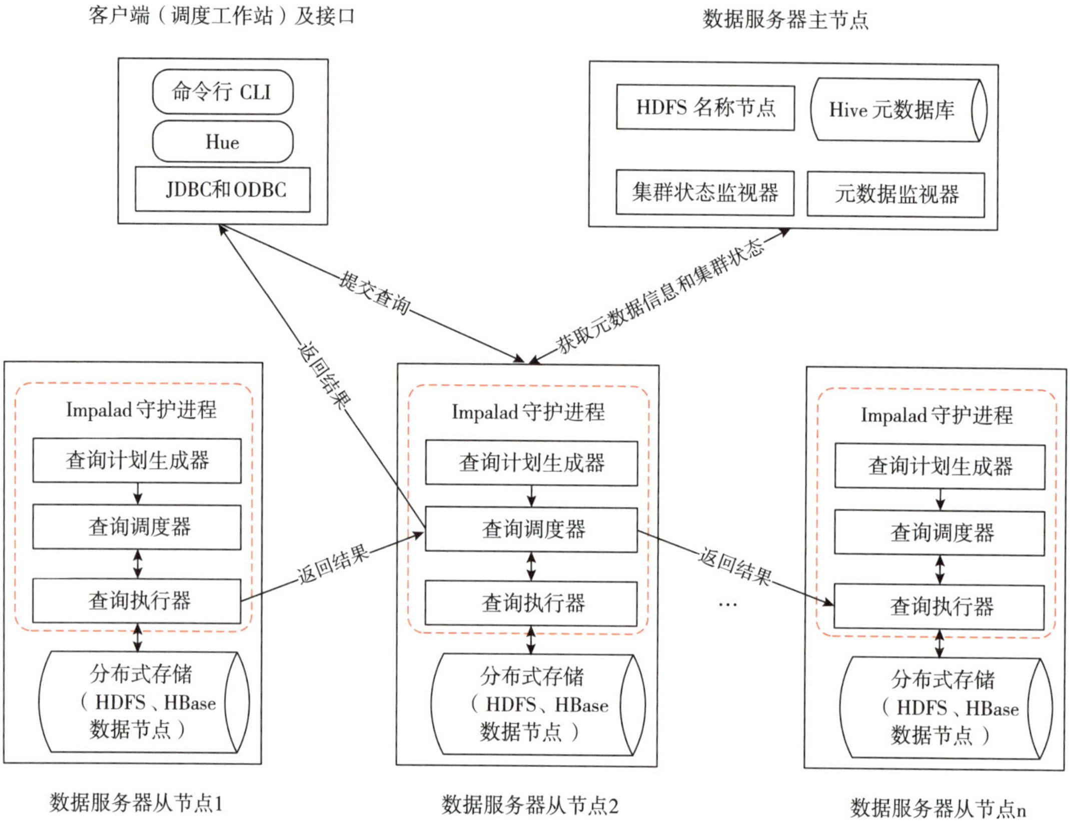

图 2-26　Impala 的查询组件

客户端(调度工作站)及接口中的命令行工具 Impala Shell,可以直接用查询语句进行查询。Hue 是用于分析 Hadoop 生态圈数据的网页图形界面,可以方便地与 Impala 进行图形化界面交互。客户端还提供 JDBC 和 ODBC 接口,方便用户以编程的方式执行查询。

综上所述,不同的数据处理场景可分别采取不同的大数据处理框架,但有时会同时存在以上 3 种场景,这时就需要同时部署多种框架,可能会造成开发维护成本的增加、不同场景间数据难以无缝对接、难以进行统一的资源分配和调度等问题。Spark 的生态系统可以提供一站式的大数据处理解决方案,可以同时支持批处理、流处理和交互式查询处理。

Spark 生态系统主要包括 Spark Core、Spark SQL、Spark Streaming、MLlib 和 GraphX 等组件,可分别完成批处理、交互式查询、流处理、数据挖掘和图计算,目前已经成为主流的大数据计算平台之一。

2.2.4　数据分析与挖掘

数据分析与挖掘技术大体分为 2 种:统计分析和数据挖掘,以下分别简要介绍这 2 种技术的常用方法及算法。

2.2.4.1　统计分析

常用的统计分析方法包括对比分析法、分组分析法、结构分析法、平均分析法、综合评价法、相关分析、回归分析、时间序列预测等。

(1)对比分析法　可分为静态对比和动态对比 2 种,前者是在同一时间条件下对不同总体指标的比较,简称横比;后者是在同一总体条件下对不同时间指标数值的比较,简称纵比。

(2)分组分析法　是根据数据分析对象的特征,按照一定的指标,如业务、用户属性、时间等维度,把数据分析对象划分为不同的部分和类型来进行对比分析的,通常与对比分析法结合使用。

(3)结构分析法　分析总体内的各部分占总体的比例,比例越大,说明其重要程度越高,对总体的影响就越大。

(4)平均分析法　通过计算平均指标来反映总体在一定时间、地点条件下某一数量特征的一般水平。平均指标有算数平均数、调和平均数、几何平均数、众数和中位数等。

(5)综合评价法　是将多个指标转化为一个能够反映综合情况的指标来进行分析评价的方法,涉及评价指标体系的确定、数据标准化、指标权重确定、综合评价值的计算等问题。常用的指标权重确定方法有专家访谈法、德尔菲法、层次分析法、主成分分析法、因子分析法、回归分析法、目标优化矩阵表等。

(6)相关分析　是研究 2 个及以上随机变量之间相互依存关系的方向和密切程度的方法,直线相关用相关系数表示,曲线相关用相关指数表示,多重相关用复相关系数表示。

(7)回归分析　是研究自变量与因变量之间关系形式的分析方法,它主要是通过建立因变量 Y 与影响它的自变量 $X_i(i=1,2,\cdots,n)$ 之间的回归模型,来预测因变量 Y 的发展趋势。回归分析可分为线性回归及非线性回归 2 种。

(8)时间序列预测　是通过时间序列来分析预测目标变量未来发展趋势的方法,主要包括移动平均法、指数平滑法、趋势外推法、季节变动法等。

2.2.4.2　数据挖掘

传统意义上的数据挖掘主要包括 3 类问题:聚类分析、分类和预测、关联规则分析。

1. 聚类分析

聚类分析是一个把数据对象划分成子集(簇)的过程,同一个簇中的对象有很大的相似性,而不同簇间的对象有很大的差异性,由聚类分析产生簇的集合称作一个聚类。聚类分析为无监督学习,没有提供类标号信息,可用于数据集内事先未知群组的发现,广泛应用于图像识别、欺诈检测、客户关系发现等领域。

在相同的数据集上,不同的聚类方法可能产生不同的聚类。常用的聚类方法包括基于划分的方法、基于层次的方法和基于密度的方法等。

(1)基于划分的方法　其基本思想是给定一个包含 n 个样本的数据集,划分方法将数据划分为 k 个分区 $(k \leqslant n)$,每个分区表示一个簇,且满足:每个簇至少包含一个样本;每个样本必须属于且仅属于一个簇。其划分准则是同一个簇中的对象尽可能地接近,不同簇之间的对象尽可能地远离。代表性算法有 K 均值聚类算法(K-means)、K 中心点聚类算法(K-Medoide)等。

(2)基于层次的方法　其基本思想是对给定数据集合进行层次分解,分为自底向上方法(凝聚)和自顶向下方法(分裂)2 种,代表算法分别为 AGNES(AGglomerative NESting)和 DIANA(DIvisive ANALysis)。上述算法简单且理解容易,但合并点或分裂点选择不太容易,不适用于大数据集,执行效率较低,因此,出现了优化的层次聚类方法,如 BRICH、Chameleon、概率层次聚类等。

(3)基于密度的方法　基于划分和基于层次的方法适用于发现球状簇,很难发现任意形状的簇。基于密度的方法则把簇看作数据空间中被稀疏区域分开的稠密区域，可以用来过滤噪声或孤立点数据，可发现任意形状的簇，代表性算法有 DBSCAN、OPTICS、DENCLUE 等。

2. 分类和预测

分类问题是根据训练数据集和类标号属性来构建模型，以此对新的数据进行分类，属于有监督学习范畴，它涉及 2 个基本步骤：一是学习阶段，利用训练集建立一个分类模型，描述给定数据类或概念集；二是分类阶段，对建立的分类模型进行评估，若分类器的性能可以接受，则使用该模型来对未知类标号的样本进行分类。

预测问题和分类问题类似，区别在于：分类所需要预测的属性值是离散的、无序的，预测所需要预测的属性值是连续的、有序的。

预测模型可以看作一个映射或者函数 $y = f(x)$，其中，x 是输入元组，输出 y 是连续的或有序的值。预测过程与分类过程相同，即先利用训练集建立一个预测模型，再对预测模型的性能进行评估，决定是否能够用于预测。

常见的分类和预测方法有决策树（ID3、CART、C4.5、C5.0 等）、随机森林、朴素贝叶斯（Naive Bayesian）、Logistic 回归（LR）、支持向量机（SVM）、K-近邻（KNN）、人工神经网络（ANN）等。

3. 关联规则分析

关联规则（Association Rule Mining）分析是数据挖掘中最活跃的研究方法之一，最早是针对超市购物篮分析问题而提出的，其目的是发现超市中用户购买商品之间的隐含关联关系，并用规则的形式表示出来，称为关联规则。

关联规则问题就是产生支持度和可信度分别大于用户给定的最小支持度和最小可信度的关联规则，可分为 2 个子问题：一是找出交易数据库中所有大于或等于用户指定的最小支持度的频繁项集；二是利用频繁项集生成所需的关联规则，根据用户设定的最小可信度进行取舍，产生强关联规则。

按照是否需要产生频繁项集的候选项，对关联规则算法进行分类，代表算法有 Apriori 算法（需要产生频繁项集的候选项）和 FP-growth 算法（不需要产生频繁项集的候选项）。

目前，针对大数据分析的需要，业界出现了很多集成上述算法的工具和框架，代表性的有 Mahout 和 Spark MLlib。

2.2.5 数据可视化

大数据的体量和复杂性远远超过传统数据，用户直接从海量数据中获取知识的可能性变得越来越小，可视化是让用户直观理解数据深层次含义的有力手段，因此，数据可视化成为大数据分析中不可或缺的一环。

数据可视化以图形、图像的形式呈现大规模数据集中的数据，并利用相关数据分析手段发现其中未知信息的处理过程，其基本思想是将数据库中每一个数据项作为单个图元素表示，大量的数据集构成数据图像。同时，将数据的各个属性值以多维数据的形式表示，可以从不同的维度观察数据，从而对数据进行更深入的观察和分析。

目前已有许多数据可视化工具可供使用，主要包括入门级工具（Excel）、信息图表工具（Google Chart API、D3、Visual.ly、Raphaël、Flot、Tableau、大数据魔镜）、地图工具（Modest Maps、Leaflet、PolyMaps、OpenLayers、Kartograph、Google Fushion Tables、Quanum GIS）、时

间线工具(Timetoast、Xtimeline、Timeslide、Dipity)和高级分析工具(Processing、NodeBox、R、Weka 和 Gephi)等。

2.2.6 大数据与养猪业

养殖户在生猪养殖过程中面临着养什么猪、养多少、喂什么料、如何长得好、如何生得多、疫病怎么防治、什么时候卖、怎么卖上好价钱等一系列决策问题,从某种意义上讲,一个好的养殖决策受天时、地利、人和因素的综合影响,通过有效的大数据采集手段,掌握畜舍实时的温湿度、光照强度、有害气体(二氧化碳、氨气、硫化氢)浓度、通风量、粉尘浓度等"天时"数据,生猪品种、猪只体征及行为、猪只生长及繁殖、养殖设施等"地利"数据,饲料投入、饲喂方法、市场行情、突发事件等"人和"数据,加之利用合理的大数据分析手段,可在很大程度上辅助养殖决策的制定。

结合国内外市场交易数据(品种、价格、进出口量等)、市场供需数据、价格预测数据、生猪品种、生活习性、适宜养殖环境等数据,可建立生猪养殖产前规划模型,调整存栏结构,解决养什么猪、养多少的问题。

分析饲料营养结构、生猪品种、生猪健康状态、环境参数以及不同的饲养管理手段对料肉比的综合影响,建立猪只生长指数评价模型。针对不同品种,应科学调控养殖环境,合理调整饲料配比和饲养手段,解决如何长得好的问题。

通过为每一头猪建立个性化档案,针对性监测和记录猪只品种、日龄、体重、体温、进食情况、姿态、行为、轨迹等数据,结合猪只数量识别、行为特征识别、特征分析等手段,对母猪发情、母猪分娩进行判断和预测;结合养殖环境监测数据和猪只行为监测数据,调控分娩及生长环境,提高猪的配种分娩率、窝均产活仔数、哺乳仔猪成活率等,解决如何生得多的问题。进一步,可利用上述数据建立猪病诊断模型,例如,当体温升高、关节有肿胀、行走困难、有跛行现象、采食量下降时,可初步判断为链球菌感染,以此提前进行疫情预警,解决疫情如何防治的问题。

通过国内外市场交易、突发事件、区域经济、居民消费、市场供需等数据,结合能繁母猪存栏、生猪存栏、仔猪存栏数据,建立猪价预测模型,形成生猪价格指数,解决什么时候卖、如何卖上好价钱的问题。

参考文献

陈志泊. 数据仓库与数据挖掘. 2 版. 北京:清华大学出版社,2017.
丁亚军. 统计分析:从小数据到大数据. 北京:电子工业出版社,2020.
李航. 统计学习方法. 2 版. 北京:清华大学出版社,2019.
林子雨. 大数据技术原理与应用. 2 版. 北京:人民邮电出版社,2017.
陆嘉恒,Hadoop 实战. 2 版. 北京:机械工业出版社,2012.
迈尔-舍恩伯格,库克耶. 大数据时代. 杭州:浙江人民出版社,2013.
孟宪伟,许桂秋. 大数据导论. 北京:人民邮电出版社,2019.
宁兆龙,孔祥杰,杨卓,等. 大数据导论. 北京:科学出版社,2020.
屈志坚,陈鼎龙,巩奇. 配电网监测大数据的 Impala 快速查询技术. 电力科学与技术学报,2018,33(2):148-156.

王昊奋,漆桂林,陈华钧.知识图谱:方法、实践与应用.北京:电子工业出版社,2019.

Ian Goodfellow, Yoshua Bengio, Aaron Courville.深度学习.北京:人民邮电出版社,2017.

Tom White. Hadoop权威指南.北京:清华大学出版社,2017.

Han J W, MIcheline K, Pei H.数据挖掘:概念与技术.3版.北京:机械工业出版社,2017.

Ji S, Pan S, Cambria E, et al. A Survey on Knowledge Graphs: Representation, Acquisition and Applications. IEEE Transactions on Neural Networks and Learning Systems, 2021:99.

Vivienne S, Chen Y H, Yang T J, et al. Efficient Processing of Deep Neural Networks: A Tutorial and Survey. Proceedings of the IEEE, 2017, 105(12):2295-2329.

第3章 物联网技术

【本章提要】 本章主要介绍物联网技术。物联网是人工智能的基础设施，包含感知层、网络层和应用层。详细介绍了 NB-IoT 接入技术和 5G 通信技术，全方位获取养猪业中涉及的结构化和非结构化数据。

3.1 物联网

养殖环境参数及猪只个体生理、体况数据的实时、自动采集是人工智能养猪的基础。随着传感器技术及无线通信技术的迅猛发展，越来越多的现代化、规模化养殖场开始部署物联网系统，用于采集猪舍中温、光、水、气等养殖环境参数，猪只运动量、姿态、采食、饮水等行为数据，以及体温、体重等体况数据。针对物联网实时采集的数据，结合猪只生长、健康模型，驱动猪舍环境控制（环控）设备调节环境参数。对于模型判定为可能出现猪只健康异常的情况，系统可以通过手机短信或 App 通知饲养员实施精准干预。因此，养猪物联网可以被看作是人工智能养猪的重要基础设施之一。从网络层次看，一个典型的养猪物联网体系架构可以分为感知层、网络层和应用层，参见图 3-1。

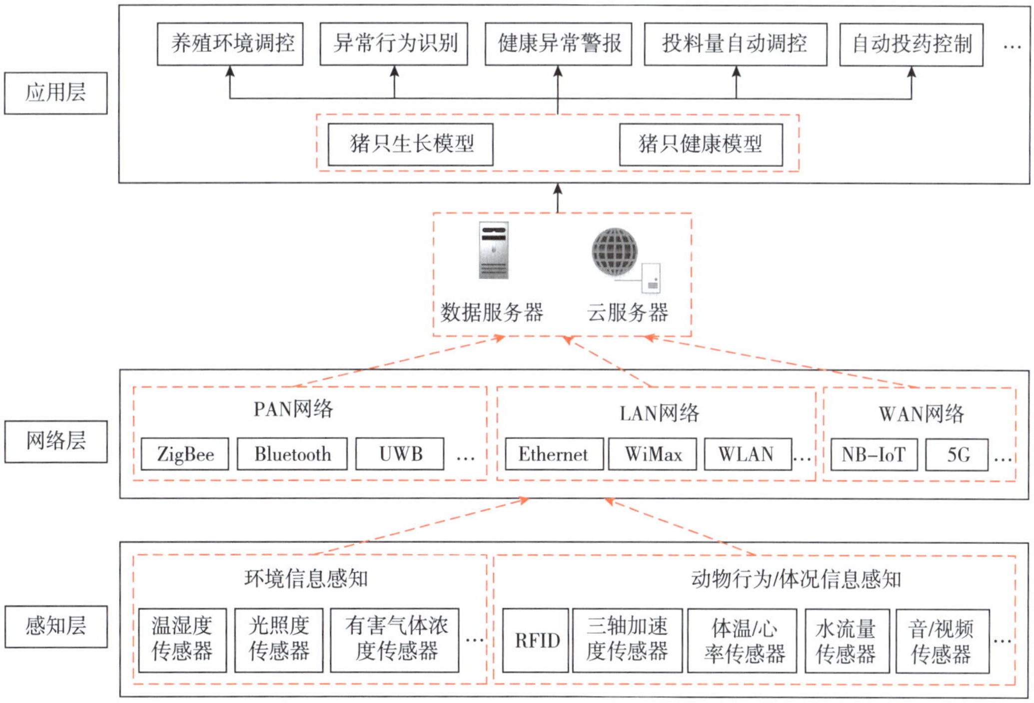

图 3-1 养猪物联网三层体系架构

3.1.1 感知层

感知层是养猪物联网三层体系架构中最基础的一层，主要由各类传感器节点及诸如自组网网关节点、RFID 标签及其读写器等其他硬件设备构成。其中，传感器节点主要由传感器、微控制器及通信模块构成。传感器主要包括养殖环境数据采集传感器和猪只个体数据采集传感器 2 类。前者主要负责采集猪舍内温湿度、光照度、有害气体（如氨气、硫化氢等）浓度等数据。为了采集猪只个体数据，需要根据不同的应用场景，选择相应类型的传感器。梳理现有的养猪物联网系统可以发现，养殖业更关注猪只的姿态、行为、生理体况参数。三轴加速度传感器、体温传感器、心率传感器常以穿戴方式固定在猪只体表。三轴加速度传感器用于采集不同姿态（卧姿、立姿等）下猪只在 x、y 及 z 轴 3 个方向的加速度数值，体温传感器和心率传感器分别用于实时采集猪只体表温度及心率数据。视频传感器一般以非接触方式实时采集猪只行为（采食、饮水、排泄等）的视频数据。有些系统还在猪只饮水管道上安装水流量传感器以实时采集猪只饮水次数及饮水量等数据。也有研究尝试在猪舍中安置音频传感器，采集猪只咳嗽音频数据，以此识别猪只呼吸道健康状况。

3.1.2 网络层

无论是养殖环境参数传感器，还是猪只个体生理、体况参数采集传感器，都是将环境参数或者猪只姿态、行为、体况等物理参数转化为模拟信号或数字信号，这些实时采集的数据信号还需要通过网络层转发到远程服务器上。网络层是物联网三大层次结构中的第二层，主要通过各种私有网络、互联网、有线通信网、无线通信网、网络管理系统等，把感知层采集的各类数据高效、安全地传送到远程服务器供应用层使用，并实现信息的交互共享和有效处理，形成协同感知的网络。网络层是物联网三大层次中标准化程度最高、产业化能力最强且最成熟的部分。

就养猪物联网典型应用而言，穿戴式传感器采集的数据一般先通过短距离无线通信方式汇聚到猪舍中的网关节点，然后由网关转发给本地或云端服务器。在这类节点上一般会配置 ZigBee、Bluetooth 或 UWB 等短距离无线通信模块。视频传感器采集的是猪只行为视频，数据量较大，一般直接通过以太网保存到服务器中。而对于数据采样率要求不高的传感器，比如养殖舍环境参数传感器、养殖舍用水量数据采集传感器等，则可以采用超低功耗、广覆盖、低成本的 NB-IoT 通信技术转发数据。总而言之，养猪物联网感知层的传感器种类众多，需要根据不同的数据采集需求，在传感器节点上装配相应的无线或有线通信模块，并配置相应的网关节点或基站，实现感知层所采集数据的快速、实时转发。

3.1.3 应用层

应用层是用户（包括人、组织和其他系统）访问物联网采集、汇总和分析信息的接口。就养猪物联网而言，应针对不同的用户（包括养殖场工作人员、政府主管部门、消费者等），在应用层提供相应的管理平台和运行平台，并与畜牧兽医专业知识和猪只生长、健康模型相结合，实现更加准确和精细的智能化饲养管理。应用层包括数据智能处理子层、应用支撑子层、数据汇聚子层以及各种具体物联网应用。数据智能处理子层是实现以数据为中心的物联网开发的核心技术，包括养殖环境及猪只个体数据汇聚、存储、查询、分析、挖掘、理解以及基于感知数据的决策和行为的理论和技术。应用支撑子层为物联网应用提供通用支撑服务和能力调用接口。数据汇聚子层将实时、非实时物联网业务数据汇总后存放到数据库中,方便后续数据挖掘、专家分析、决策支持和智能处理。

如图 3-1 所示,养猪物联网的广域网(WAN)接入技术主要有低功耗广域网(Low-power Wide-area Network,LPWA)技术以及 5G 通信技术。以下分别简要介绍这 2 种技术。

3.2 NB-IoT 接入技术

LPWA 技术是专为低速率、低功耗、广覆盖及大连接的物联网应用场景而设计的接入技术,目前主流的 LPWA 技术有 NB-IoT(Narrow Band Internet of Things)、eMTC、LoRa(Long Range Radio)和 sigfox。NB-IoT、LoRa 是我国主要发展的物联网 LPWA 技术,国家政策、工作频段、技术特性、网络环境及应用场景需求等因素均会影响这 2 种技术在我国的发展,未来预期会形成以 NB-IoT 为主 LoRa 为辅共同促进 LPWAN 共同发展的局面。其中 NB-IoT 由通信行业最具权威的标准化组织 3GPP 制定,并由国际电信联盟 ITU 批准,属于国际标准。LoRa 的核心技术掌握在美国 Semtech 公司手中,属于企业私有技术。这里主要介绍 NB-IoT 技术。

3.2.1 NB-IoT 网络架构

NB-IoT 网络架构基本沿用长期演进(Long Term Evolution,LTE)网络架构,其结构参见图 3-2。

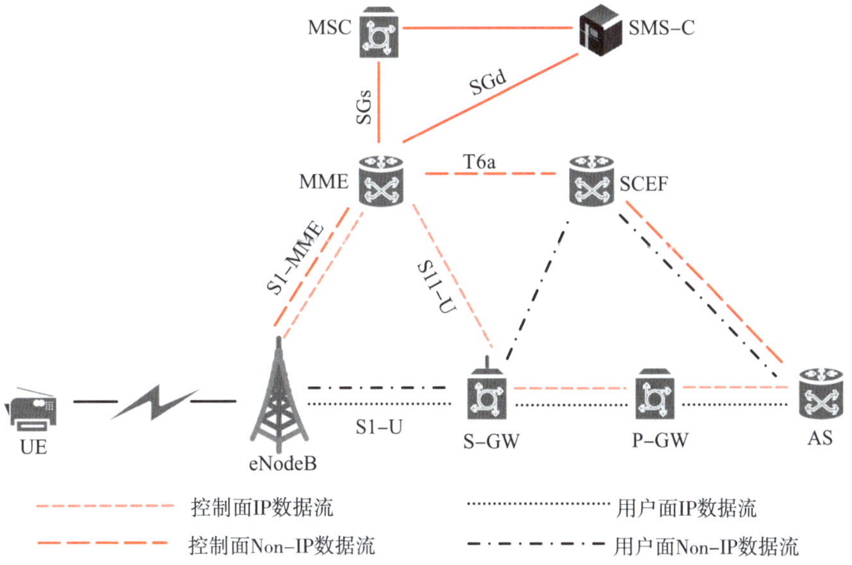

图 3-2 NB-IoT 网络架构

图 3-2 中,移动性管理实体(Mobility Management,MME)是接入网络的关键控制节点,负责空闲模式终端的跟踪与寻呼控制。业务能力扩展功能模块 SCEF(Service Capability Extended Function)用于支持对于新的分组数据网(Packet Data Network,PDN)类型的 Non-IP

数据传输。服务网关(Serving Gateway,S-GW)负责用户数据包的路由和转发。对于闲置状态的用户终端,S-GW是下行数据路径的终点,并且在下行数据到达时触发寻呼用户终端。分组数据网网关(Packet Data Network Gateway,P-GW)提供用户终端与外部分组数据网络连接点的接口传输,进行上下行业务等级计费。AS为应用服务器。

3.2.2 NB-IoT的数据传输方式

从传输内容看,NB-IoT可以传输3种数据类型:IP、Non-IP以及SMS(短消息)。单小区内NB-IoT的终端数量远大于LTE终端数量,因此控制面的建立和释放次数远大于LTE。为了发送和接收很少字节的数据,终端从空闲态进入连接态消耗的网络信令开销远大于数据载荷本身。此外,基于LTE/EPC(分组核心网,Evolved Packet Core)的信令流程复杂,对终端的能耗也带来了挑战。因此,从系统架构这个层面上看,为了控制面和用户面的效率,需要对NB-IoT做增强与优化。NB-IoT分别在控制面传输和用户面传输做了优化方案。其中,控制面主要承载无线信令,负责终端的接入、资源的分配等,用户面主要承载用户数据。对于物联网终端,必须支持控制面优化传输方案,可选支持用户面优化传输方案。

1. 控制面优化传输方案

控制面优化传输方案使得小数据包能够以非接入层协议数据单元(NAS PDU)的格式封装于控制面信令消息来传输。这一方案可减少数据传输过程中的控制面信令开销,有助于降低终端功耗和减少使用频带。参见图3-2,NB-IoT控制面优化传输方案可有2个传输路径:

(1)控制面优化传输路径1　用户终端→基站→MME→SCEF,在该路径中,封装在NAS PDU中的数据在终端和基站之间通过无线资源控制(Radio Resource Control,RRC)消息传输,基站通过S1-MME接口将消息转发给MME,MME提取、解析收到的数据包,通过T6a接口发送给SCEF,SCEF最后把物联网数据转发给应用服务器,该路径只适用于Non-IP数据流。

(2)控制面优化传输路径2　用户终端→基站→MME→S-GW→P-GW,该路径中物联网数据在终端和MME之间的数据传输同上述路径1,但是在MME和S-GW之间新增了S11-U接口,MME接收到物联网数据后通过S11-U接口转发给S-GW,S-GW直接转发给P-GW,P-GW最后通过SGi接口转发给应用服务器,该路径只适用于IP数据流。

2. 用户面优化传输方案

控制面优化传输方案适合传输小包数据,而用户面方案适合传输大包数据。为了使空闲态用户终端快速恢复到连接态,减少相关空口资源和信令开销,提出了用户面优化传输方案。参见图3-2,NB-IoT用户面优化传输方案也有2个传输路径:

(1)用户面优化传输路径1　用户终端→基站→S-GW→SCEF,该路径的数据物联网数据通过S1-U接口到达S-GW,S-GW提取用户数据并利用隧道技术进行封装,通过T6b接口转发给SCEF,最后由SCEF将数据转发给应用服务器,该传输路径适用于Non-IP数据流。

(2)用户面优化传输路径2　用户终端→基站→S-GW→P-GW,该路径中的物联网数据通过S1-U接口到达S-GW,然后通过S5/S8接口到达P-GW,最后P-GW通过SGi接口转发给应用服务器,该传输路径只适用于IP数据流。

3. 短消息数据传输

对于NB-IoT来说,短消息(SMS)数据传输属于传统控制面数据传输方式,适合于传输少量数据(图 3-2)。基于 SMS 的数据传输方式可以细分为 SGs 接口方案和 SGd 接口方案。SGs 接口方案需要用户终端支持与 EPS/IMSI 间的联合附着(Combined attach),短信由终端通过 NAS 信令传至 MME,然后通过 SGs 接口发往 MSC,再由 MSC 发往短消息中心(SMS-C)。SGd 接口方案中短消息通过 NAS 信令传至 MME,然后通过 SGd 接口发往短消息中心。

对于一次实际的数据传输,NB-IoT 所采取的数据传输方式由用户终端和 MME 协商确定。一般来说,对于上行数据传输,由终端选择决定传输方案。对于数据接收方,由 MME 参考终端选择决定一种传输方案。另外,基站也可以在数据传输过程中进行用户面和控制面传输的切换。

3.2.3 NB-IoT 在养猪物联网中的应用愿景

利用 NB-IoT 物联网采集猪场养殖环境及猪只个体行为、体况等数据具有如下优势:

①NB-IoT 上行数据容量较传统无线通信技术提升明显,在 200 kHz 频率下,单个基站小区可支持 5 万个 NB-IoT 终端接入,也就是说单个基站可以支持一个年出栏量 5 万头规模的猪场。

②NB-IoT 拥有超低功耗,正常通信和待机电流是 mA 和 μA 级别,模块待机时间可长达十年,从仔猪到出栏都不需要更换电池,大幅度减少工作量。

③NB-IoT 拥有更强、更广的信号覆盖,不仅能够覆盖城市、郊区,还能够覆盖偏远地区,对于猪场地理位置没有限制,这更加符合养猪行业的特点。

NB-IoT 终端节点搭载各类环境参数传感器可以定时采集猪舍中的温湿度、光照度及有害气体浓度。环境参数的实时性和数据采集频率的要求都不高,且都是标量数据,数据量很小,可以考虑利用 NB-IoT 的 SMS 数据传输方式或控制面数据传输方式将猪舍环境参数通过基站发送到养猪物联网的后台/云端数据服务器。

与环境参数相似,猪只的采食、饮水量数据也属于标量数据,且数据监测频率的要求不高,可以在猪舍以及猪栏供水、供料管道分别配置 NB-IoT 抄表终端,终端可以将猪舍及每个猪栏每天的耗水量、投料量定时发送到养猪物联网后台/云端数据服务器。另外,在 NB-IoT 用户终端上还可以连接三轴加速度传感器或热敏/心率传感器,并将它们封装在一个穿戴式节点模块中,节点采集猪只行为、姿态、体温或心率等个体数据并定时将这些标量数据打包发送。物联网应用层利用猪只生长、健康模型,自动分析各类传感器数据,就可以分别在猪舍和猪栏层级及时发现存在异常行为、异常体征参数的猪群或猪只,并向技术员发出报警。这有利于技术员及时处理患病猪群或猪只,可降低经济损失。

3.3 5G 通信技术

3GPP 作为国际移动通信的标准化组织,于 2015 年确定了 5G 研究计划,2016—2017 年完成 5G 技术方案研究,2018—2019 年完成 5G 技术规范制定。我国于 2014 年启动了 5G 技术研究项目,并将启动 5G 商用写入“十三五”规划中。截至目前,5G 通信技术在养猪物联网中尚未实际应用。5G 的主要应用场景为增强移动宽带、高可靠低时延通信、大规模机器类通信。其中,前 2 个应用场景非常契合无线、远程、实时采集猪只在猪舍内的各种行为及活动的音视频数据的应用需求,而这恰恰是 NB-IoT 所难以实现的。因此,正如图 3-1 所示的养猪物联网体系架构，在不远的未来，将会实现 NB-IoT 和 5G 通信技术在养猪物联网中协同合作、各司其职地全方位获取养猪业中的各种结构化及非结构化数据这一愿景。

3.3.1 “三朵云”5G网络架构

中国 IMT-2020(5G)推进组于 2015 年 2 月发布了“5G 概念白皮书”，提出了 5G 网络架构，包括控制云、接入云和转发云 3 个域。

1. 控制云

控制云在逻辑上组成 5G 蜂窝网络的集中控制核心，由多个虚拟化网络控制功能模块组成。在实际部署时，控制云中的网络控制功能可能部署在集中的云计算数据中心，也可能分散部署在本地数据中心和集中部署的数据中心，一部分无线强相关控制功能也可能部署在接入网或接入节点上。网络控制功能包括以下模块：

(1)无线资源管理模块　负责系统内无线资源集中管理、虚拟化无线资源配置。

(2)跨系统协同管理模块　负责多 RAT 资源的集中管理。

(3)移动性管理模块　实现用户当前位置的跟踪，用户终端的切换及位置更新等移动性管理相关功能。

(4)策略管理模块　接入网发现与选择策略、QoS 策略、计费策略等。

(5)信息管理模块　用户签约信息、大数据分析信息、会话信息和上下文等。

(6)路径管理/SDN 控制器模块　根据用户信息、网络信息、业务信息等选择业务流路径，并向转发云中的转发单元发送控制信令以实现业务流的路由。

(7)安全模块　认证授权等安全相关功能。

(8)传统网元适配模块　模拟传统网元，支持对现网 2G/3G/4G 网元的适配。

(9)能力开放模块　提供应用程序 API 接口对外开放基础设施、管道控制、增值服务、数据信息四大类网络能力。更确切地说，能力开放模块是在控制云上对外开放的边界，是 5G 移动通信网络与网络能力需求方的接口。

(10) 网络资源编排模块/MANO　按需编排配置各种网络资源，该模块是 5G 网络资源管理和控制的核心，提供可管、可控、可运营的服务提供环境，使得基础资源可以便捷地提供给应用，其本质为实现部署、调度、运维、管理。

2. 接入云(Smart RAN)

5G 网络接入云包含多种部署场景，主要包括宏站覆盖、微站超密集覆盖、宏微联合覆盖等。在宏微覆盖场景下，通过覆盖与容量的分离(微站负责容量，宏站负责覆盖及微站间资源协同管理)，实现接入网根据业务发展需求及分布特性灵活部署微站。同时，由宏站充当微站间的接入集中控制模块，对微站间的干扰协调、资源协同管理提供一定的帮助。然而对于微站超密集覆盖的场景，微站间的干扰协调、资源协同及缓存等需要进行分簇化集中控制。此时，接入集中控制模块可以由所分簇中某一微站负责或者单独部署在数据处理中心。类似地，对于传统的宏覆盖场景，宏站间的集中控制模块可以采用与微站超密集覆盖同样的方式进行部署。

3. 转发云

转发云不仅可实现核心网控制面与数据面的彻底分离，而且更加专注于聚焦数据流的高速转发与处理。逻辑上，转发云包括单纯高速转发单元以及各种业务使能单元(如防火墙、视频转码器等)。在传统网络中,业务使能网元在网关之后呈链状部署,若想对业务链进行改善,则需要在网络中增加额外的业务链控制功能或者增强 PCRF 网元。在 5G 网络转发云中,业务使能单元改善为与转发单元一同网状部署,共同接收控制云的路径管理控制。此时,转发云根据控制云的集中控制,使得 5G 网络能够根据用户业务需求,定义每个业务流转路径,实现转发网元与业务使能网元的灵活选择。除此之外,转发云还可以根据控制云下发的缓存策略实现受欢迎内容的缓存,从而降低业务时延,减少移动往外出口流量,改善用户体验。

为了提升数据处理和转发的效率,转发云需要周期或非周期地将网络状态信息通过 API 接口上报给控制云进行集中优化控制。考虑到控制云与转发云之间的传播时延,某些对时延要求严格的事件需要转发云在本地进行处理。

4. 网络功能虚拟化

“三朵云”网络架构支持按照场景用例在共用的网络基础设施之上实现端到端网络的虚拟,即整个网络功能的虚拟化。网络虚拟化和虚拟网络的管理由控制功能 MANO 提供。5G 网络中的 MANO 系统基于标准 NFV 架构中的 MANO 框架实现,并在此基础上增加 5G 特定的管理功能和接口。在每个网络切片内,首先根据实际场景用例的需要,选择合适的网络功能(如合适的 RAT、接入控制模块,必需的通用网络控制功能,业务特定的网络控制功能、业务使能模块等),然后通过 MANO 系统在地理位置合适的网络基础设施上创建这些网络功能模块并分配合适的资源规模,同时建立模块之间的连接关系,同时根据实际业务量在时间维度和空间维度上对上述网络资源的分配进行动态调整。

3.3.2 5G 通信技术在养猪物联网中的应用愿景

5G 网络所面临的主要挑战可以对应到五大应用场景的业务需求,这些业务场景主要包括海量终端连接场景、低时延高可靠连接场景、超高用户密度场景、超高速体验场景以及超高速移动场景等。其中,养猪物联网系统同时具有前 2 个应用场景的业务需求。

1. 海量终端连接场景

5G 通信技术将引领人工智能养猪向更精准、更高效的方向发展,每个规模化猪场的每一头猪都应被看作独一无二的个体,在成本允许的前提下,有必要采集每头猪行为的实时音视频流,这是猪只养殖精细化管理的基础。以一个年出栏量 10 万头的大型养猪场为例,在理想情况下,需要不少于 10 万个摄像头和拾音器采集每头猪的行为音视频数据。5G 网络设计的连接数密度不低于 $1\times10^6/km^2$,能够支持大型养猪场大量的摄像头和拾音器接入需求。

2. 低时延高可靠连接场景

在 5G 通信技术的支持下,未来养殖技术员、养猪专家可以通过移动终端远程访问养殖舍内的摄像头,以观看猪只实时音视频,进而指导现场的生产实践,如指导母猪难产护理、猪只疾病干预等。在这样的应用场景下,音视频数据流的实时性和可靠性就显得至关重要。5G 网络通过尽可能降低空口传输时延、网络转发时延及重传概率,以满足极高的时延和可靠性要求。为此,5G 网络采用更短的帧结构和更优化的信令流程,引入支持免调度的新型多址和 D2D 等技术,减少信令交互和数据中转,并运用更先进的调制编码和重传机制以提升传输可靠性。此外,在网络架构方面,控制云通过优化数据传输路径,控制业务数据靠近转发云和接入云边缘,可有效降低网络传输时延。5G 网络的最低空口时延可达 1 ms,流量密度不低于数十 $Tbps/km^2$,能够满足猪只行为音视频流数据的实时性要求。

参考文献

戴博，袁戈非，余媛芳. 窄带物联网(NB-IoT)标准与关键技术. 北京：人民邮电出版社，2016.

何勇，聂鹏程，刘飞. 农业物联网技术及其应用. 北京：科学出版社，2016.

江林华. 5G物联网及NB-IoT技术详解. 北京：电子工业出版社，2018.

解运洲. 物联网系统架构. 北京：科学出版社，2019.

陆明洲，沈明霞，丁永前，等. 群养母猪饮水行为自动监测系统设计. 南京农业大学学报，2013，36(5)：133-138

浦雪峰，朱伟兴，陆晨芳. 基于对称像素块识别的病猪行为监测系统. 计算机工程，2009，35(21)：250-252.

熊本海，杨振刚，杨亮，等. 中国畜牧业物联网技术应用研究进展. 农业工程学报，2015，31：237-246.

杨峰义，张建敏，王海宁，等. 5G网络架构. 北京：电子工业出版社，2017.

张宏，沈明霞，陆明洲，等. 穿戴式猪用心电监测系统设计. 南京农业大学学报，2016，39(5)：872-879.

中国电信. 5G网络架构愿景. IMT-2020_NET_005004.

IMT-2020(5G)推进组. 5G概念白皮书. 2015-02-11.

Colakovic A, Hadzialic M. Internet of Things (IoT): A review of enabling technologies, challenges, and open research issues. Computer Networks, 2018, 144: 17-39.

Schlienz J, Raddino D. Narrowband Internet of Things Whitepaper. https://www.rohde-schwarz.com/applications/narrowband-internet-of-things-white-paper_230854-314242.html.

Silva M, Ferrari S, Costa A, et al. Cough localization for the detection of respiratory diseases in pig houses. Computers and Electronics in Agriculture, 2008, 64: 286-292.

Soerensen D D, Clausen S, Mercer J B, et al. Determining the emissivity of pig skin for accurate infrared thermography. Computers and Electronics in Agriculture, 2014, 9: 52-58.

Thompson R, Matheson S M, Plotz T, et al. Porcine lie detectors: Automatic quantification of posture state and transitions in sows using inertial sensors. Computers and Electronics in Agriculture, 2016, 127: 521-530.

第 4 章　区块链技术

【本章提要】 本章主要介绍区块链技术，其具有去中心化、不可篡改、可以追溯等特点。通过分析区块链技术应用的养猪业中的案例，说明区块链技术的应用将使融入创新因素的养猪业具备更多优势。

4.1　区块链的基本概念

区块链是随着比特币等数字加密货币的日益普及而逐渐兴起的一种技术，它通过建立一个多交易方共同维护、不可篡改的数据库来记录已经发生的所有交易和历史数据，所有的数据都是分布式存储且公开透明的，具有去中心化、不可篡改、全程留痕、可以追溯、集体维护等特点。这些特点提供了一种无须信任积累的信用建立范式，奠定了区块链的可信任基础。在这种技术支撑下，人们可以建立数字货币、数字资产、智能财产以及智能合约等，形式多样的区块链加应用也逐渐出现，这其中也包括区块链加养殖的应用。

一个完整的区块链系统包含众多技术，这其中包括用于存储数据的数据区块以及区块上的数字签名、时间戳等技术，有挖矿和工作量证明机制，有匿名交易机制，还有链龄、Merkle树、双重支付等相关技术。这些技术为区块链的交易、验证和链接提供支撑，使得区块链在无中心的网络上形成运转不息的引擎。

4.1.1　数据区块

区块链本质上是一个对等网络的分布式账本数据库，可将其看作一串链接的数据区块，这些数据区块一般由区块头和区块体构成，其结构参见图 4-1。

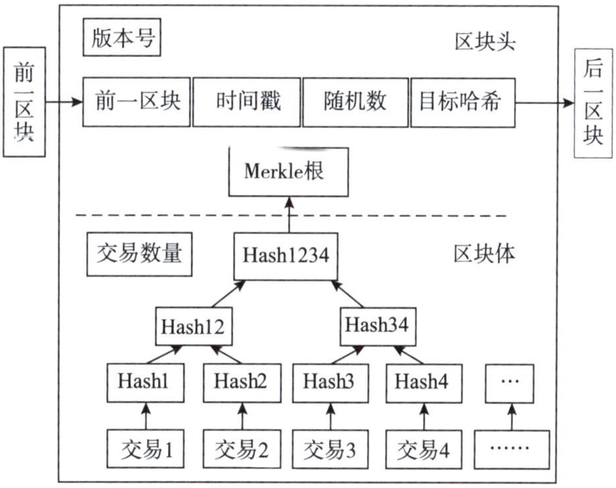

图 4-1　区块结构

区块头中封装了前一区块地址、该区块的当前版本号、时间戳、随机数、目标哈希值以及 Merkle 根值等信息。区块体中主要存储该区块的详细数据，包括交易计数和交易详情，每一笔交易都会被计入数据区块中，区块中的 Merkle 树会对每一笔交易进行签名，以此确保每一笔交易的不可伪造和无重复交易。所有交易通过 Merkle 树的 Hash 过程产生一个 Merkle 根值并记录在区块头中，作为该区块的唯一标识。各个数据区块间的链接指针是采用哈希算法对区块头进行处理所产生的区块头哈希值。

4.1.1.1 挖矿与分叉问题

数据区块是在挖矿过程中产生的，挖矿就是利用随机数算法，把上个区块的哈希值加上 10 min 内的全部交易单打包，再加上一个随机数，算出一个 256 位的字符串哈希值，输入的随机数 Nonce 使哈希值满足一定条件就获得这个区块的交易记账权。新产生的区块需要快速广播出去，以便其他节点对其验证，以防造假。每个区块存着上个区块的哈希值，可以溯源到源头，只有经过验证才能最终获得区块的交易记账权。区块链系统采用工作量证明机制让矿工竞争在主链上链接区块的权利，谁付出的工作量多就能以更大的概率获得一个区块的记账权。获取记账权的矿工会将当前区块链接到前一区块，形成最新的区块主链。

分叉是不同地区的 2 个矿工同时获得记账权的情况，这时主链上就会出现分叉。区块链系统不会立刻确认哪个区块不合理，而是约定后续矿工总是选择累计工作量证明最大的区块链。因此当主链分叉以后，后续区块的矿工将通过计算和比较，将其区链接到当前累计工作量证明最大化的备选链上，形成更长的新主链，并自动抛弃分叉处的短链，从而解决分叉问题。

4.1.1.2 时间戳和不可篡改性

时间戳是指从格林尼治时间 1970 年 01 月 01 日 00 时 00 分 00 秒起至现在的总秒数，通常是一个字符序列，可唯一地标识某一刻的时间。在区块链系统中，获得记账权的节点在当前数据块的哈希值打上时间戳后，再链接到主链，用于记录当前区块数据的写入时间。每一个随后区块中的时间戳都会对前一个时间戳增强工作量证明，形成一个时间递增的链条。时间戳的工作基础是哈希算法的有效性，哈希算法是在区块链中保证交易信息不可被篡改的一种单向的密码机制。时间戳从区块链生成的那一刻起就存在于区块链中，且区块链中已经生成的区块不可篡改，一旦篡改，生成的哈希值就会变化，从而变成一个无效的数据。这样可保证区块链数据是不可篡改和不可伪造的，同时也为区块链技术应用于公证、知识产权注册等时间敏感领域提供了可能。

4.1.1.3 UTXO 模式

UTXO (Unspent Transaction Outputs)是未花费的交易输出，它是比特币交易生成及验证的一个核心概念。除创世区块以外，所有区块中的交易会存在若干个输入和输出，创世区块和后来挖矿产生的区块中给矿工奖励的交易没有输入，除此之外，在比特币系统中，某笔交易的输入必须是另一笔交易未被使用的输出，同时这笔输入也需要上一笔输出地址所对应的私钥进行签名。当前整个区块链网络中的 UTXO 会被储存在每个节点中，只有满足了来自 UTXO 和数字签名条件的交易才是合法的。所以区块链系统中的新交易并不需要追溯整个交易历史，就可以确认当前交易是否合法。

4.1.1.4 密码学技术

1. 哈希函数

哈希函数将繁杂的交易信息加密压缩成固定字节的简单哈希值，并将该哈希值用作数据区块的标识。哈希函数处理过的数据是单向性的，通过处理过的输出值几乎不可能计算出原始的输入值，这就从密码技术上保证了区块链中交易信息不被篡改。除此之外，哈希函数还在连接相邻区块，构建 Merkle 树，以及交易验证、数字签名等重要环节中被应用。区块链系统中主要使用了 SHA256 哈希函数，这是一个 Merkle-Damgard 结构的迭代哈希函数，其计算过程分为 2 个阶段：消息预处理和主循环。消息预处理阶段主要完成消息的填充和扩展填充，将所输入的原始消息转化为 n 个 512 比特的消息块，之后对每个消息块利用 SHA256 压缩函数进行处理，最后 1 个消息块处理完毕的输出值就是所输入的原始消息 SHA256 的值。

2. 椭圆曲线加密算法

区块链系统使用的是一种典型的非对称加密算法——椭圆曲线加密算法。非对称加密算法存在一对数学相关的密钥(公钥和私钥)，区块链上的有效交易有一个用于交易发起方私钥有效的数字签名，而该交易的签名可以通过使用交易发起方的公钥进行验证。公钥可以通过算法从私钥中计算得出，但私钥却不能从公钥中推出。

3. 数字签名

数字签名基于非对称加密，用于证实所签名数字内容的完整性，又同时可以确认来源。在区块链中，数据区块发送者将信息用哈希算法处理得出一个哈希值，接着用私钥对该哈希值进行加密，得出一个签名，然后发送者再将信息和签名一起发送给接收者。接收者使用发送者的公钥对签名进行解密，还原出哈希值，再通过哈希算法来验证信息的哈希值和解密签名还原出来的哈希值是否一致，从而可以鉴定信息是否来自发送者或验证信息是否被篡改。

4.1.1.5 Merkle 树

在计算机领域，Merkle 树大多用来进行完整性验证处理。在处理完整性验证的应用场景中，特别是在区块链分布式环境下进行这样的验证时，Merkle 树会大大减少数据的传输量以及计算的复杂度。区块链系统中采用的是 Merkle 二叉树，用于存储交易信息。它的作用主要是快速归纳和校验区块数据的完整性，它会将区块链中的数据分组进行哈希运算，向上不断递归运算产生新的哈希节点，最终只剩下一个 Merkle 根存入区块头中。Merkle 树使得用户可以通过从区块头得到的 Merkle 根和别的用户所提供的中间哈希值列表去验证某个交易是否包含在区块中。这极大地提高了区块链的运行效率和可扩展性，使得区块头只包含根哈希值而不必封装所有底屋数据，这样，哈希运算就可以高效地运行在智能手机甚至物联网设备上。

4.1.1.6 双重支付

双重支付问题是指利用同一笔数字货币完成 2 次或者多次支付，又称“双花”。区块链技术在去中心化的系统通过分布式节点之间的相互验证和共识机制来解决双重支付问题。简单来说，通过区块链接形成的时间戳技术加上验证比特币是否满足 UTXO(未花费交易)和数字签名，可以避免双重支付的发生。如果有人用同一笔 UTXO 构造了 2 笔付给不同交易方的交易，则比特币客户端只会转发最先被侦听到的那个。矿工会选择将那笔交易加入未来区块，当其中一笔交易所在的区块后有 N 个链接的区块，这笔交易已经得到了 N 次确认。在比特币区块链上，通常的做法是 6 次($N=6$)确认后基本上该比特币被“双花”的概率会很小。

4.1.2 区块链的分类

目前，已知的区块链技术应用大致分为 3 类：公共区块链、联盟区块链和私有区块链，各自的结构分别介绍如下。

4.1.2.1 公共区块链

公共区块链(Public Block Chains)是指世界上任何个体或者团体都可以发送交易，且交易能够获得该区块链的有效确认，任何人都可以参与其共识过程的区块链。一个公共区块链的结构参见图 4-2。

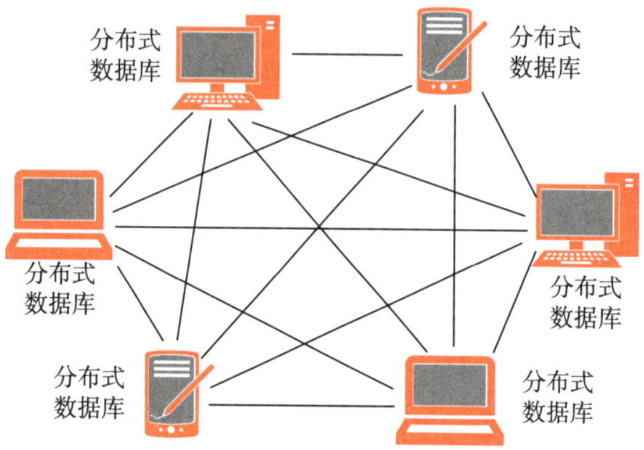

图 4-2　公共区块链示意图

公共区块链上的数据记录公开，所有人都可以访问，都可以发出交易请求，并通过验证被写入区块链。共识过程的参与者通过密码学技术共同维护公共区块链数据的安全、透明、不可篡改。公共区块链是最早的区块链，各大 bitcoins 系列的虚拟数字货币均基于公共区块链。

4.1.2.2　联盟区块链

公共区块链的效率较低，也存在一些隐私问题，因此，联盟区块链（Consortium Block Chains）作为一种折中的方案应运而生。联盟区块链又称为共同体区块链，参与这一类区块链的各节点由某个群体内部事先选择好且节点间拥有良好的网络链接等合作关系。联盟区块链是一种部分意义上的分布式，牺牲部分去中心化，从而在权限这一关节上做出限制，以此来换取效率的提高。联盟区块链的结构参见图 4-3。

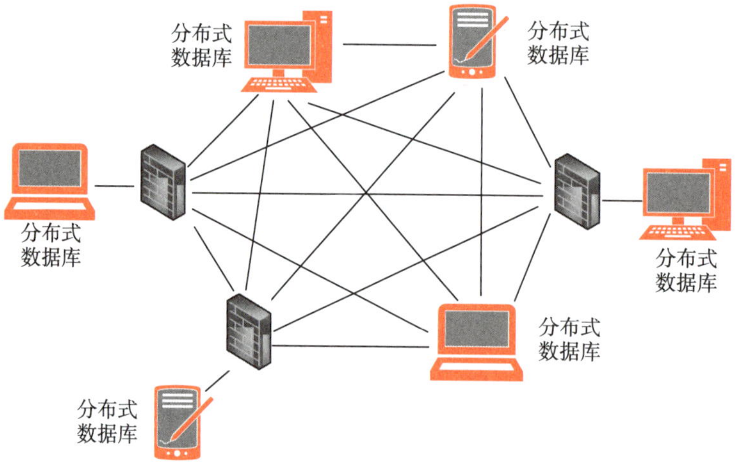

图 4-3　联盟区块链示意图

联盟区块链作为一个半开放的账本，只针对某个特定的组织开放。区块链或者允许每个人都可读取，或者只限于参与者，或者走混合型路线，例如区块的根哈希及其应用程序接口（API）对外公开，API 可允许外界用来做有限次数的查询和获取区块链状态的信息。联盟区块链参与节点间的链接状态较好，验证效率较高，运行成本较低，同时还有很好的扩展性，数据可以保持一定的隐私性。但是这也意味着在共识达成的前提下，参与节点可以一起篡改数据。适合机构间的交易、结算或清算等 B2B 场景。它的典型应用包括超级账本（Hyperledger）、区块链联盟 R3CEV 等。

4.1.2.3 私有区块链

私有区块链简称私有链，是指写入权限由某个组织和机构控制的区块链，其参与节点的资格会被严格限制，比如只限于特定机构的自身用户等，且数据的访问及使用有严格的权限管理。一个私有链的典型结构参见图 4-4。

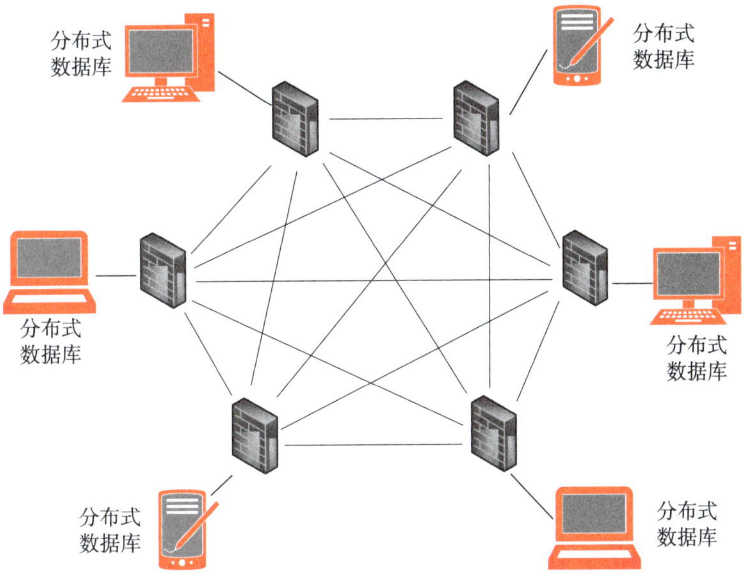

图 4-4　私有区块链示意图

完全私有区块链的写入权限仅在参与者手里，读取权限可以对外开放，也可以进行任意程度的限制。相关的应用囊括数据管理、数据库审计甚至公司管理，其典型应用有 Eris Industries。

尽管在有些情况下希望私有链可以具有公共的可审计性，但在更多的情况下没有公共的可读性。由于是私有用户说了算，里面的数据没有无法篡改的特性，对于第三方的保障力度大大降低。因此，目前很多私有链会通过依附在比特币等已有区块链的方式存在，定期将系统快照数据记录到比特币系统中。相比中心化数据库，私有链能够防止机构内单节点故意隐瞒或者篡改数据，即使发生错误，也能够迅速发现来源。因为私有链验证者是内部公开的，所以并不存在部分验证节点共谋进行 51%攻击的风险。私有链的交易只需要被几个受信的高算力节点验证即可，不需要数万个节点的确认，因此交易成本低。

4.2　区块链+养猪业

区块链技术可以实现分布式记账，所有人都可以参与到信息的记录中来，这些信息不可篡改、不可删除，这在一定程度上提高了信息的透明度。因此，区块链技术应用于养猪业之后，将使融入创新因素的养猪业具备以下优势：

第一，区块链应用于养猪业可以实现猪肉制品信息的透明化。通过互联网及猪只身份标识技术，可以将猪肉制品从生产源头到流通，再到销售的各个环节中的相关信息都记录在区块链上。换言之，区块链会记录每一份猪肉制品的真实生命轨迹，消费者可以通过自己的智能终端实现对每一份猪肉制品的跟踪，进而保证消费流程的透明化。

第二，区块链技术可用于猪业保险。猪业保险在养猪业可持续发展方面能够起到很好的保障作用。但是猪业保险品种小且覆盖范围低，经常出现骗保事件。将区块链与养猪业保险结合之后，将对现有猪业保险流程起到很好的简化作用。

第三，智能合约作为区块链技术中的一个重要概念，若能够将其应用于区块链保险领域，则将使猪业保险更为智能化。此前由于技术的限制，发生自然灾害（如猪疫病等）之后会有较长的理赔周期，不利于养猪企业的恢复生产。如果将区块链智能合约运用到养猪业中，一旦发生疫病或灾害就会触发自动赔偿机制，由此提升理赔效率。

当前，国内外都已经出现了将区块链技术应用于养猪业的案例。在巴布亚新几内亚，农民正在寻找一种技术手段来证明他们的生猪符合国际标准，并且现在正寻求区块链的防篡改数据记录技术来做到这一点。应吉瓦卡省政府的要求，粮农组织和国际电信单位为养猪场构思并设计了一种新的生猪追踪区块链系统。农民可以使用射频标签和智能手机应用程序来保存他们如何养猪的数字记录，比如证明他们养的猪的主食成分、所接种疫苗的种类等。得益于强大的不可篡改的数字历史记录，消费者可以对生猪的质量放心，养猪从业人员则可以从投资中获得更公平的回报。

目前该系统正在吉瓦卡省测试应用，政府为 25 个农场主提供智能手机，并提供有关如何使用该应用程序的培训。同时，该国的国家通信主管部门正在改善本地宽带连接，以便养殖人员可以更轻松地使用智能手机更新跟踪系统中的牲畜记录。该系统下一步还将改进应用程序，与银行和移动运营商合作，以使付款能够在线进行。该系统还可以促使养殖场按照国际标准开展生产，为生猪出口奠定了基础。

国内方面，已经有一些养殖企业在尝试将区块链技术应用到生猪养殖领域。利用区块链溯源技术，企业可以为消费者提供从仔猪阶段到生长育肥猪的成长过程直至最终上市销售等全环节数据，且由于区块链技术的不可篡改性，这些被记录的信息更容易为消费者所信任。可以说，区块链技术的溯源特征也使消费者权益多一重保障。养猪场还通过智能检测、采集、分析视频图像，实时判断记录健康情况，对农户资产进行风险评估，对于农业保险来说也有了风险定价、风险控制的依据，这一点基本解决了阻碍农业保险市场增长的一大问题；另外，区块链上的资产数据可以作为养殖户的征信依据，帮助银行对养殖户放贷进行风险评估，降低农业养殖贷款的门槛。同时，政府管理部门还可以根据区块链系统上的实时、可信数据及时发布养殖病害相关监测情况，并分析当地养殖环境数据，及时对疫情进行预警，降低农户的养殖风险，还可以降低保险公司及银行开展农业保险和农户贷款业务的风险。

参考文献

长铗，韩锋，等. 区块链：从数字货币到信用社会. 北京：中信出版社，2016.

陈萍. 区块链在农业领域应用场景和价值分析. 经营与管理，2020，3：141-143.

丹尼尔·德雷舍. 区块链基础知识 25 讲. 北京：人民邮电出版社，2018.

杜均.区块链+:从全球 50 个案例看区块链的应用与未来.北京:机械工业出版社,2018.

华为区块链技术开发团队.区块链技术及应用.北京:清华大学出版社,2019.

李子臣.密码学:基础理论与应用.北京:电子工业出版社,2019.

刘如意,李金保,李旭东.区块链在农产品流通中的应用模式与实施.中国流通经济,2020,34(3):43-54.

袁勇,王飞跃.区块链技术发展现状与展望.自动化学报,2016,42(2):481-494.

邹均,张海宁,唐屹,等.区块链技术指南.北京:机械工业出版社,2016.

Food and Agriculture Organization of the United Nations. Pig farmers in Papua New Guinea capitalize on blockchain technology. http://www.fao.org/in-action/pig-farmers-in-papua-new-guinea/en/.

Bloomberg News. Blockchain used for pig farming and pledging party loyalty in China. https://www.abacusnews.com/tech/blockchain-used-pig-farming-and-pledging-party-loyalty-china/article/3036711.

第5章 人工智能养猪

【本章提要】 本章主要介绍人工智能养猪的概念及其研究内涵。人工智能养猪不是一个简单的定义，更不是一个简单的养猪模式，它需要贯穿生猪生产的全过程，需要各种知识、技术与工程的跨界融合。

5.1 人工智能养猪的概念

简单而言，人工智能(AI)养猪就是采用人工智能技术以及融合设备与设施，对传统的养猪模式、过程及关键饲养环节进行改进或替代，特别是通过工程化的设施，实现养猪过程环境参数及个体体况等信息的智能化感知、养殖环境的智能化控制、养殖数据信息的自动化采集与智能处理(如养分供给的动态计算、猪只个体或群体日粮的精细化饲喂等)。通过智能设备或机器人的应用即以机器换人的模式，大幅度降低养殖过程劳动力投入，最终实现养猪环境的最优化、投入品的减量化、养分转化的最大化、人机结合的最优化，全面提升集约化生产条件下猪只健康水平及养猪效益，因此该模式被定义为人工智能养猪。

透过对人工智能养猪定义的内涵分析，不难发现，所谓的“人工智能养猪”不是一个简单的定义，更不是一个简单的养猪模式，它具有丰富的内涵，需要贯穿生猪生产的全过程，需要各种知识、技术与工程的跨界融合，作为开展人工智能养猪技术的实践应用条件。就目前而言，这种理念只能算是一个目标或者美好的愿望，抑或奋斗的目标。当且仅当很多条件具备时，才有可能称作人工智能养猪，如同人们经常听到的大数据或建大数据平台一样，真正大数据的建立及应用与实际还有一段距离，但确实已有大数据的思维，或者可见一部分大数据应用的影子。

这里需要澄清的一个概念是，人工智能养猪不同于“智能养猪”或“人类智能养猪”，其区别源于“人工智能”与“人类智能”的区别。尽管人工智能是人类在探索自然世界时对自身智能的简单模仿，人工智能的进化也都建立在人类对自身智能认识加深的基础上，是对人类智能的进一步模拟。因此，人们一直认为人工智能不可能超越人的高级智能，但是，目前的人工智能在图像、语音、大数据计算、无人驾驶等领域有着人脑无法比拟的效率，究其实现的功能本身，实际上是复现人脑的视觉、听觉等某些低级功能，然后借助电子元器件将单一任务的规模和速度做到极致，因此显得功能十分强大，尤其表现在某些视觉效率上，超越人的视觉辨识与计算的视觉辨识能力。例如，后面将要叙述的通过机器视觉技术开展的猪脸识别、猪只点数等应用。总之，就目前的认知而言，不能简单地评判人工智能养猪与智能养猪的优劣，其实二者在不同的应用点上各有优势。

5.2 人工智能养猪的研究内涵

人工智能可以贯穿养猪产业链的全过程，如在生猪生产过程的不同节点上都可以应用人工智能技术。同时，人工智能技术与养猪过程的结合，形成 AI 技术在养猪领域的成功应用案例，反过来可以促进 AI 技术的发展。具体研究的内容如下：

1. 养猪环境智能控制技术

养殖环境智能控制的理论依据如下：在设施养殖的模式下，不同的畜禽在不同的生理、生长阶段以及处在不同气候的养殖区域内，理论上总是存在一个最佳的当地养殖舍的环境，包括适宜的温湿度、空气质量（主要指氨气、H_2S 等有害气体浓度的可承受的上限值）、氧气的浓度（涉及空气的交换量）、光照强度等。畜禽在这个特定环境下进行繁殖与生产，既能满足动物的福利及健康，又能促进养分的转化与利用，使生产的投入与产出的效率及效益最为理想。从实际生产的可操作性和实用性出发，上述环境控制的指标包括温湿度、空气质量与交换量、光照强度等，不宜设定为非常苛刻的状态值，应该定义上限值或下限值，即一个合理的阈值区间，保证实际上控制的可行性或者控制的成本有效。因此，养猪环境智能控制技术就是采用物联网技术，通过传感器的部署与工作，动态采集特定猪舍的环境指标，当环境的状态超出按单个指标设定的阈值，或综合设定的阈值时，控制协同或自动、手动启动环境控制设备，如风机、水帘、空调或光照设备等，及时让环境参数如温度、湿度、空气质量等返回到预定的状态区域，确保畜禽在设施养殖设定的环境下休养生息。上述就是典型的基于传感器的物联网技术，集成了环境感知、数据采集与传输、数据分析及控制的物联网闭环过程。实现智能控制的难点，则是环境综合指标的多维控制模型的构建，如何以最少设备的开启时间与最佳节律，获得最经济的环境控制。其中存在环境控制最优模型的优化理论问题，需要环境控制专家和动物福利与营养专家协同解决。

2. 猪只个体或群体的精准饲喂技术

实现猪只个体或群体的精准饲喂及控制，受制于多方面的因素或技术，只有当这些技术都有解决方案并集成起来，才有可能做到精准饲喂。辩证地讲，没有绝对的精准，只有相对的科学，也就是在人类的认知范围内，计算得到不同种猪或商品猪，在不同的养殖模式、不同的生理饲养阶段或预期生产性能前提下的精准。就猪只的生产性能而言，种猪希望达到母猪生产力 PSY 的最大化，商品猪则希望料重比（FCR）、出栏时间及出栏重量等最佳化，或最大化、最小化、均匀化等。由此确定的每天供给的最低或最佳的主要养分如能量、蛋白质及氨基酸、矿物质元素等的量，即所谓的理论养分需要量，然后通过合理的饲喂制度，包括饲喂的次数及每次供给的、具有特定养分浓度的日粮数量的控制，尽可能使实际饲喂日粮提供的养分总量与理论养分需要量一致，这就是所谓的精准饲喂。在设施混养的模式下，要实现个体或群体的精准饲喂，必须解决如下的技术：

首先，要解决个体的标识问题，做到在一个群体中能够识别出个体，而且是自动识别，这就需要电子识别，而无线射频识别（Radio Frequency Identification，RFID）技术无论是低频 RFID（134RHz）技术，还是高频 RFID（13.56GHz）技术都能满足对猪只个体标识的技术需求。

其次，猪只个体理论需要量的动态计算或预测是一个久远但至今并没有完全解决的问题。美国国家研究委员会（NRC）于 1944 年出版了第 1 版猪营养需要量，其出版物名称为《猪的推荐营养供给量》（*Recommended Nutrient Alowances for Swine*），当初的研究并不深入，数据量也不足，导致涉及的指标及数据表格较少且以叙述为主。直到 2012 年，NRC 出版了第 11 版的《猪营养需要量》，与第 1 版相比，该书营养需要量的指标已经非常丰富，饲料养分数据的评价体系已今非昔比，但仍缺乏支撑营养需要量指标以及与之对应的饲料原料大量基础数据，并且建立的净能体系中饲料数据大部分是估测的而非实测的。我国关于猪的营养需要量研究已开展了近半个世纪，过去一直跟踪NRC的指标体系，最近猪的营养需要量的理论标准，类似NRC的标准仍然是2004年行业标准《猪饲养标准》(NY-T 65—2004)，新的标准还未发布，但最新的团体标准《仔猪、生长育肥猪配合饲料》由中国饲料工业协会2018批准。无论是《猪营养需要量》的理论标准，还是针对猪日粮配制的团体标准，目前并没有现成的表格或模型可拿来直接应用于精准饲喂，还需要通过营养专家构建与猪品种、养猪模式、饲料资源类型及主要日粮养分浓度相关的以时间或体重为轴的采食量动态模型，这些模型是实施精准饲喂的关键，同时也可以说是理论基础，是当下饲养专家及营养专家需要解决的基础问题。

3. 养猪过程中的精准饲喂技术

养猪过程中的精准饲喂技术主要包括针对个体及群体的精准饲喂技术。针对个体的精准饲喂主要针对的是繁殖母猪包括妊娠母猪及哺乳母猪。对于商品猪而言，很难也暂时没有必要做到按个体精准饲喂，因此需要采取不同的群体饲喂控制技术，以满足养猪的差异性技术需求。对妊娠母猪的精准饲喂要求，依据妊娠日龄或妊娠阶段，按预定的、科学的采食量模型实现定量控制性饲喂。但是，针对哺乳母猪，饲喂控制的目标是尽可能通过饲喂控制的节律，促进其采食量的最大化，提高断奶时的仔猪重量，这是另一种意义上的精准饲喂。对于商品猪的精准饲喂，是通过饲喂设备，尽量保证采食量的均匀化，从群体中找出采食量不足的个体予以个体关怀，或者通过分组，确保出栏的时间及体重的一致性。总体上，猪的精准饲喂要按照猪的类别、生理或生长阶段，以及预期生产性能进行考量：有的情形是精确地满足养分的需要，不能多也不能少，有的情形则是有养分的下限但不设上限，因此面对不同的情形需要采用不用的饲喂技术。精准饲喂另一个特点是在饲喂控制过程中，投料要准确，采食量可在线记录，这是现代智能养猪精准饲喂与过去养猪最大的不同之处，即采食量实际发生的数字化、在线化，为建立养猪大数据平台及实施产业化的精准控制提供动态数据。

4. 养猪的精细化管理技术

在解决养猪环境的智能控制及猪只个体或小群体的精准饲喂的基础上，对于特定的猪场或者猪群的生产，时刻面临的问题是过程的精细化管理，尤其是从繁殖猪群的过程管理到商品猪群的生产管理。精细化管理追求的是不同类型和生产目的猪群的协调、周转与耦合，达到养猪生产系统运行的资源投入最小化或最佳化，实现的是投入产出的最大化。从种猪繁殖生产层面上看，是如何保证母猪的均衡发情、配种、妊娠、分娩、哺乳、断奶到再发情至下一个繁殖周期的循环推进，从而保证幼崽的均衡供给、后备猪的选种与留种，获得群体最大的母猪生产性天数、最大的平均胎次数及最大的母猪生产力(PSY)，即一头繁殖母猪年均提供的断奶仔猪数以及繁殖猪群的最佳的胎次结构。从商品猪生产层面上看，则是合理调配保育猪、生长猪及育肥猪的分群分栏饲养与转群，通过获得最佳的饲料转化效率，以缩短达到出栏重量的出栏时间，并提高成活率及降低死淘率。群体的精细化管理是建立在获得个体的繁殖状态数据基础上，包括母猪的发情、配种、妊娠、分娩、哺乳、断奶等信息，以及商品猪的位置信息、饲喂数据及健康数据；结合养猪生产过程中的多参数融合计算模型，通过数据的在线化分析，查找环节问题并及时采用环境控制、繁殖控制、饲养控制、生产周转控制及健康干预；最终实现生产过程的动态监管及精细化管理，规避过程风险，从而保证生产的有序化与目标化，达到数据产业化的效果。

5. 正在出现的养猪机器人技术

正在出现的养猪机器人技术，即机器换人技术。尽管目前还处在不够成熟的初级研究阶段，但随着人工智能尤其是机器人技术的快速发展，各种类型的养猪机器人会不断取得突破并进入养猪行业，取代那些还需要人或设备(智能设备)去完成的工序或生产过程，就像欧美国家的奶牛领域，各种类型的挤奶机器人正在家庭牧场加速应用，代替人工挤奶，同时呈现部分代替自动挤奶系统的趋势。那么，在养猪的产业链中，在哪些环节需要何种类型的机器人？也就是说，随着机器人技术的发展，哪些养猪生产环节完全可以由机器人去完成呢？具体分析如下：

一是特别需要巡检机器人，即可装载各种感知器件及分析系统协同工作的机器人。非洲猪瘟给养猪业带来毁灭性的打击，起因主要是人和猪只的接触，导致繁殖母猪发病率与死亡率增高(现有产业模式的深层原因——人与繁殖母猪的接触明显多于与商品猪的接触，已形成养殖业的共识)。因此，研究及应用巡检机器人具有巨大的市场需求。巡检机器人上主要搭载各种传感器、摄像头及近红外等感知“眼”，按预定的轨道和时间节律，到目标猪舍进行“巡视”，一次或多次获得猪只的环境信息、个体的位置、行为及健康信息，并对采集的信息进行机器视觉挖掘分析，不仅能感知环境是否舒适，而且还能获得目标猪舍活动的猪只个数，甚至从活动的群体中直接检出哪些猪只体温不正常需要关怀，哪些母猪已经发情需要配种，哪些猪采食量不足或膘情不佳需要关注，实现真正无应激、非接触的智能感知。研制具有这种功能的机器人，必须结合先进的近红外热成像动态快速采集技术，在采集占有大数据及分析的基础上，才能获得准确的预测模型。一旦实现这样的功能，将在动物活体的快速巡检方面具有广阔的应用前景。目前，这样的机器人虽仍处在研究当中，但已进入商家的视野。

二是公猪采精机器人。公猪采精是一项较为频繁且比较危险的工作，通过模拟母猪及假阴道的方法，可以诱导公猪发情、射精并采集精液，该种机器人将减少人工且效率高，在未来公猪采精工序大多可由机器人替代完成。

三是消毒机器人，这是完全可以实现的，并且从防疫及解放劳动力的需求上考虑，只要将机器人行走的导航轨道预埋设计与猪舍的建筑设计结合起来，猪场消毒机器人在猪舍的应用一定能够完美融合，但是，机器人消毒的强度差异、消毒液的配制及喷洒的扬程等问题的综合优化，还有很多的关键技术需要突破。该类机器人的研究已经列入国家“十三五”“智能农机装备”重大专项项目的研究中，其 1.0 版本基本成型并在测试中。

四是清粪冲洗机器人。工厂化养猪大部分采用漏缝地板方式收集粪尿，不太适合通过机器人的方式在猪舍的地面上去收集粪便，这与舍养奶牛是有区别的。但是，在漏缝地板上，经常堆积一些猪粪而漏不下去，需要饲养员进行干预，大部分通过水冲稀释粪便后达到清洗的效果，这项工作完全可以由机器人胜任，它们可以边巡视边有差异、有重点地冲洗，可以达到智慧冲洗的效果。这种机器人在规模化及养猪舍规范的猪场是大有应用价值的。

五是饲喂机器人。不同于奶牛的开放式自由饲喂方式，荷兰 Lely 公司生产有奶牛的 TMR 制作及投料饲喂机器人，并已经在家庭牧场投入实际应用。但是，目前规模化养猪场实施的工厂化流程式养殖模式，面对不同繁殖阶段的种猪，或者不同生长肥育阶段的商品猪，饲喂量的控制目标、饲喂的区域、饲喂的日粮类型总在不断地发生变化，采用机器人的移动模式与供料线的配合饲喂生猪还存在多方面的技术挑战，需要解决饲喂对象、猪舍、饲喂设备即饲喂机器人与供料线四位一体的协同问题。截至目前还没有研发出来真正的机器人，虽然已有代替人饲喂的智能电子饲喂站，但不是严格意义上的机器人。就现状并预测，养猪无须饲喂机器人。至少可以预测可开发的机器人有仔猪补奶机器人或补料机器人，为群体饲养中不断满足个体差异的对象，少量补足奶水或饲料。以上在目前的规模化养殖的猪场已经具有潜在的需求，目前开发的有智能补奶机，再加上可行走能避障的感知协同，就是真正的饲喂机器人，可以作为对现有群体饲喂的补充。

综上所述，作者从五大方面，即养猪环境智能控制技术、猪只个体或群体的精准饲喂技术、养猪过程中的精准饲喂技术、养猪的精细化管理技术及养猪机器人技术，阐述了人工智能养猪的内涵，分析了哪些环节可以应用人工智能的技术，通过这些技术的应用，如何对传统养猪进行升级改造，在哪些环节需要解决的问题及面临的挑战是什么等，期望给“人工智能养猪”定义一个基本的框架。此书的第 2 篇阐述各个研究领域在国内外取得的研究进展，尽可能给出了一些具体的案例，以便读者能全面了解人工能养猪的研究进展。

参考文献

石芳权，王辉，罗清尧，等. 智慧养殖管理模式在养猪生产中的应用. 猪业科学，2021，38(9)：34-37，7.

汪烨. 当养猪遇上人工智能. 农经，2020(Z1)：46-49.

王金环，陈湘云，褚帅令，等. 我国智能养猪现状、问题及趋势. 中国猪业，2018，13(12)：17-23，27.

王瑞年，张佳，黄守婷. 数字化养猪管理体系建设实践. 今日养猪业，2021(1)：9-13.

肖和良. 人工智能养猪设计原理、资源配置研究及发展前景. 今日养猪业，2019(5)：30-34.

杨彤. 智能化猪场的发展趋势及新技术的应用. 今日养猪业，2018(3)：60-62.

第2篇
实践篇

第6章 家畜及其产品主要标识技术

【本章提要】 本章回顾家畜及其产品标识技术的发展历程，介绍条形码、射频识别、机器视觉、分子标记等标识技术的基本原理、实施方法和使用效果，对各类技术的特点、优势和不足之处进行说明，并对将来的标识技术进行分析和预测。

对动物进行统一标识保证其身份的唯一性，既有利于动物疫病防控，提高动物生产的数字化管理水平，同时，又是实施动物产品安全数字化监控，即溯源和跟踪的前提条件。根据国际上有关动物标识法律法规的规定，多数国家和地区主要针对牛、羊和猪进行标识，少数国家和地区还要求对马、鹿、禽、伴侣动物和野生动物进行标识。

近年来，越来越多国家和地区的消费者要求提供动物及动物产品在食物供应链中的流动情况，要求进行跟踪和追溯，可追溯性正成为在动物生产与销售过程中的重要议题。随着现代科技的发展，各种更为便捷的方法，尤其是具有自动数据采集功能的动物身份识别技术开始逐步应用。动物标识技术是实施动物个体精细化管理与控制的前提，也是实现畜产品安全可追溯管理的关键技术之一。

6.1 标识、动物标识与动物标识系统的基本概念

标识(Identification)是标记和身份识别的过程。标识和标记的含义不同，它是一个更加复杂的过程，包括标识编号的分配、标记行为、动物身份文件的建立及其在中央数据库的注册记录，以及其他有可能发生改变的信息。动物标识(Animal Identification)是指对标记的动物个体、一个流行病学单元或动物群体进行识别和记录。动物标识的方法包括标签、烙印、文身、微芯片异频雷达发动机、项圈和脚环等。动物标识分为个体标识和群体标识。动物个体标识是指每一个动物使用唯一的动物个体标识码。动物群体标识是指一群动物或一个流行病学单元分配一个唯一的群标识码。动物标识系统(Animal Identification System)是指对家畜养殖场或所有者、动物饲养人员、动物移动的识别，以及与动物识别有关的记录。

6.2 传统动物标识方法与应用

动物标识技术，即表示动物身份的方法。自远古时代以来，动物从野生状态驯化为人工饲养家畜，服务于人类，人们就开始采用传统动物个体标识方法，主要用来表示畜主所有权或满足畜禽育种需要。据文献记载，中国早在3800多年前就用烙铁(或耳朵上打缺口)来标识马匹，并且官方注册动物的名字，这种标识方法迄今仍在使用。在畜牧生产中，标记方法一般有截耳法、刺墨法、角部烙字法、火烫烙号法、笔录法、冷冻烙号法和颜料法等。体外施加标识的方法有金属耳标法、塑料(橡胶)耳标法等。

6.2.1 截耳法

截耳法又称剪耳法。用特制的耳号钳在家畜(牛、猪)的左、右两耳边缘上打缺口,每剪 1 个耳缺代表 1 个数字,把 2 个耳朵上所有的数字相加,即得出所要的编号(图 6-1)。

这里以猪编号为例:在育种场或纯繁场,为了选留后备母猪和育种、科研的需要,必须在仔猪出生时给其编号。常用的编号方法是剪耳法,即在仔猪的耳朵上,用耳号钳剪出几个缺刻,每一缺刻代表一定数字,各缺刻表示的数字之和即该猪的号码。缺刻代表的数字,目前中国虽无统一标准,但大致有 2 种方法(表 6-1)。

表 6-1 猪的编号

方法	说明	时间
“上 1 下 3”法	该法规定,右耳上缘一个缺刻代表 1,下缘 1 个缺刻代表 3,耳尖 1 个缺刻代表 100,耳中部 1 个圆洞代表 400;左耳相应部位为 10、30、200、800(图 6-1)	仔猪编号,多在出生时进行,同时称重。一般公猪为单号,母猪为双号。在规模较大的猪场,每年从 1 月 1 日开始重新编号
“个、十、百、千”法	该法规定,右耳下缘为个位,上缘为十位,左耳上缘为百位,下缘为千位。近耳根处为 1,近耳尖处为 3	

6.2.1.1 种猪场编号

在种猪场用大排法(图 6-1)和窝排法(图 6-2)2 种剪耳法。标亲法多用于中小型育肥猪场(图 6-3)。

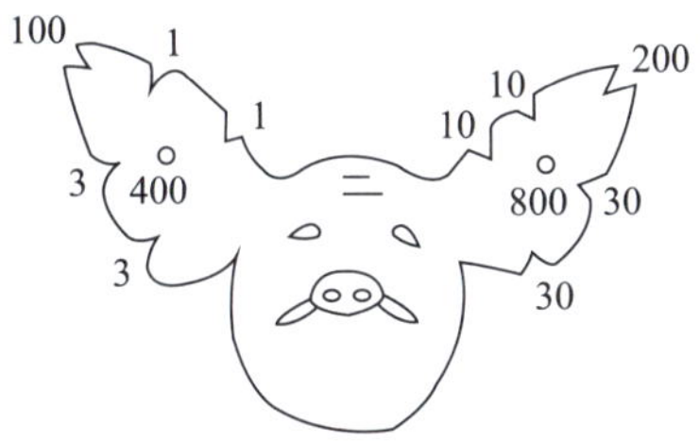

图 6-1 大排法

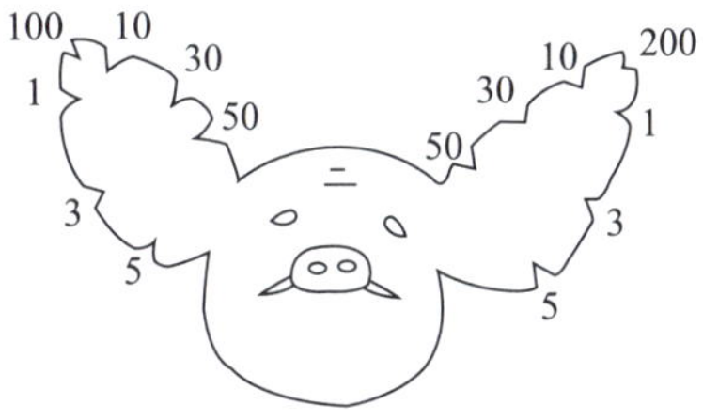

图 6-2 窝排法

图 6-3 标亲法

大排法为左大右小,上 1 下 3,公单母双,即右耳上部 1 个缺口代表 1,下部 1 个缺口代表 3,耳尖缺口代表 100,耳中圆孔代表 400。左耳上部 1 个缺口代表 10,下部 1 个缺口代表 30,耳尖缺口代表 200,耳中圆孔代表 800。此外,也有采取左大右小,上 3 下 1 的打法。

窝排法为左耳窝,右耳号,上大下小,公单母双。

6.2.1.2 育肥猪场

育肥猪场的特点一般是母猪自繁自养,留种扩群,而公猪多外购。因此,中小型育肥猪场仔猪耳号可以简单地采用标亲法(图 6-3)标识亲缘关系。

中小型育肥猪场种公猪数量较少,猪场的种公猪及头数不可能经常变更,可以给公猪按年龄大小进行第一次编号;在没有淘汰之前它的号数不变,淘汰后此号给新增的公猪。具体为左耳父,右耳母,上 1 下 3(或上 3 下 1),即左耳打父号,右耳打母号。例如,公猪 8 号、母猪 10 号。

若母猪要编号的数量较多,右耳尖可打缺为 10,耳内打小洞为 20,这样,本猪场的后代留种的母猪就不会和其父公猪及其父公猪亲缘近的公猪交配，以避免出现近交现象。母猪号对于窝选留种有帮助（初选、复选）。

这种猪的编号再配合猪场生产中的各项养殖档案的记录，包括配种记录、母猪产仔哺育记录、种猪生长发育记录、种公（母）猪系谱卡、猪群变动表等，是家畜育种场或规模化猪场生产不可忽视的重要工作内容。

6.2.2 刺墨法

刺墨法在犊牛生后即可进行。在犊牛耳朵内部用针刺上号码，作为标记。先将犊牛右耳里边用热水洗净擦干，取适当的数字号码（由针组成），嵌入特制的耳标钳内，在右耳内部进行穿刺，在穿刺处涂以黑色的墨汁，或煤烟酒精溶液。伤口长好后即可显出明显的号码。中国也使用墨汁将标志文入马口腔内黏膜皮下，具有隐蔽、美观、终生不变的特点。

6.2.3 角部烙字法

角部烙字法是指用特制的烙印烧红后，在角上烙号的方法。牛在 2～2.5 月龄时，就可在角上烙号。如果烙得均匀平坦，且牛角不脱皮，则角上号码可永久不变。

6.2.4 火烫烙号法

将金属制作的标志投入火中加热，按放在马皮毛上数秒钟后取下，受火烫伤的皮肤结痂康复后再生长出来的被毛变为白色且永久不变，这种方法叫火烫烙号法，简称火烙法。火烙法会损伤真皮层，影响皮革质量，而且烫伤结疤易感染化脓，造成创痕一片、字迹模糊、难以识别，同时，火烙对畜体痛感亦大。

6.2.5 笔录法

用蘸有硝酸银溶液的笔在牛身显要部位（白色毛区）写上号码，留下的字为红色或褐色。此法应在晴天进行，写的号码一般仅维持 1～2 个月。

6.2.6 冷冻烙号法

冷冻烙号法是给牛做永久标记的一项新技术。它是利用液态氮在牛皮肤上进行超低温烙号，能破坏皮肤中产生色素的色素细胞，而不致损伤毛囊。以后烙号部位长出来的新毛是白色的。该法的优点是清晰明显，极易识别，永不消失，操作简便，对皮肤损伤少，牛体无痛感；缺点是烙铁字号在牛体皮肤上贴按的时间比火烙法要长（特别是干冰加醇冷烙法），因此若不小心则易使烙铁字号错位，影响烙号效果。给白毛的牛体冷烙时，要比深毛色的牛体延长 10～15s 的烙号时间，以破坏真皮和毛囊，抑制被毛生长，使其光秃。因此白毛的牛用此法烙号不如深毛色的牛清晰。

6.2.7 颜料法

在生产过程中，有时需要做临时标记。例如，产羔时须在产羔母羊和羔羊身上用相同颜色的涂料打母仔号，可选用毛纺厂生产的专用标记涂料，或用易洗掉的色料做标记。基层生产单位出于方便，经常用油漆或沥青等在羊只被毛上做标记，造成疵点毛，给毛纺织造成很大的经济损失。

6.2.8 金属耳标法

用特制的钢字把号码打在金属耳标上，再用耳标钳把耳标夹在牛耳上缘适当地方。夹耳标时应注意不要使耳标压住牛耳朵的边缘，以免被压部分发生坏死，而使耳标脱落。给小牛戴耳标时，应留适当的空隙，以备生长。

6.2.9 塑料(橡胶)耳标法

用不褪色的色笔将牛号写在塑料或橡胶制成的耳标上，用专用耳标钳固定在耳朵中央，标记清晰，要求站在 2～3 m 远处也能看清号码。

6.3 条形码技术

条形码技术是自动识别技术的重要领域之一，所涉及的领域较广，是电子与信息科学领域内多项技术的结合产物。经过多年的研究开发和应用实践，条形码技术现已逐步发展成熟。条形码技术主要研究如何利用条形码向计算机输入信息，以及如何由计算机自动识读条形码。条形码技术研究的对象包括编码规则、符号表示技术、识读技术和应用系统设计等四大部分。

6.3.1 条形码的发展历程

20 世纪 50 年代出现了人们今天在各种商品包装上常见的商品标识——条形码，它最早由美国的 N. T. Woodland 在 1949 年提出。随着计算机应用的不断普及，条形码的应用得到了很大的发展。在交通运输业、商业贸易、生产制造业、医疗卫生和仓储业等领域得到了广泛的应用。

条形码技术的应用已有半个多世纪，其间可分为 3 个阶段：

(1)第一阶段是商品零售的自动结算　即超市普遍使用的条形码扫描自动结算系统(又称为扫描条形码的商业 POS 系统)。从 20 世纪 70 年代初开始，逐步创立并推广了统一代码委员会 UCC 和国际物品编码协会 EAN International 的 2 种零售商品的条形码标识系统，即 UCC 系统的 UPC-A、UPC-E 以及 EAN 系统的 EAN-13、EAN-8 等 4 种商品条形码符号。中国使用的是 EAN-13 商品条形码，截至 2002 年底，中国已有 8 万多家企业注册使用商品条形码，在近 80 万种商品上使用商品条形码符号。

(2)第二阶段是企业内部管理　条形码技术的应用几乎涉及计算机管理的各个领域。这一阶段初期，主要使用一维条形码中的 Code 39、Code 128 和 ITF 码 3 种条形码。后期开发并推广使用信息容量大、纠错能力强、保密性好、无须依赖数据库的二维条形码，如四一七条形码(PDF 417)、快速响应矩阵码(QR 码)、数据矩阵码(Data Matrix 码)等。二维条形码能描述包括图像在内的各种信息，因此尤其适用于各种证件管理和产品防伪等。

(3)第三阶段是当前方兴未艾的供应链管理和电子商务　即与贸易伙伴合作，应用于整个供应链的物流配送、连锁经营和电子商务。

6.3.2 条形码编码规则

条形码是由宽度不同、反射率不同的条和空，按照一定的编码规则(码制)编制而成的，用以表达一组数字或字母符号信息的图形标识符。条形码是一组粗细不同,按照一定规则安排间距的平行线条图形。

1. 条形码的基本概念

(1)码制　条形码的码制是指条形码符号的类型。每种类型的条形码符号都是由符合特定编码规则的条和空组合而成。每种码制都具有固定的编码容量以及所规定的条形码字符集。条形码字符中字符总数不能大于该种码制的编码容量。

(2)条形码字符集　是指某种码制所表示的全部字符的集合,如数字字符、英文字母、特殊符号或 ASCII 字符集等。主要的条形码符号集有 2 种:一种是数字符号集,包括数字 0～9 及一些特殊字符;另一种是字母数字符号集,包括数字 0～9、大写英文字母 A～Z 及一些特殊字符。不同符号集的条形码能够编制的信息容量是不同的。

(3)连续性与非连续性　条形码符号的连续性是指每个条形码字符之间不存在间隔,其密度相对较高;相反,非连续性是指每个条形码字符之间存在间隔,其密度相对较低。

(4)定长条形码与非定长条形码　定长条形码是指仅能表示固定字符个数的条形码,而非定长条形码是指能表示可变字符个数的条形码。

定长条形码限制表示字符的个数,所以密码的无视率相对较低(就一个完整的条形码符号而言,任何信息的丢失总会导致密码的失败)。非定长字符由于受到扫描器和印刷面积的限制,不可能表示任意多个字符,并且在扫描阅读过程中可能因信息丢失而引起错误密码,这种问题可通过增强阅读器或计算机系统的校验程度来解决。

(5)双向可读性　条形码符号的双向可读性是指从条形码左右两侧开始扫描都可被识别的特性。大多数码制都具有双向可读性。事实上双向可读性不仅是条形码符号本身的特性,也是条形码符号和扫描设备的综合特性。

(6)自校验特性　条形码符号的自校验特性是指条形码字符本身具有校验特性。对于一种码制,是否具有自校验功能是由其编码结构决定的。自校验功能可以校验出一个印刷错误,对于大于一个的印刷错误则不可能完全校验出。

(7)条形码符号密度　是指单位长度所表示的条形码字符的个数。对于任何一种码制而言,单个单元宽度越小,条形码符号密度就越高,但由于印刷条件和扫描条件的限制,很难将条形码密度做得太高。

2. 条形码符号的结构

一个完整的一维条形码是由两侧的空白区、起始字符、数据字符、校验字符(可选)和终止字符以及供人识读字符组成的。其中数据字符和校验字符是代表编码信息的字符,扫描识读后需要传输处理,左右两侧的空白区、起始字符、终止字符等都是不代表编码信息的辅助符号,仅供条形码扫描识读时使用,不需要参与信息代码传输。图 6-4 显示条形码符号的结构。

图 6-4　条码符号的结构

(1)条　条形码中反射率较低的部分。

(2)空　条形码中反射率较高的部分。

(3)模块　模块组配编码法组成条形码

字符的基本单位。

(4)单元　构成条形码字符的条或空。

(5)条形码字符　表示一个字符的若干条与空。

(6)供人识读字符　位于条形码字符下方，是与条形码字符相对应、供人识别的字符。

(7)起始字符　位于条形码起始位置的若干条与空。

(8)终止字符　位于条形码终止位置的若干条与空。

(9)数据字符　表示特定信息的条形码字符。

(10)校验字符　表示校验码的条形码字符。

(11)中间分隔符　位于条形码中间位置用来分隔数据段的若干条与空。

(12)空白区　条形码起始符、终止符两端外侧与空的反射率相同的限定区域。

(13)保护框　围绕条形码且与条反射率相同的边或框。

3. 条形码的编码方法

条形码的编码方法是指条形码中条与空的编码规则以及二进制逻辑表示的设置。条形码符号作为一种为计算机信息处理而提供的光电扫描信息图形符号来满足计算机二进制的要求。条形码的编码方法就是通过设计条形码中条与空的排列组合来表示不同的二进制数据。

一般来说，条形码的编码方法有 2 种：模块组合法和宽度调节法。

(1)模块组合法　是指条形码符号中，条与空是由标准宽度的模块组合而成。一个标准宽度的条表示二进制的“1”，而一个标准宽度的空表示二进制的“0”。例如 EAN 码、UPC 码模块的标准宽度是 0.33mm，它的一个字符由 2 个条和 2 个空构成，每一个条或空由 1～4 个标准宽度模块组成。

(2)宽度调节法　是指条形码中条与空的宽窄设置不同，用宽单元表示二进制的“1”，而用窄单元表示二进制的“0”，宽窄单元之比一般控制在(2～3)∶1。库德巴码、39 码、25 码和交叉 25 码均采用宽度调节法。

6.3.3　条形码的分类

条形码可分为一维条形码和二维条形码。一维条形码即传统条形码，按应用可分为商品条形码和物流条形码 2 种。商品条形码包括 EAN 码和 UPC 码，物流条形码包括 UCC/EAN-128 码、ITF 码、39 码、库德巴条形码等。二维条形码根据构成原理和结构形状的差异，可分为两大类型：一类是行排式或层排式二维条形码(Stacked or Tiered Barcode)，如 PDF417 等；另一类是矩阵式二维条形码(Checkerboard or Dot Matrix Type)，如 QR Code、Data Matrix 等。

6.3.3.1　一维条形码

一维条形码仅在一个方向(一般是水平方向)表达信息，在垂直方向则不表达任何信息，其有一定的高度通常是为了便于阅读器对准阅读。一维条形码的应用可以提高信息录入的速度，减少差错率。一维条形码的不足之处包括：数据容量较小，最大约 30 个字符；只能包含字母和数字，不能编码汉字；条形码尺寸相对较大，空间利用率较低；条形码遭到损坏后不能阅读；等等。

6.3.3.2　二维条形码

因为受信息容量的限制，一维条形码只能充当物品的代码，而不能含有更多的物品信息，所以一维条形码的使用，不得不依赖数据库的存在。在没有数据库和不便联网的地方，一维条形码的使用受到了较多的限制，有时甚至变得毫无意义。另外，用一维条形码表示汉字信息几乎是不可能的，这在某些应用汉字的场合显得十分不便，效率很低。

现代高新技术的发展，迫切要求在有限的几何空间内用条形码表示更多的信息，从而满足各种信息的需求。二维条形码正是为了解决一维条形码无法解决的问题而诞生的。

二维条形码具有密度高、容量大等特点，所以可以用它表示数据文件（包括汉字文件）、图片等。使用二维条形码是各种证件及卡片等大容量或高可靠性信息实现存储、携带并自动识别的最理想的方法。

1. 二维条形码的特性

（1）高密度　二维条码通过利用垂直方向的尺寸来提高条码的信息密度。在通常情况下其密度是一维条码的几十倍到几百倍，这样就可以把产品信息全部存储在一个二维条码中，要查看产品信息，只要用识读设备扫描二维条码即可，不需要事先建立数据库，真正实现了用条码对物品的描述。

（2）具有纠错功能　一维条码没有考虑到条码本身的纠错功能，尽管引入了校验字符的概念，但仅限于防止读错。二维条码可以表示数以千计字节的数据，在通常情况下，所表示的信息不可能与条码符号一同印刷出来。如果没有纠错功能，当二维条码的某部分损坏时，该条码便变得毫无意义，因此二维条码引入错误纠正机制。这种纠错机制使得二维条码因穿孔、污损等引起局部损坏时，照样可以正确地识读。二维条码的纠错算法与人造卫星和 VCD 等所用的纠错算法相同。这种纠错机制使得二维条码成为一种安全可靠的信息存储和识别的方法，这一点是一维条码无法比拟的。

（3）可以表示多种语言文字　多数一维条形码所能表示的字符集不过是 10 个数字、26 个英文字母及一些特殊字符。一维条形码字符集最大的 Code 128 条形码，所能表示的字符个数也不过是 128 个 ASCII 符。用一维条形码表示其他语言文字（如汉字、日文等）是不可能的；而多数二维条形码都具有字节表示模式，即提供一种表示字节流的机制。各种语言文字在计算机中存储时都以机内码的形式表现，而内部码都是字节码。因此可以将各种语言文字信息转换成字节流，然后再将字节流用二维条形码表示，从而为多种语言文字的条形码表示提供新途径。

（4）可表示图像数据　二维条形码可以表示字节数据，而图像多以字节形式存储，因此使图像（如照片、指纹等）的条形码表示成为可能。二维条形码编码范围广，可以将照片、指纹、掌纹、签字、声音和文字等可数字化的信息进行编码。

（5）引入加密机制　加密机制的引入是二维条形码的又一优点。如利用二维条形码表示照片时，可以用一定的加密算法将图像信息加密，再用二维条形码表示。在识别二维条形码时，通过一定的解密算法，可以恢复所表示的照片，从而防止各种证件、卡片等的伪造，因此，具有极强的保密防伪性能。

（6）容易制作且成本低　利用现有的点阵、激光、喷墨、热敏/热转印、制卡机等打印技术，即可在纸张、卡片、PVC，甚至金属表面上印出二维条形码。

2. 二维条形码的类型

根据二维条形码的编码原理、结构形状的差异，可将其分为行排式或堆积式二维条形码以及矩阵式二维条形码两大类。

(1)行排式或堆积式二维条形码　其编码原理建立在一维条形码基础之上，按需要堆积成 2 行或多行。它在编码设计、检验原理、识读方式等方面继承了一维条形码的特点，识读设备、条形码印刷与一维条形码技术兼容。但由于行数的增加，二维条形码行的鉴别、译码算法及软件与一维条形码不完全相同。是有代表性的二维条形码有 Code 49、Code 16K、PDF 417 等。

(2)矩阵式二维条形码　以矩阵的形式组成，简称矩阵码。在矩阵相应元素位置上，用点(方点、圆点或其他形状的点)的出现表示二进制的“1”，点的不出现表示二进制的“0”，点的排列组合确定了矩阵码所代表的意义。矩阵码是建立在计算机图像处理技术、组合编码原理等基础上的一种新型图形符号自动识读处理码制。具有代表性的矩阵码有 Data Matrix、Maxi Code、Code One、QR Code、龙贝码、矽感 GM、CM 二维条形码等。

3. 国际通行的二维条形码码制简单介绍

(1)Code 49 码(行排式)　是一种多层、连续型、可变长度的条形码符号，可以表示全部的 128 个 ASCII 字符。每个 Code 49 码符号可由 2～8 层组成，每层有 18 个条 17 个空。层与层之间由 1 个层分隔条分开。每层包含 1 个层标识符，最后一层包含表示符号层数的信息。

(2)Code 16K 码(行排式)　是一种多层、连续型、可变长度的条形码符号，可以表示 ASCII 字符集所有的 128 个字符及扩展 ASCII 字符。它采用 UPC 及 Code 128 字符。一个 16 层的 Code 16K 符号可以表示 77 个 ASCII 字符或 154 个数字字符。Code 16K 通过唯一的起始符或终止符标识层号，进行自动识别与自动处理，通过字符自校验及 2 个模为 107 的校验字符进行错误校验。

(3)PDF 417 码(行排式)　是一种多层、可变长度、具有高容量和错误纠正能力的连续型二维条形码。每个 PDF 417 码符号可以表示超过 1 100 个字节、1 800 个 ASCII 字符或 2 700 个数字的数据，具体数量取决于所表示数据的种类及表示模式。PDF 417 可通过线性扫描器、光栅激光扫描器或二维成像设备识读。

(4)Code One 码(矩阵式)　是一种由成像设备识别的矩阵式二维条形码。Code One 码符号中包含可由快速线性探测器识别的图案。Code One 符号共有 10 种版本及 14 种尺寸，最大的符号，即版本 H，可以表示 2 218 个数字、字母型字符或 3 550 个数字，以及 560 个错误纠正符号字符。

(5)Data Matrix 码(矩阵式)　是矩阵式二维条形码符号。它有 2 种类型，即 ECC 000-140 和 ECC 200。ECC000-140 具有几种不同等级的卷积错误纠正功能，而 ECC 200 通过 Reed-Solomon 算法利用生成多项式计算错误纠正码词。不同尺寸的 ECC 200 符号应有不同数量的错误纠正码词。

(6)Maxicode 码(矩阵式)　是一种固定长度(尺寸)的矩阵式二维条形码，它由紧密相连的多行六边形模块和位于符号中央位置的定位图形组成。Maxicode 符号共有 7 种模式(包括 2 种作废模式)，可表示全部 ASCII 字符和扩展 ASCII 字符。

(7)QR 码(矩阵式)　是日本电装公司在 1994 年向世界公布的快速响应矩阵码的简称。QR 码可容纳大量信息，可表示 7 089 个字符；密度高，是普通条形码的约 100 倍，节省印刷空间，几毫米的空间就可容纳信息；可对英文、数字、汉字进行编码；360°全方位高速读取，即使损坏或污损也可以读取。总地来说，具有识读速度快、数据密度大、占用空间小的优势。

(8)Vericode 码(矩阵式)　是美国 Veritec 公司提出的二维条形码，在矩阵图形里载有数据的条形码，称之为矩阵符号码，其矩阵符号格式和图像处理系统已经获得美国专利。该符号是一种用于微小型产品上的二进制数据编码系统，便于机器书写和阅读，准确性和可重复性达到最佳水平，具有扩大和缩小数据单元而不改变其数据信息，容量奇偶校验和错误修改代码等特点。

4. 中国研制的二维条形码

(1)汉信码(矩阵式)　是中国物品编码中心承担国家重大科技专项——“二维条形码新码制开发与关键技术标准研究”课题的研究成果，该课题于 2005 年 12 月 26 日通过国家标准委组织的项目验收。汉信码是一种矩阵式二维条形码，它具有汉字编码能力超强、抗污损、抗畸变识读能力、识读速度快、信息密度高、纠错能力强、图形美观等优点，是一种具有自主创新、拥有自主知识产权、适合中国应用的二维条形码。汉信码的出现打破了国外公司在二维条形码生成与识读核心技术上的商业垄断，可降低中国二维条形码技术的应用成本，推进二维条形码技术在中国的应用进程，具有广阔的推广应用前景。

(2)CM 码(矩阵式)　是中国自主知识产权的紧密矩阵型二维条形码，可表示各种文字符号。该码制于 2004 年 9 月通过了信息产业部组织的技术鉴定，是一种高容量接触式识读的二维条形码，具有低误码率、编码信息广泛、支持用户自定义信息、支持隐形防伪印刷等优点。CM 码长宽比可任意调整，具备第 1～8 级共 8 个纠错等级可供选择，极大地提高了条形码自身的纠错能力，采用了先进的结构设计和数据压缩模式，其编码数据容量有了质的飞跃，在第 6 级纠错的情况下仍可达到 32KB 的容量(约合 15 000 个汉字的存储空间)；同时，CM 码还设计有 256 块的宏(Macro)模式结构链接功能，可满足高达 8M 的特殊容量需求。

(3)GM 码(矩阵式)　GM 是“Grid Matrix”的缩写，中文意义为“网格矩阵”。GM 码具有纠错能力强、污损容忍度极高、高抗形变能力、识读范围大、存储密度高等优点，该码制于 2004 年 9 月通过了信息产业部组织的技术鉴定，首创性地将码图的识别模式与定位模式合二为一，并均匀地排列在码图中，同时通过优化数据压缩算法与数据纠错算法，省去了现有二维条形码的码图中必不可少的、只能抵抗有限污损的功能区域——格式信息区域。GM 二维条形码的码图由子结构——宏模块按层排列组成，即使码图中出现大面积的污损，图像识别算法仍可通过利用这种宏模块按层排列的规律以统计分析的方法快速准确地检测出码图方向，因而 GM 二维条形码的码图也省去了现有二维条形码中没有抵抗污损能力的、用于指示码图方向的功能区域。目前，GM 码在电子商务、电子政务交易、物流、产业链、名片管理及移动增值业务等诸多方面具有广泛的应用。

(4)龙贝码(矩阵式)　龙贝码(LP Code 或 LP 2D Bar Code)是目前中国拥有包括底层核心算法在内的完全自主知识产权的矩阵式二维条形码符号。龙贝码具有多向性编码和译码功能，摒弃了其他二维条形码设计中的方向探测图形符号或定位图形的设计，不仅有效地提高了条形码首读率和数据信息密度，更降低了条形码阅读设备的图像采集要求。龙贝码具有全方位同步信息、无剩余码字与剩余位、无版本限制、任意调解外形及长宽比、数据结构化压缩和编码、多种及多重语言系统、多重信息加密功能等优点。此外，龙贝码还具有极强的抗破损、抗污染能力，条形码表面任意区域的污损，都不会影响数据信息的正确性。龙贝码广泛应用于证照、物流、电子商务、国防军事、商品流通和公共安全等领域。

6.3.4　动物条形码标识物

随着动物标识、防伪技术需求的增长，动物条形码标识物的制作也在不断推陈出新。以下简述塑料耳标、陶瓷耳标、金属条形码和磁性条形码的特色。

6.3.4.1 塑料耳标

动物耳标原料的选择：动物耳标分为主耳标和辅耳标(图 6-5)，从使用方面考虑，主耳标要求的相对硬度应高于辅耳标，原料必须采用不同的材质。

图 6-5 主耳标(左)及辅耳标(右)

国外较多采用的耳标材质是热塑性聚氨酯，该材质的耳标适用于各种温差气候环境，耳标在冬季能够保持柔软和弹性材质柔软，不褪色，容易染成各种所需色调，具有非常高的柔韧性、弹性以及低密度的特点，电脑喷码耐磨、耐擦、耐洗。其缺点是成本较高。国内目前使用的动物耳标材料一般为：主耳标用注塑低压聚乙烯或聚丙烯，辅耳标用高压聚乙烯。

从产品拉伸强度上考虑，选用聚丙烯(PP)注塑成型，但是 PP 材料在热和氧作用下会发生自动氧化反应，导致机械强度降低，产品使用一段时间后会脆化断裂。选用高密度聚乙烯注塑主耳标时，机械强度虽然不如聚丙烯，但因为主耳标长度不长，完全能够满足使用中的要求。聚乙烯还具有耐化学药品性、耐溶剂性以及在大规模生产时优良的加工性能等优点，因此是其他塑料原料无法比拟的。

辅耳标原料的选用也基于以上考虑，但辅耳标中心孔在标牌穿入时，必须承受径向拉伸力而不破裂，因此选用时应着重考虑材料的断裂伸长率。一般选用高密度注塑级聚乙烯，其断裂伸长率一般在 80%～100%及以下，来制作辅耳标，标牌打入中心孔时，因为断裂伸长率不够而易胀破中心孔，所以多采用线性聚乙烯树脂(LLPE)作辅耳标原料，断裂伸长率达 300%左右。

塑料耳标在使用中的主要缺点是掉标率较高和耳标识别率较低，通过注塑工艺的提高可以克服：减少注塑件翘曲变形、内应力开裂和注塑件尺寸偏差，从而降低耳标掉标率；减少注塑件表面水波纹、流纹、夹水纹(熔接痕)、喷射纹(蛇纹)、裂纹(龟裂)、顶白(顶爆)、表面色差、光泽不良、混色、黑条和黑点等缺陷，提高耳标表面的平整光洁度，提高耳标条形码识别率。

我国农业部于 2007 年开始执行第 67 号令即《畜禽标识及养殖档案管理办法》，其中第十一条规定，新出生畜禽，在出生后 30 d 内加施畜禽标识；30 d 内离开饲养地的，在离开饲养地前加施畜禽标识；从国外引进畜禽，在畜禽到达目的地 10 d 内加施畜禽标识。前期针对家畜(猪、牛)的标识物是塑料耳标(图 6-6、图 6-7)，在塑料耳标上既有通过激光琢刻有可视化的 15 位数字编码，又有对应的二维码，便于阅读器识读。

图 6-6 带二维码的塑料耳标

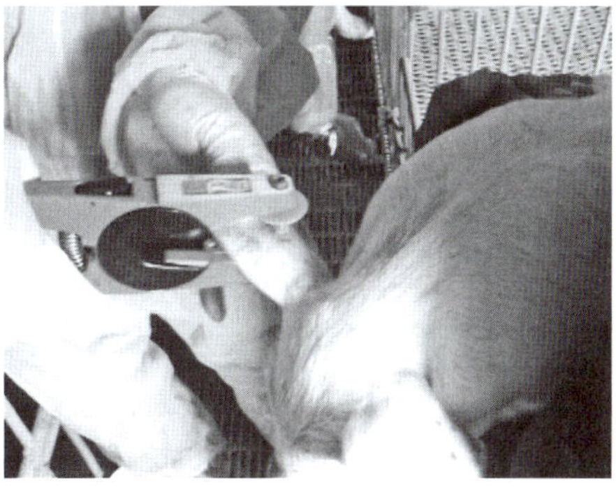

图 6-7 塑料耳标佩戴

6.3.4.2 陶瓷耳标

陶瓷耳标是一种二维条形码标识牌。采用铝合金作基体，表面瓷釉保护，经高温烧制而成，条形码标签基于陶瓷热转印色带(CTTR)技术实现。陶瓷色带是瓷用颜料油墨的热转印色带，以网点图案组合或减色法为成色基础，在数码瓷表面成像，可印制文字、图片和二维条形码，工艺技术完善成熟，能够满足大批量生产的需要。标识牌兼具金属和陶瓷的优良性能，轻巧耐磨，不破损，不老化，灰尘污渍容易擦拭。标牌字体清晰，对比鲜明，具有十分优异的扫描识读性能，并适用于饲养人员远距离观察。

与塑料耳标相比，铝制陶瓷耳标具有以下特点。

①重量轻：每副铝耳标净重 1.70 g，比塑料耳标轻 0.77 g。

②没炎症：铝耳标不带菌，不会引起家畜耳部的炎症或传染其他疫病。

③无污染：铝耳标可回收再制铝板，不造成环境污染。

④不脱落：家畜打的铝耳标，用铆钉固定在猪耳上，不易脱落，趋于“零掉标率”。

2006 年，在天津市几个参与天津市猪肉质量溯源体系建设的种猪场、商品猪场和条件较好的养猪合作社、奶牛养殖小区进行了动物条形码标识牌的试验工作。

6.3.4.3 金属条形码

金属条形码出现于 20 世纪 90 年代，利用激光打标机在金属薄条上刻印一维或二维条形码，并黏附在塑料基底上构成，表面有凹凸感，可弯曲，能承受一定外力的碰撞和搓揉。金属条形码耐高低温，耐腐蚀，不怕日晒雨淋，不受磁场干扰，使用寿命长，能在恶劣环境下长期使用。其形状可根据客户的需求制作成圆形、椭圆形或方形等。金属条形码背面配有各种强度的不干胶，取下金属条形码即可粘贴于物品的表面，用一般条形码识读器即可识读。

由于制作的独特设备与复杂工艺，金属条形码难于仿造、复制；同时，该制作技术不同于其他通用技术，是属于政府部门立项的专利垄断技术，故不易流失。金属条形码主要应用于防伪领域，如轻化工产品、机电产品、家用电器、消防器材、药品、重要证照、油泵管道、摩托车、汽车部件及验钞器等产品。

6.3.4.4 磁性条形码

磁性条形码的条是由金属箔经电镀后产生的，一般在条形码表面再覆盖一层聚酯薄膜，这种条形码是用专用磁性条形码阅读器识读的。其优点是表面不怕污渍。一般条形码是靠光的反射来识读，这种条形码则是靠电磁波进行识读的，只有识读器和条形码的距离才会影响条形码的识读。其抗老化能力较强，表面的聚酯薄膜在户外使用时适应能力强。磁性条形码还可以制作成覆盖型隐形码，在其表面采用不透光的保护膜，使人眼不能分辨出条形码的存在。

6.3.5 条形码技术在家畜与畜产品标识中的应用

1. 条形码在动物标识上的应用

2001 年加拿大肉牛采用一维条形码塑料耳标，来提高养殖阶段牛标识号的自动识别水平。2002 年又出台强制性实施牛标识制度，要求所有的牛采用 29 种经过认证的条形码、塑料悬挂耳标或 2 个电子纽扣耳标来标识初始牛群。据报道，生产商已经售出 1 200 万只耳标，而加拿大有 1 300 万头牛。2005—2006 年又逐步过渡到使用电子耳标，但到 2007 年底前仍然认可佩戴条形码塑料耳标的牛。2002 年 7 月 22 日起，澳大利亚全国 1.15 亿头羊采用塑料耳标方式打上产地标签。

2.条形码在畜产品包装标签上的应用

2005年2月,T-Engine论坛在日本东京的日本桥三越百货总店,以生肉为对象进行食品追溯验证实验。过去的试验,是在每个商品上装贴RFID标签,成本较高。该试验考虑降低成本、易于实施等因素,在商品上采用了条码和二维条码(QR)。

6.4 射频识别(RFID)技术

RFID(Radio Frequency Identification,射频识别)是无线电频率识别的简称,是一种非接触的自动识别技术,它通过射频信号自动识别目标对象以及获取相关数据,与其他软硬件信息系统协同,实施更为高层的目标对象管理。

6.4.1 RFID技术发展与现状

RFID技术最早的应用可追溯到第二次世界大战中飞机的敌我目标识别,但是由于技术和成本原因,一直没有得到广泛应用。近年来,随着大规模集成电路、网络通信、信息安全等技术的发展,RFID技术进入商业化应用阶段。由于具有高速移动物体识别、多目标识别和非接触识别等特点,RFID技术显示出巨大的发展潜力与应用空间,被普遍认为是21世纪的最有发展前途的信息技术之一。

6.4.1.1 RFID技术发展历史

从信息传递的基本原理来说,射频识别技术在低频段基于变压器耦合模型(初级与次级之间的能量传递及信号传递),在高频段基于雷达探测目标的空间耦合模型(雷达发射电磁波信号碰到目标后携带目标信息返回雷达接收机)。1948年哈里·斯托克曼发表的“利用反射功率的通信”奠定了射频识别技术的理论基础。

射频识别技术的发展可按10年期划分如下:

①1940—1950年:雷达的改进和应用催生了射频识别技术,1948年奠定了射频识别技术的理论基础。

②1951—1960年:早期射频识别技术的探索阶段,主要处于实验室试验研究阶段。

③1961—1970年:射频识别技术的理论得到了发展,开始了一些应用尝试。

④1971—1980年:射频识别技术与产品研发处于一个大发展时期,各种射频识别技术测试得到加速,出现了一些最早的射频识别应用。

⑤1981—1990年:射频识别技术及产品进入商业应用阶段,各种规模应用开始出现。

⑥1991—2000年:射频识别技术标准化问题日趋得到重视,射频识别产品得到广泛采用,射频识别产品逐渐成为人们生活中的一部分。

⑦2000年以后:射频识别产品种类更加丰富,有源电子标签、无源电子标签及半无源电子标签均得到发展,电子标签成本不断降低,规模应用行业扩大。

至今,射频识别技术的理论得到了丰富和完善。单芯片电子标签、多电子标签识读、无线可读可写、无源电子标签的远距离识别、适应高速移动物体的射频识别技术与产品正在成为现实并走向应用。

特别值得一提的是,1998年美国麻省理工学院的David Brock博士和Sanjay Sarma教授在喝咖啡聊天时，谈及物品自动识别技术手段问题，并产生从系统的角度来解决物品自动识别问题的灵感，由此导致了供应链中物品自动识别概念的一次革命，并最终在 1999 年 10 月 1 日正式创建 Auto-ID Center 非营利性的开发组织。Auto-ID Center 诞生后，迅速提出了产品电子代码 EPC(Electronic Product Code)的概念以及物联网的概念与构架，并积极推进有关概念的基础研究与试验工作。可以说，EPC 与物联网的概念将射频识别技术的应用推到了极致，对射频识别技术的发展与应用的推广起到了极大的推动作用。

6.4.1.2 RFID 技术面临的挑战与发展趋势

RFID 技术的发展，一方面受到应用需求的驱动，另一方面 RFID 技术的成功应用反过来又将极大地促进应用需求的扩展。从技术角度说，RFID 技术的发展体现在若干关键技术的突破；从应用角度来说，RFID 技术的发展目的在于不断满足日益增长的应用需求。

RFID 技术的发展得益于多项技术的综合发展。所涉及的关键技术大致包括：芯片技术、天线技术、无线收发技术、数据变换与编码技术、电磁传播特性。

随着技术的不断进步，RFID 产品的种类将越来越丰富，应用也越来越广泛。可以预计，在未来的几年中，RFID 技术将持续保持高速发展的势头。RFID 技术的发展将会在电子标签(射频标签)、阅读器、系统种类等方面取得新进展。

1. RFID 技术遇到的技术挑战

RFID 主要特色在于拥有唯一识别码、非接触式读/写、可同时读取多个卷标，但 RFID 卷标容易受金属干扰，因此，含有金属或水汽的环境，自然会对 RFID 技术产生干扰。目前 RFID 技术遇到诸多技术挑战，主要有：

①尽管不必像条形码需要正面接触式读取，但 RFID 仍有方向性，并非任意角度皆能感应。

②世界各国超高频(UHF)开放频段不一致，产品在全球的读取状况，仍有整合方面的问题，天线设计时必须依据使用频带决定天线尺寸，因为设计问题会使天线效能随着变动。

③各国规定的 RFID 按规定协议(Protocol)各自不同，目前 RFID 认证单位有 3 个，分别是 EPC global、ISO/IEC 与 ECMA，即使在同个国家且在同频带所使用 RFID 机制，产品间也未必能完全互相通用。

④若一个环境同时布建多个读取器和天线，用来同时读取多个卷标，就容易产生相互干扰问题，必须经调校克服，所花费的调校及测试费用提高，必然导致专案定制化成本过高。

⑤低频的 RFID 芯片容易被破解，仍有安全性问题。

⑥若个人身份证上采 RFID 卷标，隐私问题则必须被重视。

由以上技术挑战可得知，RFID 技术想在企业被获得广泛应用，必须要有能力采用全方位解决方案，各国间也必须极力整合、统一，才有可能让 RFID 技术应用再升级。

2. RFID 技术的发展趋势

随着 RFID 技术的不断发展和应用系统的推广普及，未来 RFID 技术在性能等各方面都会有较大提高。展望未来，RFID 技术的发展将呈现如下趋势：

①标签产品多样化。未来用户个性化需求较强，单一产品不能适应未来发展和市场需求。芯片频率、容量、天线、封装材料等组合形成系列化产品，再与其他高科技融合，如传感器、GPS、生物识别等，将由单一识别向多功能识别发展。

②系统网络化。当 RFID 系统应用普及到一定程度时，每件产品通过电子标签赋予身份

标识,那时与互联网、电子商务的结合将是必然趋势,也必将改变人们的生活、工作等方式。

③系统的兼容性更好。随着标准的统一,系统的兼容性将会得到更好的发挥,产品替代性更强。

④与其他产业融合。与其他 IT 产业一样,当标准和关键技术得到解决与突破后,与其他产业如 3C、3 网等融合将形成更大的产业集群,并得到更加广泛的应用,从而进一步实现跨地区、跨行业应用。

6.4.2 RFID 技术原理分析

了解 RFID 的技术原理,有助于更好地理解和应用射频系统。

6.4.2.1 RFID 基本工作原理

射频识别系统一般由安置在目标识别对象上的应答器(一种电子数据载体)和阅读器两大部分构成。目标对象的数据信息存储在应答器之中,它是射频识别系统真正的数据载体。应答器由耦合元件以及微电子芯片组成,其构造有盘型、玻璃/塑料外壳、钥匙/钥匙扣型、手表型、ID-1 型非接触 IC 卡、薄膜型构造的智能标签、片上线圈型等其他的结构形式。阅读器是读或读/写装置,取决于其具体应用要求、所使用的技术和结构。典型的阅读器包含有高频模块(发送器和接收器)、控制单元以及与应答器连接的耦合元件。应答器和阅读器需要协同完成目标对象的识别过程,在阅读器的响应范围之外,应答器处于无源状态,在阅读器的响应范围之内,应答器才是有源的。应答器工作所需的能量,如同时钟脉冲和数据一样,是通过与阅读器部分元件一起构成的耦合单元(非接触的)传输给应答器的。此外,许多阅读器还都有附加的接口(RS232、RS485 等),以便将所获得的数据进一步传输给个人计算机、机器人控制装置等数据处理和控制系统。射频识别的发送频率基本上划归为 3 个范围:低频(30～300 kHz)、高频或射频(3～30 MHz)和超高频(300 MHz～3 GHz)或微波(>3 GHz)。

根据作用距离,射频识别系统可分为密耦合、遥耦合和远距离系统。

(1)密耦合　为具有很小作用距离的射频识别系统,典型的范围从 0～1 cm。密耦合系统可以用介于直流和 30 MHz 交流之间的任意频率进行工作,因为应答器工作时不必发射电磁波。密耦合系统应用于安全要求较高、但对作用距离要求不高的设备中。

(2)遥耦合　指把写和读的作用距离增至 1 m 的系统。所有遥耦合系统在阅读器和应答器之间都是电感(磁)耦合发送频率,使用 135 kHz 以下的频率,或使用 6.75 MHz、13.56 MHz 以及 27.125 MHz 频率。遥耦合系统又分为近耦合系统(执行 ISO14443)和疏耦合系统(执行 ISO15693)2 个子类。

(3)远距离系统　其典型作用距离是 1～10 m,个别的系统也有更远的作用距离。所有远距离系统都是在微波范围内用电磁波工作的,发送频率通常为 2.45 GHz,也有些系统使用的频率为 915 MHz、5.8 GHz 和 24.125 GHz。一般把反向散射方法作为由应答器到阅读器数据传输的标准方法。

射频识别系统还可以根据其数据量、数据传输、可否编程、数据载体、运行方式、能量供给等方面来加以分类。

6.4.2.2 RFID 工作频率与典型应用

对一个 RFID 系统来说,它的频段概念是指识别器通过天线发送、接收并识读的标签信号频率范围(图 6-8)。从应用概念来说,射频标签的工作频率是 RFID 系统的工作频率,直接决定系统应用的各方面特性。在 RFID 系统中,射频标签和识别器必须调制到相同频率才能工作。

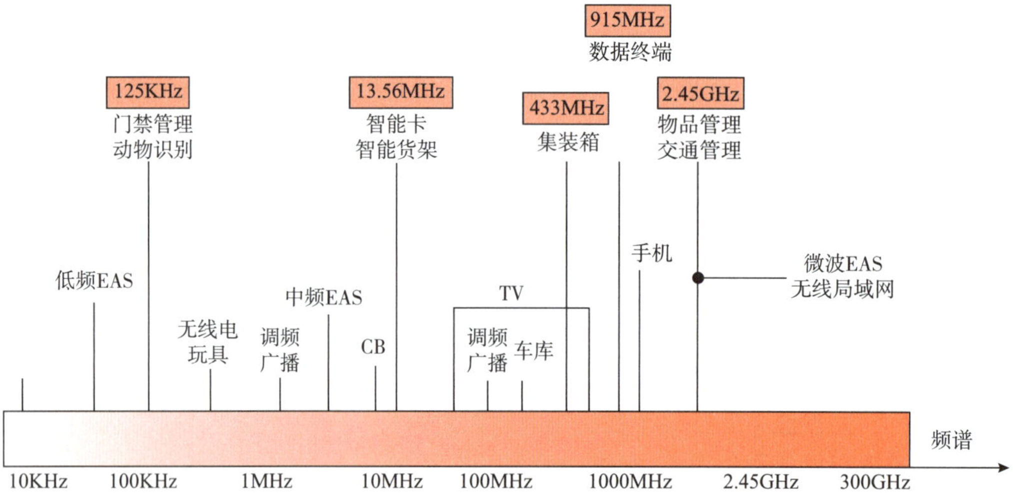

图 6-8　RFID 工作频率

射频标签的工作频率不仅决定着 RFID 系统工作原理(电感耦合还是电磁耦合)、识别距离,还决定着射频标签及识别器实现的难易程度和设备成本。RFID 应用占据的频段或频点在国际上有公认的划分,即位于 ISM 波段。典型的工作频率有:125 kHz、133 kHz、13.56 MHz、27.12 MHz、433 MHz、902～928 MHz、2.45 GHz 和 5.8 GHz 等。

按照工作频率的不同,RFID 标签可以分为低频(LF)、高频(HF)、超高频(UHF)和微波等不同种类。不同频段的 RFID 工作原理不同,LF 和 HF 频段 RFID 电子标签一般采用电磁耦合原理,而 UHF 及微波频段的 RFID 一般采用电磁发射原理。表 6-2 概括各种频率下电子标签的特性。

表 6-2　各种频率下电子标签的特性

频率	波长	耦合方式	距离	数据速率
125～150 kHz	2 400 m	近场	＜0.5 m	低
13.56 MHz	22 m	近场	＜1 m	低至中
433.93 MHz(有源)	69 cm	远场	＜100 m	中
860～960 MHz	33 cm	远场	2～5 m	中至高
2.45 GHz	12 cm	远场	1～2 m	高
2.45 GHz(有源)	12 cm	远场	100 m	高

1. 低频(从 125～134 KHz)

RFID 技术首先在低频得到广泛的应用。在该频率主要通过电感耦合的方式工作,即在识别器线圈和感应器线圈间存在着变压器耦合作用。感应器天线中感应的电压被整流,可作供电电压使用,磁场区域能够很好地被定义,但场强下降得太快。

低频段射频标签,典型工作频率有 125 KHz 和 133 KHz。低频标签一般为无源标签,其工作能量通过电感耦合方式从阅读器耦合线圈的辐射近场中获得。低频标签与阅读器之间传送数据时,低频标签需位于阅读器天线辐射的近场区内。低频标签的阅读距离一般情况下小于1 m。除金属材料影响外,一般低频能够穿过任意材料的物品而不降低它的读取距离。低频标签的典型应用有:动物识别、容器识别、工具识别和电子闭锁防盗(带有内置应答器的汽车钥匙)等。

2. 高频(13.56 MHz)

高频感应器不再需要线圈进行绕制,可以通过腐蚀或者印刷的方式制作天线。感应器一般通过负载调制的方式进行工作,也就是感应器上负载电阻的接通和断开,促使识别器天线上的电压发生变化,实现用远距离感应器对天线电压进行振幅调制。如果人们通过数据控制负载电压的接通和断开,那么这些数据就能够从感应器传输到识别器。

高频段射频标签的典型工作频率为13.56 MHz。除金属材料外,该频率的波长可以穿过大多数的材料,但是往往会降低读取距离。感应器需要离开金属一段距离。高频段射频标签多为无源设计,工作能量是通过电感(磁)耦合方式从阅读器耦合线圈的辐射近场中获得。标签与阅读器进行数据交换时,标签必须位于阅读器天线辐射的近场区内。阅读距离一般情况下小于1 m。标签可方便地做成卡状,广泛应用于电子车票、电子身份证、电子闭锁防盗(电子遥控门锁控制器)、小区物业管理和大厦门禁系统等。

3. 超高频(860～960 MHz)和微波(2.4 GHz、5.8 GHz)

超高频系统通过电场来传输能量。电场的能量下降得不是很快。该频段读取距离比较远,无源可达10 m左右。主要是通过电容耦合的方式实现的。该频段在全球范围的定义不尽相同:欧洲和部分亚洲定义的频率为868 MHz,北美洲定义的频段为902～905 MHz,日本建议的频段为950～956 MHz。超高频频段的电波不能通过许多材料,特别是水、灰尘和雾等悬浮颗粒物质。相对于高频的电子标签来说,该频段的电子标签不需要和金属分开。

超高频与微波频段的射频标签,简称为微波射频标签,其典型工作频率有433.92 MHz、862(902)～928 MHz、2.45 GHz和5.8 GHz。微波射频标签可分为有源标签与无源标签两大类。工作时,射频标签位于阅读器天线辐射场的远区场内,标签与阅读器之间的耦合方式为电磁耦合方式。阅读器天线辐射场为无源标签提供射频能量,将有源标签唤醒。相应的RFID系统阅读距离一般大于1 m,典型情况为4～6 m,最大可达10 m以上。阅读器天线一般均为定向天线,只有在阅读器天线定向波束范围内的射频标签可被读/写。由于阅读距离的增加,应用时有可能在阅读区域中同时出现多个射频标签的情况,从而提出了多标签同时读取的需求。目前,先进的RFID系统均将多标签识读问题作为系统的一个重要特征。超高频标签主要用于铁路车辆自动识别、集装箱识别,还可用于车辆识别与自动收费系统中。

不同频率的标签有不同的特点,例如,低频标签比超高频标签便宜,节省能量,穿透废金属物体力强,工作频率不受无线电频率管制约束,最适用于含水成分较高的物体,如水果等;超高频作用范围广,传送数据速度快,但是比较耗能,穿透力较弱,作业区域不能有太多干扰,适用于监测港口、仓储等物流领域的物品;而高频标签属中短距识别,读写速度居中,产品价格相对便宜,一般应用在电子票证一卡通上。

中国已经规划的RFID频段有50～190 kHz、13.56±7 kHz、432～434.79 MHz。此外,900 MHz、910 MHz、910.1 MHz等3个频点已广泛应用于列车车辆识别,5.72～5.85 GHz应用于不停车收费管理。今后,中国还将根据实际情况进行RFID频率规划。

6.4.2.3 RFID 技术与条形码技术的比较

1. RFID 射频技术的优点

(1)可读可写　条码上的数据印制后是无法改变的,而可读写 RFID 中的数据可以由授权用户修改、增加和删除。

(2)非视线内扫描　为促进条码的自动识别和商业应用,标准化组织对条码标签在贸易单元和物流单元上的位置做了详细规定,而 RFID 标签对待识别物体的位置不苛求,只要求标签在阅读器识别范围内,并且不被金属或液体衰减。

(3)数据容量大　一维条码最大信息存储量为 50 字节,二维条码可存储 2～3 000 个字符,而 RFID 标签的数据容量从 16 字节到 512K 字节。

(4)可重复使用,耐用性好　理论上 RFID 标签的使用期限没有限制,如用在生产线的托盘识别的标签,可以使用 10 年之久。

(5)多目标识别　利用反冲突机制,可同时读出阅读器范围内的多个 RFID 标签。

(6)坚固性好　用于贸易单元或物流单元的标识时,RFID 标签不必和条码标签一样置于外部,从而减少运输过程中磨损和损坏的机会。

(7)安全性好　可采用多种加密方式,而且根据使用需求,一个 RFID 标签可以同时存储加密信息和公开信息。

2. RPID 射频技术的缺点

(1)成本高　同样用于牲畜耳标,使用条形码的塑料耳标成本仅为 0.15 元,而具有相同功能的 RFID 耳标成本则要高出 1～2 个数量级。在具体应用中,RFID 标签更适合用于高价值商品或有特定需求物品的标识,如在畜牧生产中,可以在要求更高的种畜禽管理中使用 RFID 标签。

(2)在有金属或者其他可导材料的使用环境中受限　RFID 标签在靠近金属材料时,其工作会受到干扰,即使是很薄的金属箔,也同样如此,并且在所有的工作频率下都存在不同程度影响。在某些场合下,需要使用特殊材料将 RFID 标签与其附着的金属表面进行隔离。

(3)在对含液体材料的使用环境中受限　在此环境中,RFID 标签无法正常且稳定地工作,识别距离也可能变短。

(4)电磁敏感性　RFID 系统可能对电磁环境敏感,如计算机显示器、灯光、电动设备以及相同工作频率的设备(如 2.4 GHz 的 RFID 系统与蓝牙设备的频率相同),部署 RFID 系统前要对电磁环境进行评估。

(5)多目标识别的可靠性　RFID 系统依靠反冲突算法,可以同时识别多个 RFID 标签,但根据工作频率和标签数量,可能会超出系统识别的上限,导致超出响应时间。因此,在大量标签同时识别的场合,多目标识别的结果可能不可靠。

(6)标准不兼容　各国在 RFID 的标准上未完全统一,存在相互竞争的商业标准体系。

(7)辐射　射频系统可能对人体产生辐射并造成伤害,这个问题已争论多年,目前并无定论。RFID 标签并不产生辐射,在 99.999%未被激活的时间内是无辐射和安全的。识别器需要规定对人体无危害的控制标准和辐射等级,欧美、日本的标准化组织都在从事此项工作。

表 6-3 从 9 个方面比较了条码技术与 RFID 技术各自特点。在不同的应用场合,应选用不同的标识技术。例如,一维条码技术尽管在技术上具有局限性,但其成本低、技术稳定、读写简单,因此在技术要求不高的场合(如超市等)得到最为广泛的应用。

表 6-3 条码技术与 RFID 技术的比较

功能	一维条码技术	二维条码技术	RFID
读取数量	只能1次读取1个标签信息	只能1次读取1个标签信息	可同时读取多个 RFID 标签内的信息
远距读取能力	必须在读取光速范围内	必须在读取光速范围内	RFID 标签不需读取光束，从几厘米到数米的范围内都可以读取或更新
数据容量	储存数据容量小，1～100 KByte	约1 KByte	储存数据容量大，约128 KByte
数据更新能力	数据不可更新	数据不可更新	数据可以反复读写
读取方便性及安全性	读取时标签可视、清晰，任何相容扫描器皆可读取，安全性较低	可用扫描仪直接读取，保密性高(可加密)	置于物品表面或隐藏在包装内均可读取数据，相对于条码安全性较高
数据正确性	需要靠人工读取，有人为操作带来失误的可能	需要靠人工读取，有人为操作带来失误的可能	RFID 可自动传递数据，便于货物追踪与保管
对环境的感应性	条形码污损将无法读取	污损不超过50%仍可破译出完整信息	在恶劣环境下仍然可以读取数据
读写方向	必须对准条形码进行扫描	必须对准条形码进行扫描	不须看到，处于 RFID 系统信息发送/读取范围即可
读写能力	仅能读取，无法写入	仅能读取，无法写入	可读取，可写入

6.4.3 RFID 技术标准体系

关于 RFID 的标准，从内容、技术、性能和应用方面均有相应的国际标准。以下重点列出与畜牧业相关的 RFID 标准。

6.4.3.1 标准体系

RFID 标准体系中，可分为如下几类标准：①RFID 数据内容标准(Data Content Standards)主要涉及数据协议、数据编码规则及语法；②RFID 技术标准(Technical Standards)主要定义了不同频段的空中接口及相关参数；③RFID 性能标准(Conformance Standards)主要涉及设备性能及一致性测试方法；④RFID 应用标准(Application Standards)主要涉及特定应用领域或环境中 RFID 的应用规则。

目前，随着 ISO18000 标准的正式颁布，国际上的 RFID 技术标准体系已基本形成，应用标准还会随着应用领域的扩展不断丰富。中国目前尚没有完善的 RFID 技术标准体系，部分核心标准的制定已纳入国家标准制定的议事日程。一般而言，RFID 数据内容标准、RFID 技术标准和 RFID 性能标准这3类标准会采取与国际标准完全兼容的路线，即国家标准等同或等效采用国际标准，以保证标签、识读器的通用性，而在 RFID 应用标准的制定过程中，要充分考虑中国国情和利用中国市场的优势，还要充分考虑和引用其他全球组织目前已经制定的标准，制定出符合中国市场的新标准，新标准的主要方向应该是“以应用为主导”，在特定的应用环境中，对识别对象的编码和 RFID 技术的应用做出具体的约定。

目前，RFID 存在 2 个技术标准阵营：一个是总部设在美国麻省理工学院的 Auto-ID Center；另一个是日本的 Uniquitous ID Center(UID)。

Auto-ID Center 的领导组织是美国的 EPC(电子产品代码)环球协会，提出了 EPC 电子产品编码标准。旗下有沃尔玛集团、英国 Tesco 等 100 多家欧美的零售流通企业，同时有 IBM、微软、飞利浦、Auto-IDLab 等公司提供技术研究支持。UID 主要由日系厂商组成，有日本电子厂商、信息企业和印刷公司等，总计达 352 家。该识别中心实际是日本有关电子标签的标准组织，提出了 UID 编码体系。

日本 UID 标准和欧美 EPC 标准在使用无线频段、信息位数和应用领域均存在诸多差异。

2006 年 6 月，国家科技部会同国家发改委、信息产业部等 15 个部委，联合编写发布《中国 RFID 政策技术白皮书》，这从政策上为 RFID 产业发展提供了保证。

6.4.3.2 技术标准

目前国际上与 RFID 相关的通信标准主要有以下 3 个：

1. ISO11784 和 ISO11785

ISO11784 和 ISO11785 分别规定了动物识别的代码结构和技术准则，标准中没有对应答器样式尺寸加以规定，因此，可以设计成适用于所涉及动物的各种形式，如玻璃管状、耳标或项圈等。

2. ISO10536、ISO14443 和 ISO15693

ISO10536 标准主要发展于 1992—1995 年间，这种卡的成本高，与接触式 IC 卡相比优点很少，因此，这种卡从未在市场上销售。

ISO14443 和 ISO15693 标准在 1995 年开始操作，单个系统于 1999 年进入市场，这 2 项标准的完成则是在 2000 年之后。两者皆以 13.56 MHz 交变信号为载波频率；ISO15693 读写距离较远，当然这也与应用系统的天线形状和发射功率有关；而 ISO14443 读写距离稍近，但应用较广泛，目前的第二代电子身份证采用的标准是 ISO14443 TYPE B 协议。

ISO14443 定义了 TYPE A、TYPE B 2 种类型协议，通信速率为 106 KBits/s，它们的不同主要在于载波的调制深度及位的编码方式。

ISO15693 标准规定的载波频率亦为 13.56 MHz，VCD 和 VICC 全部都用 ASK 调制原理，调制深度为 10%和 100%，VICC 必须对这 2 种调制深度正确解码。

3. ISO18000

ISO18000 是一系列标准(表 6-4)。此标准是目前最新的也是最热门的标准，原因是它可用于商品的供应链，其中的部分标准也正在形成中。

表 6-4 ISO18000 标准组成

标准号	内容	应用领域
18000-1	一般参数定义	
18000-2	135 KHz 以下空气接口参数	适合短距离纸类标签，如门禁卡

续表 6-4

标准号	内容	应用领域
18000-3	13.56 MHz 空气接口参数	适合中距离使用，如货架
18000-4	2.45 GHz 空气接口参数	适合较长距离使用
18000-6	860～930 MHz 空气接口参数	适合较长距离使用
18000-7	433.92 MHz 空气接口参数	只是作为一种选择，易被其他通信器材干扰

注：18000-5 规定了 5.8 GHz 参数，但已被否决，不会成为国际标准。

6.4.3.3 与畜牧行业相关的标准

1. 与家畜标识有关的国际标准

1996 年制定的国际标准 ISO11784：1996-Radio Frequency Identification of Animals-Code Structure 和 ISO11785：1996-Radio Frequency Identification of Animals-Technical Concepts，为动物的跟踪识别确立了全球统一的数据代码和技术准则：前者确定了 64 位数据代码结构（表 6-5），后者则制定了全双工（Full Duplex，FDX）和半双工（Half Duplex，HDX）数据传输时的各项技术准则（表 6-6）；而作为 ISO11784、ISO11785 进一步扩展的 ISO14223，则用于确定针对动物识别的高级应答器（Advanced Transponders）的编码结构，该标准除适用于唯一识别码的发送外，还有利于综合数据库（Integrated Database）等信息的存储和检索，以及认证鉴别的实现和集成传感器数据的读取等（表 6-7）。2003 年颁布的 ISO14223-1 已定义了阅读器与高级应答器间的空气接口（Air Interface），未来的 ISO14223-2 和 ISO14223-3 部分将涉及编码、命令结构和应用等。

表 6-5　ISO11784 的数据代码结构

位序号	信息	注释
1	动物(1)或非动物(0)	说明该应答器是否用于动物
2～15	保留	将来使用
16	后跟数据(1)/无后跟数据(0)	说明识别代码后是否跟附加数据
17～26	国家代码	900～998 为厂商代码，999 为测试应答器
27～64	国内识别代码	国内专有的唯一注册号

表 6-6　ISO11785 的 FDX 和 HDX 系统概要

参数	FDX 系统	HDX 系统
激活频率	134.2 kHz	134.2 kHz
调制	AM-PSK	FSK
返回频率	129.0～133.2 kHz 135.2～139.4 kHz	124.2 kHz（逻辑“1”） 134.2 kHz（逻辑“0”）
编码	变型 DBP	NRZ
位速率	4194 bps	7762.5 bps（逻辑“1”） 8387.5 bps（逻辑“0”）

续表 6-6

参数	FDX 系统	HDX 系统
报文结构：		
——头标	11	8
——识别代码	64	64
——CRC 错误检测码	16	16
——尾标	24	24
——控制位	13	—

表 6-7　ISO14223 的 FDX 和 HDX 系统下行链空气接口

参数	FDX-B20	FDX-B100	HDX
下行链频率	134.2 kHz	134.2 kHz	134.2 kHz
调制(深度)	ASK(10 %～25 %)	ASK(90 %～100 %)	ASK(90 %～100 %)
编码	曼彻斯特	二进制脉冲宽度	PWM
位速率	4194 bps	典型 6000 bps	500 bps

与动物识别相关的标准的制定和采纳是国际大流通和普及应用的前提，是系统设计制造者和使用者应予关注并尽可能遵循的要素。其仅对工作频率、调制方式、编码类型、数据代码和报文结构给予描述，对应答器的外应尺寸和采用材料未加限定，因此可扩大制造使用的选择灵活性和使用便利性。

2. 国家标准

尽管我国早在 1993 年就制定了“金卡工程”实施计划，但在 RFID 技术尤其是可用于植入动物体内的 RFID 芯片方面，一直未能取得突破性的进展。与国外畜牧业的集约化管理不同(国外已经广泛采用的动物识别，尤其是商品用动物识别技术)，我国该技术的应用并不广泛，且实现起来有一定难度。但随着中国畜牧业的发展，管理会越来越科学、规范，动物身份识别技术也开始被一些企业所采用，尤其是《动物 RFID-代码结构》标准的出台，对动物身份识别技术的发展与应用产生巨大的促进作用。

2006 年 12 月 1 日，我国国家标准《动物 RFID-代码结构》(GB/T 20563—2006)出台。在这个标准中，采用了与国际接轨的编码方式，既保证了每一个动物编码的唯一性，又保证了编码的通用性。标准是根据 ISO11784：1996《RFID-动物代码结构》的总体原则，并结合我国动物管理的实际编制而成的。这首先保证了编码具有国际流通的功能。在最核心的编码部分(相当于人的身份证号码)，动物代码由 64 位二进制数组成，二进制代码位置序号简称位序号，位序号以左边位为低序位。64 位二进制代码分为 3 个具有特定含义的代码段，分别是控制代码段、国家或地区代码段、国家动物代码段。其中前 16 位是控制代码、17～26 位为国家或地区代码，27～64 位为国家动物代码，适用于家禽、家畜、家养宠物、动物园动物、实验室动物、特种动物的识别，也适用于动物管理相关信息的处理与交换。

3. 农业农村部规范

从 2006 年 7 月 1 日起，农业部开始实施《畜禽标识和养殖档案管理办法》(农业部第 67 号令)。在第 67 号令中，农业部同样推行给家畜、家禽等农场动物的编码方法，与国家标准不同，采用的是由畜禽种类代码、县级行政区域代码、标识顺序号共 15 位数字及专用条码组成。据悉，目前农业农村部已经开始对猪、牛、羊 3 类数量最大的家畜实行编码。具体的编码方法是猪、牛、羊的家畜种类代码分别为 1、2、3。编码形式第一位为种类代码（目前只有 3 类），2～7 位为县级行政区域代码，8～15 位为标识顺序号。

农业农村部规范仅针对农场动物进行编码，不包括野生动物、实验动物和宠物等，标识载体也限定为二维条形码牲畜耳标。因其公布和使用的时间均早于国家标准 GB/T 20563—2006，未来应用中的兼容性和升级方案尚需进一步探讨。

4. 地方标准

上海市质量技术监督局则于 2005 年正式颁布了《动物电子标识通用技术规范》地方标准，规定了动物电子标识的特性、环境适应性、封装和安全要求、信息编码与存储格式，以及数据传输信号接口和操作指令等。该标准依据 ISO11784、ISO11785、ISO14223-1 和 ISO18000-2，结合当地实际情况制定。

6.4.4 我国动物(猪、牛、羊)电子标签研发

6.4.4.1 我国 RFID 芯片及标签生产概况

近年来，我国在 RFID 芯片的自主研制及电子耳标的生产上取得了突飞猛进的进展，甚至在这个研究领域实现了自主研发产品“走出去”的梦想。主要从事家畜（含宠物）电子标识产品验证的代表型企业有无锡富华科技责任有限公司（简称无锡富华）和上海生物电子标识公司。这 2 家企业均获得了 ICAR 的认证，并获得了 ICAR 赋予的企业编码，意味着它们生产的标签编码的前 6 位在国际上是唯一的。目前，这 2 家公司自主生产的 RFID 标签成本下降，仅为过去进口产品的 1/4～1/3，其生产的 RFID 标签及阅读器不仅远销东欧、西欧及东南亚国家，而且打破了进口标签价格居高不下的局面。图 6-9 为无锡富华自主研制的 RFID 芯片，并且同一芯片可以封装为不同形式的标签，如普通式样的耳标、注射玻璃式标签及弹丸标签等，以满足标识不同动物甚至宠物的需求。图 6-10 显示了无锡富华自主研发的与不同封装格式配套的阅读器产品。

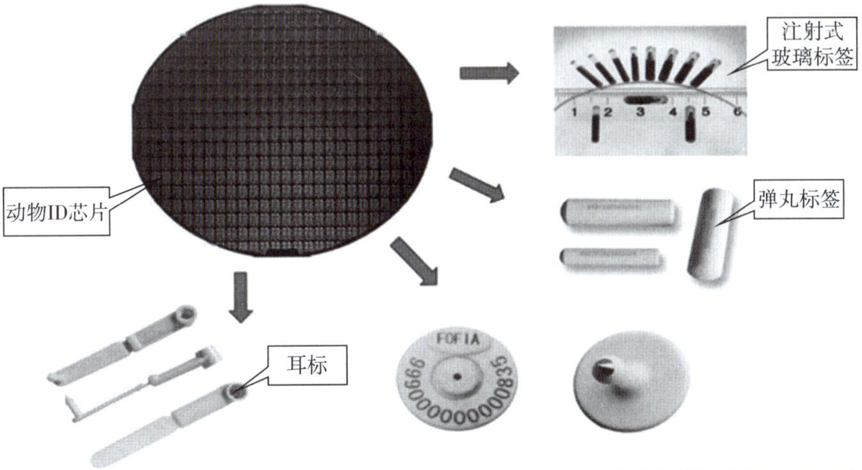

图 6-9 由 RFID 芯片封装成不同形式的标签(来自无锡富华)

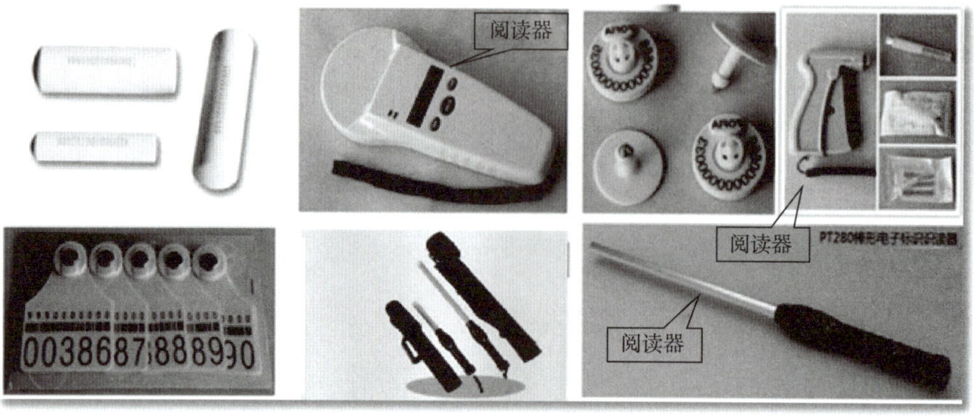

图 6-10 与不同形式耳标或标签配套的阅读器产品

在我国台湾地区，主要由该地区农委会委托丰田生技资讯股份有限公司依照 RFID 的 ISO 标准研发家畜电子耳标的企业，但 RFID 标签封装的规格与式样有其特殊性，即针对畜舍及家畜个体的 RFID 有明显的区别(图 6-11、图 6-12)，识读器为手柄式阅读器，用于畜舍的标签采用钥匙链式佩挂标签，便于标识与循环使用，而广泛用于家畜个体的是按钮式耳标，但是这 2 种均为 RFID 标签。

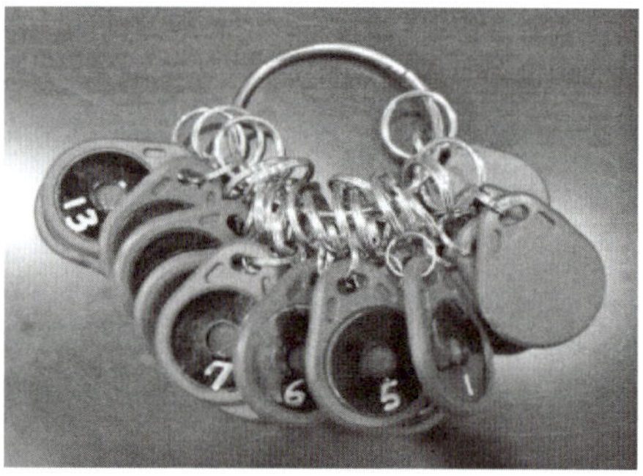

图 6-11 我国台湾地区授权的用于猪舍 RFID 标签

图 6-12 我国台湾地区授权的用于猪只 RFID 标签

6.4.4.2 无锡富华生产的主要 RFID 标签及阅读器产品

1. 主要电子标签产品

目前无锡富华主要生产的与家畜标识有关的且符合 ICAR 规范的，销售国内外且产业化的标签产品有以下 6 种，其产品的代码及主要性能介绍如下。

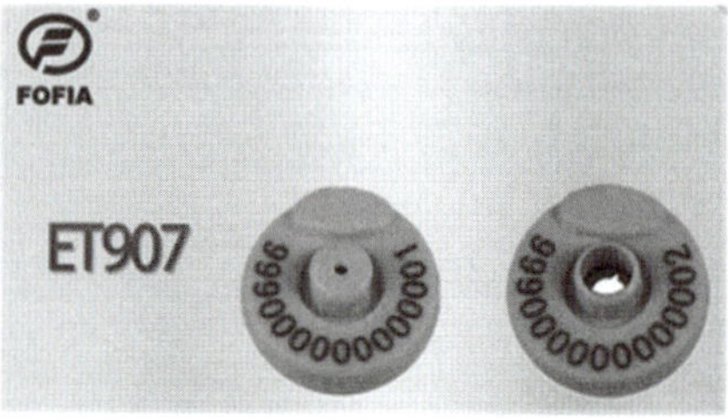

图 6-13 无锡富华 ET907 动物电子耳标

(1)ET907 动物电子耳标(图 6-13) 是专为动物养殖屠宰管理设计的一种动物电子耳标，其符合 ISO11784/5 动物识别国际标准。采用进口原装芯片设计生产，具有可读写和数据安全独特设计，提供开口和闭口 2 种设计，采用二次注塑工艺，防水防脱落性能优良，配合提供的系列读写设备可方便使用在动物养殖、屠宰管理中，对动物个体进行溯源识别。

芯片规格

读写标准:ISO11784/5 FDX-B 和 HDX;频率:134.2 kHz、125 kHz;操作温度:−30～50 ℃。

耳标规格

颜色:黄色(其他颜色可定制);重量:6.7 g;高度:13.3 mm±0.3 mm;直径:29.9 mm±1 mm;注塑材料:热塑性弹性体橡胶(热可塑性聚氨基甲酸酯);承受拉力:350 N;防撞标准:IEC 68-2-27;震动标准:IEC 68-2-6;有效期:≥5 年。

(2)ET902 动物电子耳标(图 6-14)　与 ET907 产品比较,除了主耳标(左)和辅耳标(右)的合扣结合处的方式不一样外,其他所有性能指标是一样的。ET907 的主耳标只有 1 个孔,而 ET902 则有对称的 4 个孔,这样主辅耳标扣上后分离的可能性小很多。

(3)ET915 羊用电子标签(图 6-15)　是专为动物养殖屠宰管理设计的一种动物电子耳标,且符合 ISO11784/5 动物识别国际标准。采用进口原装芯片设计生产,具有可读写和数据稳定性设计。该标签采用二次注塑工艺,防水防脱落性能优良,配合读写设备可方便使用在动物养殖、屠宰管理中,对动物个体进行溯源识别。

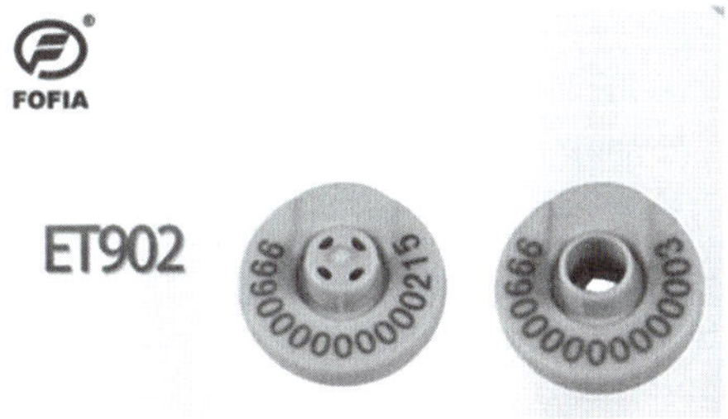

图 6-14　无锡富华 ET907 动物电子耳标

图 6-15　无锡富华 ET915 羊用电子耳标

芯片规格

读写标准:ISO11784/5 FDX-B 和 HDX;频率:134.2 kHz;操作温度:−30 ℃～50 ℃。

耳标规格

颜色:黄色(其他颜色可定制);重量:6.0 g; 高度:85.0 mm±0.3 mm;宽度:12.0 mm±0.3 mm;注塑材料:热塑性弹性体橡胶(热可塑性聚氨基甲酸酯);承受拉力:350 N;防撞标准:IEC 68-2-27;震动标准:IEC 68-2-6;有效期:≥5 年。

(4)T921 普通铲形耳标(图 6-16)　是一款专为大型动物养殖、屠宰管理设计的普通动物耳标。该产品可通过不同的颜色和激光编号从外观上来区分和管理动物养殖。耳标特有的大尺寸设计深受广大养殖客户喜爱,耳标弹性大、张力大,有较高的使用性,可有效防止耳标脱落。颜色鲜亮、经久耐用、抗褪色。该动物耳标机械强度高,可防止动物撕咬。适用于各种恶劣的畜牧养殖场环境。

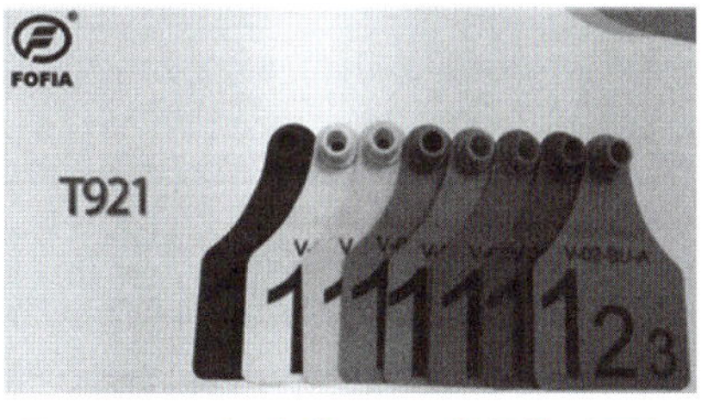

图 6-16　无锡富华 T921 普通铲形耳标

耳标规格

颜色：黄色、白色、蓝色、绿色、橙色、粉色、紫色、红色、黑色；重量：5.9 g(小)、8.5 g(中)、11.4 g(大)；尺寸：80 mm×57 mm(小)、97 mm×64 mm(中)、118 mm×76 mm(大)；使用方法：重复使用；注塑材料：热塑性弹性体橡胶(热可塑性聚氨基甲酸酯)；承受拉力：350 N；防撞标准：IEC 68-2-27；震动标准：IEC 68-2-6；有效期：≥5 年。

(5)T904 动物普通耳标(图 6-17)　是专为动物繁育和屠宰管理而设计的一种标签。T904 采用过模压工艺，防水防脱落。该耳标在动物饲养、屠宰管理和动物鉴定方面提供了有益的解决方案。本产品基色为黄色，也可定制其他颜色。

耳标规格

颜色：黄色(颜色可定制)；重量：6.8 g；高度：14.5 mm±0.3 mm；宽度：70.5 mm±0.3 mm；注塑材料：热塑性弹性体橡胶(热可塑性聚氨基甲酸酯)；防撞标准：IEC 68-2-27；震动标准：IEC 68-2-6；有效期：≥5 年；操作温度：−30～50 ℃。

(6)T905 普通铲形耳标(图 6-18)　是专为动物养殖屠宰管理设计的一种动物电子耳标，符合 ISO11784/5 动物识别国际标准。采用进口原装芯片设计生产，具有可读写和数据稳定性设计。结合了可视功能和电子芯片功能，既在公钉上打印字母、数字和二维码等，又在母标处植入电子芯片。T905 二次注塑工艺，防水防脱落性能优良，配合读写设备可方便使用在动物养殖、屠宰管理中，对动物个体进行追踪识别。

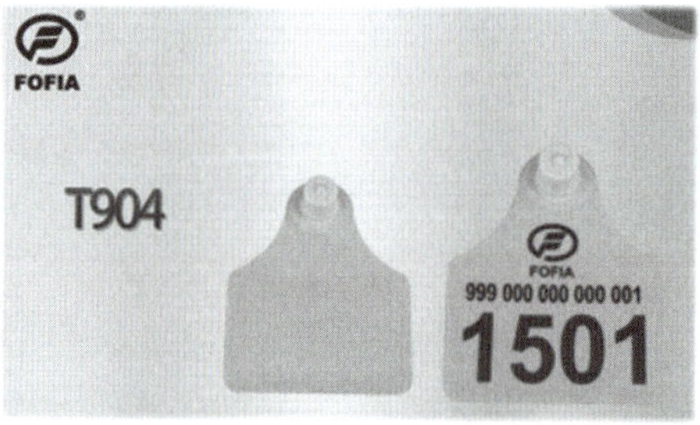

图 6-17　无锡富华 T904 动物普通耳标

图 6-18　无锡富华 T905 普通铲形耳标

耳标规格

颜色：黄色(颜色可定制)；重量：6.8 g；高度：23.3 mm±0.3 mm；长度：70.5 mm ±0.3 mm；宽度：57.0 mm ±0.3 mm；注塑材料：热塑性弹性体橡胶(热可塑性聚氨基甲酸酯)；防撞标准：IEC 68-2-27；震动标准：IEC 68-2-6；有效期：≥5 年；操作温度：−30～50 ℃；包装方式：吸塑包装。

(7)ET926 超高频电子耳标(图 6-19)　是专门为动物饲养和屠宰管理而设计的一种标记，符合国际标准。采用欧洲进口芯片，具有优质的读写性能和数据安全性。提供开顶面和闭顶面 2 种设计，采用过成型工艺，防水防脱落。该耳标在动物饲养、屠宰管理和动物识别方面提供了一种有益的解决方案。

耳标规格

芯片:EPC Gen2 V2.0;频率:860～960 MHz;直径:31.8 mm±0.2 mm;高度:23.5 mm±0.3 mm;质量:3 g;工作模式:R/W;操作温度:−30～50 ℃;操作范围:0～3 m(与读写器及环境有关);读写范围:0～5 m(与读写器及环境有关);EPC 记忆:≤128 bits;TID 尺寸:96 bits;访问密码:32 bits;灭火口令:32 bits;写入周期:≥100 000;防撞方式:多标签防撞读写支持;极化方式:线性极化。

2.主要电子标签阅读器产品

无锡富华既开发符合 ICAR 规范的 RFID 耳标,又自主开发配套的耳标阅读器。阅读器是电子耳标的配套产品,与电子耳标配套进入市场。主要的 PT 系列的产品有 6 种,其产品的代码及主要性能介绍如下。

(1)PT160 系列 RFID 手持式智能终端(图 6-20) 是一款 RFID 标签识读器,小巧轻便,OLED 显示,USB 充电,可充电锂电池,也可以支持所有符合 ISO11784/5 FDX-B 和 ID64 标准的标签阅读。FDX-B 耳标读取距离 13 cm,玻璃管读取距离 6 cm。产品性能稳定,安全可靠。

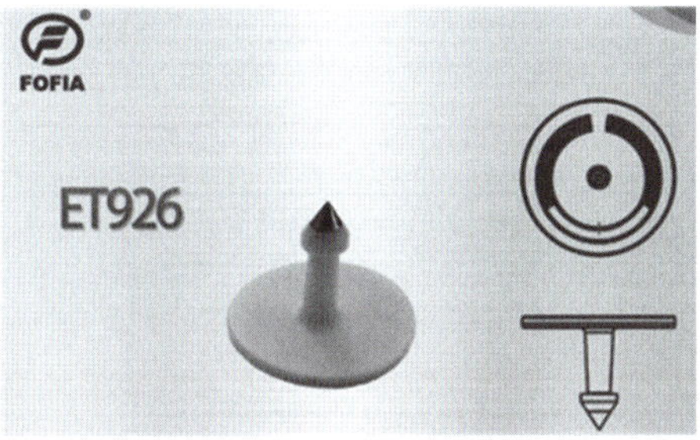

图 6-19 无锡富华 T905 超高频电子耳标

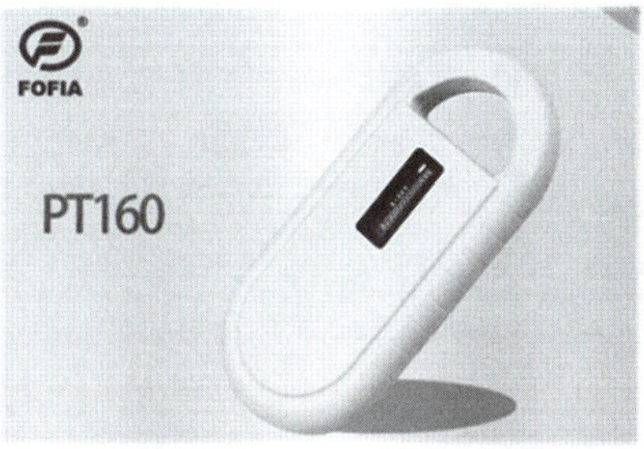

图 6-20 PT160 系列 RFID 手持式智能终端

主机参数

处理器:ARM(STM32);工作频率:134.2 kHz;屏幕显示:24×7 OLED 显示;内置系统时钟和蜂鸣器;数据存储:7 000 条;供电方式:可充锂电池;通信方式:USB;连续工作时间:5 h;存储温度:−30～65 ℃;操作温度:−30～50 ℃;操作湿度:5 %～90 %;毛重:68 g;净重:110 g;指示灯:黄,绿;读取标准:ISO11784/5 FDX-B、ID64;操作语言:中文版(简体中文、繁体中文、英语)、中亚版(哈萨克语、俄语、蒙古语、英语)、欧洲版(法语、德语、西班牙语、葡萄牙语、荷兰语、丹麦语、英语);认证:CE、Rohs;读取距离:FDX-B 耳标读取距离 13 cm,玻璃管读取距离 6 cm。

(2)PT200 系列 RFID 手持式智能终端(图 6-21) 是无锡富华 2018 年推出的一款 RFID 标签识读器,OLED 显示,USB 充电,可充电锂电池。支持所有符合 ISO11784/5 FDX-B 和 ID64 标准的标签阅读。其特点是具有较长的识读距离,而且比 PT160 显示屏幕更大。

主机参数

处理器：ARM(STM32)；工作频率：134.2 kHz；屏幕显示：126×64 OLED 显示；内置系统时钟和蜂鸣器；数据存储：1 000 条；供电方式：3 节 AA 电池；通信方式：USB；连续工作时间：12 h；存储温度：−30～65 ℃；操作温度：−30～50 ℃；操作湿度：5 %～90 %；毛重：532 g；净重：1 330 g；指示灯：黄，绿；读取标准：ISO11784/5 FDX-B 、ID64；认证：CE、Rohs；读取距离：FDX-B 耳标读取距离 20 cm，玻璃管读取距离 10 cm。

(3)PT580 系列 RFID 手持式智能终端（图 6-22） 是一款集读取 RFID 芯片 ID 号码和一维条形码于一体(可选)的新一代多功能手持式动物 ID 读写器。应用于宠物 ID 和动物身份识别市场，性价比突出，外形美观，独特的三键设计给用户单手操作带来了最大的便利。PT580 读取 RFID 芯片或一维条形码后，支持在手持机上显示读取信息和读取时间，同时支持数据存储，可以通过 USB 和蓝牙数据传输功能把手持机上的信息自动传输到电脑。可以支持所有符合 ISO11784 /5 FDX-B、HDX 以及 ID64 标准的标签读取。

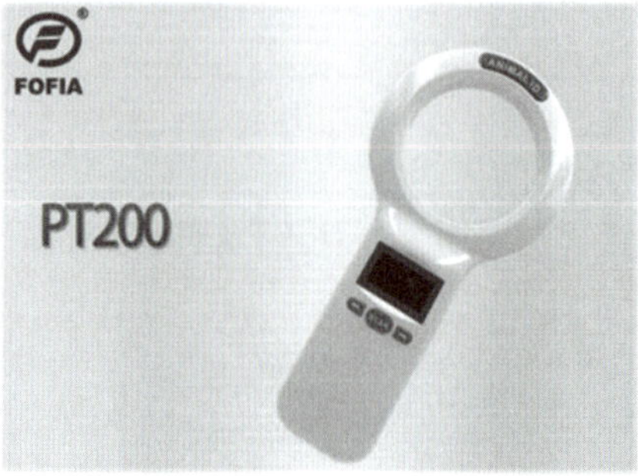

图 6-21 PT200 系列 RFID 手持式智能终端

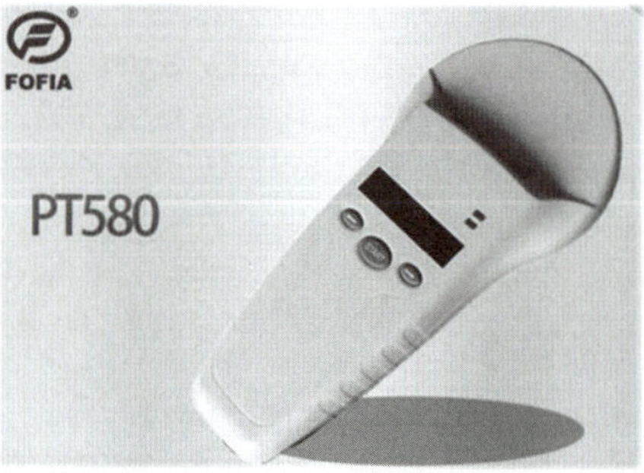

图 6-22 PT580 系列 RFID 手持式智能终端

主机参数

处理器：ARM(STM32)；工作频率：134.2 kHz/125 kHz；屏幕显示：128×32 OLED 显示；内置系统时钟和蜂鸣器；数据存储：7 000 条；供电方式：可充电锂电池；通信方式：USB 和蓝牙；连续工作时间：12 h；存储温度：−30～65 ℃；操作温度：−30～50 ℃；操作湿度：5 %～90 %；毛重：552.6 g；净重：222.2 g；指示灯：黄，绿；读取标准：ISO11784/5 FDX-B、HDX、ID64；认证：CE、Rohs；条码读头：一维条码读头可选装；读取距离：FDX-B 耳标读取距离 20 cm，HDX 耳标读取距离 22 cm，玻璃管读取距离 10 cm。

(4)PT280 系列棒形手持式智能终端(图 6-23) 是 2009 年无锡富华针对国内外畜牧业管理信息化需求推出的牲畜电子标签识读器，该识读器为国内首创，研发技术达到国际先进水平。独特的棒状天线设计，符合实际需求。外壳采用高强度材料，可靠耐用，更有大容量数据存储、USB 和蓝牙无线数据传输功能，可以识读符合国际动物识别标准的所有类型电子标签。适用于种畜管理、奶畜管理和肉畜养殖、屠宰等管理环节中，对动物个体进行追踪识别，其以成熟、稳定、独特的设计，真正实现了无接触和无人干预的标号自动识别，保证了标号的唯一性和防伪性。

主机参数

处理器：ARM(STM32)；工作频率：134.2 kHz/125 kHz；屏幕显示：128×32 OLED 显示；内置系统时钟和蜂鸣器；数据存储：7 000 条；供电方式：4 节 AA 电池；通信方式：USB 和蓝牙；连续工作时间：12 h；存储温度：−30～65 ℃；操作温度：−30～50 ℃；操作湿度：5 %～90 %；毛重：1 330 g；净重：532 g；指示灯：黄，绿；读取标准：ISO11784/5 FDX-B、HDX、ID64；认证：CE、Rohs；天线：黄色天线部分长度 2 种可选：46 cm 和 25 cm；读取距离：FDX-B 耳标读取距离 15 cm，玻璃管读取距离 8 cm，HDX 耳标读取距离 20 cm。

（5）PT361 系列棒形手持式智能终端（图 6-24） 是一款内置蓝牙功能，USB 充电，创新手机支架设计的 RFID 标签识读器。可以支持所有符合 ISO11784/5 FDX-B、HDX 和 ID64 标准的标签阅读。广泛应用于畜牧自动化管理、宠物个体管理等领域。

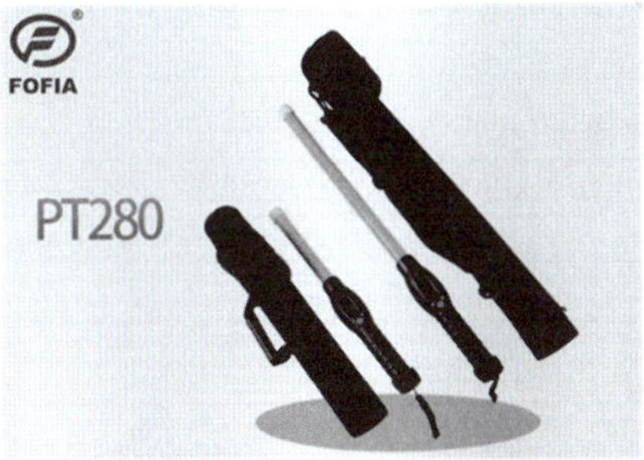

图 6-23 PT280 系列棒形手持式智能终端

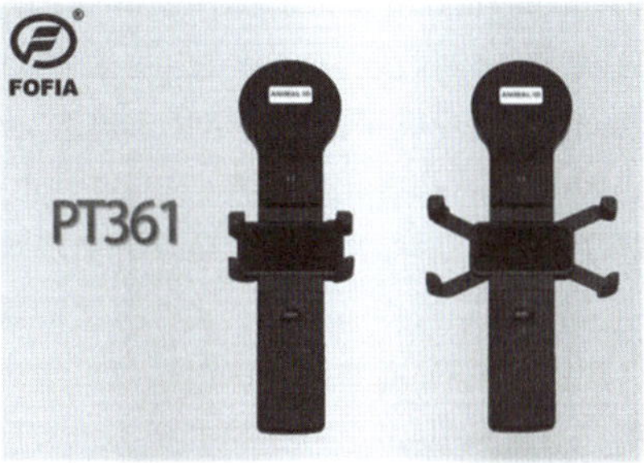

图 6-24 PT361 系列棒形手持式智能终端

主机参数

处理器：ARM(STM32)；工作频率：134.2 kHz；屏幕显示：无；内置系统时钟和蜂鸣器；数据存储：无；供电方式：可充电锂电池；通信方式：USB 和蓝牙；连续工作时间：12 h；存储温度：−30～65 ℃；操作温度：−30～50 ℃；操作湿度：5 %～90 %；毛重：750 g；净重：532 g；指示灯：黄，黄；读取标准：ISO11784/5 FDX-B 、HDX、ID64；认证：CE、Rohs；天线：天线部分长度 105 mm；读取距离：FDX-B 耳标读取距离 17 cm，玻璃管读取距离 9 cm，HDX 耳标读取距离 22 cm。

（6）RLF102A 非接触感应式读头模组（图 6-25） 为一个 AM 134.2 kHz 的非接触感应式读头，是专门设计用来读取 ISO11784/ISO11785 标准的读头模组，直接以 RS232 格式输出。读取资料后从 RS232 输出。RLF102A 设计时以产品的稳定度、使用寿命及抗干扰作为重要的设计验收标准，外围组件少，节省成本，单电源控制，方便设计。其特点有二：一是稳定长时间使用感应距离不会变短；二是可免除维修上的困扰，对环境的抗干扰能力强。

读写规格

读取标准：ISO11784/5 FDX-B；频率：134.2 kHz；存储温度：−20～50 ℃；操作温度：0～50 ℃；读头规格：颜色：黑；尺寸：260 mm×260 mm×35 mm；毛重：1.35 kg；工作电压：Vcc=12 V；消耗电流：360 mA(12 V)。

图 6-25　RLF102A 非接触感应式读头模组

参考文献

Klaus Finkenzeller. 射频识别(RFID)技术. 陈大才,译. 2 版. 北京:电子工业出版社,2001.

陈丹晖,刘红. 条码技术与应用. 北京:化学工业出版社,2006.

耿韶磊. 上海《动物电子标识通用技术规范》出台. 中国牧业通讯,2005,14:19.

李道亮. 中国农村信息化发展报告(2017). 北京:电子工业出版社,2017.

梁成彪,闫庆博,杨林. 出口兔肉备案养殖场追溯体系的建立. 家畜生态学报,2006,27(6):160-163.

陆昌华. 动物及动物产品标识技术与可追溯管理. 北京:中国农业科学技术出版,2007.

农业部畜牧兽医局. 动物防疫法律法规汇编. 北京:中国农业出版社,2003.

上海市农委信息中心. 上海生物电子标识有限公司. 2014-07-02[2017-10-20]. http://e-nw. shac. gov. cn/xwkd/zhuanti/IoT/market/201407/t20140702_1471950. html.

王立方,陆昌华,谢菊芳,等. 家畜和畜产品可追溯系统研究进展. 农业工程学报,2005,21(7):168-174.

王毅. 解读汉信码. 中国自动识别技术,2007(6):52-54,30.

无锡富华科技责任有限公司. 公司简介. 2005-08-10[2017-10-20]. http://www. fofia. com/home/ch/aboutUs. html.

邢文英. 美国的农产品质量安全可追溯制度. 世界农业,2006,324(4):39-41.

熊本海. 我国畜牧业信息化与物联网技术应用研究进展. 中国畜牧兽医学会信息技术分会第十届学术研讨会论文集. 中国畜牧兽医学会,2015:11-24.

许博渊. 澳大利亚建立畜产品原产地跟踪标签制度. 2002-07-08. http://finance. sina. com. cn/b/20020708/230139. html.

杨亮. 猪肉质量安全可追溯系统养殖环节的设计与实现. 农业网络信息,2007(12):42-44.

游战清,刘克胜,吴翔,等. 无线射频识别(RFID)与条码技术. 北京:机械工业出版社,2007.

张有光. ISO/IEC RFID 技术标准概述. 2007-11-09[2017-05-30]. http: //max. book 118. com/html/2017/0530/110298869. shtm.

中华人民共和国农业部. 畜禽标识和养殖档案管理办法. 2006-06-29. http://www. gov. cn/flfg/2006-06/29/content_322763. htm.

NTT COMWARE 株式会社研究开发部. RFID 的现状和发展趋势. 郑维强,译. 北京:人民邮电出版社,2007.

Barcos L O. Recent development in animal identification and the traceability of animal products in international trade. Revue Scientifique et Technique,2001,20(2):640-651.

http://www. icar. org/.

ISO/IEC18000-2:2004. Information technology-Radio frequency identification for item management-Part

2: Parameters for air interface communications below 135 kHz.

ISO11784:1996-Radio Frequency Identification of Animals-Code Structure.

ISO11785:1996-Radio Frequency Identification of Animals-Technical Concept.

Janet M C. RFID and PC technology pave way to increased profits in aggregate industry. Instrumentation & Control Systems,2002(7):75.

Gould L S. What you need to know about RFID. Automotive manufacturing & production, 2000 (2):112.

Terry D H. Animal Identification and Trace back in Canada. https://wenku. baidu. com/view/b2e2351352d380eb62946d8c. html.

Vitiello D J,Thaler A M. Animal identification: Links to food safety. Revue scientifique et technique (International Office of Epizootics),2001,20(2):598-604.

第7章 传感器技术及应用

【本章提要】 本章主要介绍传感器技术以及养殖生态、猪只生理及生长感知技术。传感器技术是人工智能的基础技术，也是人工智能的大脑。随着智慧养殖产业的发展，更多企业致力于研发和应用生理、生长和生态传感器。

7.1 人工智能基础技术——传感器技术

7.1.1 智慧系统中的传感器技术

传感器是人工智能感知物质世界的器官。传感器的先进程度决定了“感知”程度，是“智慧之源”。近年来，在智慧养殖中，随着传感和测量技术的发展，以及物理学、化学、生物学、材料学等相关技术的进步，传感器在智慧养殖领域取得了重要进展，特别是在一些特异性指标的测量方面，现在的技术已经可以实现以前难以达到的效果。在畜禽舍环境参数传感方面，以前的传感器大多依赖于简单的物理学原理，例如用热电偶测量温度，用电容的容值测量空气湿度，等。如今，科研工作者们通过吸收光谱等方法，可以实现畜禽舍中低至 ppm① 级浓度的微量有害气体传感。在动物生理传感方面，很多以前用传感器无法测量的指标，如动物运动量、血氧饱和度等，现在已经可以通过在线的或手持的传感器来进行实时、快速的测量。

总之，各种各样的原理，包括物理学、化学、生物学的传感方法，均被应用于新型传感器的开发。这些技术的发展推动了现代农业，特别是智慧养殖技术的进步。相较于二三十年前，越来越多的动物生理、生长和生态指标都可以通过传感器来实现测量。

7.1.2 智能化养殖中传感器技术的总体进展

传感器技术是智慧养殖的核心技术之一。表 7-1 和表 7-2 对比了 20 年来，动物生命和环境传感器的专利情况。可以发现，近 5 年来，在全世界范围内，在动物生命和养殖环境的传感技术方面，专利数量出现了阶跃式增长。传感器技术是一项复合、交叉型技术，是随着新的物理化学表征方法的发展而进步的。近年来，随着物理学、化学、纳米科学、材料科学、计算科学等基础科学技术的发展，智慧养殖中的传感器技术取得了飞速的进步。当今国际上先进的养殖传感器已由简单化走向精细化，由以温度、湿度等物理量传感为主，逐渐向有害气体、粉尘、微生物和细菌等化学量传感发展。先进的传感方法可以实时获取动物生理状态、营养水平、畜舍有害气体含量等精细信息，有利于实现养殖过程的智能化管理，使养殖走向更加高端、高效、可持续发展之路。

---

① ppm 意为百分之一，现为作废单位，但在环境控制技术中较为常用，故本书保留之。

表 7-1 动物生命信息获取技术方面的专利情况 个

专利类型	国别	2000—2004 年	2005—2010 年	2011—2015 年	2016—2019 年	总计
发　明	国内	2	11	25	78	116
实用新型	国内	3	12	29	90	134
外观设计	国内	1	6	14	45	66
国外专利		26	686	1 067	1 754	3 533

表 7-2 畜禽养殖环境信息获取技术专利情况 个

专利类型	国别	2000—2004 年	2005—2010 年	2011—2015 年	2016—2019 年	总计
发　明	国内	1	14	61	119	195
实用新型	国内	3	17	71	136	227
外观设计	国内	0	7	34	68	109
国外专利		203	539	1 245	2 090	4 077

7.1.3 传感器产业与关联产业

我国在 20 世纪 80 年代末就将传感器列入国家高新技术发展的重点，经过“十五”“十一五”和“十二五”的攻关和产业化建设，目前全国已有近 2 000 家企事业单位从事传感器的研制、生产和应用。随着智慧养殖产业的发展，越来越多的企业致力于研发和应用在畜禽养殖中起重要作用的生理、生长和生态传感器。农业传感器，特别是养殖中的传感器，除了技术层面的进步，在产业方面，带动了以下产业的升级和发展。

1. 传感器敏感材料制备产业

农业感知设备包括电化学传感器、物理传感器等。在高端传感器的设计中，敏感材料是传感器的核心部分。例如荧光敏感材料、光电探测器的材料、电化学电极、离子选择性膜、力敏材料等，均在动物生理、生长和生态感知中发挥着不可替代的作用。这就促进了电化学、光电等敏感材料制备产业的发展。硅光电探测器、红外焦平面探测器、全固态电极等材料制备均是此产业中的代表性产业，占据了很多的市场份额。

2. 芯片制造产业

农业感知设备的实现均依赖于电子学，芯片产业是电子学功能实现的前提。因此，芯片制造产业也是农业感知设备产业链的核心和关键。如果一个国家缺乏必要的芯片设计能力和制造能力，就不能具备完全意义上自主产权的农业感知设备。在摩尔定律的作用下，芯片制造产业的发展日新月异。越来越精细的刻蚀工艺流水线推向应用，促进了农业感知设备的发展。

3. 传感器制造产业

传感器的制造需要电路板加工、机械加工等产业的支持。此外，随着微电子技术的发展，芯片产业和传统的传感器制造产业部分融合，某些传感器直接采用片上系统设计。微机电系统技术（MEMS 技术）为传感器制造产业带来了变革。MEMS 的成熟不仅使传感器的体积大大减小，同时还降低了成本，提高了可靠性和稳定性。

4. 农业传感器附属设备制造业

农业传感器在使用中涉及一些附属设备，如通信系统。农业感知设备对通信的要求较为特殊，特别是在布线不便的位置，需要引入无线传感器网络。附属设备的制造也属于农业感知设备产业链中的一个环节。同样，农业传感器附属设备的制造也需要电路板加工、机械加工等产业的支持。

5. 农业感知系统的组装、安装与实施产业

农业是一种依靠自然的行业，农业感知不同于其他行业的感知。农业感知是一个复杂的过程，被监测的指标参数不能直接应用于生产，还需要专家系统、农业知识模型的支持，这就需要工程技术人员进行系统的组装、安装与实施。农业生产过程越精细，对感知设备和感知系统的需求就越迫切，相应地促进了该产业的发展。

6. 农业感知设备测试与中试产业

农业感知设备的应用场合较为复杂，很多农业生产场所（如畜舍等）环境极为恶劣。农业感知设备需要保持较高的稳定性和可靠性，特别在温度、湿度、雷击、浪涌、电磁兼容性等方面要求较高。农业感知设备形成批量化产业后，需要有专门的机构开展针对农业感知设备的测试。同时，农业感知设备的中试线也需要专业的机构来完成。

7. 咨询、设计、运营服务产业

我国农业存在产业分布不均、从业人员文化素质不高等问题，面对复杂的农业应用环境，需要专业人员对农业感知系统的需求进行分析以及对其进行设计和安装。此外，农业生态和生产活动的感知系统需要长期运营和服务，由此催生了运营服务产业。

7.2 养殖生态、猪只生理及生长传感技术

7.2.1 生态传感技术

7.2.1.1 猪舍颗粒物浓度光学传感技术

猪舍内粒径小于 10 μm 颗粒物（PM）能够直接刺激呼吸道并降低畜禽对呼吸道疾病的免疫抵抗力，并且黏附在 PM 表面的化合物（重金属离子、挥发性有机化合物、NO_3^-、SO_4^{2-}、NH_4^+、氮或硫等恶臭化合物、抗生素、过敏原、粉尘和螨虫），很容易通过呼吸作用引起呼吸道感染，对呼吸系统产生不利影响。因此，精确检测猪舍颗粒物浓度，及时处理和沉降，对于改善猪只健康具有重要的意义。

基于激光后向散射的传感方法能够快速实现颗粒物浓度在线检测，传感器主要包括光路及软硬件，其中光路设计主要包括光源发光和探测器接收角度以及透镜对光路的调理，在光路设计过程中，考虑传感器利用光源后向散射结构，光源和探测器位于被测样本同侧，有利于传感器的小型化，光源和光电探测器固定在一块圆形的电路板上，光电探测器位于电路板中央位置，3 个 LED 发出的光在探测器前面汇聚，形成一个散射区域，即传感器感应区域，透镜安装在光电探测器前面，使其焦点正好落在光电探测器的敏感面上，增强散射光汇聚能力，提高探测器的敏感度[图 7-1(a)]。电子学设计主要包括光源驱动模块和散射光检测模块。如图 7-1 所示，设计光源选择的是 780 nm 高亮 LED，发散角是 11°，最大功耗 200 mW；探测器选择日本滨松的 S2386 系列 PIN 光电二极管，在 780 nm 左右有不错的响应度，最大暗电流在 pA 级；透

镜选择的直径为 2 cm，透过率为 95 %，焦距为 2 cm，封装完成的传感器实物如图 7-1(b)所示。

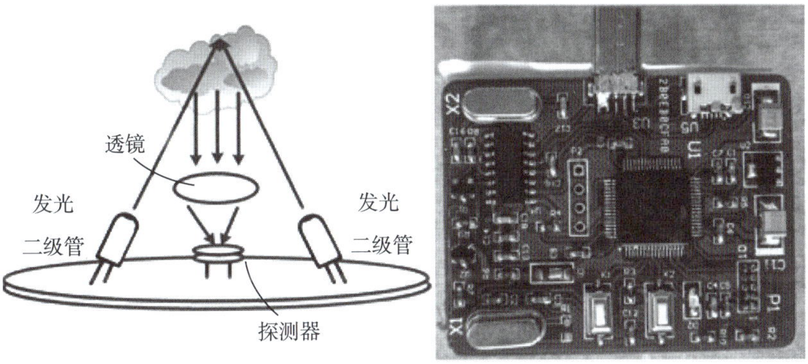

（a）光路结构　　（b）实物

图 7-1　颗粒物浓度测定传感器

传感器标定是将传感器调理后的输出电压与测重法测量的悬浮性颗粒物浓度进行比较，建立调理电压与颗粒物浓度的关系模型，以后每次测量都根据调理电压值计算出测量环境的悬浮性颗粒物浓度，标定后的传感器准确度如图 7-2(a)所示。将传感器放置在一个密闭空间中，保持空间内温湿度不变，空气流通降低，将粉尘浓度变化量降到最低，持续进行测量，每隔 1 h 记录一次数据，对其稳定性进行测试，如图 7-2(b)所示。

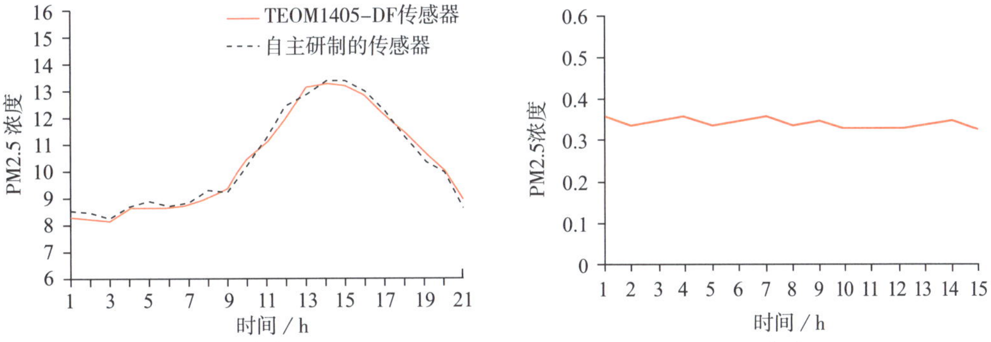

（a）　　（b）

图 7-2　颗粒物浓度传感器精度及稳定性测试

研制的颗粒物浓度传感器使用 Type-C 接口（图 7-3），可方便地使用手机供电和接收数据，开发的基于智能手机的颗粒物浓度传感器，能够快速实时地获取空气中 PM10/PM2.5/PM1.0 颗粒物浓度数据，且提供数字输出接口，可方便地集成在设备中使用。

7.2.1.2　猪舍有害气体浓度光学传感技术

随着经济的发展，养猪模式由散养向规模化养殖转移。在规模化养殖过程中，猪只呼吸、粪便分解、垫料或设施腐烂等均会产生诸如氨气（NH_3）、硫化氢（H_2S）、甲烷（CH_4）、二氧化碳（CO_2）等有害气体，尤其在气温较低的冬季，为了保证猪只生长所需的适应温度，养殖场常常封闭猪舍，从而无法进行频繁的通风换气，导致有害气体浓度一直处在偏高状态。高浓度的 NH_3 和 H_2S 会引起猪只结膜炎、支气管炎、肺炎、肺水肿、中枢神经麻痹、中毒性肝病、心肌损伤及呼吸道系统损伤等一系列疾病。CO_2 无毒，但猪舍内 CO_2 含量过高，O_2 含量相对不足，会

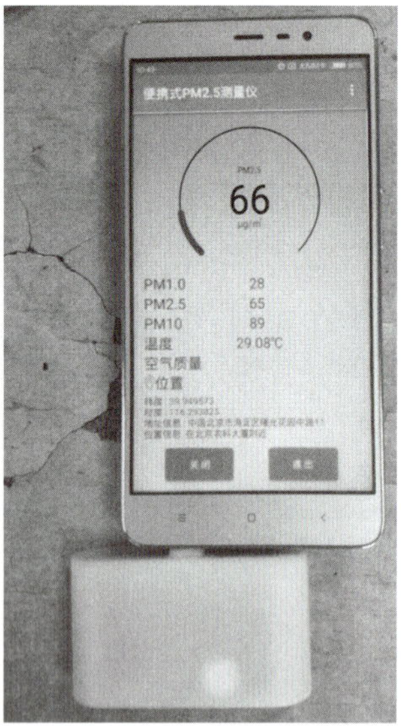

图 7-3　基于智能手机的猪舍颗粒物浓度的激光后向散射传感器

使猪只出现慢性缺氧，表现为精神萎靡，食欲下降，体质虚弱，易感染慢性传染病。更重要的是，较低浓度的有害气体不会引起猪只明显的外观不良症状，但猪只长期处于这种低浓度有害气体环境中，会导致体质变差，抵抗力降低，发病率和死亡率升高，同时采食量和增重降低，引起慢性中毒。这种不易察觉的影响，往往会造成养殖户经济损失，应予以足够重视。最合适的解决方法就是在猪舍内安装高精度、高稳定性的有害气体检测仪，对有害气体浓度进行在线监测，一旦发现超标，检测仪将会发出警报，提示养殖户采取通风、消毒和沉降等应对措施。

基于不同原理的气体传感器已经被广泛用于气体检测，如导电气体传感器、压电气体传感器、金属氧化物半导体场效应晶体管气体传感器、电化学气体传感器等，这些传感器体积小、成本低、易使用，但针对猪舍复杂恶劣的应用环境，往往受到限制。相对于这些传感器，光学传感器具有响应快、灵敏度高、稳定性强等优势，很适合养殖场有害气体在线快速监测。最常见的光学气体传感器为非色散红外（NDIR）传感器，这类传感器体积小、成本低，但检测能力有限，适合高浓度工业气体在线快速检测。可调谐二极管激光吸收光谱（TDLAS）作为气体灵敏检测的光学技术，具有高灵敏性和高特异性以及多种应用方式（抽取式和遥测式）等特点，可开展养殖场有害气体浓度点监测和在线检测，并结合面重构数学模型，可实现气体面分布监测，但相对于 NDIR 光学气体传感器，成本较高，一定程度上限制了其在实际生产中的应用。气体在中红外光谱范围内具有较强的吸收性，因此，近年来，基于中红外光谱技术的气体成像探测设备得到了极大发展，有望用于养殖场有害气体空间分布的快速监测。下面将对可调谐二极管激光吸收光谱及红外光谱成像传感技术在养殖场有害气体点、线、面分布监测方面进行介绍。

1. 可调谐二极管激光吸收光谱气体传感原理

可调谐二极管激光吸收光谱（TDLAS）往往基于波长调制技术（WMS），利用气体分子对 DFB、ICL、QCL 激光器的窄带谱线进行吸收，利用直接吸收信号或谐波吸收信号，实现气体浓度的定量分析。WMS 包含横跨吸收谱线激光频率的扫描，伴有合适幅度的高频调制波形，该波形往往是一个较低幅度的正弦波（图 7-4）。

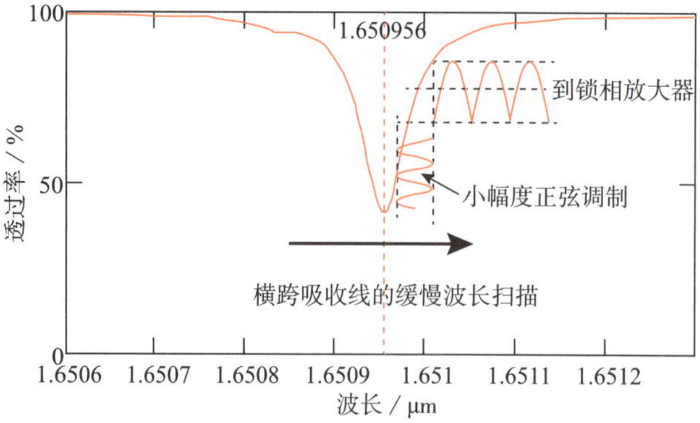

图 7-4　WMS 原理示意图

调制光与气体吸收谱线的相互作用导致调制频率不同谐波信号的产生(图 7-5),通过建立不同谐波信号与气体浓度的定量化计量模型,可实现气体浓度的定量检测。实际应用中往往对一次、二次及三次(1*f*、2*f*、3*f*)谐波信号进行探测。调制信号使用低调制频率(<10 kHz)和探测低谐波信号是为了降低探测电路的复杂度及提高探测实用性。1*f* 信号幅值较大,但具有较大的直流偏置,2*f* 信号峰位于吸收线的中心,吸收线中心处 3*f* 信号是 0,因为相对较低的噪声,信号峰值在吸收谱线中心、较平缓的基线(相对于的 1*f*)及大部分锁相放大器上具有 2*f* 探测特性,大多数 WMS 实现时通过使用 2*f* 信号探测气体浓度。

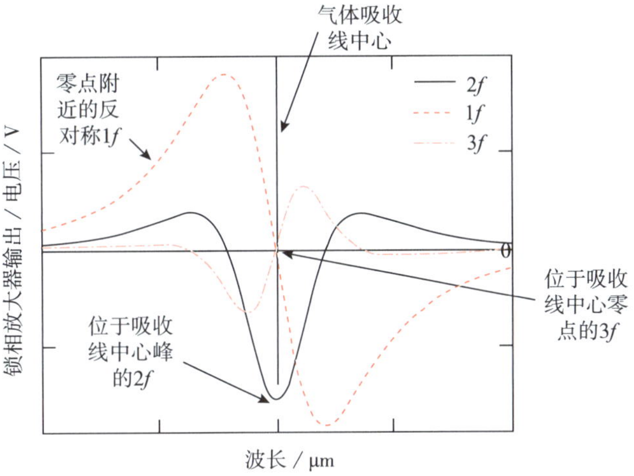

图 7-5 锁相放大器输出的 WMS 谐波信号

基于 WMS 的 TDLAS 系统主要包括信号叠加模块、激光器驱动模块、温控模块、光路、光电转换及锁相放大电路,如图 7-6 所示。锯齿波(扫描频率)与正弦波(调制频率)输入调制模块进行波形叠加,叠加后的波形信号输入激光器驱动模块,在激光器温控模块控温条件下,实现激光器的波长扫描并发射激光光束。激光光束经过气体云团后,吸收后的激光信号经过光电转换电路转变为包含各种谐波信号的电信号,利用锁相放大技术提取谐波信号,并利用数据分析方法建立气体浓度的定量化计量模型,实现气体浓度检测。

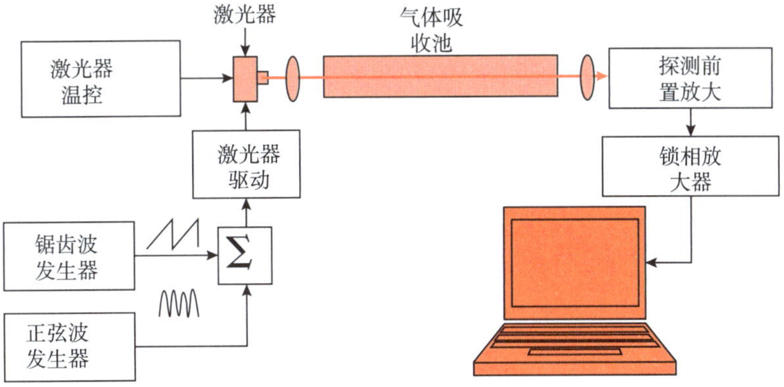

图 7-6 基于 WMS 的 TDLAS 系统典型实验装置原理图

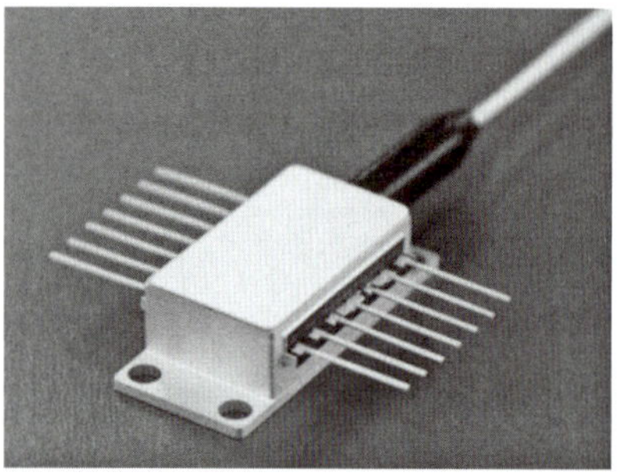

图 7-7 DFB 激光器实物

2. 可调谐二极管激光吸收光谱气体传感技术实现

(1)激光器 TDLAS 气体检测系统具有多种激光器可选，如分布反馈二极管激光器（DFBL，0.7～3 μm）、带间级联激光器（ICL，3～6 μm）、量子级联激光器（QCL，4～14 μm）以及宽带量子级联激光器（ECQCLs），可实现单组分或多组分气体的高灵敏快速检测。综合考虑探测性能及成本问题，畜禽舍有害气体一般选用 DFB 激光器作为激光光源（图 7-7），如氨气选用 1 512 nm 激光器，硫化氢选用 1 578 nm 激光器，甲烷选用 1 654 nm 激光器，二氧化碳选用1 572 nm 激光器等。激光器具有以下核心参数：①阈值电流，要使激光器正常发光，驱动电流必须大于阈值电流；②工作电流，中心波长对应的工作电流；③工作电压，激光器正常工作时的最大电压；④光谱宽度，为 20 dB 时激光器发光的光谱范围；⑤电流调谐系数，波长随电流的变化量；⑥热敏电阻，采用温控电路时可依据热敏电阻类型进行温控电路设计。DFB 激光器往往内置半导体制冷器，采用 14 管脚蝶形尾纤式封装（图 7-8），结构紧凑且体积小，在气体检测领域中广泛应用。

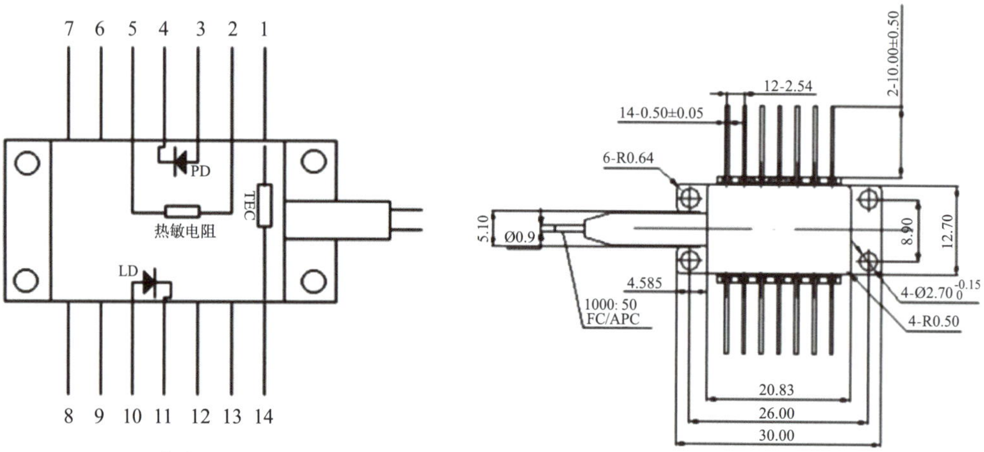

（a）　　（b）

图 7-8 俯视图激光器管脚顺序

DFB 激光器 TEC 的正负管脚（1、14）、热敏电阻的 2 个管脚（2、5）按照正确的顺序接入温控电路中，激光器正负极（10、11）管脚按照正确的顺序接入驱动电路中，其他管脚暂时不用。TEC 及激光器正负极接入电路时，一定要特别注意管脚顺序，如果接错，系统通上电后将会造成激光器的损坏，引起严重后果。以 1 512 nm 氨气 DFB 激光器为例（图 7-9），通过改变激光器驱动电流或温度均可实现波长扫描，但在实际应用中，使用改变电流方式扫描激光器波长，对激光器驱动电流及控温精度具有较高的要求。

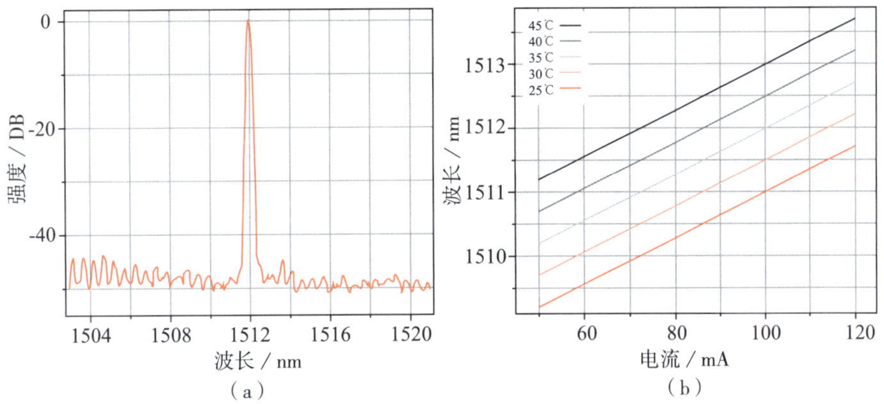

图 7-9 1 512 nm DFB 激光器

(a)波形图;(b)波长随电流及温度的变化曲线

(2)激光器驱动/温控 随着技术的发展,激光器驱动及温控具有越来越多的选择性。例如,Wavelength 公司提供集成度较高的 WLD3343 及 WTC3243 芯片模块,使用与任何激光二极管类型兼容的封装设计,是一款易于使用的模拟电路,可分别用于 DFB 激光器的驱动及温控的核心器件,可提供精密的驱动电流及温度控制精度。

①WLD3343 在 5V 单电源供电的情况下可提供高达 3 A 的电流,具有很强的驱动能力,负载电流小于 500 mA 时不需要加任何散热附件,500～1 000 mA 时需要添加散热底座和散热片进行散热,2 000 mA 以上时需要添加风扇进行散热(图 7-10)。芯片具有 14 管脚,体积小,集成度高,便于使用和电路设计,文中给出了具体典型应用电路(图 7-11)。Vset(第 2 管脚)作为电流控制电压,在直接吸收探测时直接使用信号发生器提供的偏置锯齿波电压信号,在谐波吸收探测时使用信号叠加电路(信号发生器输入运算放大电路)输出的电压信号。Lim(第 6 管脚)可以通过不同的电阻设置电流输出上限,达到激光器的保护作用,RS+(第 8 管脚)可以连接一个电阻实现激光器输出电流大小的计算。

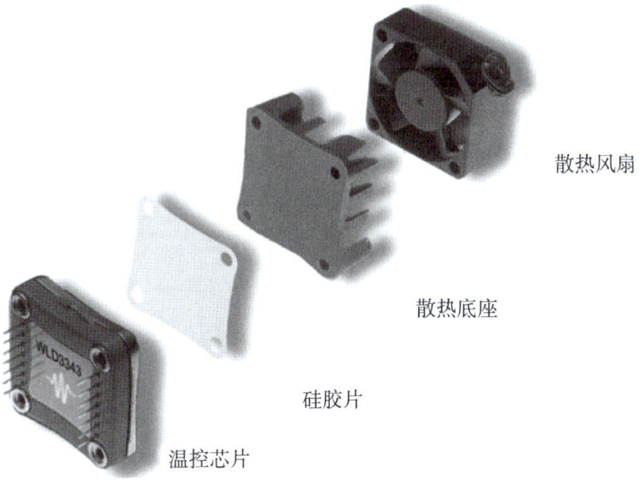

图 7-10 WLD3343 芯片及配套散热附件

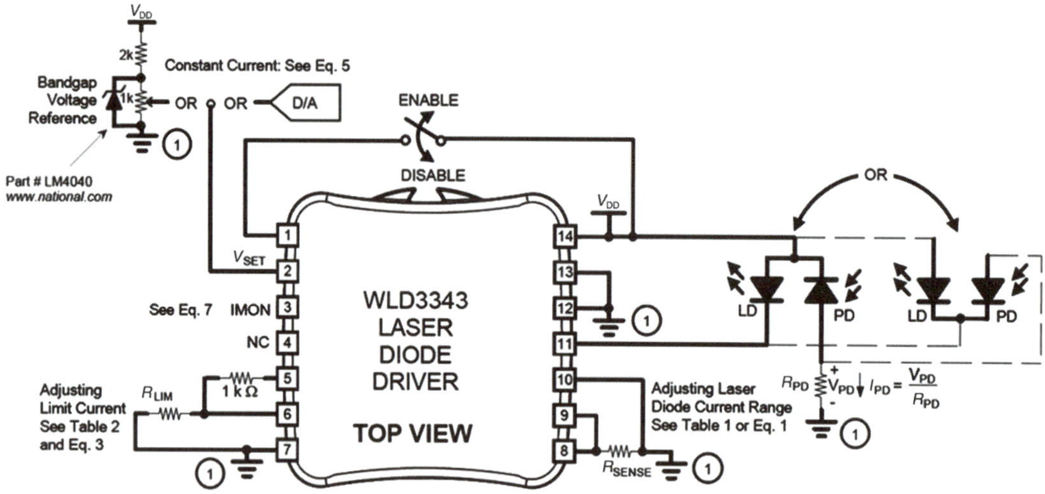

图 7-11 WLD3343 典型应用电路

②WTC3243 是一款紧凑的模拟比例积分环路，专用于超稳定温度控制应用，可轻松处理操作条件，温控稳定性优于 0.0009 ℃，可通过电压信号设定温度。芯片同样具有 14 管脚，文中提供了典型的应用电路(图 7-12)，仅需 5 个外部电阻就可以实现半导体制冷器的温度控制，方便使用且易于集成。Vset 管脚可通过外部电压设定温度，因此必须使用高精度线性稳压源提供外部电压，电阻同样使用高精度低温漂电阻，可通过第 3 和第 4 管脚外接电阻不同阻值，来限制半导体制冷器的输出电流。

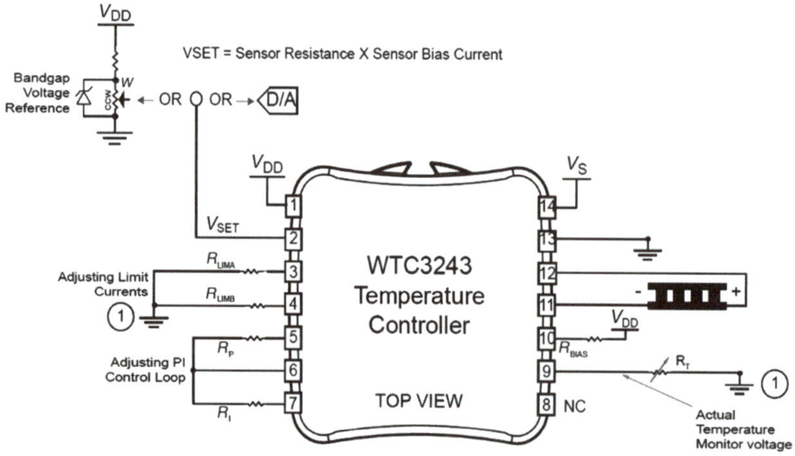

图 7-12 WTC3243 典型应用电路

自主研制的激光器驱动/温控板电路原理图及 PCB 图如图 7-13 所示，采用 PC104 接口，方便与电源电路模块、数据采集模块进行集成，电路板实物图如图 7-14 所示，具有 5 V 或 12 V 电源供电模式选择，可根据选用的 DFB、QLC 等不同种类激光器选择供电电压。

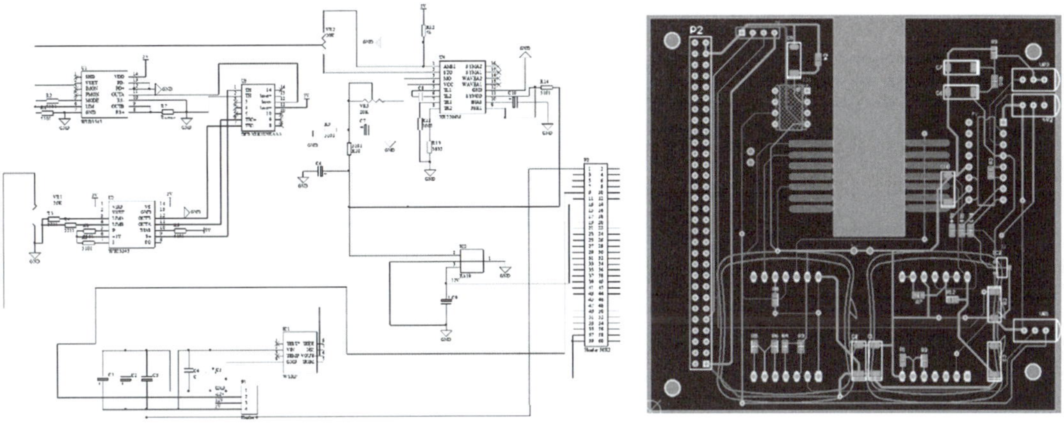

图 7-13 WTC3243 典型应用电路

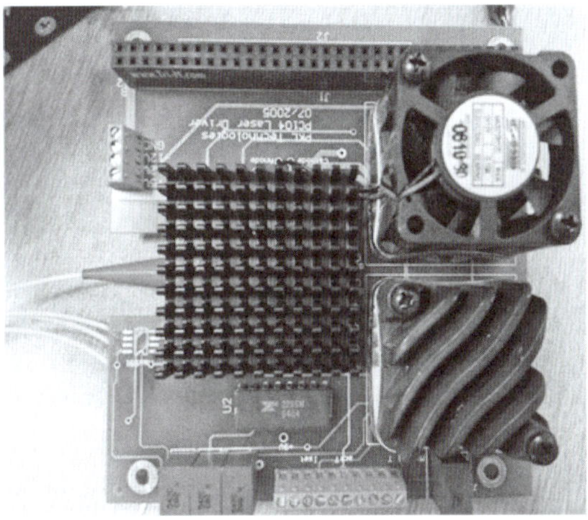

图 7-14 WTC3243 典型应用电路

(3)光纤准直器 DFB 激光器尾纤输出的激光光束，往往需要经过准直系统达到反射镜所需的光斑尺寸及发散角大小。光纤准直器(图 7-15)能够方便地与 DFB 激光器尾纤进行连接，实现 DFB 激光器光束的准直，依据 DFB 激光器波长选择不同参数的光纤准直器，依据不同应用场合选择特定结构的光纤准直器。

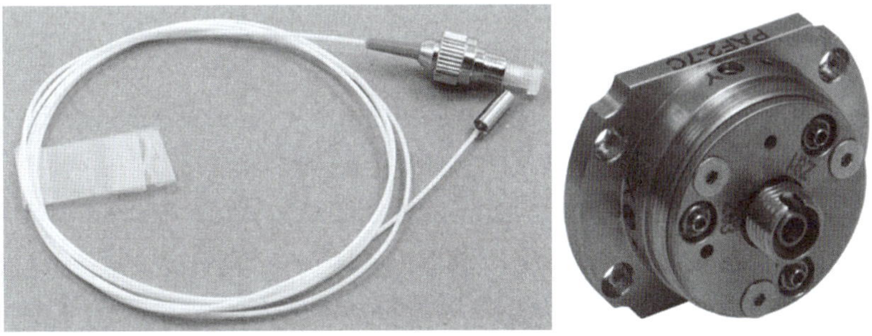

图 7-15 光纤准直器实物图

考虑到用于猪舍 NH_3、H_2S、CO_2 和 CH_4 等有害气体检测的 DFB 激光器中心波长在 1 300～1 800 nm 之间，DFB 激光器尾纤接口为 FC/APC，可选用索雷博 PAF2-7C-FiberPort 系列的光纤准直器，其在此光谱范围内可提供优异的透过率（图 7-16），这种准直器仅需要把激光器尾纤接口连接到光纤准直器接口（图 7-17），即可实现优异的准直效果，满足反射镜光斑尺寸及发散角需求。

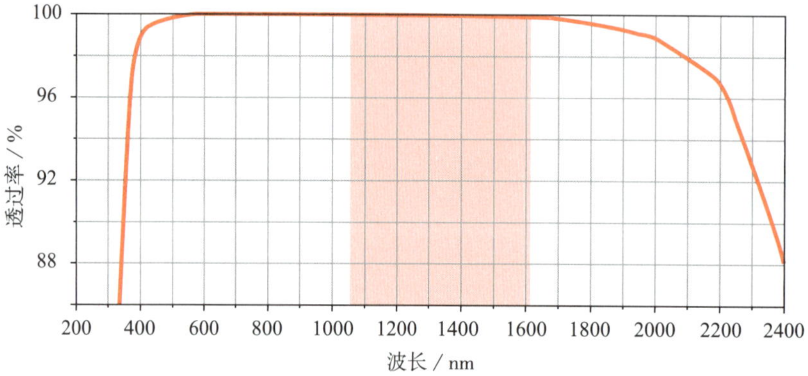

图 7-16　光纤准直器透过率

图 7-17　光纤准直器连接激光器尾纤示意图

（4）信号发生器　DFB 激光器波长扫描所需的低频锯齿波扫描信号（5 Hz）和高频正弦波调制信号（5 kHz），以及锁相放大器所需的正弦波参考信号（10 kHz），由高精度数字信号发生器 AD9850 提供（图 7-18）。AD9850 是一款高度集成的器件，采用先进的 DDS 技术以及内部高速、高性能 D/A 转换器和比较器，构成了完整的数字可编程频率合成器和时钟发生器功能。偏置电压、锯齿波扫描信号和正弦波调制信号经过由放大器组成的加法电路进行叠加，达到 DFB 激光去波长扫描的幅度范围。

（5）光电探测器　用于转换光信号为电信号，可选用低温漂、低暗噪声、低结电容及高响应度的铟钾砷光电二极管（比如 G10899-01K），其具有宽光谱响应范围（图 7-19），可覆盖猪舍有害气体的激光器波长范围，此探测器在兼顾较宽的光谱影响范围的同时，暗电流和结电容很小，适合探测低浓度气体吸收造成的微弱谐波信号。

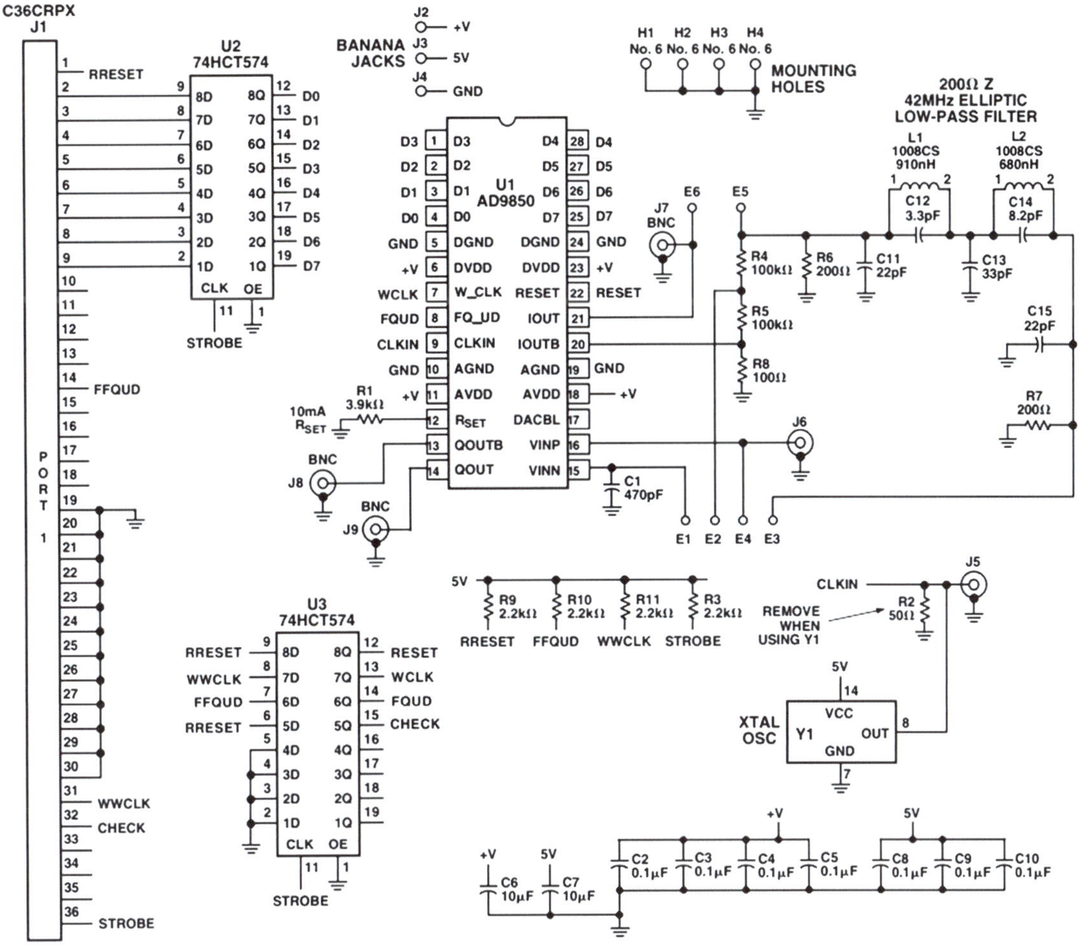

图 7-18 Tektronix 的 AD9850 信号发生器

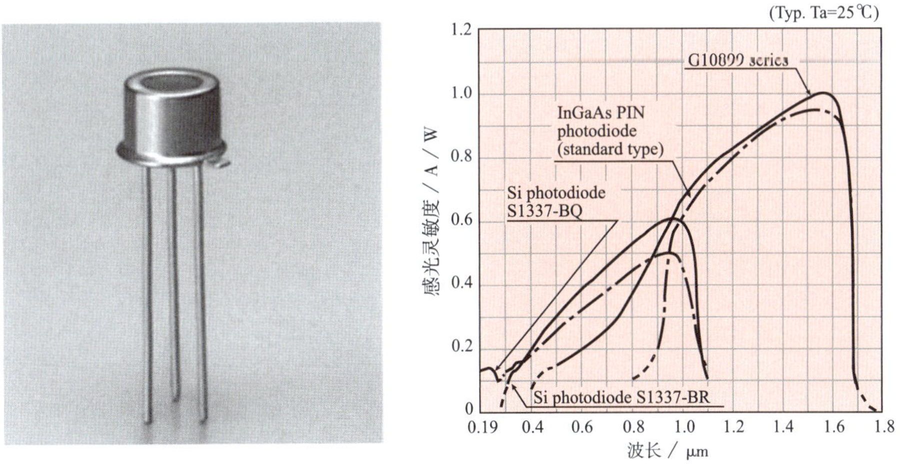

（a） （b）

图 7-19 铟钾砷光电二极管(a)及波长响应曲线(b)

(6)谐波信号探测　光电探测器输出的电压信号与 10 kHz 正弦波参考信号同时输入乘法器,通过两路信号相乘,利用滤波放大电路,提取光电探测器输出信号中仅与参考信号同频同相的二次谐波吸收信号,实现二次谐波信号提取。模拟乘法器可选用 AD834/AD543 等集成芯片,一般满幅度误差为 0.5%,具有优异的性能,能够很好地满足谐波提取需求。自主设计的信号发生及谐波提取电路板如图 7-20 所示,测试结果表明,电路板能够精确地提取谐波吸收信号,从而为有害气体浓度定量化计算模型提供精确的谐波吸收信息。

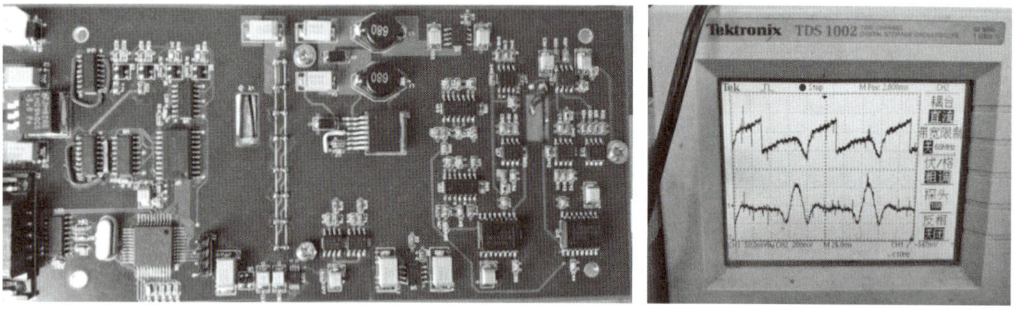

(a)　　　　　　　　　　　　　　(b)

图 7-20　谐波吸收信号探测电路板(a)及谐波信号探测(b)

3. 抽取式单组分有害气体 TDLAS 点测量设备研制

抽取式单组分有害气体 TDLAS 点测量设备(简称 TDLAS 气体点测量设备)采用抽取采样的测量方式,需要使用抽气泵将气体抽取至气体吸收池进行气体检测。为了提高系统探测灵敏度,提出基于多次反射光路方式,采用 3 组球面透镜在一定空间内,实现更多的反射次数,从而提高气体吸收池的有效光程,增强探测灵敏度。多次反射气体吸收池原理如图 7-21 所示,采用 3 组球面透镜,按照一定的角度固定在机械件上,准直之后的激光光束输入后,在 3 组透镜之间多次往返,实现 10 m 的光程,最终激光光束射入光电探测器,经光电探测电路转换成电信号。这样可在小体积情况下实现较高的光程,气体吸收池实物如图 7-22 所示。

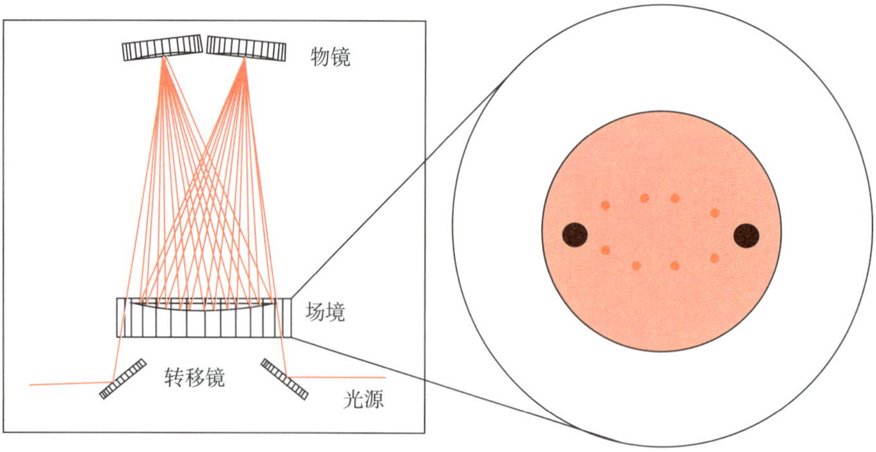

图 7-21　多次反射气体吸收池原理

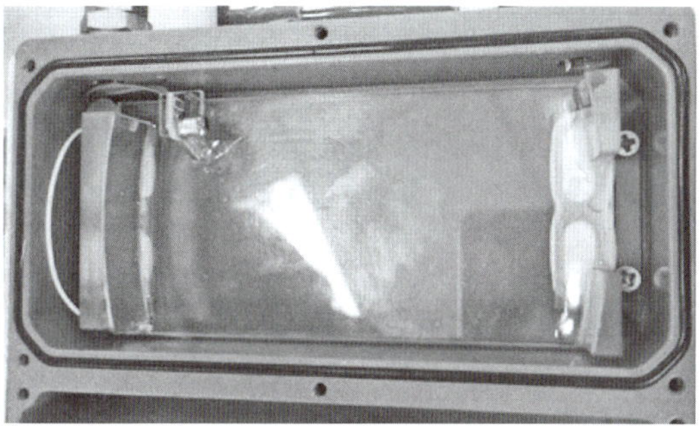

图 7-22　多次反射气体吸收池实物

基于自主开发的 TDLAS 气体检测系统所需的各个模块，结合各个模块的尺寸、接口对软硬件进行优化，并对光路结构和外壳进行设计和定型，采用 1 512 nm DFB 激光器组装了便携式氨气 TDLAS 高灵敏检测系统（图 7-23）。在完成电气和软硬件优化的前提下，使用高精度混气瓶拟合建立了氨气浓度的高精度定量化计量模型，并进行了性能验证（图 7-24），结果表明，自主研制的氨气 TDLAS 点测量设备能够实现亚 ppm 级浓度的稳定精确检测，最终定型的便携式高精度氨气检测仪如图 7-25 所示，可用于猪舍氨气的现场在线检测。

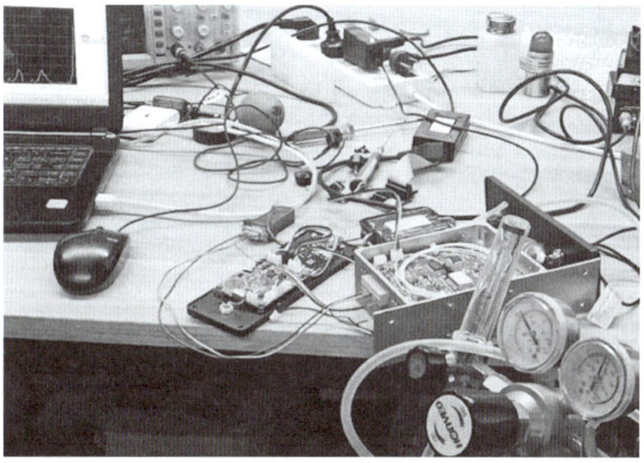

图 7-23　可调谐二极管激光光谱氨气点测量检测系统调试实物图

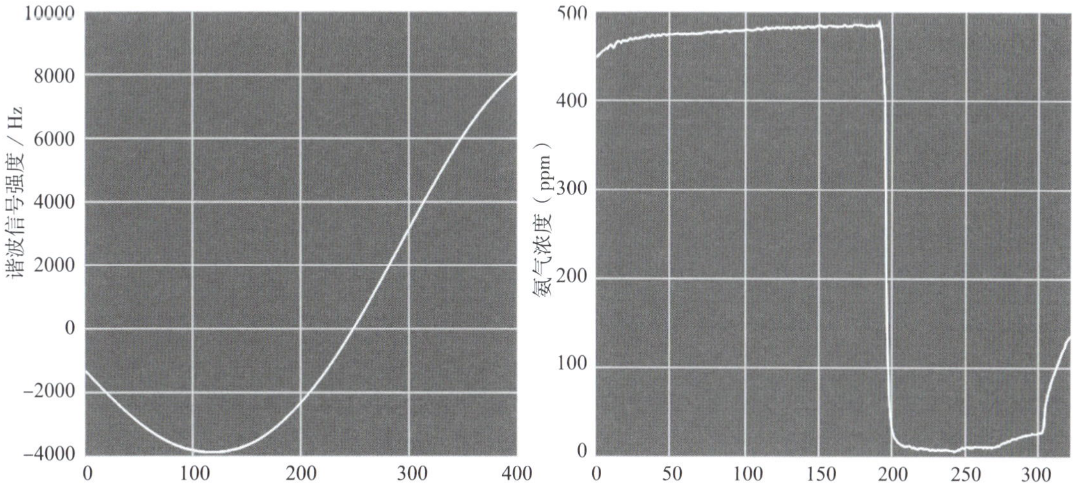

图 7-24　氨气点测量检测仪性能测试

图 7-25　便携式高精度可调谐二极管激光光谱氨气检测仪

4. 抽取式多组分有害气体 TDLAS 点测量设备研制

针对畜禽舍有害气体成分较多的问题，要想实现畜禽舍多组分的气体同时现场在线检测，往往采用多个单通道检测设备并列探测的方式，这种方式不仅成本高，而且体积大，不易推广应用。针对这种情况，在前期抽取式单组分有害气体 TDLAS 点测量检测设备的自主研制基础之上，开展低成本多组分高精度可调谐二极管激光光谱气体分析仪的研制工作。为了降低多组分激光光谱气体检测系统成本，提出了共用气室的检测方案（图 7-26），不同波长的可调谐二极管激光器分别于光开关的不同输入端进行连接，然后光开关的输出端连接到气体吸收池上，达到多个激光器共用一个气体吸收池的目的，实现多组分检测的同时降低系统成本。

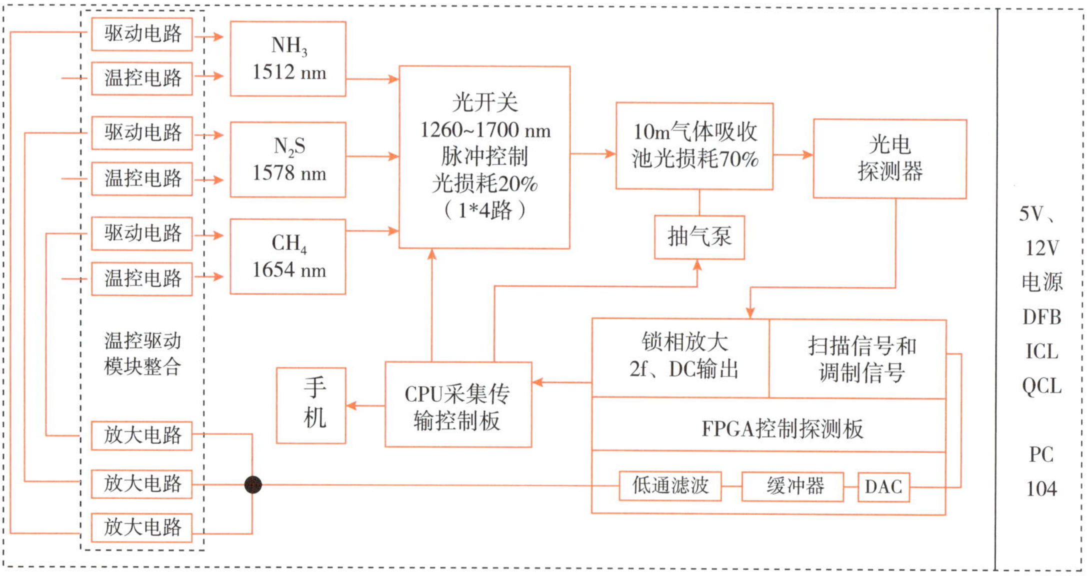

图 7-26　共用气体吸收池的多组分极激光光谱气体检测方案

基于光纤耦合共用气室技术建立了多组分气体检测方法，开展了 NH_3、H_2S 和 CH_4 气体检测仪的研制工作，完成了抽取式多组分有害气体 TDLAS 点测量的组装及调试（图 7-27），并集成自主研发的颗粒物浓度传感器及温湿度传感器，实现了畜禽舍环境多参数信息的高精度获取。

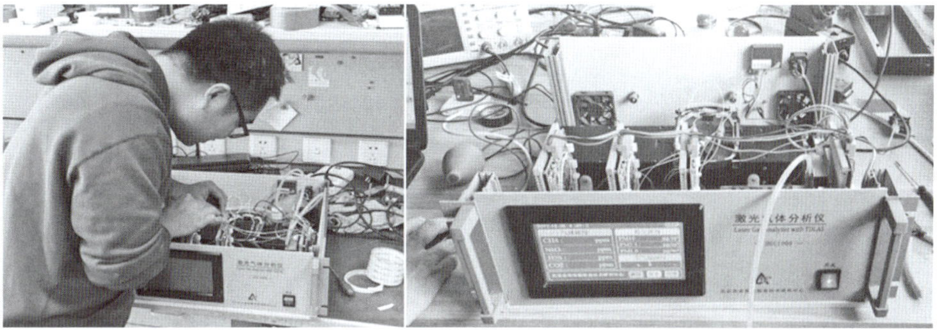

图 7-27 抽取式多组分有害气体 TDLAS 点测量的组装与调试

设备组装完成后，进行了线性度、稳定性和灵敏度相关性能测试(图 7-28)，在 10 m 光程下，测试结果表明 NH_3 和 CH_4 的检测限为亚 ppm 级，H_2S 由于在近红外区域吸收特性不明显，检测限约为 3 ppm，检测精度为±0.5 ppm。研制的低成本多组分高精度激光气体分析仪(图 7-29)，具有体积小、相对成本低等优点，能够同时高精度检测猪舍 NH_3、H_2S、CH_4、CO_2、PM10、PM2.5、PM1.0、温度和湿度。该研究结果在 2019 年中国畜牧兽医学会信息技术分会上进行了分享，受到了行业专家的认可，为猪舍空气质量智能化检测提供了技术支持和设备支撑。

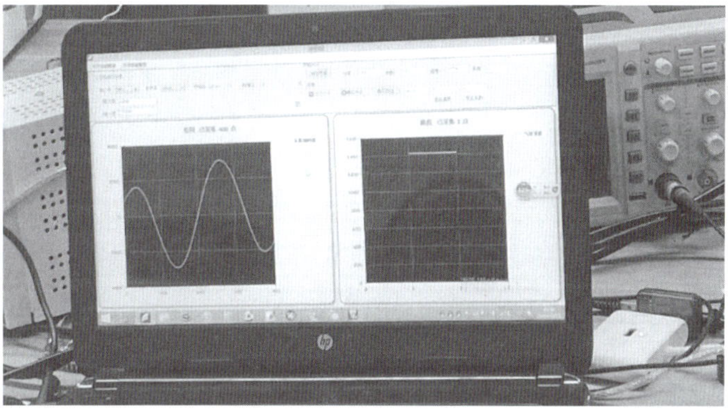

图 7-28 多组分有害气体 TDLAS 点测量系统性能测试

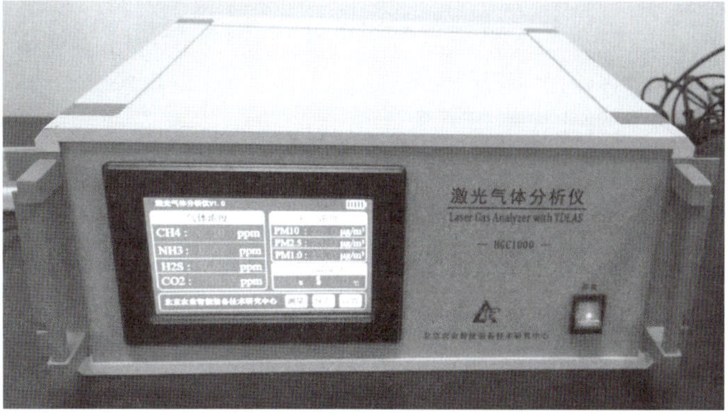

图 7-29 定型的多组分有害气体 TDLAS 点测量仪(激光气体分析仪)

7.2.2 生理传感技术

大部分生猪疫病(如猪瘟、猪蓝耳病、猪丹毒、猪肺疫)在潜伏期及发病期均伴有高热现象。体温作为一项重要的生理指标,在生猪感染疫病时体温升高往往较其他症状更早出现。因此,从群体生猪中现场快速甄别发热个体,及时进行隔离、医治和处理,对疫情预警及控制具有重要意义。然而,规模化养殖猪群密度大、个体数量多,猪群中发热个体现场快速甄别是一项困扰已久的科学难题。传统水银温度计测量方法作为目前最常用的方法,成本低、精度高,但需把温度计插入生猪鼻腔或直肠获取体温,测量过程需 2～3 名工人保定生猪,不仅存在因动物应激反应导致直肠温度偏高的缺点,而且具有温度计破碎及疫病交叉感染的风险,耗时费力,难以对大量生猪体温进行快速筛查。

红外热成像测量方法是随着光学技术、材料科学的发展而兴起的新型测温方法,在众多方面具有其他测温方法所不具有的优势:一方面,红外热成像克服单点测温的缺陷,可全场测量群体或个体体表温度的分布,非常适用于生猪群体中发热个体现场快速筛查;另一方面,红外热成像非接触测量特性可避免生猪应激反应对体温的影响,耳标传感器对流和热传导过程对体表温度的影响以及疫病的交叉感染。尽管红外热成像技术广泛应用于生猪体表温度测量,但其在生猪体表温度测量精度方面并不理想。红外热成像测温精度的主要影响因素包括:目标发射率、焦平面阵列探测器响应漂移、测量角度等。

7.2.2.1 猪只体表发射率实时测量方法

发射率的准确性将直接影响红外热像仪测温精度。然而,发射率不仅受物体成分决定,而且可在不同生物组织中变化,因此随着生猪生长阶段、性别、种类及体表部位的不同,生猪体表发射率数值处于 0.92～0.98 之间,而非一个常数值。因此,常规红外热像仪测量生猪体表温度,仅靠输入一个发射率常数值,无法准确测量生猪体表温度。传统动物体表发射率的测量需要预先获得真实温度,这种方法不易操作且易造成猪只应激。针对这种情况,以下提出一种无损的实时发射率快速测量方法,能够测量猪只体表不同部位的红外发射率,为准确测量猪的体表温度提供了依据。如图 7-30 所示,热像仪由三脚架固定以确保稳定性,使用电脑高速录制红外热像仪的热图像序列,热像仪和待测表面呈 15°,对于不透明灰体,当倾斜角在 30°以内时发射率几乎不会变化。辐射源由热源、挡板、和导轨组成。导轨平行固定在测量区域的 0.5 m 处,通过电机牵引热源在导轨上移动。猪只体表和白板参考体,二者平行放置于热像仪的视野之中作为待测物。热像仪和测量区域二者距离为 1 m,保持不变。热像仪开始红外热图像序列录制,此时辐射热源从导轨的一端移向视野,进入视野后,挡板迅速打开后关闭,避免热源给样本加热,热像仪已捕获到由外加热辐射源而引起的猪只体表温度的变化值,最后,热源离开视野,回到初始位置。按照以上步骤,对测量部位进行 12 次测量,每组间隔 2 min。猪只体表发射率实时测量结果表明(图 7-31,彩图另见二维码 7-1),蹄部发射率最低为 0.895,耳根部位和肩部的发射率最高为 0.978,体表发射率随着体表的平整程度、毛发的分布不同而有差异。

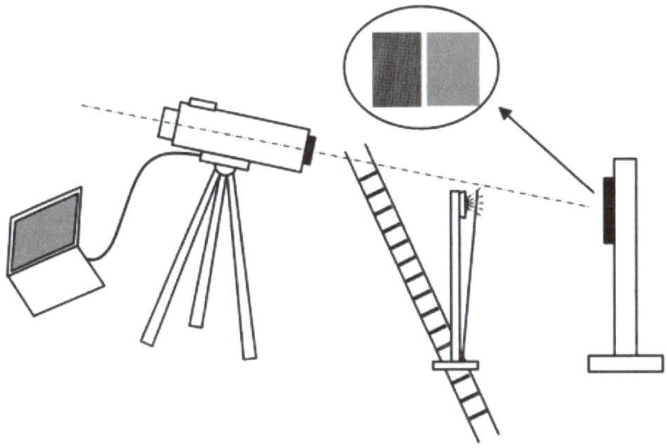

图 7-30 猪只体表发射率实时测量系统示意图

二维码 7-1

图 7-31 本方法获取的成年猪只体表发射率分布

7.2.2.2 猪只体表温度红外热成像测温精度提高方法

非制冷型热像仪虽然灵敏度和分辨率不如制冷型热像仪，但其具有低功耗、体积小、质量轻和成本低等特点，在实际应用中应用广泛。然而，由于探测器温度漂移、目标体表发射率及测量角度的影响，使用常规热像仪并不能对猪只表面温度进行精确测量。因此，针对上述情况，提出了响应漂移实时校正方法、猪只体表发射率差异消减方法以及测量视角差异消减方法等，来提高猪只体表温度红外热成像测温精度。

1. 响应漂移实时校正方法

红外焦平面阵列探测器响应漂移作为热像仪测温精度的限制因素，其校正包括非均匀性校正和热漂移校正。焦平面阵列探测器作为红外热像仪的核心器件，制造工艺及读出电路的敏感性导致探测器像元响应红外辐射的随机增益和漂移不均匀性，即每个像元对于相同辐射能量具有不同的响应。因此，热像仪测温之前，需要采用成熟的单点或两点非均匀性校正方法对探测器像元的非均匀性进行校正，保证探测器像元响应的均匀性。热漂移导致焦平面阵列探测器外壳温度随时间发生非均衡的变化，将会引起热图像中错误的温度梯度，造成不当的温度测量。因此，焦平面阵列探测器热漂移需要不断地进行矫正，定期更新校正因子。如果没有热漂移矫正，测温误差将以平均每分钟增加 0.7 ℃左右。挡板矫正法是热漂移矫正最常用的方法，采用一个不透明挡板内置于热像仪中，且可自动周期性进入透镜和焦平面阵列探测器之间，周期性地更新偏移校正因子。这种方法虽然结构简单，但每分钟挡板将会打断热观测，造成 1～2 s 周期性的热图像冰封状态。此外，为了提高测温精度，往往采用外标定方法，即将黑体辐射源放置于热像仪视场，通过测量目标温度和黑体辐射源温度，提高目标温度的测量精度。然而，如此高频率的测量中断以及在猪舍中放置黑体，并不适用于大量生猪体表温度的快速筛查，且测温过程如果与热漂移校正过程重叠，将会生成错误的测温数据。因此，基于红外热成像实现生猪体表温度筛查时，克服传统热漂移矫正方法造成的高频率测量中断以及外标定法的不便，将会大大改善筛查速度和测温精度。

探测器的响应输出随着红外系统工作环境的改变而发生的缓慢变化称为探测器的响应漂移，从而导致温度测量结果的漂移，这种响应对所有单元都会有改变，且改变具有整体性，可利用这一特点对温度进行校正。在热成像的画面上分别选择 2 个点，一点用来测量恒温源的温度，另一点用来测量物体的温度。首先在热成像的画面上选择中心点（测量目标的温度）和下方某一点（测量加热片的温度），通过黑体对两点的热成像温度分别进行测量，设置黑体的温度依次为 25 ℃、30 ℃、35 ℃、40 ℃、45 ℃，每个点每隔 30 s 测量 1 次，测量 12 次，实验结果如图 7-32 所示。可以看出，随着时间的推移，在黑体温度不变的情况下，2 个点的测量值都产生了漂移，但是 2 个漂移曲线基本重合，可以得出，温度漂移是整体性的，不会由测量点不同而造成温度漂移量的不同，因此可以通过该方法进行温度的实时性校正。

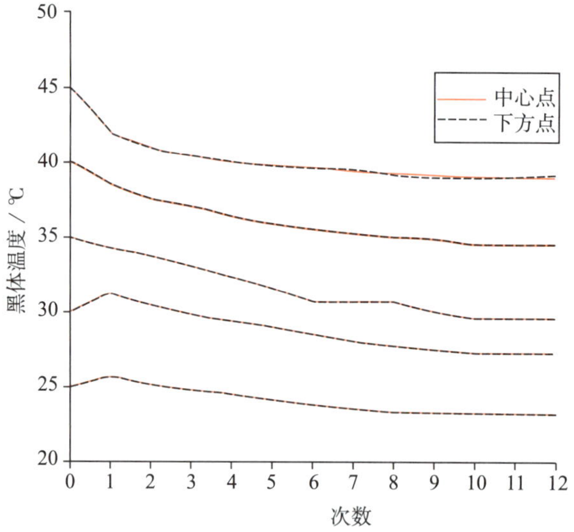

图 7-32　探测器上不同点的响应输出

针对这一问题，设计一个陶瓷发热片和温控板组成的微型恒温源系统（图 7-33），在不显著影响热图像质量的情况下，将陶瓷发热片放置在镜头前方的下部分区域，在热成像的底部选择一点用来测量发热片的温度，由于温度漂移的影响，底部该点对发热片温度的测量会随着时间或者其他情况的改变产生偏差，已经不是发热片的真实温度。另外，由于发热片的温度可控且已知，发热片上真实的温度和红外热成像上的测量温度之差即温度的漂移量，将此漂移量补偿给中心测温点，就可完成校正。

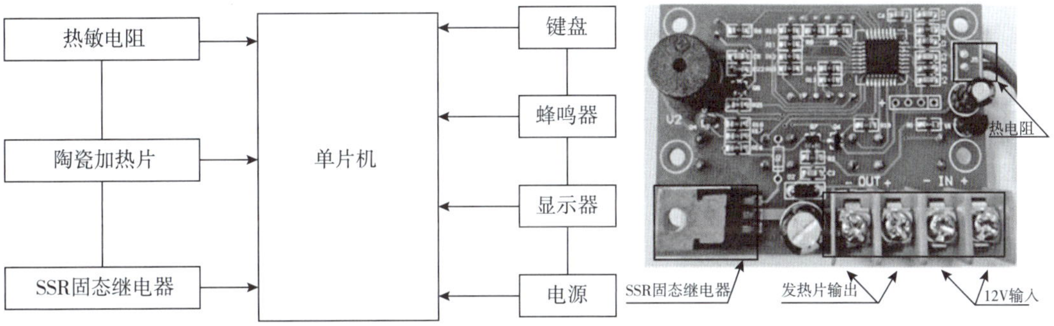

（a）　　　　　　　　　　　　　　　　（b）

图 7-33　温控系统框图（a）及实物图（b）

恒温源、非制冷红外探测器与智能手机系统集成如图 7-34（彩图另见二维码 7-2）所示。发热片和热敏电阻固定在一起，通过支架放置在镜头下方约 1/3 处，离镜头约 10 mm 处，温控板固定在外壳内层的夹板上，底层固定电源模块，温控板的 12 V 电压由 7.4 V 锂电池通过升压模块提供。非制冷红外探测器的中心点为测温点，对该点进行温度校正，底部为发热片的测温点。

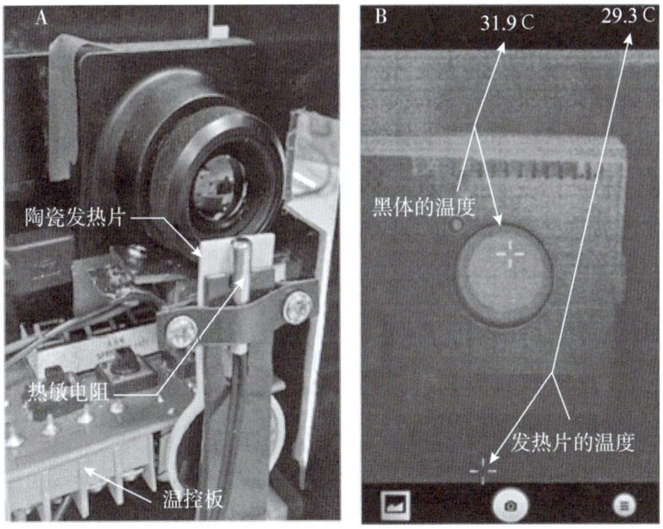

二维码 7-2

图 7-34　恒温源系统和校正界面

不加恒温源的情况下，黑体炉温度分别设置为 28 ℃、30 ℃、32 ℃、34 ℃、36 ℃、38 ℃、40 ℃、42 ℃、44 ℃，热成像测温的中心点，每隔 20 s 记录一次数据，如图 7-35（a）所示。显然在 1 min 内中心点测量的黑体温度与设置温度具有明显的偏差，接近 3 ℃，这是由于所用非制冷红外探测器的绝对温度测量精度为±3 ℃，并且随着时间的增加，这种差异逐步变大。加入恒温源后，设置同样的黑体炉温度，并使用校正公式测量黑体腔的温度，结果如图 7-35（b）所示，可见，在 1 min 的测量时间内，非制冷红外热像仪的绝对测温误差最大为 0.4 ℃，极大地改善了非制冷红外热成像测温精度，验证了该方法的可行性。

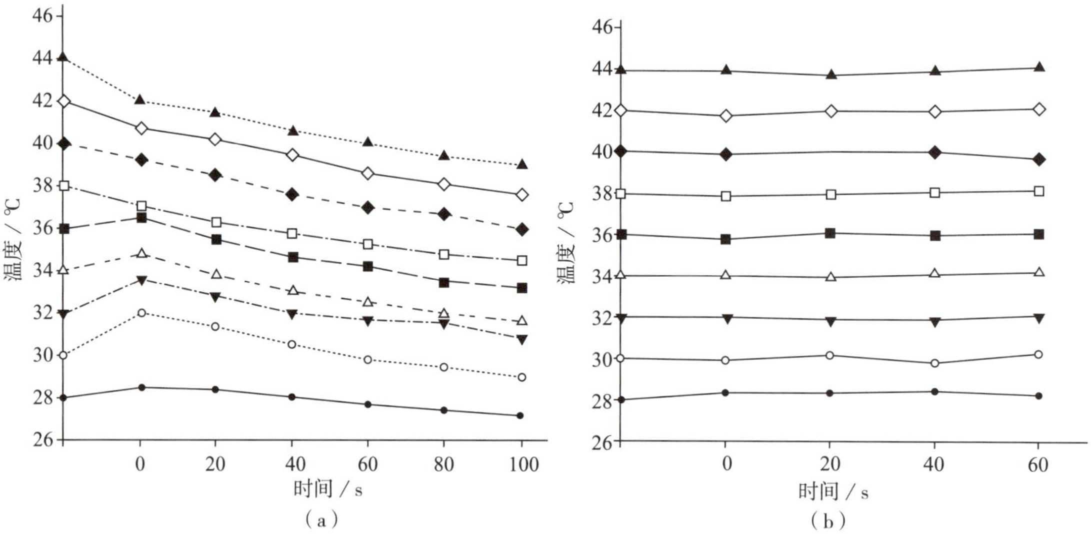

图 7-35　校正前(a)与矫正后(b)黑体腔的测量温度

2. 猪只发射率差异消减方法

猪只不同部位的体表发射率不同，这就对使用红外热成像精确测量猪只体温带来了挑战，因为在实际测量中，按照不同部位去修改发射率的值，不仅操作复杂，而且耗时。变谱（比色）测温方法能够在不需要知道目标发射率的情况下，得到目标的真实温度和发射率。

在手持式热成像系统的镜头和陶瓷发热片之间加入滤光片，滤光片选择瑞典 Spectrogon 公司的一款，波段为 9 480～10 093 nm，直径 25.4 mm，厚度 1.0 mm，放在恒温源和镜头之间，通过托盘固定在电机的转动轴上。电机选择某款减速电机，额定电压为 6 V，空载转速 8 r/min。继电器模块自带单片机，单片机通过串口和蓝牙模块（支持蓝牙 2.0）传输指令，电源选择 7.4 V 可充电锂电池，通过降压模块产生 5 V 电压，提供电机和其他模块使用。继电器的作用是改变热像仪的工作波段。滤光片固定在托盘上，通过电机带动其转动，达到切入、切出光路的目的。电机的启动和停止由蓝牙通信技术完成，通过在热成像界面调用手机自带的蓝牙和外部蓝牙模块进行通信，外部蓝牙模块将来自界面的电机启停指令传送到带有串口的继电器模块，继电器的吸合实现电机转动和停止，即实现滤光片切入切出光路，实现变谱法测温（图 7-36）。

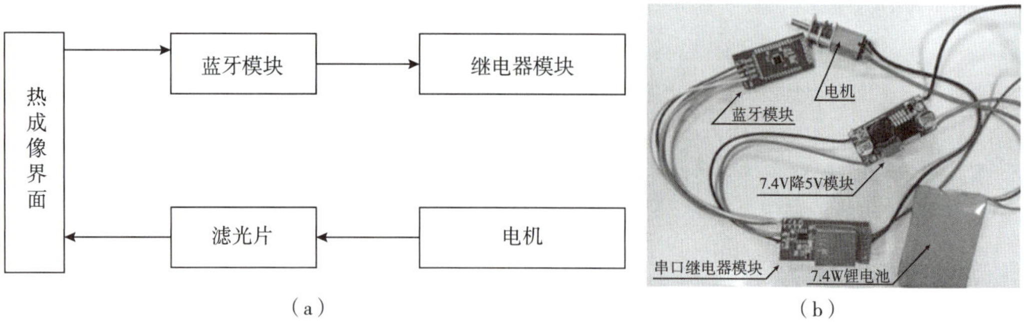

图 7-36　变谱法系统原理框图(a)及硬件实物图(b)

系统本身就有一个热成像的界面，所以为了尽可能地减少由增加新的界面对热成像画面的影响从而达到对滤光片的控制，在本设计中，通过图片按钮来实现蓝牙层的开启和退出，长按启动，单击退出，该层位于成像显示的底部，如图 7-37(a)所示，完成手机蓝牙与外部蓝牙模块的数据交换，在不需要控制滤光片的时候，可以退出蓝牙控制，可有效节省系统界面的空间，具体操作如下：长按图片来启动蓝牙控制层，该层包含按钮“连接”，电机的“启动”和“停止”按钮。点击“连接”后则出现“查找设备”，本设计的蓝牙模块名称为 SPP-CA，点击名称后进行连接，当连接成功后，会发出连接成功的通知，这时，就可以通过点击按钮“启动”和“停止”来控制电机的转动和停止，也即实现滤光片在光路的切入和切出，滤光片的切入和切出效果如图 7-37(b)(c)所示。

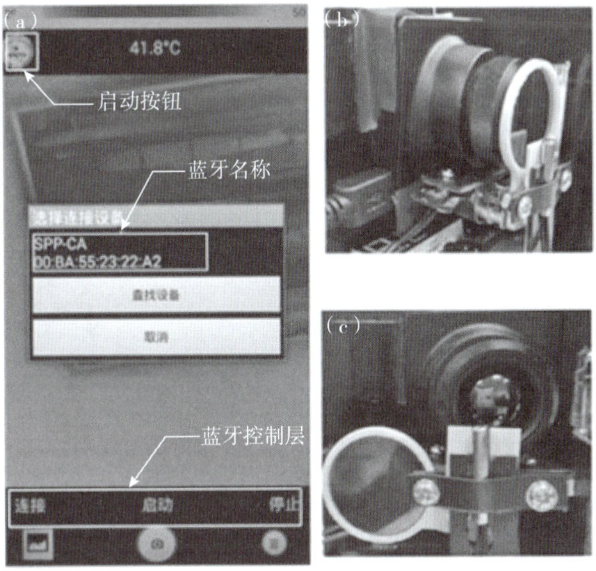

图 7-37　变谱法测温系统及滤光片切换实物图

未加滤光片时，热成像的质量比较清晰，成像质量较高[图 7-38(a)，彩图另见二维码 7-3(a)]，加入滤光片后，成像质量较差[图 7-38(b)，彩图另见二维码 7-3(b)]，造成以上的原因是探测器接收到的红外辐射减少。通过变谱法对水杯测温后，和 SC620 热像仪对比，偏差为 0.2 ℃，考虑到热像仪的测温误差为 0.1 ℃，因此本系统的测温精度为 0.3 ℃。通过变谱法，可有效地提高测量精度。

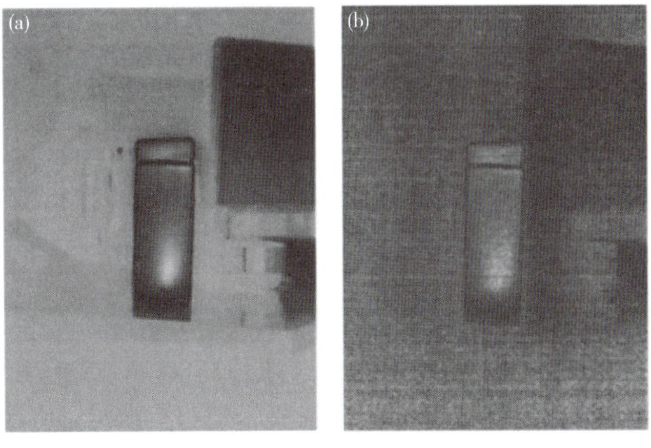

二维码 7-3

图 7-38　变谱法的热成像图

3.测量视角差异消减方法

红外热像仪测量视角也是影响测温精度的重要因素。由于不同热像仪接收到的辐射与视角有关,测量视角大于45°时,会引起测温误差,并且随着视角的增大而增大。猪只作为一个活体,经常走动,这就导致测量视角具有不确定性。因此,开展视角引起测温误差补偿方法研究显得尤为必要。深度图像相机能够获取视场范围内待测目标的深度信息,可提取深度图像中待测目标每个像素点的空间坐标,结合几何计算方法,进而获取待测目标像素点对应的视角信息。因此,提出了一种基于深度图像的红外热成像测量视角补偿的方法。

视角影响红外热成像测温精度的实验系统,采用PID温度控制系统精确控制恒温陶瓷加热片的温度。恒温陶瓷加热片固定在具有角度标识的旋转台上,仅在水平方向上对恒温陶瓷加热片进行人工旋转,从0°开始,每次旋转5°,旋转范围0～85°,分为18个视角梯度。实验中PID温控系统分别设置30 ℃、40 ℃、50 ℃ 3种参考温度进行测试(图7-39)。3种不同参考温度下相对测量温度受测量视角影响,说明待测目标的参考温度与测量温度及视角均相关。

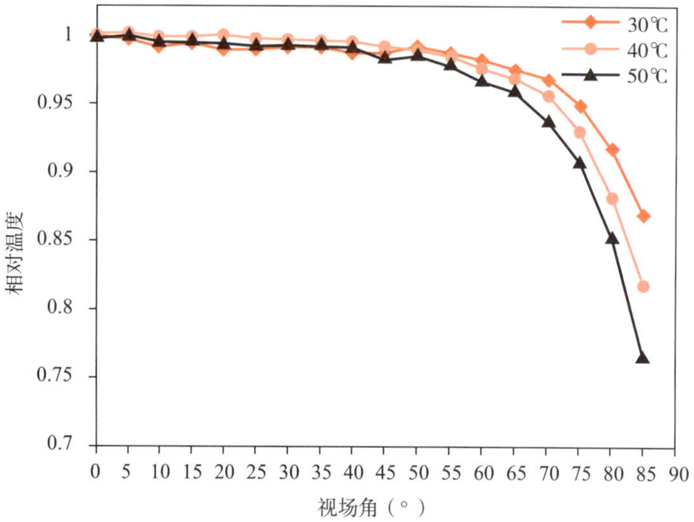

图7-39 参考温度下相对测量温度随视角的变化曲线

未知视角及0视角猪只体表的红外热图像如图7-40(彩图另见二维码7-4)所示。未知视角下猪只的深度图像如图7-41所示。利用标记点及图像融合技术,完成红外热图形与深度图像的匹配,确定图7-40(a)与图7-41一致的标定区域。图7-40(a)标记区域内像素点测量温度分布在35.6～38.2 ℃之间,图7-40(b)标记区域内像素点的参考温度分布在39.2～41.3 ℃之间。很明显,测量角度差异造成了很大的测温误差,这在动物体表温度测量中是不可忽略的。在图7-41与图7-40(a)的匹配基础上,可以通过算法计算每个像素点的测量角度,并与热红外图像同步融合。

2种视角猪只标记区域内像素点对应的温度分布分别如图7-42(a)与图7-42(c)所示,可以看出未知视角与0视角标记区域像素点温度大小具有明显差异,表明未知视角远远大于45°。此外,图7-42(彩图另见二维码7-5)所示的为不同视角标记区域内像素点的温度分布。其中,图7-42(a)中标定区域为42列,图7-42(c)为168列,可以估计旋转的未知角度大约为75°左右。未知视角下猪体表标记区域预测温度分布如图7-42(b)所示。相对于图7-42(a),图7-42(b)温度分布均匀性变差,造成这一现象的原因是标记区域视角不均匀的分布。图7-42

(b)标记区域内数据点的预测真实温度为 39～42 ℃,与 39.2～41.3 ℃的参考温度很接近,验证了利用深度图像视角补偿引起红外热成像测温误差的可行性。

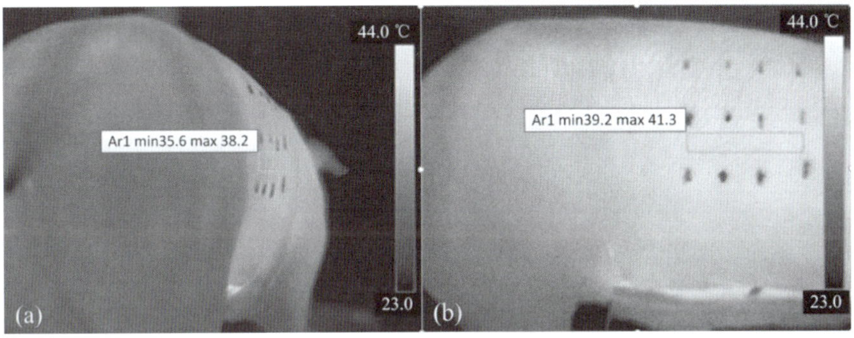

图 7-40 不同视角下猪体表的红外热图像

(a) 未知视角;(b) 0 视角

二维码 7-4

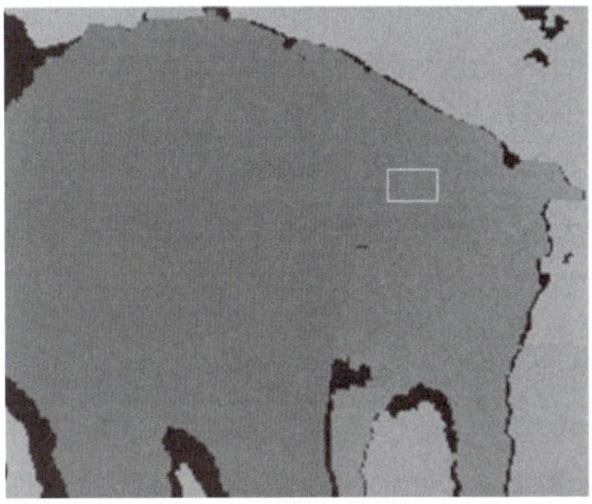

图 7-41 未知视角下猪只的深度图像

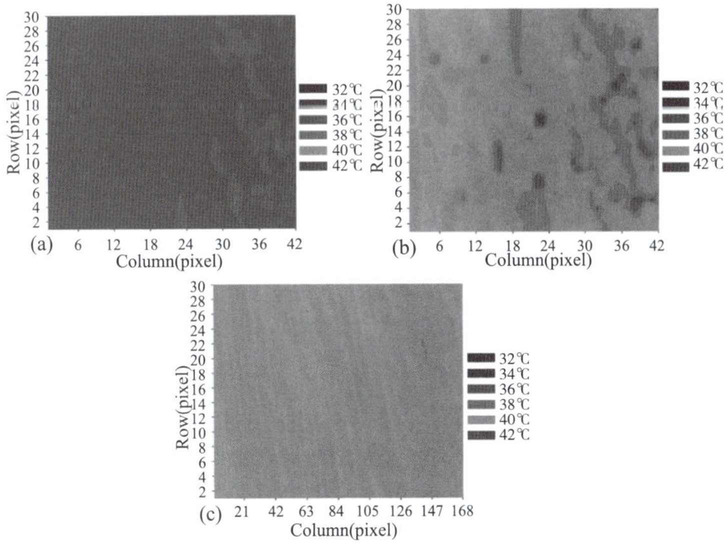

二维码 7-5

图 7-42 不同视角标记区域内像素点的温度分布

(a)未知视角补偿前测量温度;(b)未知视角补偿后的测量温度;(c) 0 视角测量温度

7.2.2.3　基于智能手机的高灵敏红外热成像测温系统研制

使用内置恒温源，通过内标定方法实现非制冷红外探测器响应漂移引起测温误差的补偿，使用转动滤波片改变进入红外探测器的波段范围，通过变谱法消除目标未知发射率对测温精度的影响，基于内标定法与变谱法研制了基于智能手机高精度红外热成像猪只测温系统（图 7-43，彩图另见二维码 7-6）。

二维码 7-6

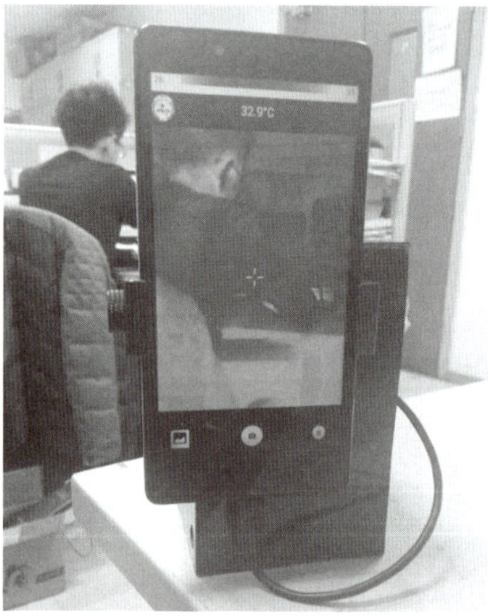

图 7-43　基于智能手机的高精度红外热成像测温系统

为了验证基于内标定法和变谱法的智能手机红外测温系统测温效果，使用本系统完成猪只体表温度的测量（图 7-44，彩图另见二维码 7-7）。猪只红外热图像（图 7-44 右上角，彩图另见二维码 7-7 右上角）中标红圈猪的腹部测量温度异常，疑似发热，后经直肠温度测量，体内温度达到了 41 ℃。基于智能手机的红外热成像猪只测温设备能够精确测量猪只体表温度，发现温度异常猪只，并及时隔离和治疗，可有效控制畜舍疾病传播，提高动物福利和经济效益。

二维码 7-7

图 7-44　智能手机红外热成像测温系统筛查异常猪只

参考文献

汪亚东.基于激光散射法的大气 PM2.5 自动监测系统的设计.哈尔滨:哈尔滨理工大学,2015.

张琨.基于智能手机的红外热成像测温系统研究.太原:太原理工大学,2016.

张石锐.畜禽生产环境中主要有害气体监测方法研究.上海:上海交通大学,2014.

赵志.氨气的调谐二极管激光光谱传感技术研究.北京:北京交通大学,2012.

Bomse D S, Stanton A C, Silver J A. Frequency modulation and wavelength modulation spectroscopies: Comparison of experimental methods using a lead-salt diode laser. Applied Optics,1992, 31(6):718-731.

Zhang K, Jiao L Z, Zhao X D, et al. An instantaneous approach for determining the infrared emissivity of swine surface and the influencing factors, Journal of Thermal Biology, 2016, 57:78-83.

Jiao L Z, Dong D, Zhao X D, et al. Compensation method for the influence of angle of view on animal temperature measurement using thermal imaging cameracombined with depth image, Journal of Thermal Biology, 2016, 62:15-19.

Jiao L Z, Zhao X D, Dong D M. Design for Temperature Measurement System Based on Smart Phone and Infrared Thermal Camera Core, Proceedings of the 2015 International Conference on Intelligent Systems Research and Mechatronics Engineering,11-13 April 2015, AISR, Zhengzhou, China.

Jiao L Z, Lang Y, Dong D M, et al. Research on developing a miniature temperature measurement system based on uncooled infrared detector, 2015 2nd International Conference on Energy Science and Applied Technology (ESAT),28-30 August 2015, CRC Press/Balkema, Wuhan, China.

Schiff H I, Mackay G I, Bechara J. The use of tunable diode laser absorption spectroscopy for atmospheric measurements. Research On Chemical Intermediates,1994,20(3-5):525-556.

Zhang S R, Chen J N, Jiao L Z. Design and development of online system for monitoring harmful gas in animal house, 2017 2nd International Conference on Frontiers of Sensors Technologies (ICFST), 2017.

第 8 章 猪饲料营养价值数字化评定进展

【本章提要】 本章主要介绍猪饲料营养价值数字化评定进展。具体包括饲料总能的预测方程、饲料的基本化学成分及饲料总能之间的预测方程、能量和养分消化率的估测与猪饲料类的能量估测模型等。

8.1 概述

8.1.1 饲料总能的估测

对某种饲料而言，计算其能值时首先要估测其总能(GE)含量，可以通过直接测定饲料完全燃烧获得总能值，或者通过饲料的化学成分应用预测方程估测总能值。法国农业科学院(INRA)和法国农业生产者协会(AFZ)按饲料分类，总结了不同饲料类的基本化学成分与饲料总能之间的预测方程，当饲料的基本化学成分发生变化后，可以用推荐的预测方程估测饲料的总能值。

8.1.2 能量和养分消化率的估测

在饲料营养价值评定中，饲料的总能量消化率(dE，%)和主要养分(含氮物质、脂肪、有机物质)消化率的预测亦十分重要。dE 的计算按 GE×dE/100 计算。dE 值不仅受饲料基本化学成分的影响，同时受饲料加工方法以及猪体重的影响。由于可获得数据的缺乏，饲料加工方法对 dE 的影响不可能量化，以至于有些加工产品的 dE 值与其原料的 dE 值一致。

猪的活重对 dE 的影响可以简单地划分为 2 个生理阶段：50～70 kg 的生长猪，数据可应用于 10～150 kg 活重代表小猪；成年母猪，包括妊娠母猪和哺乳母猪。

8.1.3 应用预测公式的说明

以下预测模型中的参数值均以干物质为基础，有一些方程是由 2～3 个单个方程经权重平均处理后的结果，单个方程也可以分别使用。例如，对于预测大麦总能消化率(dE)的方程，可以使用受多个常规成分影响的完整的方程，也可以选用只与粗纤维有关的预测方程，还可以使用只与酸性洗涤纤维有关的预测方程。

表 8-1 列出了预测模型中的缩写符号和含义，能量的单位均为 MJ/kg DM，消化率的单位为%，模型中自变量的单位均为占干物质(DM)的百分数。

表 8-1 预测模型中的缩写符号与含义

符号	含义	符号	含义
CP	粗蛋白 Crude Protein	ST	淀粉 Starch

续表 8-1

符号	含义	符号	含义
CF	粗纤维 Crude Fibre	SG	总糖 Sugars
EE	粗脂肪 Ether Extract(Crude Fat)	GE	总能 Gross Energy
EEH	无氮浸出物 Ether Extract with Prior Hydrolysis	ME	代谢能 Metabolizable Energy
NDF	中性洗涤纤维 Neutral Detergent Fibre	DE	消化能 Digestible Energy
ADF	酸性洗涤纤维 Acid Detergent Fibre	NE	净能 Net Energy
ADL	木质素 Lignin	dE	能量消化率 Digestibility of Energy
Ash	粗灰分 Ash	dN	蛋白质消化率 Digestibility of Nitrogen

8.2 用于猪饲料的总能、总能消化率和含氮物质消化率预测方程

表 8-2 汇总了预测 104 个单一饲料原料总能(GE)的预测方程，表 8-3 总结了 63 种猪用单一饲料能量消化率的预测方程。

表 8-2 猪用饲料总能 GE 的预测方程

序号	饲料名称	预测饲料总能(GE,MJ/kg DM)的方程	备注
1	燕麦	17.64+0.0617×CP+0.0387×CF+0.2193×EE−0.1867×Ash	
2	去壳燕麦	17.64+0.0617×CP+0.0387×CF+0.2193×EE−0.1867×Ash	
3	硬质小麦	17.33+0.0617×CP+0.0387×CF+0.2193×EE−0.1867×Ash	
4	软小麦	17.33+0.0617×CP+0.0387×CF+0.2193×EE−0.1867×Ash	
5	玉米	17.33+0.0617×CP+0.0387×CF+0.2193×EE−0.1867×Ash	
6	大麦	17.48+0.0617×CP+0.0387×CF+0.2193×EE−0.1867×Ash	
7	糙米	17.33+0.0617×CP+0.0387×CF+0.2193×EE−0.1867×Ash	
8	黑麦	17.33+0.0617×CP+0.0387×CF+0.2193×EE−0.1867×Ash	
9	高粱	17.64+0.0617×CP+0.0387×CF+0.2193×EE−0.1867×Ash	
10	黑小麦	17.33+0.0617×CP+0.0387×CF+0.2193×EE−0.1867×Ash	
11	细硬质小麦麸	17.64+0.0617×CP+0.0387×CF+0.2193×EE−0.1867×Ash	
12	硬质小麦麸	17.64+0.0617×CP+0.0387×CF+0.2193×EE−0.1867×Ash	
13	饲用小麦粉	17.64+0.0617×CP+0.0387×CF+0.2193×EE−0.1867×Ash	
14	次粉	17.64+0.0617×CP+0.0387×CF+0.2193×EE−0.1867×Ash	
15	细小麦麸	17.64+0.0617×CP+0.0387×CF+0.2193×EE−0.1867×Ash	

续表 8-2

序号	饲料名称	预测饲料总能(GE,MJ/kg DM)的方程	备注
16	小麦麸	17.64+0.0617×CP+0.0387×CF+0.2193×EE−0.1867×Ash	
17	小麦酒糟，淀粉<7%	17.91+0.0617×CP+0.0387×CF+0.2193×EE−0.1867×Ash	
18	小麦酒糟，淀粉>7%	17.91+0.0617×CP+0.0387×CF+0.2193×EE−0.1867×Ash	
19	小麦面筋饲料，淀粉 25%	17.91+0.0617×CP+0.0387×CF+0.2193×EE−0.1867×Ash	
20	小麦面筋饲料，淀粉 28%	17.91+0.0617×CP+0.0387×CF+0.2193× EE−0.1867×Ash	
21	玉米蛋白饲料	17.64+0.0617×CP+0.0387×CF+0.2193×EE−0.1867×Ash	
22	玉米蛋白粉	18.62+0.0617×CP+0.0387×CF+0.2193×EE−0.1867×Ash	
23	玉米酒糟	17.33+0.0617×CP+0.0387×CF+0.2193×EEH−240.1867×Ash	
24	饲用玉米粉	17.64+0.0617×CP+0.0387×CF+0.2193×EE−0.1867×Ash	
25	玉米麸	17.91+0.0617×CP+0.0387×CF+0.2193×EE−0.1867×Ash	
26	玉米胚芽粕	17.33+0.0617×CP+0.0387×CF+0.2193×EE−0.1867×Ash	
27	玉米胚芽饼	17.33+0.0617×CP+0.0387×CF+0.2193×EE−0.1867×Ash	
28	人造玉米麸	17.33+0.0617×CP+0.0387×CF+0.2193 ×EE−0.1867×Ash	
29	干啤酒糟	0.230×CP+0.389×EE+0.174×Starch+0.166×Sugars+0.188×NDF+0.177×(100−Ash−CP−EE−Starch−Sugars−NDF)	
30	干大麦根	17.15+0.0617×CP+0.0387×CF+0.2193×EE−0.1867×Ash	
31	碎米	17.33+0.0617×CP+0.0387×CF+0.2193×EE−0.1867×Ash	
32	浸提米糠	17.91+0.0617×CP+0.0387×CF+0.2193×EE−0.1867×Ash	
33	全脂米糠	17.91+0.0617×CP+0.0387×CF+0.2193×EE−0.1867×Ash	
34	全脂油菜籽	17.81+0.0617×CP+0.0387×CF+0.2193×EE−0.1867×Ash	
35	全脂棉籽	17.81+0.0617×CP+0.0387×CF+0.2193×EE−0.1867×Ash	
36	白花蚕豆	16.96+0.0617×CP+0.0387×CF+0.2193×EE−0.1867×Ash	
37	采花蚕豆	16.96+0.0617×CP+0.0387×CF+0.2193×EE−0.1867×Ash	
38	全脂亚麻籽	17.81+0.0617×CP+0.0387×CF+0.2193×EE−0.1867×Ash	
39	白羽扇豆	16.96+0.0617×CP+0.0387×CF+0.2193×EE−0.1867×Ash	
40	蓝羽扇豆	16.96+0.0617×CP+0.0387×CF+0.2193×EE−0.1867×Ash	
41	豌豆	16.96+0.0617×CP+0.0387×CF+0.2193×EE−0.1867×Ash	

续表 8-2

序号	饲料名称	预测饲料总能(GE,MJ/kg DM)的方程	备注
42	鹰嘴豆	17.33+0.0617×CP+0.0387×CF+0.2193×EE−0.1867×Ash	
43	压榨全脂大豆	17.14+0.0617×CP+0.0387×CF+0.2193×EE−0.1867×Ash	
44	烘烤全脂大豆	17.14+0.0617×CP+0.0387×CF+0.2193×EE−0.1867×Ash	
45	全脂向日葵籽	17.14+0.0617×CP+0.0387×CF+0.2193×EE−0.1867×Ash	
46	脱毒花生粕,CF<9%	17.33+0.0617×CP+0.0387×CF+0.2193×EE−0.1867×Ash	
47	脱毒花生粕,CF>9%	17.33+0.0617×CP+0.0387×CF+0.2193×EE−0.1867×Ash	
48	浸提可口粉	17.33+0.0617×CP+0.0387×CF+0.2193×EE−0.1867×Ash	
49	亚麻籽粕	17.33+0.0617×CP+0.0387×CF+0.2193×EE−0.1867×Ash	
50	压榨可口粉	17.33+0.0617×CP+0.0387×CF+0.2193×EE−0.1867×Ash	
51	棉籽粕,CF 7%~14%	17.81+0.0617×CP+0.0387×CF+0.2193×EE−0.1867×Ash	
52	棉籽粕,CF 14%~20%	17.81+0.0617×CP+0.0387×CF+0.2193×EE−0.1867×Ash	
53	溶剂浸提亚麻籽粕	17.14+0.0617×CP+0.0387×CF+0.2193×EE−0.1867×Ash	
54	压榨亚麻籽饼	17.14+0.0617×CP+0.0387×CF+0.2193×EE−0.1867×Ash	
55	压榨棕榈核仁粉	17.14+0.0617×CP+0.0387×CF+0.2193×EE−0.1867×Ash	
56	溶剂浸提核仁粕	17.33+0.0617×CP+0.0387×CF+0.2193×EE−0.1867×Ash	
57	压榨芝麻粕	17.33+0.0617×CP+0.0387×CF+0.2193×EE−0.1867×Ash	
58	大豆粕,CP46%	17.14+0.0617×CP+0.0387×CF+0.2193×EE−0.1867×Ash	
59	大豆粕,CP48%	17.14+0.0617×CP+0.0387×CF+0.2193×EE−0.1867×Ash	
60	大豆粕,CP50%	17.14+0.0617×CP+0.0387×CF+0.2193×EE−0.1867×Ash	

续表 8-2

序号	饲料名称	预测饲料总能(GE,MJ/kg DM)的方程	备注
61	未脱壳葵花粕	17.14+0.0617×CP+0.0387×CF+0.2193×EE−0.1867×Ash	
62	部分脱壳葵花粕	17.14+0.0617×CP+0.0387×CF+0.2193×EE−0.1867×Ash	
63	玉米淀粉	0.230×CP+0.389×EE+0.174×ST+0.166×SG+0.188×NDF+0.177×(100−Ash−CP−EE−ST−SG−NDF)	ST:淀粉 SG:总糖
64	木薯(67%)	17.10+0.0617×CP+0.0387×CF+0.2193×EE−0.1867×Ash	
65	木薯(72%)	17.10+0.0617×CP+0.0387×CF+0.2193×EE−0.1867×Ash	
66	甘薯干	17.33+0.0617×CP+0.0387×CF+0.2193×EE−0.1867×Ash	
67	干马铃薯块茎	17.33+0.0617×CP+0.0387×CF+0.2193×EE−0.1867×Ash	
68	苜蓿蛋白浓缩物	18.37+0.0617×CP+0.0387×CF+0.2193×EE−0.1867×Ash	
69	可可豆皮	17.33+0.0617×CP+0.0387×CF+0.2193×EE−0.1867×Ash	
70	大豆皮	16.36+0.0617×CP+0.0387×CF+0.2193×EE−0.1867×Ash	
71	荞麦皮	17.33+0.0617×CP+0.0387×CF+0.2193×EE−0.1867×Ash	
72	稻子豆夹饼粉	17.33+0.0617×CP+0.0387×CF+0.2193×EE−0.1867×Ash	
73	干啤酒酵母	17.33+0.0617×CP+0.0387×CF+0.2193×EE−0.1867×Ash	
74	甜菜糖蜜	16.90+0.0617×CP+0.2193×EE−0.1867×Ash	
75	甘蔗糖蜜	16.90+0.0617×CP+0.2193×EE−0.1867×Ash	
76	葡萄种子	17.33+0.0617×CP+0.0387×CF+0.2193×EE−0.1867×Ash	
77	干柑橘渣	17.10+0.0617×CP+0.0387×CF+0.2193×EE−0.1867×Ash	
78	干甜菜渣	16.90+0.0617×CP+0.0387×CF+0.2193×EE−0.1867×Ash	
79	加糖蜜的干甜菜渣	16.90+0.0617×CP+0.0387×CF+0.2193×EE−0.1867×Ash	
80	压榨甜菜渣	16.90+0.0617×CP+0.0387×CF+0.2193×EE−0.1867×Ash	
81	干土豆渣	0.230 CP+0.389×EE+0.174×ST+0.166×SG+0.188×NDF+0.177×(100−Ash−CP−EE−ST−SG−NDF)	ST:淀粉 SG:总糖
82	液体土豆饲料	16.90+0.0617×CP+0.0387×CF+0.2193×EE−0.1867×Ash	
83	谷氨酸渣	16.90+0.0617×CP+0.2193×EE−0.1867×Ash	
84	酵母酒糟	16.90+0.0617×CP+0.2193×EE−0.1867×Ash	
85	不同来源的酒糟	16.90+0.0617×CP+0.2193×EE−0.1867×Ash	

续表 8-2

序号	饲料名称	预测饲料总能(GE,MJ/kg DM)的方程	备注
86	干草	17.52+0.0617×CP+0.0387×CF+0.2193×EE−0.1867×Ash	
87	脱水苜蓿 CP,<16%	17.33+0.0617×CP+0.0387×CF+0.2193×EE−0.1867×Ash	
88	脱水苜蓿 CP,17%~18%	17.33+0.0617×CP+0.0387×CF+0.2193×EE−0.1867×Ash	
89	脱水苜蓿 CP,18%~19%	17.33+0.0617×CP+0.0387×CF+0.2193×EE−0.1867×Ash	
90	脱水苜蓿 CP,22%~25%	17.33+0.0617×CP+0.0387×CF+0.2193×EE−0.1867×Ash	
91	小麦秸秆	17.52+0.0617×CP+0.0387×CF+0.2193×EE−0.1867×Ash	
92	酸乳清粉	16.59+0.0617×CP+0.2193×EEH−0.1867×Ash	
93	甜乳清粉	16.59+0.0617×CP+0.2193×EEH−0.1867×Ash	
94	脱脂奶粉	17.33+0.0617×CP+0.2193×EEH−0.1867×Ash	
95	全奶粉	17.33+0.0617×CP+0.2193×EEH−0.1867×Ash	
96	全脂浓缩鱼汁	17.33+0.0617×CP+0.2193×EEH−0.1867×Ash	
97	脱脂浓缩鱼汁	17.33+0.0617×CP+0.2193×EEH−0.1867×Ash	
98	鱼粉,CP62%	17.33+0.0617×CP+0.2193×EEH−0.1867×Ash	
99	鱼粉,CP65%	17.33+0.0617×CP+0.2193×EEH−0.1867×Ash	
100	鱼粉,CP70%	17.33+0.0617×CP+0.2193×EEH−0.1867×Ash	
101	肉骨粉,CF<7.5%	17.33+0.0617×CP+0.2193×EEH−0.1867×Ash	
102	肉骨粉,CF>7.5%	17.33+0.0617×CP+0.2193×EEH−0.1867×Ash	
103	血粉	18.45+0.0617×CP+0.2193×EEH−0.1867×Ash	
104	羽毛粉	17.33+0.0617×CP+0.2193×EEH−0.1867×Ash	

模型来自 www.inapg.fr/dsa/afz/tables/energie_porc.htm

表 8-3 猪用饲料总能消化率预测方程

序号	饲料类型	猪饲料总能消化率(dE,%)预测方程	备注
1	燕麦	93.6 −2.13×CF	
2	去壳燕麦粒	93.6 −2.13×CF	
3	硬质小麦粒	97.7 −3.94×CF	
4	软小麦	97.7 −3.94×CF	
5	玉米	[(97.3−3.82×CF)+(97.4−3.11×ADF)+88.0]/3	
6	大麦	[2×(94.2−2.53×CF)+(90.9−1.72×ADF)]/3	
7	糙米	100×{0.225×CP+0.317×EE+0.172×ST+0.032×NDF+0.163×[100−(CP+Ash+ST+NDF+EE)]}/GE	

续表 8-3

序号	饲料类型	猪饲料总能消化率(dE,%)预测方程	备注
8	黑小麦	[2×(94.7−3.33×CF)+87.3] / 3	
9	细硬质小麦麸	[2×(97.5−3.9×CF)+(99.4−0.92×NDF)] / 3	
10	硬质小麦麸	[2×(97.5−3.9×CF)+(99.4−0.92×NDF)] / 3	
11	饲用小麦粉	[2×(97.5−3.9×CF)+(99.4−0.92×NDF)] / 3	
12	次粉	[2×(97.5−3.9×CF)+(99.4−0.92×NDF)] / 3	
13	细小麦麸	[2×(97.5−3.9×CF)+(99.4−0.92×NDF)] / 3	
14	小麦麸	[2×(97.5−3.9×CF)+(99.4−0.92×NDF)] / 3	
15	小麦酒糟，淀粉<7%	[2×(97.5−3.9×CF)+(99.4−0.92×NDF)] / 3	
16	小麦酒糟，淀粉>7%	[2×(97.5−3.9×CF)+(99.4−0.92×NDF)] / 3	
17	小麦面筋饲料，淀粉 25%	[2×(97.5−3.9×CF)+(99.4−0.92×NDF)] / 3	
18	小麦面筋饲料，淀粉 28%	[2×(97.5−3.9×CF)+(99.4−0.92×NDF)] / 3	
19	玉米面筋饲料	[2×(98.7−3.94×CF)+(97.4−3.11×ADF)] / 3	
20	玉米蛋白粉	[2×(98.7−3.94×CF)+(97.4−3.11×ADF)] / 3	
21	玉米酒糟	[2×(98.7−3.94×CF)+(97.4−3.11×ADF)] / 3	
22	饲用玉米粉	[2×(98.7−3.94×CF)+(97.4−3.11×ADF)] / 3	
23	玉米麸	[97.3−3.83×CF+97.4−3.11×ADF+100×{225×CP+317×EE+172×ST+32×NDF+16.3×[100−(CP+Ash+ST+NDF+EE)]×10} / (GE×1000)]/3	
24	玉米麸	[2×(98.7−3.94×CF)+(97.4−3.11×ADF)] / 3	
25	干啤酒糟	[(94.2−2.53×CF)+(90.9−1.72×ADF)] / 2	
26	干大麦根	[(94.2−2.53 CF)+(90.9−1.72×ADF)] / 2	
27	碎米	100×{0.225×CP+0.317×EE+0.172×ST+0.032×NDF+0.163×[100−(CP+Ash+ST+NDF+EE)]} / GE	带入 GE
28	全脂棉籽	100×{0.225×CP+0.317×EE+0.172×ST+0.032×NDF+0.163×[100−(CP+Ash+ST+NDF+EE)]} / GE	带入 GE
29	全脂亚麻籽	100×{0.225×CP+0.317×EE+0.172×ST+0.032×NDF+0.163×[100−(CP+Ash+ST+NDF+EE)]} / GE	带入 GE
30	脱毒花生粕，CF<9%	100×{0.225×CP+0.317×EE+0.172×ST+0.032×NDF+0.163×[100−(CP+Ash+ST+NDF+EE)]} / GE	带入 GE

续表 8-3

序号	饲料类型	猪饲料总能消化率(dE,%)预测方程	备注
31	脱毒花生粕，CF>9%	100×{0.225×CP+0.317×EE+0.172×ST+0.032×NDF+0.163×[100−(CP+Ash+ST+NDF+EE)]}/GE	带入 GE
32	萃取可口粉	100×{0.225×CP+0.317×EE+0.172×ST+0.032×NDF+0.163×[100−(CP+Ash+ST+NDF+EE)]}/GE	带入 GE
33	亚麻籽粕	[(97.2−1.34×ADF)+(106.0−1.21×NDF)]/2	带入 GE
34	压榨可口粉	100×{0.225×CP+0.317×EE+0.172×ST+0.032×NDF+0.163×[100−(CP+Ash+ST+NDF+EE)]}/GE	带入 GE
35	棉籽粕,CF 7%~14%	100×{0.225×CP+0.317×EE+0.172×ST+0.032×NDF+0.163×[100−(CP+Ash+ST+NDF+EE)]}/GE	带入 GE
36	棉籽粕,CF 14%~20%	100×{0.225×CP+0.317×EE+0.172×ST+0.032×NDF+0.163×[100−(CP+Ash+ST+NDF+EE)]}/GE	带入 GE
37	溶剂浸提亚麻籽粕	100×{0.225×CP+0.317×EE+0.172×ST+0.032×NDF+0.163×[100−(CP+Ash+ST+NDF+EE)]}/GE	带入 GE
38	压榨亚麻籽饼	100×{0.225×CP+0.317×EE+0.172×ST+0.032×NDF+0.163×[100−(CP+Ash+ST+NDF+EE)]}/GE	带入 GE
39	压榨棕榈核仁粉	100×{0.225×CP+0.317×EE+0.172×ST+0.032×NDF+0.163×[100−(CP+Ash+ST+NDF+EE)]}/GE	带入 GE
40	溶剂浸提核仁粕	100×{0.225×CP+0.317×EE+0.172×ST+0.032×NDF+0.163×[100−(CP+Ash+ST+NDF+EE)]}/GE	带入 GE
41	压榨芝麻粕	100×{0.225×CP+0.317×EE+0.172×ST+0.032×NDF+0.163×[100−(CP+Ash+ST+NDF+EE)]}/GE	带入 GE
42	大豆粕,CP+EE≈46	[(92.2−1.01×CF)+2×(94.9−0.71×NDF)]/3	
43	大豆粕,CP+EE≈48	[(92.2−1.01×CF)+2×(94.9−0.71×NDF)]/3	
44	大豆粕,CP+EE≈50	[(92.2−1.01×CF)+2×(94.9−0.71×NDF)]/3	
45	未脱壳葵花粕	[(90.8−1.27×CF)+(94.9−1.32×ADF)+(98.9−1.04×NDF)]/3	
46	部分脱壳葵花粕	[(90.8−1.27×CF)+(94.9−1.32×ADF)+(98.9−1.04×NDF)]/3	
47	木薯,含淀粉 67%	101−1.66×CF−0.99×Ash	
48	木薯,含淀粉 72%	101−1.66×CF−0.99×Ash	

续表 8-3

序号	饲料类型	猪饲料总能消化率(dE,%)预测方程	备注
49	甘薯干	100×{0.225×CP+0.317×EE+0.172×ST+0.032×NDF+0.163×[100−(CP+Ash+ST+NDF+EE)]}/GE	带入 GE
50	干马铃薯块茎	100×{0.225×CP+0.317×EE+0.172×ST+0.032×NDF+0.163×[100−(CP+Ash+ST+NDF+EE)]}/GE	带入 GE
51	苜蓿蛋白浓缩物	102.6−1.06×Ash−0.79×NDF	
52	土豆蛋白浓缩物	102.6−1.06×Ash−0.79×NDF	
53	大豆皮	[(92.2−1.01×CF)+2×(94.9−0.71×NDF)]/3	
54	荞麦皮	100×{0.225×CP+0.317×EE+0.172×ST+0.032×NDF+0.163×[100−(CP+Ash+ST+NDF+EE)]}/GE	带入 GE 及 ST
55	稻子豆夹饼粉	100.5−0.79×Ash−0.88×NDF−1.18×ADL	带入 ADL
56	稻子豆种子	100×{0.225×CP+0.317×EE+0.172×ST+0.032×NDF+0.163×[100−(CP+Ash+ST+NDF+EE)]}/GE	带入 GE 及 ST
57	干土豆渣	100×{0.225×CP+0.317×EE+0.172×ST+0.032×NDF+0.163×[100−(CP+Ash+ST+NDF+EE)]}/GE	带入 GE 及 ST
58	液体土豆饲料	100×{0.225×CP+0.317×EE+0.172×ST+0.032×NDF+0.163×[100−(CP+Ash+ST+NDF+EE)]}/GE	带入 GE 及 ST
59	脱水苜蓿,CP 17%~18%	40.0−0.90×(NDF−50.3)	
60	脱水苜蓿,CP 18%~19%	40.0−0.90×(NDF−50.3)	
61	脱水苜蓿,CP 22%~25%	40.0−0.90×(NDF−50.3)	
62	肉骨粉,EE <7.5%	100×[0.162×CP+0.218×EEH+0.244×(100−Ash−CP−EEH)]/GE	带入 GE
63	肉骨粉,EE >7.5%	100×[0.162×CP+0.218×EEH+0.244×(100−Ash−CP−EEH)]/GE	带入 GE

表 8-4 总结了 55 种猪用饲料氮消化率及蛋白质消化率的预测方程，而表 8-5 则总结了 109 种猪用饲料中生长猪与母猪能值之间的比值。通过给出的比较参数值，可通过生长猪的消化能计算出其代谢能，通过生长猪的代谢能算出生长猪的净能，通过生长猪的消化能算出繁殖母猪的代谢能，通过繁殖母猪的代谢能算出繁殖母猪的净能等，实现不同能值间的转换。

表 8-4 4 预测生长猪对饲料氮消化率的模型

序号	饲料类型	生长猪对饲料氮消化率(dN,%)预测模型
1	硬质小麦	89.7－2.38×CF
2	软小麦	89.7－2.38×CF
3	玉米	[(90.7－3.39×CF)＋(89.0－0.79×NDF)] / 2
4	糙米	84.7－2.34×Ash－1.31×CF＋0.92×CP
5	黑小麦	96.2－4.51×CF
6	硬质细小麦麸	89.7－2.38×CF
7	硬质小麦麸	89.7－2.38×CF
8	饲用小麦粉	89.7－2.38×CF
9	次粉	89.7－2.38×CF
10	细小麦麸	89.7－2.38×CF
11	小麦酒糟,淀粉<7%	89.7－2.38×CF
12	小麦酒糟,淀粉>7%	89.7－2.38×CF
13	小麦面筋饲料,淀粉 25%	89.7－2.38×CF
14	小麦面筋饲料,淀粉 28%	89.7－2.38×CF
15	玉米面筋饲料	[(90.7－3.39×CF)＋(89.0－0.79×NDF)] / 2
16	玉米蛋白粉	[(90.7－3.39×CF)＋(89.0－0.79×NDF)] / 2
17	玉米酒糟	[(90.7－3.39×CF)＋(89.0－0.79×NDF)] / 2
18	饲用玉米粉	[(90.7－3.39×CF)＋(89.0－0.79×NDF)] / 2
19	玉米麸	[(90.7－3.39×CF)＋(89.0－0.79×NDF)] / 2
20	玉米粥饲料	[(90.7－3.39×CF)＋(89.0－0.79×NDF)] / 2
21	干啤酒糟	84.7－2.34×Ash－1.31×CF＋0.92×CP
22	干大麦根	84.7－2.34×Ash－1.31×CF＋0.92×CP
23	碎米	84.7－2.34×Ash－1.31×CF＋0.92×CP
24	全脂棉籽粕	84.7－2.34×Ash－1.31×CF＋0.92×CP
25	全脂亚麻籽	84.7－2.34×Ash－1.31×CF＋0.92×CP
26	压榨可口粉	84.7－2.34×Ash－1.31×CF＋0.92×CP
27	菜籽粕	[(110.0－1.53×ADF)＋(116.0－1.30×NDF)] / 2
28	压榨椰子粕	84.7－2.34×Ash－1.31×CF＋0.92×CP
29	棉籽粕,CF7%～14%	84.7－2.34×Ash－1.31×CF＋0.92×CP
30	棉籽粕,CF14%～20%	84.7－2.34×Ash－1.31×CF＋0.92×CP
31	溶剂浸提亚麻籽粕	84.7－2.34×Ash－1.31×CF＋0.92×CP
32	压榨亚麻籽饼	84.7－2.34×Ash－1.31×CF＋0.92×CP
33	压榨棕榈核仁粉	84.7－2.34×Ash－1.31×CF＋0.92×CP
34	溶剂浸提核仁粕	84.7－2.34×Ash－1.31×CF＋0.92×CP
35	压榨芝麻粕	84.7－2.34×Ash－1.31×CF＋0.92×CP
36	大豆粕,CP＋EE≈46	[(95.4－1.39×CF)＋(101.0－0.96×NDF)] / 2

续表 8-4

序号	饲料类型	生长猪对饲料氮消化率(dN,%)预测模型
37	大豆粕,CP+EE≈48	[(95.4−1.39×CF)+(101.0−0.96×NDF)] / 2
38	大豆粕,CP+EE≈50	[(95.4−1.39×CF)+(101.0−0.96×NDF)] / 2
39	未脱壳葵花粕	[(96.2−0.87×CF)+(100.0−0.67×NDF)] / 2
40	部分脱壳葵花粕	[(96.2−0.87×CF)+(100.0−0.67×NDF)] / 2
41	大豆皮	[(95.4−1.39×CF)+(101.0−0.96×NDF)]/ 2
42	荞麦皮	84.7−2.34×Ash−1.31×CF+0.92×CP
43	稻子豆夹饼粉	84.7−2.34×Ash−1.31×CF+0.92×CP
44	稻子豆种子	84.7−2.34×Ash−1.31×CF+0.92×CP
45	干柑橘渣	84.7−2.34×Ash−1.31×CF+0.92×CP
46	干甜菜渣	84.7−2.34×Ash−1.31×CF+0.92×CP
47	加糖蜜干甜菜渣	84.7−2.34×Ash−1.31×CF+0.92×CP
48	压榨甜菜渣	84.7−2.34×Ash−1.31×CF+0.92×CP
49	干土豆渣	84.7−2.34×Ash−1.31×CF+0.92×CP
50	液体土豆饲料	84.7−2.34×Ash−1.31×CF+0.92×CP
51	干草	84.7−2.34×Ash−1.31×CF+0.92×CP
52	脱水苜蓿,CP<16%	84.7−2.34×Ash−1.31×CF+0.92×CP
53	脱水苜蓿,CP17%~18%	84.7−2.34×Ash−1.31×CF+0.92×CP
54	脱水苜蓿,CP18%~19%	84.7−2.34×Ash−1.31×CF+0.92×CP
55	脱水苜蓿,CP22%~25%	84.7−2.34×Ash−1.31×CF+0.92×CP

表 8-5　饲喂不同饲料的生长猪与母猪能值之间的比值

序号	饲料类型	比例×100(g=生长猪;s=母猪)和系数				
		MEg/DEg	NEg/MEg	MEs/DEs	NEs/MEs	DEs/DEg
1	燕麦	96.2	74.9	95.2	74.5	106.3
2	去壳燕麦粒	96.8	76.5	96.1	76.7	102.1
3	硬质小麦粒	96.5	76.8	96.0	76.7	102.2
4	软小麦	97.0	78.3	96.5	78.2	101.8
5	玉米	97.6	80.1	97.1	79.6	104.0
6	大麦	96.8	76.7	96.1	76.8	102.7
7	糙米	97.8	80.0	97.6	80.0	100.3
8	黑麦	97.0	77.3	96.2	77.5	102.6
9	高粱	97.5	78.9	97.1	78.9	101.8
10	黑小麦	97.1	78.4	96.6	78.3	101.7
11	细硬质小麦麸	95.5	73.6	94.7	73.3	107.0
12	硬质小麦麸	94.9	72.5	93.8	71.5	112.3
13	饲用小麦粉	96.9	77.0	96.5	77.2	101.3

续表 8-5

序号	饲料类型	比例×100(g=生长猪;s=母猪)和系数				
		MEg/DEg	NEg/MEg	MEs/DEs	NEs/MEs	DEs/DEg
14	次粉	95.9	74.0	95.1	74.2	104.3
15	细小麦麸	95.3	72.2	94.3	72.3	106.8
16	小麦麸	94.8	70.8	93.6	70.6	110.4
17	小麦酒糟,淀粉<7%	92.3	63.9	90.9	64.8	108.8
18	小麦酒糟,淀粉>7%	93.6	65.8	92.2	67.3	104.5
19	小麦面筋饲料,淀粉 25%	95.1	70.3	93.7	71.6	105.0
20	小麦面筋饲料,淀粉 28%	95.4	70.9	94.2	71.7	105.7
21	玉米面筋饲料	94.2	67.0	92.5	68.1	116.4
22	玉米蛋白粉	92.2	64.3	91.9	65.2	102.0
23	玉米酒糟	93.6	66.6	91.9	67.7	115.9
24	饲用玉米粉	97.0	77.9	96.0	76.9	111.7
25	玉米麸	96.0	75.8	94.5	72.3	138.4
26	溶剂浸提玉米胚芽粕	93.4	63.9	91.6	65.7	104.8
27	压榨玉米胚芽饼	96.2	76.8	95.2	77.0	104.0
28	玉米粥饲料	96.1	75.4	94.9	75.1	110.7
29	干啤酒糟	92.3	67.9	91.0	67.5	109.8
30	干大麦根	93.0	64.6	91.6	65.1	107.7
31	碎米	97.7	81.7	97.6	81.2	100.4
32	浸提米糠	95.5	73.5	94.5	72.5	111.4
33	全脂米糠	96.8	80.6	96.1	79.2	107.4
34	全脂油菜籽	97.0	78.3	96.3	78.9	102.3
35	全脂棉籽	95.0	71.0	93.6	70.8	107.2
36	白花蚕豆	94.4	70.4	93.8	70.4	102.2
37	彩花蚕豆	94.6	71.0	93.9	70.9	102.8
38	全脂亚麻籽	95.8	77.9	94.9	78.0	103.8
39	白色羽扇豆	92.9	64.4	91.6	65.7	105.9
40	蓝色羽扇豆	92.6	62.2	91.0	63.9	110.4
41	豌豆	95.3	73.2	94.6	73.1	103.6
42	鹰嘴豆	96.0	75.1	95.5	75.1	103.7
43	全脂挤压大豆	93.8	71.9	93.0	71.8	108.6
44	烘烤全脂大豆	93.9	72.4	93.2	72.2	108.5
45	全脂向日葵仁籽	97.1	83.7	96.5	82.4	104.4

续表 8-5

序号	饲料类型	比例×100(g=生长猪;s=母猪)和系数				
		MEg/DEg	NEg/MEg	MEs/DEs	NEs/MEs	DEs/DEg
46	脱毒花生粕,粗纤维<9%	91.2	61.3	90.4	62.1	102.7
47	脱毒花生粕,粗纤维>9%	90.4	58.6	89.7	59.3	103.7
48	萃取可口粉	92.3	61.1	90.6	62.0	108.7
49	亚麻籽粕	91.7	59.7	90.4	61.0	107.4
50	压榨可口粉	93.3	68.0	91.8	67.9	110.9
51	棉籽粕,CF7%~14%	90.8	60.1	90.0	61.0	104.8
52	棉籽粕,CF14%~20%	91.3	57.9	89.9	59.3	106.5
53	溶剂浸提亚麻籽粕	91.8	61.5	90.2	63.1	104.3
54	压榨亚麻籽饼	92.6	65.0	91.1	66.3	104.2
55	压榨棕榈核仁粉	92.6	68.6	90.6	68.0	118.0
56	溶剂浸提核仁粕	92.2	45.5	89.0	46.7	119.5
57	压榨芝麻粕	91.9	66.5	91.1	67.1	103.2
58	大豆粕,CP+EE≈46	91.4	60.5	90.3	62.0	106.3
59	大豆粕,CP+EE≈48	91.3	60.5	90.3	61.9	106.2
60	大豆粕,CP+EE≈50	91.1	60.8	90.2	62.1	105.0
61	未脱壳葵花粕	91.2	55.9	89.7	56.7	114.3
62	部分脱壳葵花粕	91.0	56.8	89.7	57.6	110.8
63	玉米淀粉	98.8	81.7	98.5	81.9	100.0
64	木薯,淀粉 67%	98.3	81.4	97.8	80.9	102.2
65	木薯,淀粉 72%	98.4	80.5	98.0	80.4	101.3
66	甘薯干	98.1	79.3	97.7	79.3	101.5
67	干马铃薯块茎	97.6	78.5	97.1	78.5	101.4
68	苜蓿蛋白浓缩物	91.8	63.7	90.9	64.9	102.0
69	土豆蛋白浓缩物	89.4	59.0	89.0	59.8	100.7
70	可可豆皮	93.0	68.6	91.0	63.3	136.7
71	大豆皮	93.2	53.4	90.5	57.6	136.8
72	荞麦皮	91.2	46.3	88.3	47.2	128.5
73	长豆角荚粉	96.7	70.5	95.9	69.3	109.5
74	干啤酒酵母	91.4	62.4	90.1	64.0	102.3
75	甜菜糖蜜	97.2	68.5	97.0	68.6	103.0
76	甘蔗糖蜜	98.1	69.9	97.8	70.3	103.0
77	葡萄籽	94.4	66.2	91.9	64.6	112.8

续表 8-5

序号	饲料类型	比例×100(g=生长猪;s=母猪)和系数				
		MEg/DEg	NEg/MEg	MEs/DEs	NEs/MEs	DEs/DEg
78	干柑橘渣	95.6	64.6	93.2	66.9	111.3
79	干甜菜渣	94.3	60.2	91.2	63.4	112.9
80	加糖蜜干甜菜渣	94.4	60.4	91.4	63.4	112.3
81	压榨甜菜渣	94.1	59.7	90.9	63.0	113.0
82	干土豆渣	96.6	72.1	95.0	72.2	107.8
83	液体土豆饲料	96.0	73.2	94.7	74.3	102.4
84	谷氨酸生产中的酒糟	90.4	59.4	90.2	59.2	100.0
85	酵母生产中的酒糟	90.2	59.9	90.0	59.5	100.0
86	不同来源的酒糟	90.8	59.9	90.6	59.8	100.0
87	干草	92.7	58.6	90.8	59.1	122.1
88	脱水苜蓿,CP(%DM)<16%	92.7	53.0	90.0	55.1	120.5
89	脱水苜蓿,CP(%DM)17%~18%	92.8	54.5	90.2	56.3	118.3
90	脱水苜蓿,CP(%DM)18%~19%	92.8	55.2	90.3	56.9	117.4
91	脱水苜蓿,CP(%DM)22%~25%	92.7	58.7	90.7	59.9	112.8
92	小麦秸秆	88.6	54.2	87.5	54.1	155.7
93	酸乳清粉	97.1	81.7	96.9	80.9	100.0
94	甜乳清粉	96.8	83.4	96.6	82.3	100.0
95	脱脂奶粉	94.1	73.3	93.9	73.1	100.0
96	全脂奶粉	96.5	78.9	96.4	79.2	100.0
97	全脂浓缩鱼汁	91.9	69.4	91.8	69.1	100.0
98	脱脂浓缩鱼汁	89.6	60.9	89.4	60.7	100.0
99	鱼粉,蛋白质 62%	90.5	65.0	90.3	64.8	100.0
100	鱼粉,蛋白质 65%	90.5	64.8	90.3	64.6	100.0
101	鱼粉,蛋白质 72%	90.4	64.5	90.3	64.2	100.0
102	肉骨粉,脂肪<7.5%	88.5	63.9	88.1	62.9	100.0
103	肉骨粉,脂肪>7.5%	89.5	69.0	89.5	67.7	100.0
104	油脂	99.4	89.7	99.3	89.8	100.0
105	*L*-赖氨酸盐酸盐	90.9	77.9	90.8	77.9	100.0
106	*L*-苏氨酸	91.6	77.7	91.5	77.8	100.0
107	色氨酸	94.0	77.3	93.9	77.3	100.0
108	*DL*-蛋氨酸	94.9	77.1	94.8	77.1	100.0
109	蛋氨酸羟基类似物 MHA	94.9	77.1	94.8	77.1	100.0

8.3 猪饲料类的能量估测模型

潘晓花、熊本海等(2015)以 NRC 第 11 版《猪营养需要量》中发布的 122 种饲料原料营养成分表为基础，将饲料中 11 种基础成分(其中 6 项常规成分包括干物质 DM、粗蛋白质 CP、粗纤维 CF、粗脂肪 EE、酸性醚提取物 AEE、粗灰分 Ash；5 项碳水化合物组分包括淀粉 ST、中性洗涤纤维 NDF、酸性洗涤纤维 ADF、半纤维素 HC、酸性洗涤木质素 ADL)作为自变量，将饲料中的 DE、ME 及 NE 作为因变量，分别建立了不同性质饲料及自变量的不同组合与 DE、ME 及 NE 之间的回归关系方程，分别列在表 8-6 至表 8-12 中。表 8-6 给出的“玉米及其加工产品类”饲料中的基础化学成分与饲料消化能(DE)之间的关系方程，是通过对 14 个样本数据进行多元线性回归得出的。

表 8-6 “玉米及其加工产品类”饲料中的基础化学成分与饲料 DE 之间的关系方程①

模型编号	回归方程	回归效果	公式编号
$DE01_{玉米类}$	−13620＋213.92×DM−20.70×CP＋98.82×CF−21.61×EE−14.66×AEE＋55.46×Ash−19.53×ST−77.46×NDF＋28.26×ADF＋2.08×HC＋149.84×ADL	$R^2=0.9192$	(8-1)
$DE02_{玉米类}$	−1826＋55.29×DM＋11.67×CP＋17.31×CF＋0.89×EE＋21.48×AEE＋40.09×Ash＋3.17×ST−30.41×NDF＋42.69×ADF＋0.16×HC	$R^2=0.8881$	(8-2)
$DE03_{玉米类}$	−1876＋55.87×DM＋11.72×CP−16.94×CF＋0.51×EE＋21.61×AEE＋40.08×Ash＋3.17×ST−30.13×NDF＋42.15×ADF	$R^2=0.8881$	(8-3)
$DE04_{玉米类}$	−6402＋91.78×DM＋31.81×CP＋38.88×CF＋16.48×EE＋12.68×AEE＋113.27×Ash＋18.23×ST −11.96×NDF	$R^2=0.8456$	(8-4)
$DE05_{玉米类}$	−2862＋44.44×DM＋40.96×CP＋23.73×CF＋26.97×EE＋14.96×AEE＋113.24×Ash＋24.87×ST	$R^2=0.8423$	(8-5)
$DE06_{玉米类}$	4902−19.30×DM＋21.38×CP−46.51×CF−0.87×EE＋29.46×AEE−37.98×Ash	$R^2=0.7981$	(8-6)
$DE07_{玉米类}$	2314＋10.10×DM＋19.58×CP−51.94×CF−15.59×EE＋31.63×AEE	$R^2=0.7778$	(8-7)
$DE08_{玉米类}$	−6575＋114.54×DM＋5.97×CP−28.05×NDF＋36.25×ADF	$R^2=0.8170$	(8-8)
$DE09_{玉米类}$	3223＋12.01×CP＋21.18×EE−26.89×NDF＋45.33×ADF	$R^2=0.7998$	(8-9)
$DE10_{玉米类}$	−7795＋127.73×DM＋12.18×CP−18.02×NDF	$R^2=0.7763$，	(8-10)

① 方程中的所有自变量单位均为原样中的百分比含量，ME 的单位为 kcal/kg，数据乘以 4.184 后转换为 kJ/kg。DE01，DE02，…，DE10 代表饲料消化能不同的预测模型。

表 8-7 “大豆及其加工产品类”饲料中的基础化学成分与饲料 DE 之间的关系方程①

模型编号	回归方程	回归效果	公式编号
$DE11_{大豆类}$	12260−118.17×DM+37.65×CP−286.61×CF+5.16×EE+57.85×AEE+235.37×Ash−618.14×ST−46.30×NDF+340.86×ADF−151.50×HC	$R^2=0.9996$	(8-11)
$DE12_{大豆类}$	−10651+141.90×DM−3.78×CP−69.97×CF+100.00×EE−116.00×AEE+241.95×Ash+275.67×ST+114.68×NDF−155.81×ADF	$R^2=0.9964$	(8-12)
$DE13_{大豆类}$	−4014+65.06×DM+10.54×CP−137.45×CF+78.36×EE−68.38×AEE+242.98×Ash−22.49×ST+66.68×NDF	$R^2=0.9908$	(8-13)
$DE14_{大豆类}$	−1703+49.43×DM+7.60×CP−45.27×CF+34.08×EE−9.85×AEE+106.95×Ash+77.52×ST	$R^2=0.9758$	(8-14)
$DE15_{大豆类}$	−850.6+41.66×DM+8.39×CP−39.89×CF+34.26×EE−6.55×AEE+91.27×Ash	$R^2=0.9696$	(8-15)
$DE16_{大豆类}$	3488+7.41×CP+31.19×EE+49.43×ST−29.40×NDF	$R^2=0.9265$	(8-16)
$DE17_{大豆类}$	3477+8.52×CP+33.10×EE−27.89×NDF+2.40×ADF	$R^2=0.9241$	(8-17)
$DE18_{大豆类}$	3489+8.34×CP+32.99×EE−26.42×NDF	$R^2=0.9241$	(8-18)
$DE19_{大豆类}$	3527+7.62×CP+33.25×EE−38.44×ADF	$R^2=0.9047$	(8-19)

表 8-7 给出了“大豆及其加工产品类”饲料中的基础化学成分与饲料消化能(DE)之间的关系方程,其是通过 13 个样本数据多元线性回归得到的,回归系数在 0.904 7～0.999 6 之间。

表 8-8 给出了“玉米及其加工产品类”饲料中的基础化学成分与饲料代谢能(ME)之间的关系方程,其是通过对 14 个样本数据的多元线性回归得到的,获得了 8 组有效方程,回归系数在 0.723 1～0.888 2 之间;而表 8-9 给出了“大豆及其加工产品类”饲料中的基础化学成分与饲料代谢能(ME)之间的关系方程,其是通过 13 个样本数据回归得到的,获得了 9 组有效方程,回归系数在 0.872 7～0.999 4 之间,表明通过表 8-9 的回归效果优于表 8-8。

表 8-8 “玉米及其加工产品类”饲料中的基础化学成分与饲料 ME 之间的关系方程②

模型编号	回归方程	回归效果	公式号
$ME01_{玉米类}$	−13594+213.59×DM−27.46×CP+98.76×CF−21.59×EE−14.63×AEE+55.56×Ash−19.50×ST−77.45×NDF+28.37×ADF+2.11×HC+149.74×ADL	$R^2=0.8882$	(8-20)

① 方程中的所有自变量单位均为原样中的百分比含量,ME 的单位为 kcal/kg,数据乘以 4.184 后转换为 kJ/kg。DE01,DE02,…,DE10 代表饲料消化能不同的预测模型。

② 方程中的所有自变量单位均为原样中的百分比含量,ME 的单位为 kcal/kg,数据乘以 4.184 后转换为 kJ/kg。ME01,ME02,…,ME08 代表代谢能不同的预测模型。

续表 8-8

模型编号	回归方程	回归效果	公式号
$ME02_{玉米类}$	−1808+55.06×DM+4.89×CP+17.31×CF+0.88×EE+21.49×AEE+40.21×Ash+3.19×ST−30.42×NDF+42.78×ADF+0.19×HC	$R^2=0.8452$	(8-21)
$ME03_{玉米类}$	−1868+55.76×DM+4.95×CP+16.87×CF+0.44×EE+21.64×AEE+40.20×Ash+3.19×ST−30.10×NDF+42.15×ADF	$R^2=0.8452$	(8-22)
$ME04_{玉米类}$	−6392+91.67×DM+25.04×CP+38.81×CF+16.40×EE+12.71×AEE+113.38×Ash+18.25×ST−11.93×NDF	$R^2=0.7865$	(8-23)
$ME05_{玉米类}$	−2863+44.45×DM+34.16×CP+23.71×CF+26.87×EE+14.99×AEE+113.34×Ash+24.87×ST	$R^2=0.7820$	(8-24)
$ME06_{玉米类}$	4902−19.29×DM+14.58×CP−46.54×CF−0.98×EE+29.49×AEE−37.88×Ash	$R^2=0.7208$	(8-25)
$ME07_{玉米类}$	−6562+114.39×DM−0.82×CP−28.04×NDF+36.26×ADF	$R^2=0.7470$	(8-26)
$ME08_{玉米类}$	3224+5.21×CP+21.14×EE−26.89×NDF+45.32×ADF	$R^2=0.7231$	(8-27)

表 8-9 “大豆及其加工产品类”饲料中的基础化学成分与饲料 ME 之间的关系方程①

模型编号	回归方程	回归效果	公式号
$ME09_{大豆类}$	12197−117.46×DM+30.74×CP−286.24×CF+5.47×EE+57.33×AEE+235.63×Ash−616.08×ST−45.77×NDF+339.60×ADF−151.23×HC	$R^2=0.9994$	(8-28)
$ME10_{大豆类}$	−10674+142.14×DM−10.61×CP−69.99×CF+100.15×EE−116.21×AEE+242.20×Ash+276.12×ST+114.93×NDF−156.19×ADF	$R^2=0.9951$	(8-29)
$ME11_{大豆类}$	−4021+65.11×DM+3.74×CP−137.63×CF+78.46×EE−68.48×AEE+243.23×Ash−22.75×ST+66.81×NDF	$R^2=0.9877$	(8-30)
$ME12_{大豆类}$	−1704+49.44×DM+0.80×CP−45.27×CF+34.08×EE−9.83×AEE+106.94×Ash+77.46×ST	$R^2=0.9676$	(8-31)
$ME13_{大豆类}$	−853.5+41.69×DM+1.58×CP−39.90×CF+34.26×EE−6.53×AEE+91.27×Ash	$R^2=0.9593$	(8-32)
$ME14_{大豆类}$	3488+0.61×CP+31.22×EE+49.33×ST−29.39×NDF	$R^2=0.9017$	(8-33)
$ME15_{大豆类}$	3478+1.71×CP+33.12×EE−27.88×NDF+2.37×ADF	$R^2=0.8986$	(8-34)
$ME16_{大豆类}$	3489+1.54×CP+33.01×EE−26.42×NDF	$R^2=0.8985$	(8-35)
$ME17_{大豆类}$	3527+0.82×CP+33.28×EE−38.45×ADF	$R^2=0.8727$	(8-36)

① 方程中的所有自变量单位均为原样中的百分比含量，ME 的单位为 kcal/kg，数据乘以 4.184 后转换位 kJ/kg。ME09，ME10，…，ME17 代表代谢能不同的预测模型。

表 8-10 给出了“玉米及其加工产品类”饲料中的基础化学成分与饲料净能(NE)之间的关系方程，其是对 13 个样本数据的多元线性回归得到的，获得了 8 组有效方程，回归系数在 0.785 2～0.929 0 之间。表 8-10 的最后两行与 Noblet 等(1994)构建模型进行了比较：两者虽具有相同的自变量(EE、Ash、ST 和 ADF)，但拟合度差异较大(0.5975 vs 0.90)，说明新的饲料基础成分数据，如果按 Noblet 模型中的自变量进行多元线性回归，获得的 NE 模型已经过时，而应根据饲料营养成分的变化采用如式(8-37)至式(8-39)模型预测 NE，效果要好些。

表 8-10 “玉米及其加工产品类”饲料中的基础化学成分与饲料净能(NE)之间的关系方程①

模型编号	回归方程	回归效果	公式号
NE01$_{玉米类}$	−9519＋149.60×DM－23.59×CP＋69.00×CF＋0.92×EE－10.25×AEE＋38.62×Ash－8.89×ST－54.17×NDF＋11.04×ADF＋1.43×HC＋104.99×ADL	R^2＝0.9290	(8-37)
NE02$_{玉米类}$	−1256＋38.45×DM－0.91×CP＋11.89×CF＋16.68×EE＋15.07×AEE＋27.85×Ash＋7.02×ST－21.20×NDF＋21.15×ADF＋0.08×HC	R^2＝0.9017	(8-38)
NE03$_{玉米类}$	−1283＋38.76×DM－0.88×CP＋11.70×CF＋16.48×EE＋15.14×AEE＋27.85×Ash＋7.01×ST－21.05×NDF＋20.86×ADF	R^2＝0.9017	(8-39)
NE04$_{玉米类}$	−3522＋56.54×DM＋9.06×CP＋22.55×CF＋24.39×EE＋10.72×AEE＋64.07×Ash＋14.47×ST－12.06×NDF	R^2＝0.8831	(8-40)
NE05$_{玉米类}$	46.06＋8.80×DM＋18.28×CP＋7.29×CF＋34.96×EE＋13.02×AEE＋64.04×Ash＋21.16×ST	R^2＝0.8772	(8-41)
NE06$_{玉米类}$	6653－45.43×DM＋1.62×CP－52.48×CF＋11.27×EE＋25.36×AEE－64.64×Ash	R^2＝0.8198	(8-42)
NE07$_{玉米类}$	−7668＋120.85×DM－12.20×CP－25.97×NDF＋16.76×ADF	R^2＝0.8149	(8-43)
NE08$_{玉米类}$	2666－5.81×CP＋22.78×EE－24.75×NDF＋26.36×ADF	R^2＝0.7852	(8-44)
模型比较：			
	2004＋(39.1×EE)－(32.4×Ash)＋(7.4×ST)－(2.1×ADF)	R^2＝0.5975	(8-45)
	2790＋(41.2×EE)－(66.5×Ash)＋(8.1×ST)－(47.2×ADF)	R^2＝0.90，Noblet 等(1994)	(8-46)

表 8-11 给出的“大豆及其加工产品类”饲料中的基础化学成分与饲料净能(NE)之间的关系方程，是通过 13 个样本数据回归得到的，获得了 6 组有效方程，回归系数在 0.985 4～0.999 6 之间，表明通过不同饲料化学成分的组合获得的如表 8-11 列出的 6 组方程，对“大豆及大豆加工副产品”饲料净能的预测效果明显优于表 8-10 所示的对“玉米及其加工副产品”饲料净能的预测效果。

表 8-11 的最后两行是与 Noblet 等(1994)构建模型的比较。结果发现两者虽具有相同的

① 方程中的所有自变量单位均为原样中的百分比含量，NE 的单位为 kcal/kg，数据乘以 4.184 后转换为 kJ/kg。NE01、NE02、…、NE08 分别代表净能不同的预测模型。

自变量(EE、Ash、ST 和 ADF),但随着饲料营养成分表的更新,Noblet 等(1994)构建的 NE 预测模型需加以校正。同时,用新版数据更新后的模型即式(8-53),回归效果优于基于玉米类的具有相同变量的模型[式(8-45)]。但由于式(8-53)模型的 C. V. 超过 10%(未统一列出),因此式(8-47)至式(8-52)模型优于式(8-53)的预测效果。

表 8-11 "大豆及其加工产品类"饲料中的基础化学成分与饲料净能(NE)之间的关系方程①

模型编号	回归方程	回归效果	公式号
$NE09_{大豆类}$	−35651−411.93×DM+62.99×CP−545.32×CF−110.01×EE+268.88×AEE+198.89×Ash−308.10×ST−229.75×NDF+844.01×ADF−312.74×HC	R^2=0.9996	(8-47)
$NE10_{大豆类}$	−11647+124.93×DM−22.54×CP−98.09×CF+85.78×EE−90.02×AEE+212.47×Ash+1537.04×ST+102.58×NDF−181.32×ADF	R^2=0.9942	(8-48)
$NE11_{大豆类}$	−3923+35.52×DM.87×CP−176.62×CF+60.60×EE−34.61×AEE+213.67×Ash+1190.08×ST+46.72×NDF	R^2=0.9913	(8-49)
$NE12_{大豆类}$	−2303+24.57×DM−7.93×CP−112.02×CF+29.57×EE+6.41×AEE+118.35×Ash+1260.16×ST	R^2=0.9913	(8-50)
$NE13_{大豆类}$	−4291+58.53×DM−21.43×CP+23.43×EE+1512.06×ST−128.16×ADF	R^2=0.9788	(8-51)
$NE14_{大豆类}$	−3219+79.72×DM+3.46×CP+82.60×EE+1510.75×ST−106.13×ADF−1.01×GE	R^2=0.9854	(8-52)
模型比较:			
	−205+(52.6×EE)+(21.8×Ash)+(1382.1×ST)−(93.7×ADF)	R^2=0.9515	(8-53)
	2790+(41.2×EE)−(66.5×Ash)+(8.1×ST)−(47.2×ADF)	R^2=0.90, Noble 等(1994)	(8-54)

8.4 猪饲料氨基酸回肠消化率的概念、计算模型及典型数据

氨基酸消化率是评定单胃动物饲料蛋白质营养价值的重要参数。饲料中氨基酸消化率的测定经历了粪表观消化率、回肠表观消化率(AID)、回肠真消化率(TID)等阶段,目前相对科学的是氨基酸标准回肠消化率(SID),并且得到国际同行的基本认可。有关饲料氨基酸效价的概念、缩写及英文定义见表 8-12。

① 方程中的所有自变量单位均为原样中的百分比含量,NE 的单位为 kcal/kg,数据乘以 4.184 后转换为 kJ/kg。NE09、NE10、…、NE14 代表净能不同的预测模型。

表 8-12 饲料氨基酸回肠消化率定义公式

消化率名称	计算公式
回肠表观消化率(AID)	AID=[(氨基酸摄入量－回肠氨基酸流出量)/氨基酸摄入量]×100 %
回肠真消化率(TID)	TID=[(氨基酸摄入量－(回肠氨基酸流出量－总回肠内源氨基酸损失量))/ 氨基酸摄入量]×100 %
标准回肠消化率(SID)	SID={[氨基酸摄入量－(回肠氨基酸流出量－基础回肠内源氨基酸损失量)] 氨基酸摄入量}×100 %
总回肠内源氨基酸损失量(Total IAA End)	Total IAA End=基础性回肠内源氨基酸损失量＋特异性回肠内源氨基酸损失量
回肠氨基酸流出量(Ileal AA Out Flow)	Ileal AA Out Flow=未消化的日粮氨基酸＋总回肠内源氨基酸损失量

1. 表观回肠消化率(AID)

全收粪法是 Kuiken 在 1948 年发明的，主要测定氨基酸食入与排出的差值，可以测得氨基酸表观消化率。Zebrowska(1978)、Sauer(1986)均证实氨基酸注入大肠对猪蛋白质营养的改善作用较小，说明蛋白质在大肠中主要用于微生物发酵和菌体蛋白质的合成。而猪后肠道微生物对饲料氨基酸消化率的测定值会产生较大程度的干扰，用回肠末端氨基酸表观消化率代替全收粪法测定的氨基酸表观消化率，可避免微生物的干扰。Vandergrift 等(1983)试验结果表明，生豆饼的回肠和粪表观氨基酸消化率之间差异可达 50 %，而热处理或加工过的豆饼的差异最大仅为 15 %，表明饲料的加工特性对氨基酸消化率的影响不容忽视。但是，回肠末端氨基酸表观消化率测定技术(回肠末端瘘管技术、回直肠吻合术)忽视了猪体内内源性氨基酸分泌量对消化率测定值的影响，不能准确评定饲料氨基酸消化率(李德发，2003)。而且，AID 存在的最大问题是单一饲料原料测得的值在混合日粮中不一定具有可加性(Stein et al.，2005)，而在实际生产中配制日粮又必须考虑可加性问题，单一饲料原料的 AID 值具有可加性对准确预测养猪生产系统中猪的生产性能极为重要。没有可加性主要原因就是测定的 AID 和日粮氨基酸水平是非线性关系，如当改变无氮基础日粮中被测饲料原料的添加水平时，AID 就不是可加的线性改变(Fan et al.，1994)。另外，对于低蛋白质水平的饲料(谷类和淀粉质豆类)，因为高蛋白质含量的饲料在消化物或排泄物中的内源性氨基酸的比例相对较高，所以低蛋白质水平饲料相对于高蛋白质水平饲料的 AID 值可能被低估(Ravindran，2005)。基于上述问题，人们后来提出了回肠真消化率(TID)的概念与测定方法。

2. 回肠真消化率(TID)

TID(包括无氮日粮法和回归外延法、酶解酪蛋白/超滤法、^{15}N 同位素标记法、高精氨酸法等)是通过准确评估内源性氨基酸排泄量并校正得到的。从表 8-12 的公式中就可以看出，TID 值是回肠消化糜中未被吸收的外源性氨基酸占猪摄入氨基酸总量的百分比，扣除了内源性氨基酸，所以比 AID 更科学。但是，总氨基酸内源损失量的测定比较困难，所以测定饲料原料的 TID 难度较大。另外，从回肠氨基酸流出量中减去的是总回肠内源氨基酸损失量，而不是基础内源氨基酸损失量，所以 TID 值就不能区分导致产生特异性内源氨基酸的饲料原料。因此，TID 值不能预测在猪体内可用于蛋白质合成的氨基酸的量。此外，TID 值不能用于实际的日粮配制中，除非特异性内源氨基酸损失值能够被测得且作为猪的氨基酸需要量的一部分。鉴于此，其后提出了回肠氮校正氨基酸消化率(SID)，目前业内统一称之为氨基酸标准回肠消化率。

SID间接考虑了与采食量密切相关的特异性内源氨基酸的分泌量，其不受氨基酸消化率测定方法的影响。由表8-12的公式可知，SID的计算是从回肠流出物中减去基础内源氨基酸损失量，不包含特异性内源氨基酸，任何饲料原料特有的成分都被统计在内。因此，SID值能够区分导致产生特异性内源氨基酸的饲料原料。SID值在配合日粮中具有可加性(Stein et al.，2005)，既反映TID，又反映特定内源氨基酸损失值，还能反映饲料的可利用氨基酸水平。因此，在猪配合日粮或分析氨基酸的需要量时，SID更为精确，可以克服AID和TID的缺憾(前者没有可加性，后者必须清楚地描述特异性内源氨基酸损失)。然而，需要指出的是，SID值会受基础内源氨基酸损失量的影响，因而也会受饲料摄入量的影响。因此，应该在相同的环境条件下和在接近自由采食的状态下测定基础内源氨基酸损失值和SID值。

内源氨基酸排泄量的准确测定是评定氨基酸回肠真消化率或标准回肠消化率所必需的。最准确的测定内源氨基酸排泄量的方法是同位素稀释法(Sauer and de Lange，1992)，但要求条件高，费用昂贵。如果动物长时间没有摄入日粮，则用无氮日粮测定基础内源损失是一种变异最小的方法。事实证明，当用相似成分组成(Stein et al.，2000)的无氮日粮测定基础内源损失时，其结果在不同实验室之间存在差异。因此，Sauvant等(2004)提供了3家实验室对猪基础内源损失的测定结果(g/kg DM)作为计算SID的基础数据。表8-13汇集了分别由德国德固赛Degussa公司及法国农业科学院(INRA)公布的最常用的7种饲料原料的SID数据。

表8-13 部分猪饲料氨基酸SID值

原料	测定机构	样本数	CP/%	SID值/%				
				赖氨酸	蛋氨酸	含硫氨基酸 M+C	苏氨酸	色氨酸
玉米	Degussa	765	8.37	76	87	84	80	76
	INRA	2 634	8.1	80	91	90	83	80
豆粕	Degussa	773	46.29	89	90	86	86	87
	INRA	10 409	45.3	90	92	89	87	89
小麦	Degussa	415	12.35	84	90	89	86	88
	INRA	7 068	10.5	81	89	90	83	88
大麦	Degussa	251	10.79	76	82	81	80	77
	INRA	2 739	10.1	75	84	84	75	79
麸皮	Degussa	176	15.80	68	73	72	60	75
	INRA	5 542	14.8	68	76	74	65	76
棉籽粕	Degussa	144	42.24	70	80	79	76	82
	INRA	117	42.6	63	73	75	71	68
菜籽粕	Degussa	232	35.92	74	81	75	71	71
	INRA	2820	33.7	75	87	84	75	80

注：Degussa数据来自德固赛2015年更新的AminoDat 5.0；INRA数据来自法国农业科学院2004年出版的饲料成分与营养价值表。

参考文献

符林升,熊本海,高华杰.猪饲料营养价值评定及营养需要的研究进展.中国饲料,2009(10):37-42.

符林升,熊本海.猪营养需要量动态预测系统的开发.农业网络信息 2009(7):9-12.

李长忠,张宏福.NRC(1998)第10版 猪营养需要量表.国外畜牧学(饲料),1998(3):37-48.

李德发.猪的营养.北京:中国农业科学技术出版社,2003:43-63.

卢德勋.实现羊营养需要量模型化、计算机化:试论我国羊营养需要量研究的新目标.畜牧与饲料科学,1997(S1):206-216.

孟庆翔.新版(1996)NRC肉牛营养需要新体系:NRC模型介绍.国外畜牧科技,1997(1):3-7.

潘晓花,杨亮,庞之洪,等.猪饲料有效能值预测模型的构建.动物营养学报,2015,27(5):1450-1460.

熊本海,易渺.猪的净能体系研究进展.饲料工业,2012,33(23):1-5.

易渺,杨琴,熊本海.动物营养代谢调控的数学模型化研究进展//全国奶牛精细化管理高峰论坛暨奶牛精细化饲养关键技术与设施设备研讨会,2013.

美国国家科学院科学研究委员会.猪营养需要.11版.印遇龙,阳成波,敖志刚,译.北京:科学出版社,2014.

Baldwin R L, France J and Gill M. Metabolism of the lactating cow. I. Animal elements of a mechanistic model. Journal of Dairy Research,1987a, 54:77-105.

Baldwin R L, Thornley J H M and Beever D E. Metabolism of the lactating cow. II. Digestive elements of a mechanistic model. Journal of Dairy Research,1987b, 54:107-131.

Baldwin R L. Modeling ruminant digestion and metabolism. Chapman & Hall, London, UK. Baldwin RL, France J, Beever DE, Gill M and Thornley JHM 1987c. Metabolism of the lactating cow. III. Properties of mechanistic models suitable for evaluation of energetic relationships and factors involved in the partition of nutrients. Journal of Dairy Research, 1995, 54:133-145.

Sauvant D, Perez J M, Tran G. Tables of composition and nutri-tional value of feed materials: pigs, poultry, cattle, sheep, goats, rabbits, horses and fish. Wageningen: Wageningen Academic Publishers, 2004.

Danfaer A. A dynamic model of nutrient digestion and metabolism in lactating dairy cows. Ph. D. Diss., National Institute of Animal Science, Foulum, Denmark.

Ørskov E R. Quantitative Aspects of Ruminant Digestion and Metabolism, J. M. ForbesJ. France CAB International, Wallingford (1993), ISBN: 085198-831-8. British Veterinary Journal, 1955(1):4.

Fan M Z, Sauer W C, de Lange C F M. Amino acid digestibility in soybean meal, extruded soybean and full- fat canola for earlyweaned pigs. Anim Feed Sci. Tech., 1995, 52:189-203.

Fan M Z, Sauer W C, Hardin R T, et al. Determination of apparent ileal amino acid digestibility in pigs: effect of dietary amino acid level. J Anim Sci, 1994, 72:2851-2859.

Fan M Z, Archboid T, Sauer W C, et al. Novel methodology allows simulaneous measurement of ture phosphorus digestility and the gastrointestinal endogenous phosphorus outputs in studies with pigs. Journal of Nutriiton,2001,131:2388-2396.

France J, Thornley J H M., Butterworths. Mathematical models in agriculture, London, 1984.

NRC. Nutrient Requirements of Dairy Cattle (M). 7th REVISED edition. Washington D C: National Academy Press, 2001.

Ravindran V. Standardised ileal digestibility . http://www. thepoultrysite. com/articles /317/standardised-ileal-digestibility, 2005.

Sauer W C, Ozimek L. Digestibility of amino acids in swine: results and their practical application: a review, Lives Prod Sci., 1986, 15:367-369.

Sauer W C, de Lange K. Novel methods for deerimining protein and amino acid digestibility in feedstuffs. In:Nissen S,ed. Morden Methods on Protein Nutrition and Metabolism. New York: Academic Press, Inc. , 1992:87-120.

Stein H H, Pedersen C, Wirt A R, et al. Additivity of values for apparent and standardized ileal digestibility of amino acids in mixed diets fed to growing pigs. J Anim Sci, 2005, 83:2387-2395.

Sven Dänicke. Modelling Nutrient Utilization in Farm Animals: McNamara J P, France J, Beever D E (Eds.), CABI Publishing, 2000:418. hardcover, ISBN: 0851994490. Animal Feed Science & Technology, 2002, 99(1):237-237.

Vandergrift W L, Knabe D A, Tanksley T D, et al. Digestibility of Nutrients in Raw and Heated Soyflakes for Pigs. J Anim Sci, 1983, 57:1215-1224.

Zebrowska T. Degestion and absorption of nitrogenons compounds in the large intestine of pigs. Roczniki Nauk Rolniczych, 1978, 95B:85-90.

第9章 猪营养需要的模型化

【本章提要】 本章主要介绍猪营养需要的模型化研究。给出了模型化研究的定义及优势,分析了猪营养需要的数学模型化研究进展,利用人工智能的模块化控制技术来解决养猪生产中的模型化问题。

9.1 模型化研究定义

模型化技术是研究复杂系统的有力工具,是各门科学尤其是系统科学广泛使用的技术。应用模型化技术的水平成为各门科学发展水平的标志之一。对于任一门科学来说,它不仅是对其过去科研成果的总结和现有理论知识的整合,而且还是其通向未来的起点。概括起来,模型化技术有以下优势:

第一,正确的模型可以使复杂系统和复杂问题的处理大为简化,能保证偏差较小化。

第二,用模型化技术研究复杂系统,可以先研究其理想模型,然后再对模型的研究结果不断修正,使之逐步与实际情况完全相符。

第三,应用模型化技术可对现有理论知识进行整合,获得科学结论。

第四,模型化技术的运用,能使人们更好地发挥思维的力量,揭示新的研究方向,形成新的科学预见。

第五,模型化技术整合影响研究目标的各种因素,以数学定量化的方式进行表达,建立依赖时间轴或体重轴等自变量的模型,将静态研究转化为动态研究。

9.1.1 在动物营养学研究中应用模型化技术的必要性

随着动物营养领域研究成果的不断积累,对动物营养物质代谢和利用知识的整合显得越发重要。模型化技术为解决这一难题提供了强有力的技术手段,这一技术可以使人们对动物体内各种营养物质的代谢和它们之间的相互作用进行定量描述。除此之外,在动物营养学研究中应用模型化技术还有如下好处:

第一,发现既有动物营养学理论、知识在量化方面的缺陷或不足。

第二,可以在建模后通过试验不断对模型的立论和其他各个方面进行改进。

第三,模型化技术不仅用于描述目的,还可以用于营养预测和决策,减少必要动物实验次数,进而降低研究成本。

第四,动物营养模型化的研究,也就是将不同畜禽对不同养分的需要量通过模型进行表达,为今后畜禽的精准饲喂提供了必要的基础。

营养模型化的发展必将推动动物营养学最终实现由描述科学向控制科学的历史转变,也为计算机技术在动物营养学领域的应用开辟了一个新时代。

9.1.2 数学在动物营养学领域应用的历史回顾

与其他生物科学的分支学科相比，数学在传统营养学中的应用微乎其微。在相当长时间内主要集中在数据分析和数理统计方面。数理统计方法曾成功应用于动物营养研究领域，对动物营养学发展做出巨大贡献。尽管数理统计方法特别适用于研究大量事件的活动规律，对去除随机因素和揭示在个体差异下的规律等方面十分有效，但其局限性也很明显。如果观察数据较少时，从"相关关系"去推论"因果关系"可能会发生严重的错误。随着信息技术的发展，物联网技术的应用逐步普及，在畜禽养殖过程中会产生大量数据。在 20 世纪及 21 世纪初缺乏自动获取数据的技术及广泛应用，然而，当下规模化、标准化及网络化的大型养猪企业的不断出现，使获得大样本的数据集逐渐成为现实。基于大数据的相关性研究，去揭示多因素且更复杂的一般性规律逐步成为可能，数学尤其模型化构建技术，在指导生产应用方面呈现出巨大的发展潜力。

在传统动物营养学发展中，也曾提出过一些简单的数学模型。这些数学模型都属于经验性模型、静态模型，并以黑箱模型为主要特点，而获得的机理模型还是少见的，无论是经验性模型、静态模型，还是半机理模型或机理模型，都从另一个角度推动动物营养的探索性研究。

较为明显的进展要回溯到 20 世纪 80 年代前后，动物营养学发展取得了许多突破性进展，动物消化生理、瘤胃微生物代谢、动物整体和各组织内营养物质代谢、代谢调节等方面研究成果硕果累累。该历史转折关头，一些科学家，比如英国的 France J(1987a)、美国的 Baldwin R L(1987b)等率先倡导在动物营养领域大力开展数学模型化技术的研究。1979 年，第 5 届国际反刍动物消化生理和代谢学术研讨会和第 8 届国际能量代谢研讨会召开，这次历史性聚会召开 5 年之后，1984 年在美国加利福尼亚州 Davis 市正式召开了第二次数学模型化技术应用学术研讨会，出版了会议论文集(Baldwin and Bywater，1984)。以后每 5 年举办一次这样的学术研讨会，大大推动了世界范围内模型化技术在动物营养学领域应用。在此期间，一些重要学术著作相继问世，其中具有重要意义的有：

France J 和 Thornley J H M(1984)：数学模型在农业中应用(Butterworths 出版)。

Forbes J M 和 France J(1993)：反刍动物消化和代谢的计量研究(CABI Publishing 出版)。

Baldwin R L(1995)：反刍动物消化和代谢的数学模型化(Chapman & Hall 出版)。

McNamare J P，France J 和 Beever D(2000)：家畜营养物质利用的模型化(CABI Publishing 出版)。

Danfer A(1990)：泌乳乳牛营养物质消化代谢动态模型(丹麦全国畜牧研究所 No. 671 报告)。

这些著作系统总结了近 20 年在动物营养领域应用数学模型化技术的成果，对推动该方面研究的深入发展起到了重要作用。

目前为止，在动物营养领域数学模型化技术的应用还主要集中在传统动物营养学两大基本课题——动物营养需要和饲料营养价值评定。这点在反刍动物营养中表现得尤为突出。传统动物营养学用于描述动物营养需要的数学模型是静态的经验模型。随着数学模型化技术研究的持续发展，越来越多动态的、机理型的数学模型相继被提出。这些新的数学模型将时间因素作为一个自变量包括进来，使用状态变量和速率变量来描述动物体内营养物质代谢的动态变化。使用这些动物模型不仅有助于克服现有饲养标准的根本缺陷，而且还使预测动物生产性能变为现实。紧接着，破机体黑箱的数学模型应用也为描述动物营养需要的数学模型由“经验模型”向“经验模型与机理模型相结合”的方向发展开辟了道路。在国内，最早关注动物营养学模型化技术研究领域的中国畜牧兽医学会动物营养学分会名誉理事长卢德勋先生，在 1992 年初提出了中国羊营养需要量的研究要走模型化、计算机化的道路。后来美国 NRC(1996)的肉牛标准、NRC(2001)奶牛标准以及 NRC(1998，2012)猪饲养标准的颁布，突出地反映和印证了这一发展趋势。另外，数学模型化技术在动物营养理论研究方面的使用，目前主要集中在对营养物质的消化、代谢的研究领域中。

在猪的营养模型化领域，NRC(1998)颁布的《猪营养需要量》的最大特点，就是通过模型的构建，将影响不同性质的种猪及商品猪的养分需要量，用以影响因素为变量的模型表达出来，建立了 3 种独立的模型：生长模型、妊娠模型和泌乳模型。生长模型用于估测猪从断奶至上市体重期间的氨基酸需要量，妊娠与泌乳模型分别用于估测妊娠母猪和泌乳母猪的能量需要量和氨基酸需要量，较好地概括了该版本发布之前的全世界在猪营养模型预测方面的研究成果。

应该可以看出，数学模型化技术在动物营养的应用目前正处于一个方兴未艾的发展时期。目前，数学模型化的原理和方法已经臻于成熟，但如何全面、具体地体现在动物营养学领域应用，仍然有一段相当长的路途要走。其主要原因是数学模型化技术在动物营养中间的应用受到动物营养学本身发展水平的制约，一方面要利用数学模型化技术的原理和方法，对已有的动物营养的理论和方法加以改造，对已获得的大量理论知识进行整合；另一方面还要利用数学模型化技术优势，不断开辟新的研究领域，充分发展动物营养学和数学模型化技术之间的促进机制，加速动物营养学的现代化进程。

9.2 猪营养需要的数学模型化研究进展

9.2.1 概述

猪的生长性能会受到众多因素的影响，包括猪的遗传特性、生理状况、日粮的化学组成和物理形状、饲养管理方案、气候环境因素、猪舍建筑特征以及疾病流行情况等。研究这些因素对猪生产性能的影响，有助于获得有关这些因素是如何影响生产性能的大量知识。这些因素之间复杂的相互作用，致使人们几乎不可能准确地了解饲养管理措施的变化对猪的营养需要、生长速度、体成分的影响后果，更难以预测其对企业经济效益的影响。但是，如果借助数学模型化技术，就可以将这些知识和概念建立各种数学模型，将它们整合在一起，形成计算机软件系统，使不可能的事变成可能。

到目前为止，已经有 10 多个猪营养的数学模型问世。这些模型主要有：Black 等(1986)模型、Emmans(1986)模型、Moughan 等(1987)模型、Burlacu 等(1988)模型、Pomar 等(1991)模型、Brideges 等(1992)模型、Pettigrew 等(1992a，b)模型、de Lange 等(1998)模型、NRC(1998，2012)模型。

在上述模型中，有一些模型还包括猪的繁殖性能在内，如 Black(1986)模型、Pettigrew 等(1992a、b)模型和 NRC(1998)模型。NRC(1998)等模型是静态模型，不能估测猪生长性能随时间的变化。现有模型多数是动态模型，其中大多数模型仅仅是用来估测氨基酸和能量利用率的。只有极少的模型可以估测猪的采食量如 Black 等(1986)模型、Emmans(1986)模型、Bridges 等(1992)模型。不能估测猪的采食量是大多数模型存在的明显不足之处。值得注意的是，Black 等(1986)模型、de Langl 等(1998)模型和 NRC(1998、2012)模型兼有营养决策功能，可以作为养猪企业生产管理的一种有力工具。

9.2.2 现有猪营养预测模型的介绍

在养猪方面，人们主要关注瘦肉生长。这是因为瘦肉的产量直接关系着养猪生产者的经济效益。现有用来估测猪瘦肉生长的模型有 Whittemore 等(1998)模型、Moughan(1995)模型和 Schinckel 等(1996)模型。

9.2.2.1 猪的通用模型

NRC(1998、2012)模型、Black 等(1986)模型、Moughan 等(1987)模型、Pomar 等(1991a、b)模型、Pettigrew 等(1992a)模型和 Bastianelli 等(1996)模型均属于通用模型类。其中，除 NRC(1998)模型是用来估测猪的营养需要量的，其他模型则着重描述营养、环境和遗传的变量是如何影响猪生产性能的。

9.2.2.2 猪蛋白质、能量和氨基酸的需要量预测模型

1. 体蛋白质沉积模型

估测体蛋白质沉积速度，首先与胴体无脂瘦肉平均沉积速度有关，而且饲养阶段(体重)不同，潜在的蛋白质沉积速度不同。NRC(1998)综合考虑不同品种猪全周期的胴体无脂瘦肉平均沉积速度的不确定性，给出了一般机体蛋白质沉积速度(g/d)与体重的二次抛物线方程。

$$\text{机体蛋白质沉积速度} = (0.47\,666 + 0.021\,7 \times BW - 0.00\,023\,758 \times BW^2) \times 127.5 \quad (9\text{-}1)$$

式中：BW 为活体重，kg；假设期间平均胴体无脂瘦肉增重为 325 g/d。

2. 能量需要量

(1)消化能需要量模型　猪能量主要以消化能(Digestible Energy，DE)为基础。其摄入量可以由用户自己设定，如果缺失就由模型计算得出。NRC(1998)推荐的计算模型如下：

体重不足 20 kg 的生长猪，DE 的需要量模型如下：

$$\text{DE 摄入量(kg/d)} = 1\,051 \times BW - 4.15 \times BW^2 - 557 \quad (9\text{-}2)$$

体重在 20～120 kg 的猪，DE 的需要量模型如下：

$$\text{DE 摄入量(kg/d)} = 5\,234 + 787 \times BW - 5.86 \times BW^2 + 0.0184 \times BW^3 \quad (9\text{-}3)$$

此外，还要考虑 DE 摄入量的校正，主要考虑猪的性别、饲养密度和环境温度 3 个因素，对由式(9-2)和式(9-3)计算的结果进行校正。

①性别。当体重在 30～120 kg 之间，性别校正值(kg/d)的计算如下：

$$\text{校正值} = \text{DE 摄入量} \times (0.016 \times BW - 0.0\,000\,984 \times BW^2 - 0.347) \quad (9\text{-}4)$$

该校正值部分对阉公猪而言是在式(9-2)或式(9-3)的基础上增加式(9-4)的计算结果。对于青年母猪的校正值为减少，对于混合猪群的校正值则需要乘以重量因子才能得到最终的 DE 摄入量的校正值。上述重量因子可由阉公猪数减去青年母猪和公猪数再除以猪只总数得

到，最后再将校正值加到 DE 摄入量中。

②饲养密度。由空间(SP)计算出校正值，如果出现负的校正值，则需将负结果加入由式(9-2)或式(9-3)计算的 DE 摄入量中，即要减少 DE 的摄入量。相反，正结果就需要考虑校正。计算分为 3 种情形：

一是体重不足 20 kg 的猪，不足 0.41 m^2的空间校正值如下：

$$校正值=DE 摄入量\times(0.7227+1.324\times SP-1.5954\times SP^2-1)$$

二是体重为 20～50 kg 的猪，不足 1.059 m^2的空间校正值如下：

$$校正值=DE 摄入量\times(0.7725+0.4293\times SP-0.2025\times SP^2-1)$$

三是体重 50 kg 以上的猪，不足 1.095 m^2的空间校正值如下：

$$校正值=DE 摄入量\times(0.6165+0.7005\times SP-0.32\times SP^2-1)$$

③温度(T)。校正值经计算后加入 DE 摄入量如下：

$$校正值=DE 摄入量\times[(26-0.0614\times BW-T)\times 0.0165] \quad (9\text{-}5)$$

(2)代谢能需要量模型　NRC(2012)在前期研究基础上，进一步提出了代谢能(Metabolic Energy，ME)需要量的预测模型。

①妊娠母猪。妊娠母猪代谢能需要包括整体维持需要(自身维持需要＋温度变化维持需要)、母体沉积(脂肪沉积＋蛋白沉积)和孕体沉积(胎儿＋胎盘＋羊水)。各部分代谢能需要模型如下：

$$维持代谢能需要=100\times BW^{0.75}+(20-T)\times BW^{0.75}\times 4.5 \quad (9\text{-}6)$$

式中：T 为妊娠天数。

$$母体沉积代谢能需要=(-26.4+0.221\times Y+1.331\times P_2)\times 12.5+(2.28+0.178\times Y-0.333\times P_2)\times 10.6 \quad (9\text{-}7)$$

式中：Y 为空腹体重；P_2为背膘厚度。

$$Y=0.96\times BW\times \exp[9.291-4.357\times \exp(-0.001\times T)]$$

$$P_2=-0.0506\times T+0.1436\times BW-6.2122;$$

$$孕体沉积能量需要=\exp[11.72-8.62\exp(-0.0138\times T)+0.0932\times 产仔数]/4.184 \quad (9\text{-}8)$$

根据以上公式，妊娠母猪代谢能需要＝维持代谢能需要＋母体沉积代谢能需要＋孕体沉积代谢能需要，导入每个胎次母猪基础数据，即可得到不同胎次母猪代谢能每日需要量。而消化能与代谢能、代谢能与净能之间的转化系数分别为 0.96 和 0.76。每日能量摄入量除以采食量即可得到饲粮浓度。结合生产实际情况进行调整，最终确定瘦肉型妊娠母猪能量。

②泌乳母猪。泌乳母猪代谢能需要包括维持代谢能需要(kJ/d)和产奶代谢能需要(kJ/d)。

$$维持代谢能需要=460\times BW^{0.75} \quad (9\text{-}9)$$

$$产奶代谢能需要=平均奶能产出量/0.70$$

$$平均奶能产出量=4.184\times(4.92\times 平均窝增重-90\times 带仔数) \quad (9\text{-}10)$$

式中：0.70 为代谢能用于产奶的利用效率。

根据以上维持代谢能需要模型和产奶代谢能需要模型，导入每个胎次泌乳母猪基础数据，即可得到不同胎次母猪代谢能每日需要量。而消化能与代谢能、代谢能与净能之间的转化系数分别为 0.96 和 0.76。每日能量摄入量除以采食量即可得到饲粮浓度。结合生产实际情况进行调整，最终确定瘦肉型泌乳母猪能量需要。

③后备母猪。后备母猪能量需要包括维持需要、体温调节需要和繁殖系统发育需要。本标准中瘦肉型后备母猪能量需要量模型参考瘦肉型生长育肥猪。

④公猪。公猪能量需要包括维持需要、交配需要、精液产生需要和适应气候环境变化需要。参考国内外文献（Colse and Roberts，1991；Close et al.，2000；Kemp，1989）以及 NRC（2012）和 GfE（2008）饲养标准，公猪各阶段维持代谢能需要量（kJ/kg）估测模型如下：

$$\text{青年公猪维持代谢能需要} = 415 \times BW^{0.75} \quad (9\text{-}11)$$

$$\text{成年公猪维持代谢能需要} = 763 \times BW^{0.665} \quad (9\text{-}12)$$

3. 氨基酸需要量模型

一般而言，氨基酸需要量须考虑猪的体重区间，计算猪对赖氨酸的需要量，然后结合猪在不同生长或生理阶段的理想蛋白质模式，即其他主要氨基酸与赖氨酸的比例，得到猪的氨基酸需要量。因此，最重要的是首先建立赖氨酸需要量的预测模型。

当体重为 3～20 kg，仔猪的赖氨酸（Lys）需要量定义为 $LYS_{仔猪}$（g/d），即

$$LYS_{仔猪} = 1.793 - 0.0873 \times BW + 0.00429 \times BW^2 - 0.000089 \times BW^3 \quad (9\text{-}13)$$

当体重为 20～120 kg，生长猪赖氨酸需要量定义为 $LYS_{生长猪}$（g/d），即

$$LYS_{生长猪} = \text{维持需要的赖氨酸} + \text{蛋白质沉积需要的赖氨酸} \quad (9\text{-}14)$$

其中，每千克代谢体重（$BW^{0.75}$）每天维持赖氨酸需要量为 0.036 g，蛋白质沉积需要的赖氨酸＝蛋白质日沉积量×每沉积 1 g 蛋白质所需的真可消化赖氨酸量。因此，问题转化为如何估测或者计算蛋白质日沉积量和每沉积 1 g 蛋白质所需的真可消化赖氨酸量。

(1)确定蛋白质沉积量　可以采取以下 2 种途径。

①用蛋白质沉积速度（g/d）计算蛋白质沉积量。NRC（1998）认为

$$\text{平均体蛋白沉积速度(MPAR)} = \text{胴体无脂瘦肉平均沉积速度}/2.55 \quad (9\text{-}15)$$

而基于体重的无脂瘦肉增重可通过下列的公式计算出

$$\text{基于胴体的无脂瘦肉增重} = 0.476\,66 + 0.021\,47 \times BW - 0.000\,237\,58 \times BW^2 + 0.000\,000\,713 \times BW^3 \quad (9\text{-}16)$$

NRC（1998）根据猪的基因型特点即一般中高瘦肉生长速度，在猪的生长模型中，考虑无脂瘦肉的平均速度为 325 g/d，即 MPAR＝325。而在我国，若是大三元杂交的商品猪，饲喂全价配合饲料的规模化猪场，可以采用上述沉积速率，否则应视具体情况适当下调该数据。

②按消化能摄入量计算所能维持的蛋白质沉积量。在计算得到的 DE 摄入量的基础上，当 DE 摄入量在 55％的维持需要基础之上，DE 摄入量每增加 1 MJ 所获得的蛋白质沉积量（g/MJ DE）计算公式如下：

$$蛋白质沉积量=[(73.3\times e^{-0.0192BW})+68]\times MPAR/125\times[1+(0.015\times(20-T)] \quad (9\text{-}17)$$

式中：MPAR 为体重在 20～120 kg 期间的平均蛋白质的沉积速度(g/d)。

比较上述 2 种途径的计算结果，取较低者作为有足够氨基酸摄入量时的实际蛋白质沉积量。

(2)确定每克蛋白质沉积的赖氨酸需要量 NRC(1998)认为，维持需要之上的赖氨酸需要量与蛋白质沉积速度之间存在的关系如下：

$$赖氨酸需要量=0.12\times机体蛋白质日沉积量 \quad (9\text{-}18)$$

综合式(9-2)和式(9-3)，再加上维持需要，最终得到生长肥育猪的赖氨酸需要量(g/d)：

$$赖氨酸需要量=0.12\times体蛋白质日沉积量+0.036\times BW^{0.75}$$

或者

$$赖氨酸需要量=0.12\times FFLG/2.55+0.036\times BW^{0.75} \quad (9\text{-}19)$$

式中：FFLG 为胴体无脂瘦肉日沉积量(g/d)。

每日消化能摄入量除以用户给定日粮能量浓度(MJ DE/kg)，即可计算出每日采食量(kg/d)，这样氨基酸(以氮校正的为基础)的需要量也可用占日粮百分比的方式表示。然后通过 NRC 提供的模型和系数就能转化为回肠表观可消化氨基酸和总氨基酸的百分比。

由此看出，准确地通过模型计算生长肥育猪的赖氨酸的需要量是具有挑战性的，主要难点是解决蛋白质的动态沉积量等计算问题。

(3)其他氨基酸需要量的计算。按式(9-19)计算得到的是以 g/d 为单位的回肠真可消化基础的赖氨酸需要量，最后用维持和蛋白质沉积的 2 种理想蛋白质模式为基础，计算出其他氨基酸的需要量。

4.采食量的预测

每日消化能摄入量除以用户给定日粮能量浓度(kJ DE/kg)，即可计算出每日采食量(g/d)，这样氨基酸(以氮校正的为基础)的需要量也可用占日粮百分比的方式表示。然后通过 NRC 提供的模型和系数就能转化为回肠表观可消化氨基酸和总氨基酸的百分比。

5.矿物元素、维生素的需要量动态估测

NRC (1998)采用统一模式的指数方程估测猪对矿物元素和维生素的需要量。即

$$y=e^{a+b(\ln x)}+c(\ln x)^2 \quad (9\text{-}20)$$

式中：y 为估测的养分需要量，(%,mg/kg)；x 为体重，kg；a、b 和 c 为针对不同的矿物元素及维生素的需要量的模型参数(可参见 NRC)。采用指数方程以尽量使模型预测出的需要量曲线与各体重阶段的中点相交。按式(9-20)，通过参数 a、b、c 实例化后，可分别获得生长肥育猪 3～120 kg 体重范围内，猪对钙(Ca)、磷(P)及有效磷(AP)的需要量模型式(9-11)至式(9-23)，对应的图形见图 9-1。

$$Ca(\%)=e^{[0.0658-0.102\ln BW-0.0185(\ln BW)^2]} \quad (9\text{-}21)$$

$$P(\%)=e^{[-0.2735-0.0262\ln BW-0.0244(\ln BW)^2]} \quad (9\text{-}22)$$

$$AP(\%)=e^{[-0.0557-0.4160\ln BW+0.0050(\ln BW)^2]} \quad (9\text{-}23)$$

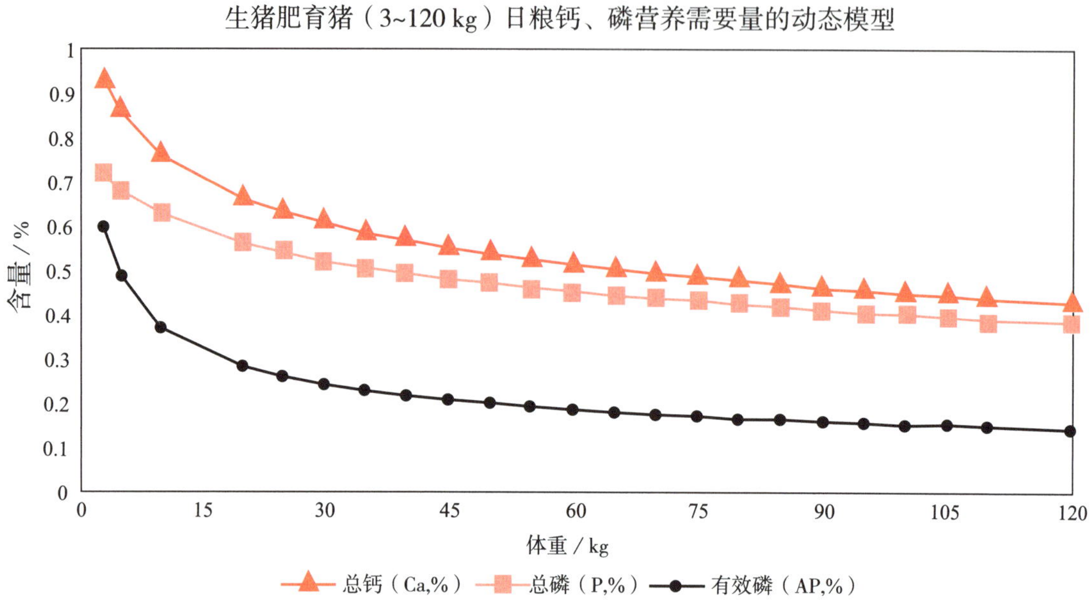

图 9-1　生长肥育猪(3～120 kg)对日粮中钙、磷及有效磷含量的需求

9.2.3　猪营养需要量模型研究小结

通过对动物营养模型构建原理以及猪的营养需要量的模型研究进展的描述，不难发现，对未研究对象的某些特性展开定量描述，也就是数学模型的表达，具有很大的挑战性，尤其是动物生产过程十分复杂，受控于品种、性别、养殖模式、圈舍环境、猪的生长及生理阶段等多种因素。这些外部因素都会影响猪对日粮养分的吸收与利用，从而导致机体对养分的需要量发生变化，因此，大多数情况下采用单一的方程不能反映全息信息，需要一系列方程即模型化，并配合析因法，才能将可能干扰的因素进行量化处理，形成一套完整的预测描述。也正是这些因素影响猪对养分需求的复杂性与动态变化，意味着必须走以模型为驱动，大数据分析为基础的人工智能模块化控制技术，才能较为负责地解决养猪生产模型化问题。

参考文献

符林升，熊本海，高华杰. 猪饲料营养价值评定及营养需要的研究进展. 中国饲料，2009(10)：37-42.

符林升，熊本海. 猪营养需要量动态预测系统的开发. 农业网络信息，2009(7)：9-12.

李长忠，张宏福. NRC(1998)第十版猪营养需要量表. 国外畜牧学(饲料)，1998(3)：37-48.

卢德勋. 实现羊营养需要量模型化、计算机化：试论我国羊营养需要量研究的新目标. 畜牧与饲料科学，1997(S1)：206-216.

孟庆翔. 新版(1996)NRC 肉牛营养需要新体系：NRC 模型介绍. 国外畜牧科技，1997(1)：3-7.

易渺，杨琴，熊本海. 动物营养代谢调控的数学模型化研究进展全国奶牛精细化管理高峰论坛暨奶牛精细化饲养关键技术与设施设备研讨会，2013.

Baldwin R L，France J，Gill M. Metabolism of the lactating cow. I. Animal elements of a mechanistic model. Journal of Dairy Research，1987a，54：77-105.

Baldwin R L，Thornley J H M，Beever D E. Metabolism of the lactating cow. II. Digestive elements of a mechanistic model. Journal of Dairy Research, 1987b, 54:107-131.

Baldwin R L. Modeling ruminant digestion and metabolism. Chapman and Hall, London, UK.

Baldwin R L, France J, Beever D E, et al. Metabolism of the lactating cow. III. Properties of mechanistic models suitable for evaluation of energetic relationships and factors involved in the partition of nutrients. Journal of Dairy Research, 1987c, 54:133-145.

Danfaer A. A dynamic model of nutrient digestion and metabolism in lactating dairy cows. Ph. D. Diss. , National Institute of Animal Science, Foulum, Denmark,1990.

Ørskov E R. Quantitative Aspects of Ruminant Digestion and Metabolism, J. M. ForbesJ. France CAB International, Wallingford (1993),ISBN: 085198-831-8. British Veterinary Journal,1995(1):4.

France J, Thornley J H M, Butterworths. Mathematical models in agriculture, London, 1984.

NRC. Nutrient Requirements of Dairy Cattle (M). 7th REVISED edition. Washington D C: National Academy Press, 2001.

Sven Dänicke. Modelling Nutrient Utilization in Farm Animals:J. P. McNamara, J. France, D. E. Beever (Eds.), CABI Publishing, 2000:418. hardcover,ISBN: 0851994490. Animal Feed Science and Technology, 2002,99(1):237-237.

第 10 章 猪日粮优化技术

【本章提要】 本章主要介绍猪日粮优化技术。从基础模型、配方问题、线性规划、影子价格及目标规划五大方面，介绍猪日粮优化配方技术的理论与实践以及移动 App 猪饲料配方的开发情况。

10.1 猪日粮优化配方技术理论与实践

10.1.1 饲料配方系统的基础模型

1. 常用术语及定义

先介绍数学规划基础模型构造中经常使用的几个关键术语及其定义，请参见 J. P. 伊格尼齐奥(1986)一书。

①决策变量(Decision-making Variable)。在决策者控制之下，同时又决定着问题解的变量称之为决策变量，也称作控制变量或结构变量。通常表示为 x_j，$(j=1,2,\cdots,n)$ 或表示为向量 $\boldsymbol{X}=(x_1,x_2,\cdots,x_n)$。

②理想目标(Objective)。是由决策变量的数学函数表达的。这样的函数通常用来反映决策者的某种愿望，如利润最大或成本最小等等。理想目标函数的右端项没有规定。两类最典型的目标函数形式为

$$\max f(x)\text{(max 是 maximize 的缩写，代表最大化)}$$
$$\min f(x)\text{(min 是 minimize 的缩写，代表最小化)}$$

③期望值(Aspiration Level)。也称作目标值或指标值。期望值是理想满意的，或可接受的一个特定值，它可以用来度量理想目标达到的程度。一般放在数学关系式(方程或不等式)的右端，故也称作右端项(Right Hand Side，RHS)。

④现实目标(Goal)。配上某一指标值(或期望值)的理想目标称之为现实目标，如希望至少获得 x 单位的利润，或减少 $y\%$ 的通货膨胀率。根据具体情况，实现目标的数学表达式可以取如下三种形式中的任一种：

$$\begin{cases} f(x) \leqslant b \\ f(x) \geqslant b \\ f(x) = b \end{cases}$$

前两种为不等式，后一种为方程，三种形式的右端项为常数 b，称作目标值或指标值。

理想目标与现实目标的关系是理想目标和某一指标值相配合(也就是配上右端项 RHS)，这样构成的决策变量的数学函数式称之为现实目标。例如，如果希望利润达到最大，那么它就是理想目标；可是，如果希望利润至少达到 1 000 元，那么就应建立了一个现实目标。需要强

调的是，当给定一个指标值或目标值时，任何一个理想目标都可以转换为一个现实目标。

⑤约束（Constraint）。当一个现实目标函数必须满足，即在数学上不得违反时，可称之为绝对现实目标，或称作刚性约束或硬约束。在 LP 法中的约束指的就是绝对现实目标，故 LP 法中的约束即为刚性约束或硬约束的简称。在 MGP 法中除硬约束（绝对现实目标）之外的现实目标有时也可称作弹性约束或软约束，其关系式在数学上并非严格地不许违反。即在 MGP 中又将现实目标区分作刚性约束和弹性约束。因此现实目标函数的概念包含着更多的灵活性。

2. 建立基础数学模型

建立待决策问题的基础数学模型是用数学规划法求解的最初阶段和关键所在。在这一阶段，必须选择在数学上定义最恰当地表达问题的决策变量、理想目标。这些理想目标或现实目标一般来源于如下事实：①决策者的希望；②有限的资源；③任何其他加在决策变量选择上明显的或隐含的约束。

建立基础模型的步骤如下：①确定决策变量；②恰当地表达所有理想目标和（或）现实目标；③从现实目标中分离出哪些是硬约束。

在遵循上述步骤建立基础数学模型之后，再可以转换为传统单目标的 LP 模型或多目标的 MGP 模型。

基础模型的目的是尽可能按照决策者的理解去反映问题。任何求 $\boldsymbol{X}=(x_1,x_2,\cdots,x_n)$，使模型的理想目标达到极大或极小，同时满足模型的现实目标（和硬约束）的要求，其数学表达式为

$$\text{理想目标}\ \max\quad a_{r1}x_l+a_{r2}x_2+\cdots+a_{rn}x_n\ (\text{所有}\ r=1,2,\cdots,R) \tag{10-1}$$

$$\min\quad a_{s1}x_l+a_{s2}x_2+\cdots+a_{sn}x_n\ (\text{所有}\ s=1,2,\cdots,S) \tag{10-2}$$

$$\text{现实目标}\ a_{t1}x_l+a_{t2}x_2+\cdots+a_{tn}x_n(\ast)b_t\ (\text{所有}\ t=1,2,\cdots,T) \tag{10-3}$$

$$\text{和硬约束}\ x_1,x_2,\cdots,x_n\geqslant 0 \tag{10-4}$$

式（10-3）中的星号“$\ast$”可为$\leqslant$、$=$、$\geqslant$之一种；式（10-4）一般称作非负条件。

10.1.2 配方问题（营养问题）

人类食谱问题（Diet Problem）是线性规划研究中的经典问题。在食谱问题中，已知每种营养成分的最低日需要量以及各种不同食物的营养成分的含量。如果知道每种类型食物的单位重量的成本，问题就是确定既能满足最小日需要量又能使总成本为最低的食谱问题，同时还可以考虑其他目标，如胆固醇含量最少、最大限度地满足色香味要求等。动物饲料配方问题（Feed Formulation）与上述食谱问题是一致的，即组合或混合几种饲料原料，生产出一种产品，在满足一定规格要求（限制条件）的基础上使总成本为最小。下面引出配方问题基础数学模型。

有某鸡场欲用 n 种原料（如玉米、豆饼、小麦麸等）配制一批配合饲料。要求这批配合饲料必须含有 m 营养成分（如代谢能、粗蛋白、钙、磷等），并要求 i # 营养成分的含量应不低于 $b_i(i=1,2,\cdots,m)$。已知 i # 营养成分在每单位 j # 原料中的含量为 a_{ij}、每单位 j # 原料的价格为 $c_j(i=1,2,\cdots,m;\ j=1,2,\cdots,n)$，试问在保证营养要求的条件下，应采用何种配方才能使这批配合饲料的费用最小？

(1)决策变量的确定　该问题是确定 j # 原料在这配合饲料中的用量比例(设为 x_j),因此决策变量为 x_j。

(2)理想目标和现实目标的表达　对于这个问题,希望达到的目标如下:

①配合饲料的成本费用最小(成本目标);

②配合饲料中 i # 营养成分的总含量$\geqslant b_j$(养分目标);

③n 种饲料原料的重量总和等于某固定数值(配合目标);

④对某些原料用量有上下限要求(限量目标);

⑤所有变量必须是非负的(非负条件)。

对配合饲料成本费用的要求(成本目标)构成一个理想目标(没有右端项),它可以写成

$$\min\sum_{j=1}^{n}c_jx_j$$

对配合饲料中 i # 营养成分含量的要求(养分目标)构成了 m 个现实目标(含$\leqslant$,$=$,$\geqslant$),即

$$\sum_{j=1}^{n}a_{ij}x_j\geqslant(\leqslant \text{或} =)b_j\quad(i=1,2,\cdots,m)$$

对原料总重量的要求(配比目标)构成如下一个现实目标:

$$\sum_{j=1}^{n}x_j=1$$

这里右端项可以是小于 1 的某个数值。非负约束条件是

$$x_j\geqslant 0\quad(j=1,2,\cdots,n)$$

这里未涉及限量目标,因此这个问题的基础数学模型可以归纳如下:

$$\begin{cases}\min\sum_{j=1}^{n}c_jx_j & (10\text{-}5)\\ \sum_{j=1}^{n}a_{ij}x_j\geqslant(\leqslant \text{或} =)b_j\quad(i=1,2,\cdots,m) & (10\text{-}6)\\ \sum_{j=1}^{n}x_j=1 & (10\text{-}7)\\ x_j\geqslant 0\quad(j=1,2,\cdots,n) & (10\text{-}8)\end{cases}$$

其中包括了一个理想目标和数个现实目标。注意上述理想目标及现实目标的函数形式都是线性的,其中有关数(a_{ij}、b_i、c_j)都是确定性的常数项,而决策变量的取值无疑是连续的,因此配方问题构成了一个线性的数学决策模型。另外需要说明的是,对 i # 营养成分的约束关系也可能是“$\leqslant$”或“$=$”形式,而对于 j # 原料的用量 x_j 可能存在上界或下界的要求(限量要求),这是在构成实际配方模型时需要进一步加以考虑的。

(3)绝对现实目标的确定　配比目标式(10-3)属于绝对现实目标,是硬约束。而式(10-4)属于非负条件,因为在有关优化算法中已将非负条件看作是优化的前提,因此不再将之归在硬约束之列。至于对原料用量上下限所提出的现实目标,因其有基于饲料理化、营养、毒理学等

诸方面的考虑，一般也作硬约束来看待。

以上基于建立基础模型的 3 个步骤构造了配方问题的线性模型。遗憾的是，虽然基础模型能较真实地描述实际系统，但仍没有一个有效的方法来求解这样一种模型，这就是把基础模型转换为线性规划或目标规划模型的原因。

10.1.3 线性规划模型与最低成本配方

传统的 LP 模型只允许（且必须）有一个理想目标，其他所有理想目标和现实目标必须看作是刚性的硬约束（简称约束）——而不管它们实际上是否是硬约束。单目标的 LP 模型有着易于用有效的单纯形法求解的优点，但是有可能降低模型的真实性（有效性）。当约束条件数目较多时，约束条件之间彼此互不相容并导致模型无解的可能性也增大。用 LP 法求得的饲料配方即所谓的最低成本配方。

10.1.3.1 转换基础模型

前面构造的配方问题的基础模型恰好只有一个理想目标，因此可以很自然地将其转换成单目标的 LP 模型——在满足由式(10-2)至式(10-4)组成约束集的条件下，求使式(10-1)中成本目标函数极小化的一组决策变量值 $x_j(j=1,2,\cdots,n)$。因此，这是一个求条件极值的问题。用数学符号可简单地表述如下：

$$
\begin{cases}
\min \sum_{j=1}^{n} c_j x_j & (10\text{-}9) \\
\text{s. t.} \sum_{j=1}^{n} a_{ij} x_j (*) b_j \quad (i=1,2,\cdots,m) & (10\text{-}10) \\
\sum_{j=1}^{n} x_j = 1 & (10\text{-}11) \\
x_j \geqslant 0 \quad (j=1,2,\cdots,n) & (10\text{-}12)
\end{cases}
$$

“s. t.”为英文“subject to”的缩写，意为“受约束于”。请注意式(10-10)与式(10-6)在约束条件的关系符上的更动，“*”可为“≥”“≤”或“=”之一种。这里仍没有涉及有关对原料用量(x_j)上下限的约束条件。

10.1.3.2 LP 模型的求解

在建立了配方问题的 LP 模型后，下一步便需针对该模型求得决策变量的一组最优解，对 LP 模型求解时通常使用丹茨格创立的单纯形法，或基于单纯形法的某些改进算法。至于单纯形法之后提出的多项式时间算法，也可用来求解一些较为特殊的线性规划问题。配方模型中涉及的变量数及约束条件数并不很大，故采用简单有效的单纯形法并借助计算机技术，即可很好地解决问题。

LP 问题由决策变量、约束条件及目标达成函数 3 个要素组成，而约束条件左端及目标达成函数皆是决策变量的线性函数。如将式(10-10)、式(10-11)以及原料 x_j 上下限等约束条件统一处置，则配方模型可以一般地写成以下形式：

$$\begin{cases} \min \sum_{j=1}^{n} c_j x_j & (10\text{-}13) \\ \text{s. t.} \sum_{j=1}^{n} a_{ij} x_j (*) b_j \quad (i=1,2,\cdots,m) & (10\text{-}14) \\ x_j \geqslant 0 \quad (j=1,2,\cdots,n) & (10\text{-}15) \end{cases}$$

这里 b_i 已不仅仅代表营养成分的规格，也可代表原料的用量限制以及配比限制；显然 a_{ij} 也不仅仅代表某营养成分在 j # 原料中的含量。这里决策变量的个数为 n，约束条件的个数为 m。

设 $\boldsymbol{X}=(x_1, x_2, \cdots, x_n)$ 满足所有的约束条件，于是 $\boldsymbol{X}$ 便是 LP 问题的一个可行解，所有可行解构成 LP 问题的可行解集。如用 n 个决策变量构成一个 n 维空间，于是 LP 问题的可行解集即构成 n 维空间中的一个可行域，而可行域中的任一点即对应一个可行解。可行域中使目标函数极值化（极小或极大）的点对应的可行解，即最优解。由于可行域中包含无数个点（对应无数个可行解），如何从中迅速有效地挑选出对应最优解的某一点，便成为能否求解线性规划的决定性问题。

虽然从理论上说可采用枚举法来求解 LP 问题，但该方法计算量大，效率太低，因而实际上是行不通的。丹茨格于 1947 年提出的单纯形法巧妙地解决了在无数个点中系统、定向地搜索最优解的问题，这种搜索保证以有限步骤收敛，并能检查出多最优解、无界解和不可行解等情形。下面简要加以介绍。

1. 极点定理

线性规划中关键的极点定理（单纯形筛选定理）指明：①如果 LP 问题存在最优解，那么它的约束条件构成一个凸集，而该凸集一般含有无数个解；②不必考察凸集包含的所有各点，因为最优解一定落在凸集的边界上，这时仍有无数个点要搜索；③如果存在最优解，那么凸集的一个（或多个）极点将对应这种最优解。

极点定理指明在凸集的极点中一定可以找到最优解（如果最优解存在的话）。凸集点的个数是有限的，由此把对无限个点的搜索过程有效地压缩成对有限个点的筛选。不必理会有关“凸集”“边界”与“极点”在代数学上的定义，这里只简单介绍一下其几何学的含义。

任何只包含 2 个决策变量的 LP 问题可以用二维图形表示，每个约束条件和非负条件都是形成一个半空间，将这 2 个决策变量的值限制在该半空间的诸点上。可行域是所有半空间公共点的面积，它形成了一个凸多边形（凸集）。可行域的边界是直线构成的，每条直线都对应一个取等式形式的约束条件或非负条件。这样的直线两两相交，其交点形成了凸多边形的顶点，或称作凸集的极点。

2. 求极点解

（1）化标准形　极点对应的可行解在代数上被称作基本可行解。那么如何求出 LP 问题的极点（或基本可行解呢）？首先需要采取一定手段将式（10-13）至式（10-15）构成的 LP 问题转化成为标准形，即将约束条件式（10-14）中的不等式关系全部转化成等式，随后便可以借助解线性方程组的线性代数这一基本工具来求极点解。可以通过在模型中引入非负辅助变量的方法来实现从一般形向标准形的转化。有几种途径可以实现这一转化：一种是引入松弛变量和人工变量 2 个辅助变量；另一种是只简单引入 1 个松弛变量。这里只简介后一种转化方法。

对式（10-2）的每个约束条件都引入 1 个非负松弛变量，并令

$$\sum_{j=1}^{n} a_{ij}x_j + d_i x_{n+i} = b_i \qquad (i=1,2,\cdots,m) \tag{10-16}$$

其中 x_{n+i} 是 i # 约束条件对应引入的松弛变量；当“ * ”为“≤”“≥”和“=”时，d_i 分别取 −1、1 和 0。

采用矢量及矩阵记号，令

$$\boldsymbol{X} = \begin{pmatrix} x_1 \\ x_2 \\ \vdots \\ x_n \\ x_{n+1} \\ x_{n+m} \end{pmatrix} \qquad \boldsymbol{C}^{\mathrm{T}} = \begin{pmatrix} c_1 \\ c_2 \\ \vdots \\ c_n \\ 0 \\ \vdots \\ 0 \end{pmatrix} \qquad \boldsymbol{b} = \begin{pmatrix} b_1 \\ b_2 \\ \vdots \\ b_m \end{pmatrix}$$

$$\boldsymbol{A} = \begin{pmatrix} a_{11} & \cdots & a_{1j} & \cdots & a_{1n} & d_1 & 0 & 0 & \cdots & \cdots & 0 & 0 \\ a_{21} & \cdots & a_{2j} & \cdots & a_{2n} & 0 & d_2 & 0 & \cdots & \cdots & 0 & 0 \\ \vdots & & \vdots & & \vdots & \vdots & 0 & \cdot & & & \vdots & \vdots \\ a_{i1} & \cdots & a_{ij} & \cdots & a_{in} & \vdots & \vdots & & \cdot & & 0 & \vdots \\ \vdots & & \vdots & & \vdots & \vdots & \vdots & & & 0 & d_{m-1} & 0 \\ a_{m1} & \cdots & a_{mj} & \cdots & a_{mn} & 0 & 0 & 0 & \cdots & \cdots & 0 & d_m \end{pmatrix}$$

于是式(10-13)、式(10-14)、式(10-15)构成的 LP 标准形问题可记作：

$$\begin{cases} \min z = \boldsymbol{CX} & (10\text{-}17) \\ \text{s. t. } \boldsymbol{AX} = \boldsymbol{b} & (10\text{-}18) \\ \quad \boldsymbol{X} \geqslant 0 & (10\text{-}19) \end{cases}$$

式中：$\boldsymbol{X}$ 为包含了 n 个决策变量及 m 个松弛变量的 $(n+m)\times 1$ 阶列向量；

$\boldsymbol{C}$ 为目标函数中 $\boldsymbol{X}$ 各分量的系数组成的 $1\times(n+m)$ 阶行向量；

$\boldsymbol{A}$ 为是转换成标准形后的约束条件集组成的 $m\times(n+m)$ 阶矩阵；

$\boldsymbol{b}$ 为约束条件右端项组成的 $m\times 1$ 阶列向量。

当用三辅助变量法时，同样可以化成式(10-17)至式(10-19)这样的矢量代数形式。在数学上，由式(10-18)构成线性方程组 $\boldsymbol{AX}=\boldsymbol{b}$ 的基本可行解便对应着式(10-13)至式(10-15)式构成 LP 问题的凸集的极点，故也称作极点解。这样便将几何意义上的极点概念与线性方程组 $\boldsymbol{AX}=\boldsymbol{b}$ 的基本可行解联系在一起了。

(2)基本可行解(极点解)　进一步把矩阵 $\boldsymbol{A}$ 的第 j 列($j=1,2,\cdots,n+m$)表示为列向量 $\boldsymbol{a}_j$，则有

$$\boldsymbol{A}=(\boldsymbol{a}_1,\boldsymbol{a}_2,\cdots,\boldsymbol{a}_n,\boldsymbol{a}_{n+1},\cdots,\boldsymbol{a}_{n+m})$$

而 $\boldsymbol{a}_j$ 分别与变量 x_j 相对应。从 $\boldsymbol{A}$ 的$(n+m)$个列向量中挑出 m 个线性无关列(记作 $\boldsymbol{b}_1,\boldsymbol{b}_2,\cdots,\boldsymbol{b}_m$)，并构成一个新矩阵 $\boldsymbol{B}$，有

$$\boldsymbol{B}=(\boldsymbol{b}_1,\boldsymbol{b}_2,\cdots,\boldsymbol{b}_m)$$

于是 $\boldsymbol{B}$ 是一个 $m\times m$ 阶的可逆矩阵，并被称作线性方程组 $\boldsymbol{AX}=\boldsymbol{b}$ 的基矩阵或基。$\boldsymbol{B}$ 的列向量被称作基向量。与基向量 $\boldsymbol{b}_i$ 对应的变量称作基变量，记作 $x_{Bi}(i=1,2,\cdots,m)$；而 $\boldsymbol{X}$ 中的其他分量则称作非基变量。将基变量顺次排列的列向量记为 $\boldsymbol{X_B}$，有

$$\boldsymbol{X_B}^{\mathrm{T}}=(x_{B1},x_{B2},\cdots,x_{Bm})$$

同样也可以将非基变量顺次排列的列向量记为 $\boldsymbol{X_N}$。类似地，将目标函数中各基变量 x_{Bi} 前的系数记作 c_{Bi}，由 $c_{Bi}(i=1,2,\cdots,m)$ 组成的行向量记为 $\boldsymbol{C_B}$，有

$$\boldsymbol{C_B}=(c_{B1},c_{B2},\cdots,c_{Bm})$$

同样将非基变量前的系数组成的行向量记为 $\boldsymbol{C_N}$。

对于线性方程组 $\boldsymbol{AX}=\boldsymbol{b}$ 来说，任一基矩阵都确定了一个基本解。有 $\boldsymbol{B}$ 给出的基本解为

$$\boldsymbol{X_B}=\mathbf{B}^{-1}\boldsymbol{b},\quad \boldsymbol{X_N}=0$$

这里非基变量全部指定取 0 值。如果 $\boldsymbol{X_B}\geqslant 0$ 则称为基本可行解（即所有 $x_j\geqslant 0,j=1,2,\cdots,n+m$），这时 $\boldsymbol{B}$ 也称为可行基，此时目标值 z 可用下式求出：

$$z=\boldsymbol{C_B X_B}$$

3. 单纯形搜索

极点定理指出，如果最优解存在的话，那么它必然在极点上产生。极点定理的重要性在于它把最优解存在的可能性局限在有限个极点上。可行解凸集的极点等价于线性方程组 $\boldsymbol{AX}=b$ 基可行解的解集，也就是说极点和基可行解是等价对应的，因此通过比较各基可行解对应目标函数值的大小，就可以确定最优解。丹茨格单纯形法对最优解的搜索并非以极点定理为止，因为在中等和大规模问题中存在的极点个数相当多，还需要对这些极点进行有效、系统的搜索。单纯形法正好提供了符合实用要求的一种简便搜索方案。

单纯形法也称作“邻近极点法”，因其在搜索最优解时总是重复着从一个极点移向相邻的一个使目标函数值呈现最大改进极点（邻近极点）的过程。解 LP 问题的方法就意味着确定凸集的极点以及在相邻极点之间的“移动”。

单纯形法由单纯形筛选和单纯形检验 2 个方面内容组成，其一般步骤如下：

①从一个极点（即基可行解）开始搜索。

②确定向邻近极点移动是否能改进目标函数的最优性（单纯形检验）。如果不能，当前的解就是最优解；如果能，则进行下一步。

③向邻近极点移动，这种移动将目标函数呈现最大的改进。

④重复第②、③步，直到最优解找到为止，或者直到它能指出问题是无界的或不可行的。

当可行域是空集时，则问题不可行；当可行域是无界凸集时，则可能造成无界解。

(1)邻近极点移动　从几何上讲，可以沿着一条边界，将一个极点移动到它的一个邻近极点；从代数上讲，这种移动是通过一个基变量与一个非基变量的交换来实现的。已知某一基矩阵 $\boldsymbol{B}$，把该基中一列(b_i)和不在该基中的矩阵 $\boldsymbol{A}$ 的一列(a_j)进行交换，就可以移动到解空间的一个邻近极点（即另一个基可行解）。在这种一对一交换时，要遵循 2 个基本规则：

①确定 $\boldsymbol{A}$ 中哪一个列向量 $\boldsymbol{a}_j$ 可以换入到基矩阵 $\boldsymbol{B}$ 中去，既保证新形成的基有可行解，又使目标函数得以改进。

②确定基矩阵 $\boldsymbol{B}$ 中哪一个列向量 $\boldsymbol{b}_i$ 必须出基。该出基变量应保证新的基本解仍然是可行解。

(2)单纯形检验数　某一个极点可以有许多个邻近极点。在最优解搜索过程中,应当移向哪一个极点?解能否被改进?何时结束搜索?最终结果是最优解、无界解、不可行解还是多最优解?单纯形方法针对上述问题提供了相应的检验规则,其中涉及矩阵 $\boldsymbol{A}$ 列向量 $\boldsymbol{a}_j$ 对应的检验数概念。下面给出检验数的定义:

矩阵 $\boldsymbol{A}$ 中任何一列 $\boldsymbol{a}_j$ 可以写成基矩阵 $\boldsymbol{B}$ 中 m 个列向量的线性组合,即有

$$\boldsymbol{a}_j = y_{1j}b_1 + y_{2j}b_2 + \cdots + y_{mj}b_m = \sum_{i=1}^{m} y_{ij}\boldsymbol{b}_i = \boldsymbol{B}\boldsymbol{y}_i$$

其中 $\boldsymbol{y}_j^{\mathrm{T}} = (y_{1j}, y_{2j}, \cdots, y_{mj})$。于是 $\boldsymbol{y}_j$ 可用下式算出

$$\boldsymbol{y}_j = \boldsymbol{B}^{-1}\boldsymbol{a}_j$$

每一个 y_{ij} 是一个数值,其中第一个下标 i 对应 $\boldsymbol{B}$ 中有关列($\boldsymbol{b}_i$),而第二个下标 j 则对应 $\boldsymbol{A}$ 中有关列($\boldsymbol{a}_j$),于是 y_{ij} 就等于 $\boldsymbol{b}_i$ 与 $\boldsymbol{a}_j$ 的数量乘积。

在 $\boldsymbol{y}_j$ 的基础上可以进一步定义一个数量参数 $\boldsymbol{z}_j$,它有着重要的经济含义,即

$$\boldsymbol{z}_j = y_{1j}c_{B1} + y_{2j}c_{B2} + \cdots + y_{mj}c_{Bm} = \boldsymbol{C_B}\boldsymbol{y}_j = \boldsymbol{C_B}\boldsymbol{B}^{-1}\boldsymbol{a}_j$$

矩阵 $\boldsymbol{A}$ 的每一列 $\boldsymbol{a}_j$ 对应有一个 $\boldsymbol{z}_j$。若基矩阵 $\boldsymbol{B}$ 发生变化,则 $\boldsymbol{z}_j$ 也将变化。定义 $\boldsymbol{r}_j$ 为 $\boldsymbol{a}_j$ 列的检验数,有

$$\boldsymbol{r}_j = \boldsymbol{c}_j - \boldsymbol{z}_j = \boldsymbol{c}_j - \boldsymbol{C_B}\boldsymbol{B}^{-1}\boldsymbol{a}_j$$

式中检验数 $\boldsymbol{r}_j$ 在极点间最优解搜索过程中起着关键的引航导向作用。

由 $\boldsymbol{X_B}$、$\boldsymbol{z}$、$\boldsymbol{y}_j$ 及 $\boldsymbol{r}_j$ 可构成关于可行基 $\boldsymbol{B}$ 的单纯形表,记为 $\boldsymbol{T}(\boldsymbol{B})$。线性规划的求解便是基于单纯形表进行的。下面结合检验数概念,针对求极小目标函数值并用松弛变量、剩余变量与人为变量三种辅助变量来化标准形的问题,重新较详细地叙述一下单纯形方法的步骤:

①从一个基可行解开始搜索,$\boldsymbol{X_B} = \boldsymbol{B}^{-1}\boldsymbol{b}$。

②对所有不在基中的列向量 $\boldsymbol{a}_j$,考察其相应检验数 $\boldsymbol{r}_j$。如果所有的 $\boldsymbol{r}_j \geqslant 0$,转到第⑥步;否则转到第③步。

③如果对应某一个 $\boldsymbol{a}_j$ 的检验数 $\boldsymbol{r}_j$ 是负的,而在 $\boldsymbol{y}_j$ 中没有正元素,那么这个问题是无界问题,因此停止搜索过程。否则,选择与最负的 $\boldsymbol{r}_j$ 有关的变量(和向量)作为基变量(和向量)。

④确定 $\boldsymbol{B}$ 中的出基向量(和变量)$\boldsymbol{b}_r$。$\boldsymbol{b}_r$ 是满足下式的一列:

$$\frac{x_{Br}}{y_{rj}} = \min\left\{\frac{x_{Bi}}{y_{ij}} \mid y_{ij} > 0, 1 \leqslant i \leqslant m\right\}$$

⑤建立新的基,求出新的基可行解和新的目标函数值。转回到第②步。

⑥如果基中某一变量既是人为变量又取正值,那么问题是不可行解问题。否则,即找到了最优解。注意,如果对应不在基中 $\boldsymbol{a}_j$ 的检验数 $\boldsymbol{r}_j$ 等于 0,那么存在多最优解。

上述数学迭代过程在数学运算上不外乎加减乘除和大小判断。当决策变量和约束条件数目较少时,可借助单纯形表手工完成计算,否则寻求计算机的帮助是最明智之举。目前有关单纯形法求解线性规划的通用计算机程序(如 LP88、GAMS、EXCEL 等)很易获得;用高级语言

自行编制也并不困难。可参见陈幼春与张子仪(1990)、焦烨与孙德林(1989)、徐志良(1987)等编著的有关书籍。

4.用 LP 法求解配方实例

借助通用的求解线性规划的 LP 程序来配制 8～20 周龄生长猪全价配合饲料配方。有关的技术数据(原料营养成分、价格、饲养标准)和约束条件(原料上下限量、营养指标限制关系)见表 10-1。配方结果及其营养成分达成情况见表 10-2 至表 10-3。这里配比总和为 99.2%,留出 1%部分添加复合预混料,包含保健促生长剂、维生素、微量元素及其他非营养性物质等。为了排版的变量,表 10-1 所示为式(10-16)至式(10-19)所示的线性规划配方模型的变量系数矩阵。凡是对应数据为零的项目采用空格,即"零"不显示技术。

表 10-1 中的技术数据描述如下:第 1 行相当于表头,除"技术项目"及对应的计量"单位",接着的是选用的参与日粮计算的原料名称,尽量简化了名称。其中,"氢钙"即磷酸氢钙,"预混料"即复合预混料,还特别增加了一种原料叫"填充料",反映在全部满足日粮对各种养分的浓度需求的前提下,在 100%的用料空间内,有没有剩余的空间即比较,不加可不含养分的填充料,既降低成本,又不破坏日粮之间的养分平衡,这就是填充料补充的价值所在;"标准"列的内容指示的为营养需要量,配制猪的日粮配方时,选用的需要量的养分的浓度需要量,而不是每日的绝对需要量(如 MJ/d,g/d)。该配方优化参考的标准是 NY/T65—2004 发布的数据,但实际计算目标值可以自行根据现实情况调整,例如,本次优化将蛋白质(CP)指标从标准建议的 19%调整到 19.5%,而且对应的日粮的氨基酸需要量也按蛋白质的提升比例上调了;第 2 列技术项目,既包括了参与优化的营养成分项目,或者是不参与优化但参与诊断计算的养分项目,又包括了对某些原料的用量有限制的原料,本实例为小麦、鱼粉及预混料 3 种,对小麦的限制是上限不超过 2%(倒数第 2 列),对鱼粉的限制是下限不低于 2%,预混料是固定的 1%,即预留的空间为 1%。技术项目的含义:DM 干物质/%,DE 消化能/(MJ/kg),ME 代化能/(MJ/kg),CP 粗蛋白质/%,EE 粗脂肪/%,CF 粗纤维/%,NFE 无氮浸出物/%,Ash 粗灰分/%,Ca 钙/%,P 磷/%,AP 有效磷/%,食盐 NaCl/%,LYS 赖氨酸/%,MET 蛋氨酸/%,CYS 胱氨酸/%,THR 苏氨酸/%,TRP 色氨酸/%,LEU 亮氨酸/%,ILE 异亮氨酸/%,ARG 精氨酸/%,VAL 缬氨酸/%,HIS 组氨酸/%,PHE 苯丙氨酸/%,TYR 酪氨酸/%,…,亚油酸/%等共 49 项。其中,从第 2 行至第 17 行往往是可以选择的必须约束项即参与计算的项目。本次优化加粗的项目为参与优化的项目。一般而言,并不是选定参与优化的项目越多越好,视原料的组成、价格、营养需要量等多种因素的影响,有时仅为一个指标的达成,而原料组成中很难达成该指标,就使得配方畸形甚至无解,因此,优化配方的条件设计还需要人脑与经验,人脑与电脑的结合,达成某种程度上的"妥协",就是期望的最优配方。

最后一行为选用原料的价格指数,即式(10-17)所示的目标函数即成本最小化的多元线性方程的系数 $C_1, C_2, \cdots\cdots, C_{12}$。最后 1 列是配方模型有最优解(如表 10-2 所示的配方)后的日粮配方的全部养分的诊断结果。本实例从第 1 行到第 24 行所示的养分指标都达成或超过,是一般配方计算结果的常态。从第 25 项到第 49 项所示的微量元素及维生素的项目,一般依靠大宗原料本身是满足不了的,需要通过复合预混料中包含的微量元素添加剂及维生素原料添加剂满足。因为本"预混料"中包含的养分含量并没有输入进去,导致诊断结果显示不满足,而实际上有充足的养分含量。

表 10-1 生长猪(8～20 kg)饲粮配方的 j 数据和条件

序号	技术项目	玉米	小麦	大豆粕	氢钙	石粉	鱼粉	食盐	蛋氨酸	赖氨酸	玉米油	预混料	填充料	标准	达成
1	DM/%	88	87	89	98	97	90	98	99.8	0	99	92	99	88	88.6
2	DE/(MJ/kg)	14.43	14.18	14.27			12.55				36.61			13.60	13.60
3	ME/(MJ/kg)	13.60	13.22	12.43			10.54				35.15			12.34	12.55
4	CP/%	8.0	13.9	44.0	0.1	0	60.2				0			19.5	19.5
5	EE/%	3.6	1.7	1.9			4.9				98				2.87
6	CF/%	1.6	1.9	5.2			0.5								2.63
7	NFE/%	71.5	67.6	31.8			11.6								54.15
8	Ash/%	1.4	1.9	6.1			12.8		0.2						3.03
9	Ca/%	0.02	0.17	0.33	23.2	35	4.04							0.74	0.74
10	P/%	0.27	0.41	0.62	16.5		2.9							0.58	0.59
11	AP/%	0.12	0.13	0.18	16.5		2.9							0.36	0.36
12	NaCl/%						3.0	99							0.22
13	LYS/%	0.22	0.3	2.66			4.72			78				1.22	1.22
14	MET+CYS/%	0.34	0.49	1.3			2.16		99					0.69	0.69
15	MET/%	0.16	0.25	0.62			1.64		99					0.32	0.36
16	THR/%	0.27	0.33	1.92			2.57							0.79	0.82
17	TRP/%	0.06	0.15	0.64			0.7							0.22	0.25
18	LEU/%	0.23	0.44	1.8			2.68							0.67	0.76
19	ILE/%	0.85	0.8	3.26			4.8							1.19	1.64
20	ARG/%	0.35	0.58	3.19			3.57							0.49	1.29
21	VAL/%	0.35	0.56	1.99			3.17							0.84	0.91
22	HIS/%	0.19	0.27	1.09			1.71							0.38	0.49
23	PHE/%	0.37	0.58	2.23			2.35							0.73	0.98
24	PHE+TYR/%	0.74	1.16	4.46			4.7							1.13	1.95
25	Fe 铁/(mg/kg)	37	88	185			80							105	83.22
26	Zn 锌/(mg/kg)	19.4	29.7	46.4			80							110	28.26
27	Mn 锰/(mg/kg)	6.2	45.9	28			10							40	13.56

续表 10-1

序号	技术项目	玉米	小麦	大豆粕	氢钙	石粉	鱼粉	食盐	蛋氨酸	赖氨酸	玉米油	预混料	填充料	标准	达成
28	Cu 铜/(mg/kg)	3.3	7.9	24			8							6	9.78
29	I 碘/(mg/kg)	0.12												0.14	0.07
30	Se 硒/(mg/kg)	0.03	0.05	0.06			1.5							0.3	0.07
31	Co 钴/(mg/kg)													0	0
32	Na 钠/%	0.2	0.06	0.03			0.97	39.7						0.15	0.21
33	Cl 氯/%	0.04	0.07	0.05			0.61	60.3						0.15	0.15
34	K 钾/%	0.3	0.5	1.72			1.1							0.26	0.75
35	Mg 镁/%	0.12	0.11	0.28			0.16							0.04	0.16
36	维生素 A/(IU/kg)													2200	0
37	维生素 D_3/(IU/kg)	0	0	0			0							220	0
38	维生素 E/(mg/kg)	22.3	13	3.1			7							16	14.66
39	维生素 K/(mg/kg)													0.5	0
40	维生素 B_1/(mg/kg)	2.6	4.6	4.6			0.5							1.5	3.09
41	维生素 B_2/(mg/kg)	1.1	1.3	3			4.9							3.5	1.72
42	泛酸/(mg/kg)	3.9	11.9	16.4			9							10	7.87
43	烟酸/(mg/kg)	21.2	51	30.7			55							15	24.35
44	生物素/(mg/kg)						104							0.05	2.08
45	胆碱/(mg/kg)	627	1 040	2 858			3 056							500	1 348.69

续表 10-1

序号	技术项目	玉米	小麦	大豆粕	氢钙	石粉	鱼粉	食盐	蛋氨酸	赖氨酸	玉米油	预混料	填充料	标准	达成
46	叶酸/(mg/kg)	0.08	0.11	0.33			0.2							0.3	0.16
47	吡哆醇/(mg/kg)	0.12	0.36	0.81			0.3							1.5	0.34
48	维生素 B_{12}(mg/kg)	10.11	3.7	6.1			4							0.02	8.09
49	亚油酸/%	2.23	0.59	0.51			0.12							0.1	1.5
50	小麦/%		1											2	
52	鱼粉/%						1							2	
53	预混料/%											1		1	
54	价格/(元/kg)	2.0	1.9	3.2	2.3	0.3	10.5	1.0	22	18	6	13	0.2	100	

表 10-2 所示配方模型参数与设定条件的最优配方

饲料名称	原料价格/(元/kg)	用量下限/%	用量上限/%	最优配比/%	配料重量/(kg/批)
玉米(普通 2 级)	2.0			60.94	304.7
小麦	1.9		≤	2.00	10.0
大豆粕	3.2			29.86	149.3
磷酸氢钙	2.3			1.05	5.25
石粉	0.3			0.90	4.5
鱼粉(CP60.2%)	10.5	≥		2.00	10.0
食盐	1			0.16	0.8
蛋氨酸	22			0.032	0.16
赖氨酸	18			0.207	1.035
玉米油	6			0	0
复合预混料	13	≥		1.00	5
填充料	0.2			1.85	9.25
合计(元/1 000 kg)	2 628.69*			100	500

* 表示表 10-2 所示最优配方生产 1 000 kg 对应的原料成本。

10.1.4 影子价格及配方结果的灵敏度分析

从企业管理角度讲，求出最优成本配方只是解决了经营决策问题的第一步，在上面叙述的求解 LP 问题的最优解和目标函数的最优值，是假定目标函数中原料价格系数(c_j)及约束条件中左侧原料营养成分含量系数(a_{ij})及右侧养分指标值(b_i)在确定不变的前提下求得的。由于原料价格在未来的时间里不可能一成不变，那么当构成配方的某一原料的价格改变时，饲料配方是否需要重新计算(即最优解是否改变)？如果约束条件右侧值并非不可改变，那么当改变某一营养指标值或某一原料用量限制时，配方成本将如何变化？是否需要更改饲料原料采购计划？是否需要更换原料？这些都是决策者在未来的经营活动中亟须了解的问题。因此“求出最优解仅仅是决策过程的开始”这一说法是很有道理的。

LP 法中的对偶概念及灵敏度分析理论可以在一定程度上对这些问题做出比较合理和满意的解答。影子价格(Shadow Price)是灵敏度分析的一种形式，是线性规划对偶问题的对偶最优解，在经济上则表示改变某一约束条件的右侧值时对目标函数值(如配方成本)的影响。通过对现有 LP 问题中各参数进行的灵敏度分析，决策者可以做到心中有数、遇事不乱，既可以在一些不可控参数(如原料价格)发生变化时，决策是否应该重算配方和更换原料，又可以适当地改变一些可控参数(如营养成分规格和原料用量限制)，可准确地将把握客观局势和发挥主观能动性相结合，保证所生产配合饲料始终保持最低成本，增进企业效益。

10.1.4.1 影子价格

1. 对偶解

根据线性规划中的对偶理论(Dual Theory)，每一个 LP 问题都存在一个对偶问题。简单地说，原问题中的 n 个变量对应对偶问题的 n 个约束，原问题中 m 个约束对应对偶问题的 m 个对偶变量，对偶问题中对偶目标函数中各变量的系数便是原问题各约束的右侧值。当原问题目标函数达最优或达最优解时，对偶问题目标函数也达最优，对偶变量也达最优解(对偶解)。对偶最优解有着重要的经济学意义，它表示改变原问题中某一约束条件的右侧值时对其目标函数值(如配方成本)的影响，因此特称为“影子价格”，也称作“边际效益”或“边际投入”等。总之，影子价格为决策者采取主动措施来降低饲料成本或适当提高某养分达成规格提供了重要的线索和参考依据。

在用单纯形法求出原 LP 问题最优解的同时，便也确定了对偶解。设式(10-13)至式(10-15)构成 LP 问题有最优解 $\boldsymbol{X_B}$，$\boldsymbol{X_B}$对应目标函数中的系数向量为 $\boldsymbol{C_B}$，其最优基为 $\boldsymbol{B}$，目标函数的最优值为 z，可知有 $\boldsymbol{X_B}=\boldsymbol{B}^{-1}\boldsymbol{b}$，$z=\boldsymbol{C_B X_B}$，检验数 $r_j \geqslant 0$。根据对偶性理论，该问题相应对偶最优解为 u，应有

$$u=\boldsymbol{C_B B}^{-1}$$

利用上式便计算出与每一个约束条件对应的影子价格来。

2. 影子价格的有效区间——变右侧值技术

前面提到某右端项 b_i 所对应的影子价格，只是当 b_i 的变化幅度限制在某一范围内时才有效。当变化某右端项 b_i，时要维持其影子价格(即对偶最优解)不变，需要 $\boldsymbol{B}$ 保持其最优基的地位，这是因为 $u=\boldsymbol{C_B B}^{-1}$。那么在现有最优解条件下，$b_i$ 在怎样的范围内变化时，其最优基 $\boldsymbol{B}$ 的地位不受影响呢？考虑右端列向量 $\boldsymbol{b}=(b_1, b_2, \cdots, b_i, \cdots, b_m)$ 中某个 b_s 发生变化而其他 b_i 均不变的情况。设 b_s 变作 b'_s，并有

$$b'_s = b_s + \Delta b_s$$

于是 $\boldsymbol{b}'=\boldsymbol{b}+\Delta b_s \boldsymbol{e}_s$，$\boldsymbol{e}_s$ 为 $m \times 1$ 阶列向量，并有 $\boldsymbol{e}_s=(0, \cdots, 0, 1, 0, \cdots, 0)^{\mathrm{T}}$，其中除第 s 行元素取 1 外，其他元素皆为零。b_s(或 $\boldsymbol{b}'$)的变化只影响到单纯形表 $\boldsymbol{T}(\boldsymbol{B})$ 中的 $\boldsymbol{X_B}$ 和 z 值，对 $\boldsymbol{y}_j$ 及检验

$\boldsymbol{r}_j$并无影响。设 b_s变作 $\boldsymbol{b}'$时，$\boldsymbol{X_B}$和 z 值分别变作 $\boldsymbol{X_B}'$ 和 z'。为保证 $\boldsymbol{B}$ 的最优基地位，要求 $\boldsymbol{X_B}' \geqslant 0$，即

$$\boldsymbol{X_B}'=\boldsymbol{B}^{-1}\boldsymbol{b}=\boldsymbol{B}^{-1}(\boldsymbol{b}+\Delta b_s\boldsymbol{e}_s)=\boldsymbol{X_B}+\Delta b_s\boldsymbol{B}^{-1}\boldsymbol{e}_s\geqslant 0$$

若令 $\boldsymbol{B}^{-1}=(w_{ij})_{m\times m}=(w_1,w_2,\cdots,w_m)$，则上式中

$$\boldsymbol{B}^{-1}\boldsymbol{e}_s=\boldsymbol{w}_s=(w_{1s},w_{2s},\cdots,w_{ms})^{\mathrm{T}}$$

故
$$\boldsymbol{X_B}'=\boldsymbol{X_B}+\Delta b_s\boldsymbol{w}_s\geqslant 0$$
有
$$\Delta b_s\boldsymbol{w}_s\geqslant -\boldsymbol{X_B}$$

于是保证最优基 $\boldsymbol{B}$ 不变的 Δb_s变化范围的下限为

$$\Delta b_{s1}=\max\left\{-\infty,-\frac{x_{Bi}}{w_{is}}\,\middle|\,w_{is}>0,1\leqslant i\leqslant m\right\}$$

上限为

$$\Delta b_{s2}=\max\left\{-\infty,\frac{x_{Bi}}{w_{is}}\,\middle|\,w_{is}<0,1\leqslant i\leqslant m\right\}$$

于是
$$\Delta b_{s1}\leqslant\Delta b_s\leqslant\Delta b_{s2}$$

当 b_s在上述范围内发生改变时可保证模型的最优基一直是 $\boldsymbol{B}$，但由于 $\boldsymbol{b}$ 发生了变化，这时需对最优解 $\boldsymbol{X_B}'$ 及最优值 z'重新加以计算。当 b_s变化超过上述范围，则最优基发生变化，此时需重新求规划模型的解。

3. 影子价格在配方问题中的意义

影子价格指出了某一约束条件的 RHS 项在一定范围内发生变化(其他约束条件右侧项俱维持不变)时，该右端项值一个单位的变化量对饲料配方成本的影响。下面结合前面针对 8～20 周龄生长猪最低成本饲料配方的情形(表 10-1 至表 10-2)加以说明，各营养指标及原料限量约束对应影子价格及右端项的上下变化范围列于表 10-1 中。从表 10-1 中有关营养指标约束可以看到，消化代谢能项目有着最高的影子价格(为 3.588)，这说明要使配方中消化能数量增加一个单位时，配方成本升高的幅度最大；相反，当使配方中代谢能降低一个单位时，配方成本下降的幅度也最大。

4. 原料价格的灵敏度区间分析——变成本技术

当配方中某一种原料的价格发生变化时，现行最低成本配方是否要重新计算？是否要更换原料？对原料价格变化的灵敏度分析可以回答这一问题。

以下考虑在现有最优解条件下，c_j 在怎样的范围内变化时，其最优基 $\boldsymbol{B}$ 的地位不受影响。考虑行向量 $\boldsymbol{C}=(c_1,c_2,\cdots,c_j,\cdots,c_{n+m})$中某个 c_s发生变化而其他 c_j 均不变的情况。设 c_s变作 c_s'，并有

$$c_s'=c_s+\Delta c_s$$

c_s的变化只会影响到单纯形表 $\boldsymbol{T}(\boldsymbol{B})$中的检验数行向量 $\boldsymbol{r}$ 和 z 值，对 $\boldsymbol{y}_j$及 $\boldsymbol{X_B}$并无影响。设 c_s变作 c_s'时，$\boldsymbol{r}$ 和 z 分别变作 $\boldsymbol{r}'$和 z'。为保证 $\boldsymbol{B}$ 的最优基地位，要求 $\boldsymbol{r}'\geqslant 0$。根据所变系数 c_s对应的是基变量还是非基变量，情况会有所不同。下面分 2 种情况来讨论。

(1)改变非基变量的系数　非基变量自然在现行最优解下取 0 值。将某一非基变量的目标函数系数 c_s 变成 c_s' 后，由于这时 $\boldsymbol{C_B}$ 没有改变，新检验数 r_j' 中仅有 r_s' 与原检验数 r_s 不同。故要求 $r'\geqslant 0$ 便相当于要求 $r_s'\geqslant 0$。由于

$$r_s'=c_s'-z_s'=c_s'-\boldsymbol{C_B}'(\boldsymbol{B}')^{-1}a_s=c_s'-\boldsymbol{C_B}\boldsymbol{B}^{-1}a_s=(c_s+\Delta c_s)-z_s=\Delta c_s+r_s\geqslant 0$$

于是

$$-r_s\leqslant \Delta c_s<+\infty$$

或

$$z_s\leqslant c_s'<+\infty$$

这便是保证最优解不变时该原料价格的浮动区间。当 c_s' 在该区间内变化时，目标函数最优值 z(即配方成本)不变。

(2)改变基变量的系数　若将现行最优解下某一基变量的目标函数 c_s 系数改变为 c_s'，这时 $\boldsymbol{C_B}$ 也随之改变为 $\boldsymbol{C_B}'$，并有

$$\boldsymbol{C_B}'=\boldsymbol{C_B}+\Delta c_s\boldsymbol{e}_s$$

$\boldsymbol{e}_s$ 为 1×m 阶行向量，并有 $\boldsymbol{e}_s=(0,\cdots,0,1,0,\cdots,0)$，其中除第 s 列元素取 1 外，其他元素皆为 0。因此这将使每个非基变量对应的检验数 $\boldsymbol{r}_j'$ 都在原有的基础上发生改变，并有

$$\boldsymbol{r}_j'=\boldsymbol{c}_j-\boldsymbol{C_B}'\boldsymbol{B}^{-1}\boldsymbol{a}_j=\boldsymbol{c}_j-(\boldsymbol{C_B}+\Delta c_s\boldsymbol{e}_s)\boldsymbol{B}^{-1}\boldsymbol{a}_j=\boldsymbol{r}_j-\Delta c_s\boldsymbol{e}_s\boldsymbol{y}_j=\boldsymbol{r}_j-\Delta c_s y_{sj}$$

由于每个基变量对应的检验数皆为零，故要求 $r'\geqslant 0$ 便相当于下式成立：

$$\max\left\{-\infty,-\frac{r_i}{y_{si}}\,\middle|\,y_{si}<0\right\}\leqslant \Delta c_s\leqslant \min\left\{+\infty,\frac{r_i}{y_{si}}\,\middle|\,y_{si}>0\right\}$$

需要强调的是，这里 j 乃仅对应全部非基变量者。当 c_s' 在该区间内变化时，目标函数最优值 z' 也发生改变，并有

$$z'=\boldsymbol{C_B}'\boldsymbol{X_B}=(\boldsymbol{C_B}+\Delta c_s\boldsymbol{e}_s)\boldsymbol{X_B}=\boldsymbol{C_B}\boldsymbol{X_B}+c_s\boldsymbol{e}_s\boldsymbol{X_B}=z+c_s\boldsymbol{X_{BS}}$$

(3)原料价格浮动区间在配方问题中的意义　结合前面对 8～20 周龄生长猪最低成本饲料配方的情形来加以分析说明。在保证最优基不变时各种原料价格有一定的浮动范围(未列出)。在已确定的约束集下，当某种原料——如玉米的价格在 0～11.79 元/kg 的范围内单独发生改变时，饲料配方组成并不发生改变。有关原料价格浮动区间的影响因素及其在配方问题中意义方面的深入细致性讨论请参见熊本海等(1994)。

10.1.4.2　灵敏度分析的局限性

需要指出的是，并不能对于最优解的灵敏度分析指望过多。由于上述分析在数学上只是求目标函数值针对某一参数的偏导数($\partial c/\partial b_i,\partial c/\partial c_j$)，因此当现实问题中有 2 个以上参数(如两种原料价格)同时发生变化时，最明智的方法可能便是从头开始计算。另外，关于变右侧项值的技术(即所谓影子价格)也需要考虑有关剂量——反应曲线问题，如果无法判断增减某项养分指标会给动物生产带来什么样的影响，那么仅从降低成本方面考虑便极易导致配合饲料质量的下降。

10.1.5　饲料配方的目标规划模型

线性规划用在饲料配方问题上时，只能以配方成本最低为单一的优化目标，并以严格满足

所有硬性约束条件为其先决条件，而每一约束条件都是平行关系且必须严格满足(差一毫也不行)。一旦约束条件之间发生矛盾冲突，便会造成现有配方模型无解。当可用原料种类越少、约束条件数目越多时，发生无最优解的概率也就越大。在线性规划的概念框架下，只能修改该配方问题的基本模型，若再增加其他一些备选的原料、修改右端项或去除对某营养指标的考虑，上述妥协措施往往令构模者最初的设想面目全非、莫衷一是。

前面已提及，在运筹学中还有比 LP 法更优越的方法——多目标规划法(MGP 法)，简称目标规划法。MGP 法是在 LP 法基础上发展起来的，可以完全包容和取代后者。通过 MGP 法可以考虑现实问题中的多个目标，根据对各目标要求的轻重缓急，可以将它们自上而下加以优先级排序。上级目标优先满足，在保证不破坏所有满足上级目标的前提下，再设法满足下一级目标。如此往下推，直至全部满足或卡在某一优先级止。可以将许多相容的目标安排在一个优先级上，对这些相同优先级上的目标还可以进一步予以不同的权重，以便对它们的相对重要性加以区分。由上述可见，MGP 法在概念体系上为人类处理现实生活中易引起相互冲突的多目标问题提供了可能性和更大的自由空间。MGP 法求得的是问题的所谓“满意解”，而不像 LP 法那样必须严格满足各项硬约束(绝对现实目标)。对于 LP 问题，可以说是目标规划中的一种特殊情况：将 LP 问题中的所有硬约束以相同权重放在第一优先级上首先满足，并对配方成本目标函数(理想目标)给定一个非常小的达不到的期望值，使其转化成现实目标后放在第二优先级上最后满足。

10.1.5.1 目标规划概念简介

这里简单介绍一下目标规划中用到的几个关键性概念。

1. 目标偏差变量及其极小化要求

与 LP 法相似，在 MGP 法中同样要将各个现实目标关系式中的全部关系符转化为等式关系，这是通过在关系式左侧引入正、负偏差变量来实现的。对于每个现实目标

$$f_i(\boldsymbol{X})(*)b_i$$

都需转化为

$$f_i(\boldsymbol{X})+\eta_i-\rho_i=b_i$$

式中：η_i 为负偏差变量，ρ_i 则为正偏差变量。之后针对每一个现实目标的正、负偏差变量提出最小化需求。关系符(*)与偏差变量极小化要求之间的对应关系见表 10-3 所示。

表 10-3 目标关系符与偏差变量极小化对应关系

关系符(*)	极小化偏差变量
$\geqslant$	η_i
$\leqslant$	ρ_i
$=$	$\eta_i+\rho_i$

由于 η_i、ρ_i 都是非负变量，并且有 $\eta_i\rho_i=0$(即 η_i 与 ρ_i 至少有一个零)，故满足现实目标中的“$\geqslant$”关系对应着使负偏差变量 η_i 极小(现实目标满足时有 $\eta_i=0,\rho_i\geqslant0$)；满足“$\leqslant$”关系对应着使正偏差变量 ρ_i 极小(现实目标满足时有 $\rho_i=0,\eta_i\geqslant0$)；满足“$=$”关系对应着使正、负偏差变量之和极小(现实目标满足时有 $\rho_i=0,\eta_i=0$)。

2. 优先级

根据各现实目标的轻重缓急，可以给它们赋予不同的优先级。目标规划在进行优化计算时，首先要满足高优先级的诸目标，随后在保证不破坏高优先级的前提下满足次一级的诸目标，直至目标全部满足或满足到某一优先级止。可以把一个或几个现实目标分配在同一个优先级内，但这些优先级之间必须保证是彼此相容的。

3. 权重

对于处在同一个优先级里的各目标，还可以进一步视其重要程度加以区分，这可以通过对这些目标给予不同的权重来实现。具有较大权重的目标将被优先满足且满足得更好(即目标达成值更接近于期望值)。需要指出的是，优先级与权重的概念虽然给决策过程提供了更大的灵活性，但对建模人员的要求也更高了，必须权衡利弊、反复推敲，方可驾驭全局并进而获得比较满意的结果。

4. 目标达成函数

对用现实目标表达式描述的多目标模型，若给出任意一个解 $\boldsymbol{X}$，则如何评定这个解的好坏呢？对这个问题的回答完全取决于人们对多目标达成程度的度量。有几种度量和评价目标达成度的方法，如使加权的目标偏差之和达到极小，使目标偏差的多项式达到极小，使最大(最坏)目标偏差达到极小，由高至低地按字典序极小化一组有序(优先序)目标偏差变量。这里介绍的是在饲料配方问题中常采用的对有序的一组目标偏差函数加以字典序极小化来度量达到目标的程度。

达成函数(或达成向量)是由目标偏差变量所组成的有序函数，其中，在某一特定优先级中，可以对每个目标加权。整个达成函数可写成如下形式：

$$\boldsymbol{\alpha}=(\alpha_1,\alpha_2,\cdots,\alpha_k,\cdots,\alpha_K)$$

式中：$\boldsymbol{\alpha}$ 为寻求字典序极小化达成向量；

k 为优先级别(或序号)，$k=1,\cdots,K$；

α_k 为处于 k 优先级上的诸偏差变量之加权和，其中 α_1 是所有硬约束偏差变量的函数。

10.1.5.2 转换基础模型

1. 一般目标规划模型

把基础模型转换成线性 MGP 模型需遵守以下规定：将期望值与所有的理想目标联系起来，以便转换成现实目标；所有硬约束放在第一优先级，然后将所余下的目标按其重要性划分优先级；除了第一优先级(一组硬约束)之外，其他各优先级内的目标是相容的(可用同一量纲度量)或者通过加权变成相容。在基础模型之上进一步构建各目标规划模型的步骤，归纳如下：

①对每一个理想目标确定期望值，并转成现实目标；

②对每一个现实目标都加上正负偏差变量；

③确定哪些现实目标属于硬约束；

④将目标按其重要性划分优先级，对所有硬约束给予第一优先级；

⑤同一优先级中各目标可进一步区分重要性而给予适宜权重；

⑥建立达成函数。

完成这些步骤之后，就建立了具有如下一般形式的 MGP 模型：

求 $\boldsymbol{X}=(x_1,x_2,\cdots,x_i,\cdots,x_m)$使

$$\text{lexmin } a=\{g_1(\boldsymbol{\eta},\boldsymbol{\rho}),g_2(\boldsymbol{\eta},\boldsymbol{\rho}),\cdots,g_k(\boldsymbol{\eta},\boldsymbol{\rho}),\cdots,g_K(\boldsymbol{\eta},\boldsymbol{\rho})\} \tag{10-20}$$

$$\text{s. t. } f_i(\boldsymbol{X})+\eta_i-\rho_i=b_i \quad (i=1,2,\cdots,m) \tag{10-21}$$

$$\boldsymbol{X},\boldsymbol{\eta},\boldsymbol{\rho}\geqslant 0 \tag{10-22}$$

其中“lexmin”表示字典序极小化；$\boldsymbol{\eta}=(\eta_1,\eta_2,\cdots,\eta_i,\cdots,\eta_k)$，$\boldsymbol{\rho}=(\rho_1,\rho_2,\cdots,\rho_i,\cdots,\rho_m)$；$f_i(\boldsymbol{X})$是 $\boldsymbol{X}$ 的线性函数，有

$$f_i(\boldsymbol{X})=\sum_{j=1}^{n}c_{ij}x_j$$

而 $g_k(\boldsymbol{\eta},\boldsymbol{\rho})$代表 α_k 是 $\boldsymbol{\eta}$ 与 $\boldsymbol{\rho}$ 各分量的线性函数。

2. 配方问题的目标规划模型

对于目标规划的研究领域而言，饲料配方问题是相对简单的类问题。结合上面的介绍，这里简介一下将已建配方问题基础模型转化为目标规划模型的一些关键的处理方法及其分析思路。

(1)理想目标的转换　在式(10-13)至(10-15)构成的配方问题的基础模型中包含成本目标、养分目标、限量目标及配比目标等四类目标。其中养分类目标和限量类目标可能不止一个。在基础模型中只存在一个理想目标——最小成本目标，其余者皆属于现实目标。给最小成本目标配上相应的关系符(最小化问题为“≤”)和适当的期望值，便可将其转化为现实目标。如前所述，当用目标规划法求对应 LP 问题的解时，则需给成本目标函数指定一个实际无法实现的很小的期望值。

(2)安排目标优先级及权重　国内外一些文献资料对配方 MGP 模型内各类目标优先级及权重的处理情况归纳于表 10-4。许万根(1990)、许万根与苗泽荣(1992)把所有目标都放在同一个优先级上，只是通过赋予不同的权重来调整其优先顺序。若通过目标规划法求相应 LP 配方模型的解，则将配比目标、限量目标和养分目标以相同权重放在第一优先级上首先满足，将成本目标放在第二优先级上最后满足即可。

有关文献一般还将养分类中诸目标进一步赋予不同的优先级或权重，以体现其重要程度的不同。林耀明等(1991)在此依次派生出代谢能和粗蛋白质、钙和磷、必需氨基酸和粗纤维 3 个优先级；许万根与苗泽荣(1992)认为应当给一些重要的或不易满足的养分指标(如第一限制性氨基酸)规定较高的权重。

表 10-4　各类目标优先级及其权重排序

文献来源	优先级排序	权重排序
J. P. 伊格尼齐奥(1986)(求 LP 解)	配比目标，限量目标，养分目标＞成本目标	同优先级内各目录等权重
林耀明等(1991)	限量目标＞配比目标＞养分目标＞成本目标	未考虑权重(也即同级目标等权重)
熊本海与苗泽荣(1992)	配比目标＞限量目标＞养分目标＞成本目标	同优先级内各目标等权重
许万根与苗泽荣(1992)	未考虑优先级(即各类目标等优先级)	配比目标＞成本目标＞限量目标＞养分目标＞

本书认为将配比目标与限量目标排在优先级的前面是比较合理的。因为在对配方基础模型的讨论中已确认配比目标属于硬约束(第一优先级);至于限量目标,配方设计者一般是根据某种原因提出的并且不希望破坏之,因此也应当优先加以考虑。对各养分目标的重要性怎样进一步予以区分以及其效果如何,还有待深入探讨。从以上阐述可以看到,MGP 法在增大决策过程灵活性的同时,加大了模型的复杂程度,其对配方人员的要求也进一步提高。

3. 目标规划模型的求解

求解字典序极小化 MGP 模型的方法,主要有较早的序贯式算法,以及后来出现的多阶段算法 2 种。通常人们喜欢采用在算法上更为有效的多阶段算法。这 2 种方法都是在求解 LP 模型的单纯形法的基础上提出来的,如序贯式算法的核心是根据优先级别把多目标规划模型分解为一系列的单目标模型,然后依次用传统的单纯形算法求解;多阶段算法是从求解 LP 模型的二阶段单纯形法稍加修改而来的,故也被称作"改进单纯形法"。由于本书篇幅所限,这里不再介绍 MGP 模型的详细求解过程及算法。

单目标 LP 法和字典序 MGP 法在求解方面的根本不同之处在于:LP 法只是寻找一个点(即极点),在这点上求得单目标极小或极大;而 MGP 法则寻求一个区域,这个区域提高了相互矛盾的目标集的折中方案。由于字典序 MGP 法搜寻一个折中的求解空间,这个空间通常随着对优先级目标一级级地搜索而逐渐缩小。当求解空间只剩一点时,求解过程便结束。

目前我国已有求解配方线性目标规划的商用计算机软件包。用高级语言自行编制也不困难,可参见伊格尼齐奥(1986)、徐志良(1987)等编著的有关书籍。另外,对 MGP 模型的最优解,也可以进行与对 LP 模型相似的对偶分析和灵敏度分析,具体细节请参见伊格尼齐奥(1986)的著作。

最后需要指出的是,上述讨论的饲料配方数学规划模型只局限于确定性的、仅考虑成本最低的线性模型。除此以外,还有非线性规划模型、模糊规划模型、以最大效益为优化目标的模型等。这些模型或因其自身发展尚未完善或与现实条件不甚相符而未得到广泛的普及和应用。特别需要注意的是,所有有关配方问题的数学规划模型只是为饲料配方模型的求解决策提供了一种辅助数学工具,而真正决定一个配方是否养分合理、经济实用的因素在于建立模型过程中所做出的种种权衡考虑。目前,国内外学者已着手将建模过程中有关原料用量上下限、原料之间的配伍禁忌、原料选择等方面分散零碎的知识以"知识库"的形式收集组装起来,供配方设计使用。可以认为,饲料配方技术目前处在"边缘学科"的地位,由于建模过程具有较大的经验性和随意性,尚带有较浓厚的"艺术"色彩。另外,由于从事营养及饲料工作的人员往往对运筹学理论不甚熟悉,在概念理解和公式推导上常出现一些谬误并存在一定程度的混乱,对运筹学中许多方法的挖掘运用也显得力不从心,因此有待今后进一步提高和完善。

10.2 移动 App 猪饲料配方的开发

10.2.1 饲料配方系统软件开发历史

在了解配方的算法原理如线性规划目标规划的算法后,将算法与饲料配方问题结合后,产生了很多饲料配方系统。在国内最早于 1981 年,由中国农业科学院畜牧研究所在 zilog-80 单板机上开发了第一代优化饲料配方软件，在哈尔滨市、北京市办班交流；接着于 1982 年，在 PC1211 袖珍计算机上实现了饲料配方的优化计算，并获得了获农业部科技进步二等奖。其后还继续开发了 CMIX 饲料配方系统、三新饲料配方系统、RF123 饲料配方系统及资源饲料配方系统等。在移动智能手机还没有面市之前，主要采用 PC 计算机系统开发，使用的语言有 BASIC 语言、C 语言、DELPHI 语言及数据库语言如 FOXPRO 等，支撑数据储存于管理的数据库系统有 FOXBASE 数据、MySQL 数据、ACCESS 数据库、SQL Server 网络数据库等。这些数据库系统基本上是应用在 PC 端的关系型数据库系统，支撑大容量的数据库管理，解决了固定的 PC 机时代及笔记本电脑时代背景下对饲料配方计算的技术需求。

10.2.2 智能手机的发展

20 世纪末即 1999 年岁末，手机巨头摩托罗拉公司推出了一款名为 A6188 的手机。这款手机的面世引发了一场手机的革命，具有里程碑式的意义。A6188 第一次提出了"智能手机"的概念，它采用了摩托罗拉公司自主研发的龙珠（Dragon Ball EZ）16MHz CPU，支持 WAP1.1 无线上网，采用了 PPSM（Personal Portable Systems Manager）操作系统。这款手机是全球第一款具有触摸屏的手机，同时也是第一款支持中文手写识别输入的手机。由此之后，智能手机发展极为迅速，人们开发的目标就是在台式计算机上实现的功能转移到手机上，也就是带有手机自己微型化的 CPU，自己的操作系统及大容量的寄存器，并具有轻便的移动数据库管理系统。通过逐步发展、优化、竞争与淘汰，留下的智能手机的 2 台支撑平台系统。一个是苹果公司开发的专用于苹果手机的 IOS 移动操作系统，后来陆续套用到 iPod touch、iPad 以及 Apple TV 等产品上。该系统在其他非苹果的移动终端上不能使用。另一个是安卓（Android）基于 Linux 的自由及开放源代码的操作系统，由 Google 公司和开放手机联盟领导及开发。Android 操作系统最初由 Andy Rubin 开发，主要支持手机。2005 年 8 月由 Google 收购注资。2007 年 11 月，Google 与 84 家硬件制造商、软件开发商及电信营运商组建开放手机联盟共同研发改良 Android 系统。随后 Google 以 Apache 开源许可证的授权方式，发布了 Android 的源代码。第一部 Android 智能手机发布于 2008 年 10 月。Android 逐渐扩展到平板电脑及其他领域上。2011 年第一季度，Android 在全球的市场份额首次超过塞班系统，跃居全球第一。2013 年的第四季度，Android 平台手机的全球市场份额已经达到 78.1%。2013 年 09 月 24 日，谷歌开发的操作系统 Android 在迎来了 5 岁生日，目前全世界采用这款系统的设备数量已经达到数十亿台以上，具有非常好的开放性。目前除苹果智能手机外，其他所有品牌的手机均采用安卓（Android）移动平台。

基于智能手机功能的强大，应用的普及、移动及数据获得与系统在线更新的便利，开发 App 饲料配方系统成为必然。

10.2.3 移动 App 饲料配方系统的开发

利用智能手机作为载体开发饲料配方系统，考虑到显示的界面不像 PC 机显屏尺寸大，一屏显示的信息多，通过键盘与鼠标的协作编辑处理数据方便，决定了手机饲料配方的功能设计要专业化，数据的修改要人性化，尽量避免手机上操作及编辑数据的不便，为此，作者及其团队也试着在安卓手机端开发了针对不同畜禽动物的专门的饲料配方系统（图 10-1），开发的平台、语言及数据库如下：Windows Server 2008 Enterprise Edition 作为开发平台，开发工具包括

jdk1.7.0_07、Android-sdk 及 Eclipse for Android 等，移动端数据库采用轻便型 SQLite3 数据库，而数据库管理工具采用 Navicat for SQLite Enterprise，编程语言采用 Java 语言。

图 10-1　基于安卓平台开发的畜禽移动 App 饲料配方系统(猪、奶牛、肉牛、牦牛及肉鸡)

下面简要介绍“猪饲料配方安卓版”系统实现的功能：如图 10-1 所示，每一个系统具有的功能模块如下：①“系统原料”即系统提供的常用饲料原料库，其数据是可以修改的，也可追加或删除，一般情况下不能删除，需要有几次的确认后才可删除。②“配方原料”是指设计配方时使用的原料临时库，一般只有几种或十几种原料或记录，最多的记录不超过 24 种，否则形成配方模型时，系数矩阵太大寄存器处理不了。实际上参与优化计算的原料很少超过 20 种。该临时的数据一般取自“系统原料”库，所有的数据在生成配方模型前是可以编辑修改的，但要求设计的数据修改功能要人性化，否则不便于操作。③“参数设置”是用来确定哪些营养指标参与优化计算，哪些指标参与优化后的养分诊断，便于数据的便捷化。④“配方需要量”实际上是营养需要量数据库，也就是将各国或机构发布的猪的营养需要量在此模块下管理及数据维护。⑤“配方模型”是指按线性规划算法或目标规划算法，将“配方原料”及选定的“配方需要量”，在“参数设置”的驱动下，有序生产一个用来优化配方的系数矩阵数据临时库，就如同表 10-1 的这样的数据表。数据库的字段数及记录数不是固定的，是根据用户的不同原料选择、部分原料用量的限制及优化项目决定的。⑥“模型编辑”指在“配方模型”的操作后，可对模型中的每个数据再行审定，或者下一次在不经过模型生成后，直接可进行模型编辑后进入“配方计算”。⑦“配方编辑”是对理论上的配方即原料比较可进行适当微调，特别是，可直接输入自定义的比例，对现有配方的养分进行全面诊断，比 Excel 或计算器要快和全面得多。

按以上的描述可能模块较多，与 PC 系统有些区别，主要是未来简化每个页面的处理数据量，减少操作的烦琐性，提供系统运行的人机友好互动性。

因系统运行的界面较多，这里仅提供 4 组界面反映 App 应用的情形。图 10-2 至图 10-5 为猪 App 配方系统的饲料数据库及数据编辑界面。

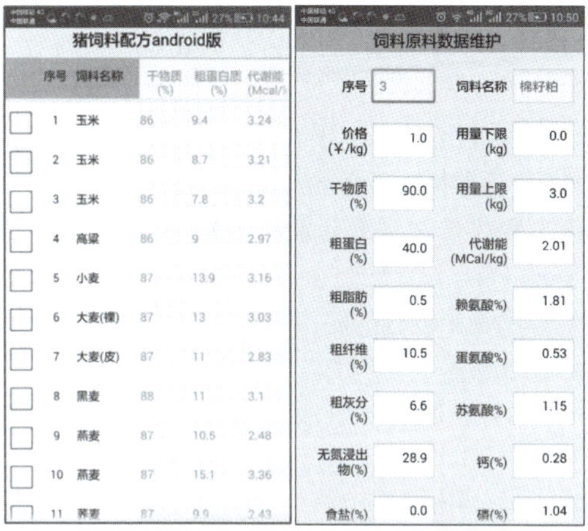

图 10-2 “系统数据”编辑

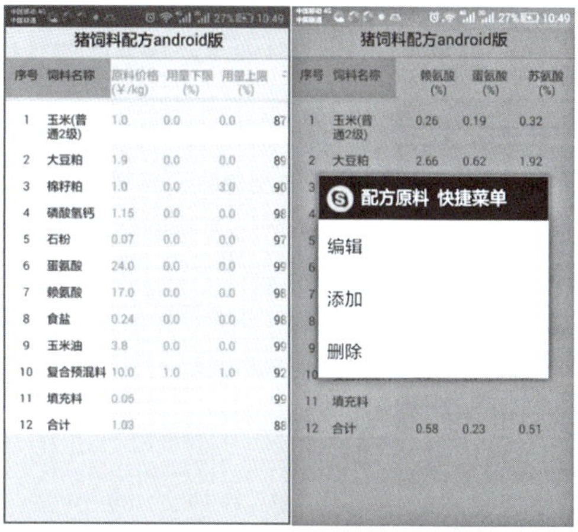

图 10-3 “配方数据”编辑

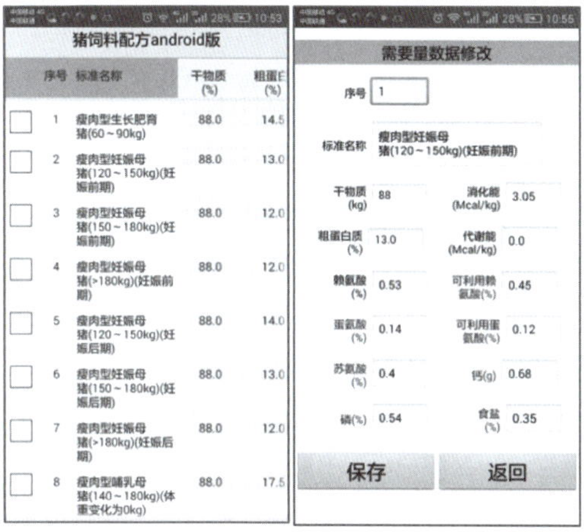

图 10-4 营养需要量数据管理与维护

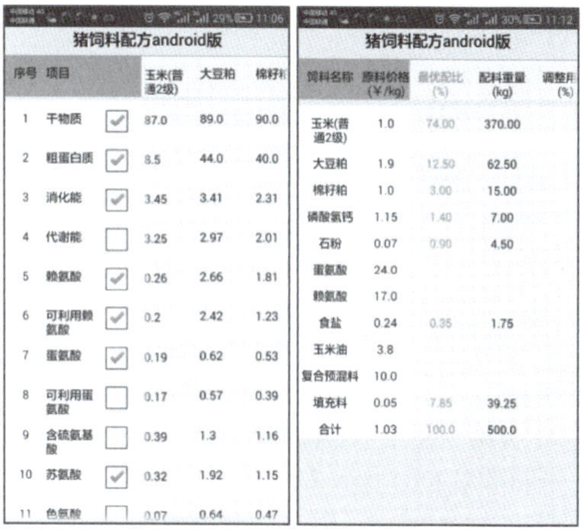

图 10-5 配方模型生产与配方计算

总之，猪饲料配方 App 系统的开发与应用，将配方优化系统便捷化了，是信息技术的软件及硬件技术的发展给专业领域的应用带来的便利，具有广泛的应用空间。下一步主要的发展目标是如何通过 Internet 快速同步更新本机的基础数据，包括饲料原料数据库及营养需要量数据库，以及如何更进一步优化功能模块，更多从应用者的角度出发，拓展新的优化及计算功能。例如，如何开展批量配方的协同优化，参数线性规划计算模块的开发，以及将饲料基础养分的预测模型嵌入到系统中去，使得系统具有从已有基础数据派生其他养分的功能，这些都是 AI 技术可支撑和改善的方向。

参考文献

陈幼春，张子仪. 电子计算机在畜牧业上的应用. 北京：农业出版社，1990.

胡迪先，安树森，张子仪，等. 应用线性规划在电子计算机上筛选最佳饲料配方的 Basic 语言程序设计. 贵州农学院学报，1983(2)：34-52.

焦烨，孙得林. 电子计算机在畜牧业上的应用. 沈阳：辽宁科学技术出版社，1989.

林耀明，麦先齐，郭志芬. 目标规划在饲料配方中的应用. 饲料工业，1991(12)：22-28.

刘纯洁. 配合饲料的设计与世界典型配方六百例. 中国饲料工业协会、北京地区畜牧与饲料科技情报网，1985.

熊本海，候水生，陈继兰. 灵敏度分析在优化饲料配方方面的应用. 饲料工业，1994(15)：32-36.

熊本海，苗泽荣. 线性规划和目标规划技术在优化饲料配方上的比较研究. 饲料工业，1992(13)：21-25

许万根. 以可消化氨基酸为基础应用目标规划饲料配方程序配制蛋鸡日粮的研究. 北京：北京农业大学，1990.

J. P. 伊格尼齐奥. 单目标和多目标系统线性规划. 阎仲求，李毅华，谭讳，译. 上海：同济大学出版社，1986.

J. P. 伊格尼齐奥. 目标规划及其应用. 胡运权，译. 哈尔滨：哈尔滨工业大学出版社，1988.

Anderson A M and Earle M D. Diet planning in the third world by linear goal programming. J. Opt. Res. Soc.，1983(34)：9-16.

Arthur J L and Laurence K D. A multiple goal blending problem. Comput. and Opt. Res.，1980(1)：15-24.

Black J R and Hlublik J. Basics of computerized linear programs for ration formulations. J. Dairy Sci.，1980(63)：8.

Jacobs W W，Charnes A，Cooper W W. Management models and industrial applications of linear programming. Journal of the American Statistical Association，1962，57(300)：930.

Dent J B，Casey H. Linear programming and animal nutrition. London：Crosby Lockwood，1967.

Gue R L，Liggett J C. Mathematical programming models for hospital menu planning. Industrial Engineering，1966(17)：395-400.

Ijiri Y. Management goals and accounting for control. Chicago：Rend Mo Nally，1965.

Masud A S，Hwang C L. Interactive sequential goal programming. Opt. Res. Soc.，1981(32)：391-400.

Rehman T，Romero C. Multi-criteria decision making techniques and their role in Livestock ration formulation. Agri. Sys.，1984(15)：23-49.

Smith V E. Electronic computation of human diets. East Lansing：Michigan State University Business Studies，1963.

第 11 章　养猪工艺与设施化

【本章提要】 本章主要介绍种猪、商品猪的养殖工艺与设施化情况。规模化猪场受到土地资源和环境保护的双重压力，在生物安全问题突出的背景下，开发立体楼房式养猪工厂具有重要的现实意义。

11.1　种猪养殖工艺与设施

11.1.1　种公猪

种公猪的优劣关系到整个养殖场生产力和生产水平的高低，也是决定猪场养殖效益最大化的关键。由于种公猪天性好斗，在实际生产中多采取单栏圈养的饲养工艺。同时，为了可以保持种公猪良好的精液品质，需要保证公猪有一定的运动量。因此，我国传统的公猪舍单列布置时通常在舍外加运动场，增加公猪活动量；公猪舍双列布置无运动场时，需要适当增加圈栏面积，提高圈栏环境丰富度，保证公猪健康福利水平。国家标准中建议种公猪单头占地面积为 9.0～12.0 m^2，欧盟标准规定对未配置运动场的公猪舍其圈栏面积不小于 6.0 m^2，配有运动场的面积不小于 10.0 m^2。随着国家良种补贴项目的实施和人工授精技术的推广，各地通过建立专业种公猪站，满足规模化生产的需要(图 11-1)。

图 11-1　公猪站种公猪单栏饲养

我国传统的种公猪饲养建筑形式为带运动场的半开放式或有窗密闭式猪舍。为了保证公猪精液品质，猪舍墙和屋顶应选用隔热性能良好的材料(如在屋顶盖板下或外墙增设 5～10 cm 的泡沫隔热层)，夏季在运动场搭建遮阳网或植树绿化遮阳，根据当地气候条件和猪舍样式选择降温方式。目前，蒸发类降温仍是投入和运行成本较低的有效降温方式。在开放舍或半开放舍每日高温时段可采用风机送风结合喷雾、喷淋的降温方式，喷雾冷风机降温或湿帘冷风机正压送风降温等，在有窗密闭舍可采用喷雾结合风机负压通风、湿帘-风机负压通风等方式，也可采用喷雾冷风机或湿帘冷风机正压送风降温，均可取得较好的降温效果。当前，国内外种公猪站的建设更加专业，除了建设配备有自动保暖、降温等设备的种公猪舍外，还需要建设采精室、精液处理室等附属设施，配置相差显微镜、精子密度仪、自动分析仪、恒温箱、精液运输箱等配套设备。

11.1.2 母猪

母猪繁殖是一个复杂的生理过程，为了保证幼猪健康，实现猪场经济效益最大化，应加强母猪各个阶段的饲养管理，包括后备母猪、空怀母猪、妊娠母猪和哺乳母猪，每个阶段根据母猪生理特点和生产需要采用合理的饲养工艺。

11.1.2.1 后备母猪

后备母猪是 4 月龄到初次配种阶段的种用生长猪，是猪场生产的后备力量，猪场正常情况每年要淘汰 15%～20%的基础母猪，欧美高水平养猪场的淘汰率可达 50%左右，由后备母猪补充更新。因此，后备母猪在规模猪场生产中占有重要地位，其饲养工艺和管理的选择既影响种猪的发情配种、妊娠、哺乳、断奶后的发情，又影响种猪的使用年限等。传统模式下，国内规模猪场主要通过小群饲养的方式进行后备母猪饲养，群体大小一般控制在 4～5 头，最多 10 头，每头占栏面积 2.5 m^2。一般本地猪种 3 月龄后、引进良种 6 月龄后出现发情，为避免相互爬跨，宜及时隔出发情母猪，单独饲喂。国外畜牧业发达国家则通过大群饲养的模式进行后备母猪饲养，通过 RFID 技术进行母猪精准饲养管理。

青年阶段的后备母猪将达到初情期，这一时期可进行配种。一般情况下，需要注意这一阶段母猪的体重控制，初情母猪 7～8 月龄需要将配种前的体重维持在 100～130 kg，作为后备母猪进行饲养。为了保持母猪良好的育种状态，应在母猪青年期补充营养，在母猪发情时期添加一些蛋白质及氨基酸含量较高的饲料，维持母猪身体均衡发展。

饲养方式上，应控制母猪体重，90 kg 前可进行自由采食，90 kg 后进行限饲，每天投喂 2 次，投放量在 2～2.5 kg。对于即将配种的母猪应在配种前半个月逐渐加大母猪营养，使母猪尽快排卵，在一定程度上增加排卵数量。同时，应加强母猪孕期管理，为母猪提供一种良好的生殖状态。适当增加母猪活动空间，促进母猪骨骼和肌肉增长，提升福利健康水平，一般采取小群饲养方式，单头占地面积在 1.5 m^2。母猪的发情周期一般在 21 d，主要分为发情前期、发情中期、发情后期和休情期，发情周期根据猪的品种、年龄、季节变化等会产生一定差异。合理的配种时间对于配种成功率、产仔率至关重要。一般选择在母猪发情中期进行配种，每天在固定时间对母猪进行发情检查，根据母猪在发情前期的表现（母猪表现烦躁不安，食欲下降，外阴肿胀、变红、黏膜湿润等）选择配种时间。目前，规模猪场母猪配种多采用人工授精方式，通过双手按压母猪腰部，待母猪站立不动出现静立反射时进行输精。

11.1.2.2 空怀、妊娠母猪

空怀、妊娠母猪目前主要有限位栏饲养、小群饲养以及当前国际上提倡较多的更注重动物福利的大群饲养工艺。

1. 限位栏饲养

空怀、妊娠母猪限位栏饲养又称定位饲养。这种饲养方式始于 20 世纪 50 年代，六七十年代得到广泛应用。在这种饲养工艺中，猪与猪之间由铁栏杆隔开，采用全部或部分漏缝地板，猪群以周为单位进行周转。其主要特点是“集中、密集、节约”，便于对空怀、妊娠母猪进行发情鉴定、输精、妊娠检查、定量饲喂，也便于清粪等日常管理。猪场占地面积小，栏位利用率高，工厂化水平高，劳动组织合理，可较好地采用各种先进科学技术，如可配合采用滴水降温法对母猪进行夏季降温等，实现养猪生产的高效率、高产出（图 11-2）。限位栏饲养是工厂化养猪生产

最为典型的模式。在我国，该工艺的应用起始于 20 世纪 70 年代，它是在引进和吸收美国“三德”公司生猪饲养设备基础上，结合我国具体国情发展起来的，对于母猪空怀、妊娠阶段，目前仍然是我国普遍使用的一种饲养模式。

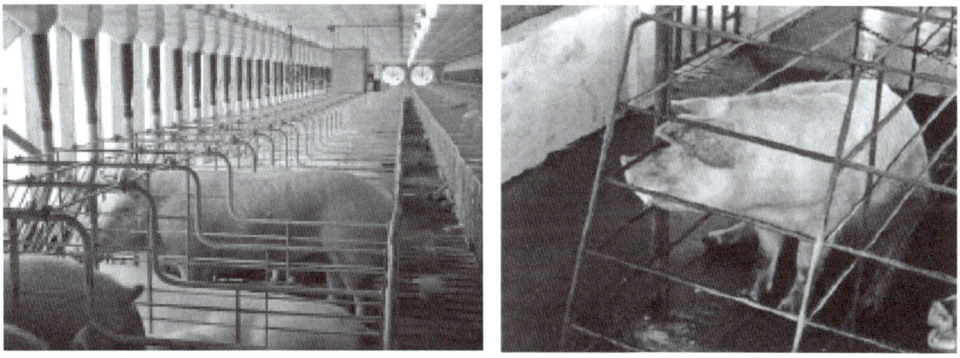

图 11-2　空怀、妊娠母猪限位栏饲养

由于饲养面积受限、饲养密度高，限位栏饲养工艺也存在一些问题，如高密度饲养导致舍内环境恶化，母猪在限位栏内只能起卧，缺乏运动，往往造成母猪体质下降，繁殖障碍增多；漏缝地板容易造成母猪肢蹄病增多，降低母猪种用价值等。在福利化养殖背景下，这种饲养工艺也逐渐被其他饲养模式取代。

2. 小群饲养

空怀、妊娠母猪小群饲养模式是在定位栏饲养逐渐被取代的背景下发展起来的，是我国目前运用较为普遍的一种母猪饲养工艺。这种饲养方式主要有静态饲养和动态饲养 2 种。静态饲养又称为固定饲养，即饲养在一起的猪群相对固定，动态饲养则定期对猪群进行调整。相对而言，静态群养能减少猪群在构建社群时的不稳定性，避免猪只之间因猪群变化带来位次更换造成的争斗。动态群养通常适合于较大的群养规模，母猪的社会和自然环境更加丰富。

在小群饲养工艺中，母猪群体的组建须以生产节律为前提，按单元进行，对同一单元的空怀、妊娠母猪群体划分为若干个小群，每个猪群大小控制在 4～12 头。在圈舍配置时，需要将同一单元的猪群安排在同一猪舍相邻位置，便于管理和周转。小群饲养最小占地面积需要保证采食、躺卧以及 1 头猪的排泄面积，活动面积则需要在综合考虑采食、排泄面积的基础上加以确定，若采食、排泄所占面积之和足够社交活动，则不需要单设；若达不到，则须配置 2 头猪社交活动所要求的面积。根据上述原则确定的圈栏面积，符合欧盟每头猪 2.25 m^2 的最低要求。相关研究表明，采用 8 头以上的群养规模在满足母猪空间需求的前提下，可提高母猪的饲养密度和生产效率。

对于猪舍圈栏设计，相关研究表明，矩形圈栏比方形圈栏更能降低争斗频率，也比圆形圈栏更有利。通常，圈栏尺寸应根据猪群大小、每头猪饲养面积、配置的设备尺寸等加以确定。结合猪定点排泄的习性要求，圈栏以(1.5～2)∶1 的长宽比较为合适。妊娠母猪小群饲养时，食槽或采食区域通常决定圈栏宽度，常采用妊娠母猪的采食宽度为 35～45 cm。圈栏尺寸面积和母猪群体大小有关，当饲养规模小于 6 头时，圈栏尺寸可按照(1.5～2)∶1 的长宽比设计；当饲养规模大于 6 头时，圈栏宽度尺寸由采食位置决定，如饲养规模分别为 8 头、10 头、12 头时，每头猪可以拥有的采食位置分别为 42～46 cm、37～40 cm、35～37 cm。最后，圈栏尺寸大小还要考虑圈栏内的设备，如妊娠母猪采用隔栏群养或采食与躺卧合一的饲养方式，则每头猪的采食间距需要 60 cm，圈栏尺寸就需要按照隔栏宽度及每个栏中的猪位来确定。若在躺卧区设置暖床，还需考虑暖床的尺寸、摆放位置以及隔栏中间的间隔能允许 1 头猪通过。上述尺寸只是一种理论上的推导，其尺寸比较适合于舍内单列布置方式，如果采用双列布置，就有可能出现猪舍跨度过大而长度太短的情形，在猪舍设计时需要灵活掌握。

目前符合健康养殖工艺要求的妊娠母猪小群饲养主要有 3 种形式，包括小群圈栏饲养、小群隔栏饲养和德国诺廷根舍饲散养系统。小群圈栏饲养模式以圈栏为单位，每个圈栏猪群的大小在 4～12 头之间，要求圈栏的长宽尺寸配比、饲养面积适当，能满足母猪采食、活动、躺卧、排泄等功能分区的需要。这种模式的采食区域可以有食槽，食槽的长度应保证每头猪有一个采食位置(35～45 cm)，也可以直接将饲料撒在采食区域的地面上。对躺卧区地面应该进行特殊处理，如采用地板降温等。或者对猪进行调教，以保证母猪在圈栏内实现真正的功能定位。小群隔栏饲养模式是对限位栏饲养模式的改进，它保留了限位栏母猪采食区各自独立的优点，确保每头母猪无论强弱都能同时进食，隔栏之间的距离一般在 60 cm 左右，隔栏的后部可以是完全开放的，也可以设计成活动的扣栏，必要时作限位栏使用。同时，隔栏的后部有共同的活动空间以及排泄区。德国妊娠母猪舍饲散养系统为双列式布置，中间设一净道，供人员日常管理使用。采食区采用限位隔栏分饲，每头猪的采食间距为 60 cm，其限位栏可在猪采食及进行猪只检查、配种、妊娠等时自动扣上，平时呈打开状态，可供猪自由出入。料线采用自动计量落料系统。圈栏内躺卧区配有暖床。猪舍两侧带运动场，兼作排泄区使用。整个系统采食、活动、躺卧、排泄分区明确，猪只可获得很好的福利，如图 11-3 所示。

图 11-3　一种典型的德国妊娠母猪群养系统

3. 大群饲养与自动饲喂

针对目前规模化养猪场传统饲养方式存在的问题，将“母猪舍饲”与利于母猪生产潜力充分发挥的“群体散养”有机结合，从动物福利角度出发，对饲养区域进行合理的功能分区。利用现代信息技术，对每个个体进行定时、定位、定量的饲喂，以及配种、转群、疫苗接种、防疫注射等饲养管理活动的自动化、精确化和个性化管理，形成一套完整的母猪精确饲喂舍饲散养工艺模式，从而保障母猪拥有充足、自由的生活空间和环境。通过精确化饲养管理，避免传统饲养模式下母猪过度采食或饲喂不足，影响母猪的繁殖性能，实现舍饲散养每头母猪生产性能的充分发挥以及贡献最大化。

在妊娠母猪大群散养工艺中，母猪群体大小可根据生产工艺和生产节律要求确定，饲养单元群体规模为 30～300 头。通过“大群散养”，为母猪提供充足而自由的活动空间，增加母猪的运动量，方便个体之间的社交活动和学习行为，减少肢蹄病、繁殖性疾病的发生，利于生产潜能的表现。同时在饲养单元内可以根据功能需求进行分区，按照母猪的生理、行为和环境需求，结合生产管理和操作需要，把整个饲养单元分为躺卧休息区、自由活动区、采食区、特殊处理区、试情公猪区、饮水排泄区、舍外活动区及出舍通道等 8 个功能区。基于 RFID 技术，采用 PC 机为管理平台，通过自动饲喂控制、生理状态及特殊处理判定等，来实现对舍饲散养母猪的全方位、全天候的精确饲喂管理，可避免母猪采食过量或不足，提高饲喂效率，如图 11-4 所示。

图 11-4　基于精准饲喂的妊娠母猪大群饲养模式

母猪精确饲喂舍饲散养工艺的核心技术主要包括饲养单元功能区设计和智能化识别控制管理系统。饲养单元功能区的设计需要考虑猪群饲养规模、生产节律、圈栏布置形式等，主要包括单元平面规格、单元饲养规模、各单元分区布置和其他参数设计等。智能化识别控制管理系统主要由存储猪只个体信息的电子耳标、自动门禁系统、自动识别系统、自动饲喂系统、母猪发情检测系统、控制系统及管理软件系统组成。饲养于该系统中的每头母猪均佩戴存有该母猪个体档案信息的电子耳标，母猪进入自动饲喂器时，通过无线射频技术自动识别该母猪，根据识别信息（耳号、体重、妊娠期等）决定投料量，吃完料后，母猪进入分离器进行体温指标、每天采食量、探望公猪次数、妊娠时间、疫苗接种情况等识别，将病猪、发情母猪、需接种母猪、需上产床母猪等分离，分别进入相应的功能区进行处置。通过该系统实现对母猪个性化的限料饲喂、发情鉴定、发病鉴别、预防接种等的全天候实时监控以及及时跟踪，以便处理生产中出现的各种情况。

11.1.3　哺乳母猪

哺乳母猪阶段饲养环境的好坏，对母猪的利用年限、仔猪的生长发育有着很大的影响。这一时期是整个养猪工艺流程中唯一一个同时需要将母猪和仔猪对环境的要求进行综合考虑的时期。由于这两种类型的猪对环境要求完全不同，在养殖模式设计中能否兼顾二者是养猪生产成败的关键。

11.1.3.1　哺乳母猪定位饲养

哺乳母猪定位饲养仍然是当前大部分规模猪场采用的饲养模式，采用母猪产床也称母猪产仔栏或防压栏，一般设有门洞式保温箱、金属漏缝地板，母猪饲养在限位栏内，活动面积小于 2 m^2，如图 11-5 所示。这种方式始于 20 世纪 50 年代，六七十年代得到了广泛应用。其主要特点是“集中、密集、节约”，猪场占地面积少，栏位利用率高，工厂化水平高，劳动组织合理；可较好地采用各种先进技术，如可配合采用省水的滴水降温法对母猪进行夏季降温等，实现养猪生产的高产出、高效率。这种模式是工厂化养猪生产最为典型的一种模式，目前在世界各国应用也较为广泛。

与妊娠母猪限位栏饲养模式类似，定位饲养也存在着很多不利于猪只健康和福利的问题。例如，分娩限位栏内母猪只能做前后移动或就地躺卧，无法转身，运动量严重不足，造成种用母猪体质下降。环境贫瘠单调，没有做窝的条件，正常行为得不到满足，母性差、产程长，繁殖障碍增多，容易产生死胎，压死率高。产床内的漏缝地板虽然改善了猪床的清洁卫生，但容易造成猪蹄和母猪乳头以及仔猪关节损伤，仔猪吮吸乳汁时趴卧在冰冷的地板上造成腹部较多热量损失而引发腹泻。舍内环境难以调控，不易协调母猪和仔猪对温度的要求，容易对猪造成热应激，影响采食、泌乳及产后恢复。仔猪冷应激较为常见，导致仔猪下痢、发育不良等。仔猪出入门洞式保温箱困难，箱体内空气污浊，尤其是冬季有害气体浓度高于舍内，影响仔猪健康以及保温箱的利用率，导致仔猪因选择在保温箱外温度较高的母猪身旁躺卧而容易被压死。此外，生产中使用的产床及产床内部配置的设备都是固定的，对于体型大的母猪以及仔猪哺乳后期容易产生空间不足的问题。整舍环境温度调控还会带来能源浪费等问题。以上都与现有哺乳母猪舍采用定位饲养工艺有直接关系，需要加以解决。

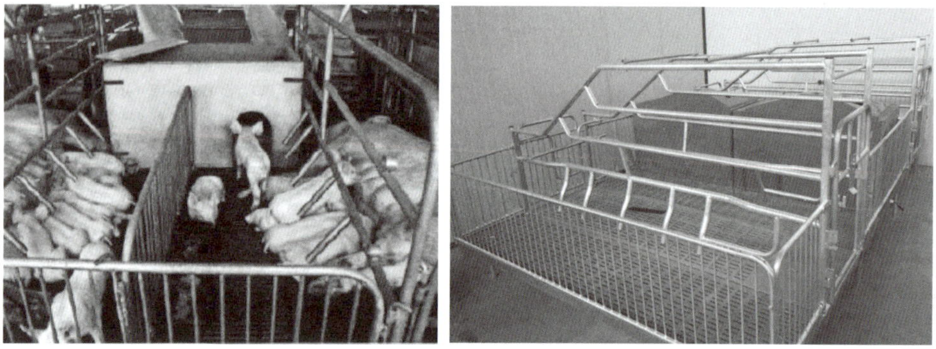

图 11-5　哺乳母猪定位饲养和门洞式仔猪保温箱

11.1.3.2　基于自由分娩栏的哺乳母猪饲养

针对分娩限位栏母猪活动空间狭小、正常行为得不到充分表达、母性及体质较差、仔猪压死率高等问题，从动物健康与福利化养殖的角度，相关学者设计了一种自由式分娩栏（图 11-6），形成一套适用于哺乳母猪健康养殖的工艺模式即自由分娩栏模式，使哺乳母猪和仔猪生存环境的舒适性得到较大改善，可提高母猪和仔猪的健康水平和生产性能。

所设计的自由式分娩栏主要由圈栏、仔猪暖床和产床等部分组成。整个圈栏由一个 H 形隔栏将整个产床分割成大小不等的 2 个区域，隔栏与圈栏同高，且隔栏两支柱下端与前后围栏之间用钢管焊接为一体以避免母猪横向躺卧，防止仔猪在该处被压死。隔栏下部设置可拆卸仔猪防压横杆，母猪进入产房后可先将横杆拆除以增加母猪产前的活动空间，待母猪分娩后，再将横杆固定，保护仔猪免于压死，等到仔猪具备较强的逃避压死风险能力后再将横杆撤走，为母猪提供更多活动空间。大区域中包含与围栏连接的仔猪防压面和倒 U 形仔猪防压构件，小区域内放置仔猪保温箱（保温箱宜设在靠近净道端，长度方向可与圈栏长轴平行或垂直，便于饲养员对仔猪管理）和横隔栏，这种设计使得母猪的生活空间较限位栏饲养模式下有所增加，能很好地解决空间狭小、母猪无法自由活动的问题，并且可有效防止仔猪被压死。

针对仔猪保温箱内有害气体浓度高、利用效率不高、仔猪同时出入困难的问题，将门洞式

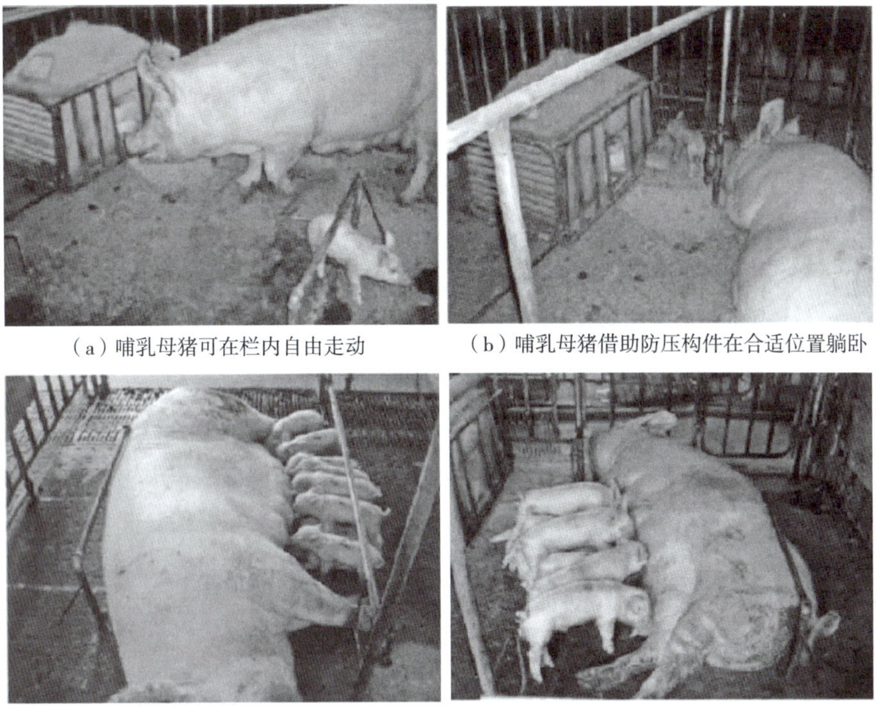

（a）哺乳母猪可在栏内自由走动　（b）哺乳母猪借助防压构件在合适位置躺卧

（c）哺乳母猪在自由式分娩栏哺乳场景一　（d）哺乳母猪在自由分娩栏哺乳场景二

图 11-6　自由分娩栏模式

仔猪保温箱改为仔猪暖床（即挂帘式保温箱）。在仔猪哺乳阶段可对暖床内部局部加热，并可根据仔猪日龄对暖床温度进行调控。仔猪躺卧时，躯干部分留在箱内，头部朝外，鼻端露于帘外，这样既可满足适宜的躺卧环境温度，又能使猪呼吸到新鲜空气。暖床前端的开敞挂帘可使仔猪同时出入箱体，保证仔猪在母猪放乳时能同步找到乳头，克服了传统保温箱内仔猪不能同时哺乳，而出现仔猪大小不均、强弱差别较大的问题。

针对金属漏缝地板板条容易导致母猪和仔猪受伤，地板凸凹不平以及稳定性不够导致母猪躺卧不舒适，不同季节只能通过整舍调温来保证母猪对温度的要求，导致能耗过大，躺卧时床下空气对流与母猪或仔猪体表之间的摩擦和热量散失等问题，从优化猪床床面出发，在金属漏缝地板上铺设具有较好舒适度的橡胶垫，或在猪的躺卧区域铺设保温性能好的实体地板或调温地板，仔猪躺卧区地板还可铺设垫草，以此提高产床的舒适性，解决传统产床对母猪和仔猪的伤害以及不利于保温的问题。

11.2　商品猪养殖工艺与设施

11.2.1　断奶仔猪

断奶仔猪阶段中猪的生活状态发生较大转变。这一阶段仔猪需要同时承受各方面的应激影响，包括与母猪分离、日粮从全乳日粮变为粉料或颗粒料、从产房到断奶仔猪舍环境的改变以及和不同窝的猪混群饲养等断奶应激，如果处理不当将对仔猪的生产性能和健康状况造成影响，进而影响养猪生产。为了尽可能减少断奶对仔猪的应激，除了选择合适的断奶时间和优质饲料外，采用良好的养殖工艺模式，创造舒适的生活环境也十分重要。目前，断奶仔猪养殖工艺主要有圈栏小群饲养、厚垫草饲养、发酵床饲养以及舍饲散养大群饲养等。

11.2.1.1 圈栏小群饲养

圈栏小群饲养是饲养仔猪和生长育肥猪较为普遍的生产饲养方式。规模猪场将哺乳仔猪饲养至28日龄、体重在8 kg左右进行断奶。仔猪断奶后，或在哺乳舍原产床上饲养1周，或直接转入断奶仔猪舍饲养。多数情况下以窝为单位转入断奶仔猪舍，实行同窝小圈饲养，猪群大小为8～10头/栏，饲养面积为0.3～0.4 m^2/头（图11-7）。一般猪场断奶仔猪都采用离地饲养，猪床地板为全漏缝或局部漏缝地板，地板材质有塑料、金属、水泥等。每个小圈内，配置1个自由采食槽、1个鸭嘴式自动饮水器，水冲清粪或人工干清粪。为了减少仔猪应激反应并确保其健康生长，需要为仔猪提供温暖、干燥、通风良好的舍内环境。这一阶段的仔猪对温度反应较为敏感，过冷或过热对仔猪健康和生长发育都是有害的，因此，有效的温度调控是这个时期最核心的内容，该阶段也是猪场能耗最多的一个时期。断奶仔猪舍建筑形式多为有窗密闭式，通过水暖加热系统、PVC正压送风管道系统等措施进行整舍加温。然而，在过于强调温度的前提下，断奶仔猪舍通风经常被忽略，尤其是在冬季，过度密封会使猪舍内空气质量下降，有害气体、粉尘等的浓度严重超标，容易引发各种呼吸道疾病。有时，猪舍环境温度较低，漏缝地板猪床使仔猪腹部有持续气流流动，仔猪易腹泻，影响仔猪的睡眠质量。与其他阶段猪的圈栏饲养模式一样，小圈饲养模式的圈栏环境贫瘠，生活空间相对不足，容易引起仔猪之间的争斗、啃咬等异常行为，爬跨圈栏的情况也十分常见。

图 11-7　断奶仔猪小群饲养模式

11.2.1.2 厚垫草饲养

厚垫草饲养模式是一种符合猪福利的健康养殖模式，既满足仔猪在草堆中休息玩耍的习性，又可利用垫草良好的保暖性维持自身体温。现代养猪生产中，常将这种模式用于饲养断奶仔猪和生长育肥猪。通常在地面上铺设20 cm左右厚的垫草，在饲养过程中视垫草的消耗程度和潮湿程度，随时补充垫草。当猪群转出后，连同粪尿一起清出猪舍（图11-8）。该模式不但可有效改善舍内的温度环境，猪躺在铺有垫草的地面上倍感柔软、舒适，不会造成腹部受凉、猪蹄及体表损伤，而且猪舍环境丰富度大大改善，能满足猪啃咬、磨牙、做窝、戏耍等习性，同

图 11-8　厚垫草养殖工艺模式

时也能给猪补充少量营养元素，因而对断奶仔猪的健康和生长发育十分有利。但该模式也存在一些缺点，在应用时须加以注意。在这种饲养模式中，猪通常在垫草上排泄，容易导致舍内湿度过高，引起各种病原微生物滋生，对猪群健康构成威胁；刚铺设或补充垫草时，易产生草屑颗粒使空气中粉尘浓度超标，对呼吸道造成危害；垫草使用量较大，增加饲养成本；垫草清洁消毒比较困难，卫生状况难以保证；垫草和粪便混合在一起，使得粪污后续处理难度增大，垫草中大量的木质素不易降解，影响作为肥料利用时的肥效。因此，这种饲养模式不适用于大规模猪场。

11.2.1.3 发酵床饲养

发酵床养猪又称为“自然养猪法”或“生物环保养猪法”，最初在韩国、日本等地处亚寒带的地区使用，引进我国后，主要在我国东北、山东等地推广应用。发酵床养猪要将锯末有机垫料填充到猪舍内事先挖好的深坑中，填充后与地面平齐，厚度一般在 90 cm 左右。猪在垫料表面活动时，会将猪排泄的粪便与垫料混合。经过一段时间后，垫床形成上表为好氧、下部为厌氧的一个适合微生物生长繁殖的环境，通过微生物的作用将粪便等物质分解和转化，同时产生大量的发酵热。尿液等液体则被垫料吸收，水分随发酵过程产生的热量蒸发到空气中。为加快微生物的作用过程，有时会在垫料中添加一定比例的活性微生物制剂。这种发酵床饲养工艺具有明显特点：①节能环保，减轻劳动强度。利用发酵床自身产热维持舍内温度和躺卧区温度，不需要额外加热，也不需要清粪，不会产生污水，实现污染物的“零排放”，可减轻养猪业对环境的污染。②有利于猪的活动，行为习性得到较好的满足，有利于提高猪自身的抗病力和免疫力。③可节省饲料和用药。猪可从垫料中获得部分营养需要，减少部分饲料用量。利用猪自身健康水平的提高减少药物使用，减少猪肉中的药物残留。④垫料可反复使用，猪舍环境相对稳定。与厚垫草模式类似，发酵床养猪也存在一些诸如垫料来源不足、湿度过大、粉尘浓度过高、无法进行常规防疫消毒等问题。另外，在温度较高的夏季，采用这种饲养模式会由垫料产生过多的发酵热导致舍温过高；冬季一旦饲养密度太小，或仔猪阶段排泄量不足，会影响垫料中微生物的正常繁殖和活动，导致产热较少不足以维持适宜舍温。因此，这种模式比较适用于对舍温要求较高的断奶仔猪饲养或冬季较为寒冷的地区使用，但须注意冬季微生物产热不足的问题。

11.2.1.4 断奶仔猪舍饲散栏群养

断奶仔猪舍饲散栏群养是中国农业大学在“九五”“十五”期间，以养殖工艺为主线，以满足断奶仔猪的行为和生理需求为出发点而研究的一套适合中国国情的饲养模式。

通常情况下，规模较大的猪场采用全进全出的断奶仔猪管理方式：①在哺乳仔猪转入断奶仔猪舍前，需要对猪舍提前加温，特别是在冬季尤为重要；②断奶仔猪转入一个新的环境中会表现得比较紧张，保温能力下降，为使其能够快速适应环境，需要应用必要的加温技术；③为避免猪群的强弱差异对后期生长的不良影响，断奶仔猪需要在转群之初重新组群，建立群体的等级秩序，避免发生较多的争斗现象；④群体中地位高的猪在进食、饮水、选择喜欢的躺卧地方具有优先权，圈舍设计时需要有足够的条件满足地位相对低的猪的需求。以上存在的问题在舍饲散养工艺模式中均进行了考虑。例如，该工艺中的暖床，可满足猪身体不同部位的温度要求。圈栏内配置了一些必要的玩具或供磨牙、蹭痒、拱咬等物件，可在很大程度上转移猪进入新环境后的注意力，减少合群时的争斗。一旦争斗，无圈栏的通道为弱猪提供了逃离的可能。

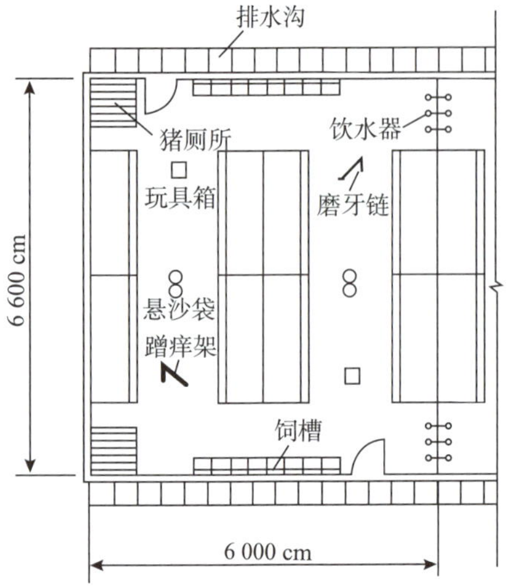

图 11-9　一种断奶仔猪舍饲散养平面布置图

在圈栏躺卧位置的配置中，确保每头猪有一个空间，且由于猪群较大，猪还可以自由选择“朋友”。此外，圈栏设计还考虑了猪可自由选择不同饲料的料箱以及充足的饮水器，有利于保持圈舍卫生，如固定排泄区和淋浴设备等的干净卫生。断奶仔猪是猪一生中学习最快、最好动的一个时期，大群饲养有利于猪的学习，在丰富的圈舍环境中，猪可以在较短的时间里达到适应（图 11-9）。

断奶仔猪群体的组建，要以生产节律为前提，按照全进全出的方式，分单元进行。规模较小的猪场，每个单元的猪群大小以每周转群的数量确定，可以将刚转群的猪饲养在本单元的部分圈栏内大群饲养，随着猪龄的增加和猪对饲养面积要求的加大，以及猪只之间的发育速度差异，将弱小的猪从该圈中挑出，放在该单元的空圈中饲养，待断奶仔猪饲养至 70 日龄左右。每个猪群大小保持在 40～80 头。圈栏面积则根据猪 70 日龄时要求的饲养面积而定，根据公式计算断奶仔猪阶段满足采食、躺卧、排泄、活动的面积。随着群体规模的加大，每头猪的实际饲养面积有所减少，但对于每头猪来说所需的生活空间都能得到充分的保证。对于不同规模猪场，断奶仔猪舍单元及圈栏配置需要根据生产节律、单元、断奶仔猪饲养时间等做相应调整，建议在这种饲养模式下猪群体大小不小于 40 头/栏。

11.2.1.5　生长育肥猪健康养殖

仔猪生长到 70 日龄、体重 22～25 kg 时，即转入生长育肥舍。传统的生长育肥猪多为小群圈栏饲养模式。这种模式基本上参考美国 20 世纪 70 年代提出的集约化工业化养殖模式，一般采用 1 窝 1 栏，饲养 8～10 头 1 栏，每头猪占地面积为 0.6～1.0 m^2。近年来，也有采用 2 窝 1 栏，饲养 18～20 头/栏。由于这一阶段猪对环境的适应能力较强，实际生产中，为了节约投资，所用的生长育肥栏相对比较简单，地面采用实体地面或漏缝地板，圈栏内除了配置 3～4 个采食位置的公用食槽、1 个鸭嘴式饮水器外，基本没有其他设施。这种饲养模式的优点是饲养密度高，便于管理，投资较低。但由于没有考虑猪的行为特点和生理需要，较小的圈栏面积无法保证每头猪有足够的生活空间，不能进行较好的功能分区，加之对生长育肥舍的环境调控缺乏应有的重视，往往圈舍环境较差，不利于猪的健康和生长发育。总之，需要一种适用于生长育肥猪的健康养殖工艺模式，为这一阶段的猪只创造良好健康的生活环境。

针对传统生长育肥猪饲养工艺存在的问题，实现生长育肥猪的健康养殖主要集中在圈栏的设计与圈栏内设施设备的配置。该饲养工艺以群养为基础，提供足够的饲养面积，确保圈栏内有相对独立的功能分区；圈栏内配置福利性设施，丰富圈栏内的环境，减少猪群之间的争斗、啃咬等异常行为的发生；猪舍采用局部温度调控措施，如提供暖床、调温地板、在躺卧区上方加盖保温幕等；圈栏排泄区采用微缝地板或漏缝地板，以保持舍内的清洁卫生。生长育肥猪群养规模大小主要考虑在尽可能节约占地面积的前提下，能够使猪获得一个合理的生活空间，同时考虑自动化程度和管理水平。目前，国外生长育肥猪饲养规模一般较大，有的可以达到 200 头/群，甚至更大；国内一般认为生长育肥阶段猪群大小以 20～40 头较为合适。圈栏面积、尺寸和猪舍单元需要根据功能分区和群体规模大小进行理论估算，确保满足猪群采食、躺卧、排泄、活动等需要(图 11-10)。在工艺设计时需要注意以下几点：①从工程防疫角度，应尽可能按单元实施全进全出；②条件不允许时，可在一栋猪舍中安排几个单元，单元之间应该有所分隔，单元的数量最好与饲养员的劳动定额匹配；③如果猪舍内选用双列布置，则每个单元的圈栏数最好按偶数配置；④对于 1 万头规模猪场，建议每 2 个单元建 1 栋育肥舍，2 万～5 万头的规模猪场，建议每个单元建 1 栋育肥舍。

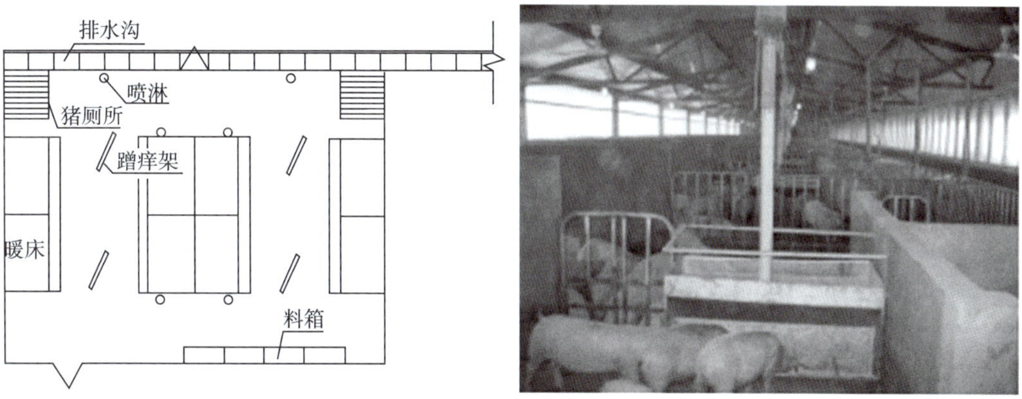

图 11-10 生长育肥猪舍饲散养平面图(左)和实景图(右)

11.2.1.6 养殖工艺与设备的协同

养猪生产过程需要很多配套设备的协同，包括各种猪栏、地板、饲喂设备、饮水设备等饲养设备，通风、加温、保温灯等环境控制设备，清粪设备及运输设备等。在进行设备选型时，除了应遵循经济实用、坚固耐用、方便管理、符合卫生防疫要求等原则外，应按照不同的生产工艺模式和猪饲养阶段进行设备配套，使之能更好地满足猪躺卧、饲喂、饮水、排泄等功能需要，并且做到环境可控，避免应激。为达到健康养猪、清洁生产的目的，在设备配置时，应尽可能从满足各功能区的要求入手，进行合理的环境设计和设施设备设计。

1. 躺卧区——冷暖猪床设计

猪是恒温动物，皮下脂肪厚且汗腺不发达，因此，高温或者低温易引起猪的热应激和冷应激，导致生产力下降甚至停止，造成严重的经济损失。猪每天约 80%的时间需要休息躺卧，因此，躺卧区环境对猪的健康和生产影响最大。采用可改善猪躺卧区温热环境的冷暖猪床，不仅可以在极端高温高湿时循环降温，在寒冷时起保温的效果，提高猪体的热舒适度，还可以节能。

冷暖猪床的设计主要是在猪躺卧区固定有可供猪自由进出的猪栏，在猪栏上方设置辐射顶板，通过其内置的循环水管来调节辐射顶板的表面温度。猪体与辐射顶板则以辐射方式进行热量交换。为减少辐射板上表面对周围空气的对流热损失，在上表面覆盖隔热材料。在辐射顶板下面设置围护板，以降低板下的空气流速，在不妨碍猪体与辐射顶板之间的辐射换热的条件下，减少辐射顶板下表面与周围空气的对流热损失。循环水管通过进水口与出水口与外界的循环水源相通，可实现在极端高温高湿时循环降温，在寒冷时起保温作用。只在顶部设有盖板，不会影响窗内的空气流动，因而不会造成猪体附近空气质量下降。同时，通过在猪躺卧区地面下埋置循环水管设置调温地板，根据季节变化对床面进行温度调控，使猪只获得较为舒适的躺卧温度，应用实例如图 11-11。

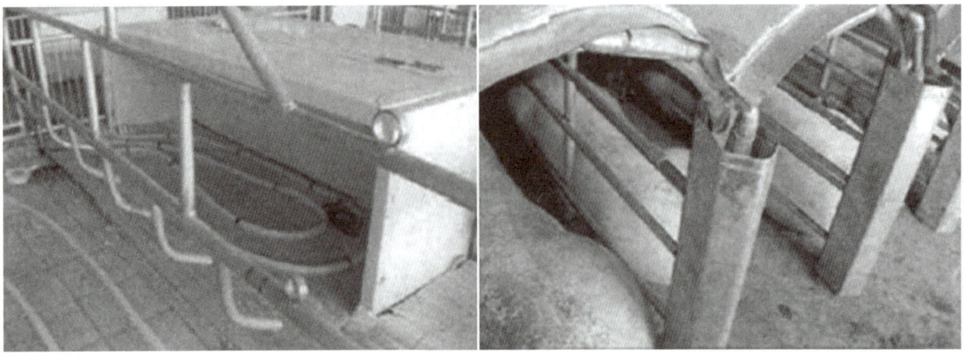

图 11-11　一种仔猪保温暖床和母猪降温猪床

2. 采食区——自动饲喂系统

在猪的舍饲散养及其他系统中，圈栏内的采食区既能满足猪对采食空间的需求，同时，又能对圈栏内功能分区进行参考。此外，采食区位置与舍内净道、选择供料的方式等有关，如人工加料一般将食槽安排在净道附近方便人员操作管理，自动供料可将食槽安排在活动区中央以提供更多的采食空间。目前，规模猪场常见的自由采食槽有长方形和圆形 2 种，可根据猪只大小选择合适规格。一般食槽内设拨料调节板，除可拨动饲料下落外，还有破拱作用。调节板的位置应调整适当，以保证饲料流落适当，若落料过多，容易被猪拱出造成浪费。自动食槽具有限制落料、间隔环限位、易于和输料管道、分配器连接、自动送料等优点，因此被很多规模猪场接受。

猪用干湿饲喂器是另一种针对舍饲散养系统猪群采食习性而研发的自动食槽，近年来，在国内外规模猪场逐渐推广运用。猪用干湿饲喂器设计的基本思路基于下列几个方面：一是猪的采食行为。猪采食时常有拱食、前脚跨入及争斗行为，而这些行为是引起采食时饲料大量浪费的主要原因。猪干湿饲喂器在饲槽形状、结构设计时应充分考虑猪采食的不良行为，以达到减少饲料浪费的目的。二是采食与饮水空间位点的集成，避免采食与饮水频繁穿梭。传统饲喂设备的自动饮水器常被设计安装在运动场内或猪栏的另一边，在采食过程中，猪需要饮水时就不得不从饲喂器到饮水器之间的往返穿梭，从而增加饲料浪费的可能且多消耗能量。干湿饲喂器在设计上将采食和饮水集成于同一空间位点上，在采食过程中，猪不需要为饮水而进行穿梭位移，从而可避免猪在采食与饮水交替过程中的饲料浪费。三是群体位次的强化与巩固。任何一个猪的群体，都存在着群体的位次关系，不同猪的个体在群体中的位次顺序会造成采食时的争斗、抢食。干湿饲喂器采用了短饲槽设计，其对应的饲槽尺寸一般仅够一两头猪同时采食，即强制性地将猪群的采食按群体等级位次进行分组定位。使猪在采食时能以较小规模分组，群体位次高的猪可以有效地控制局势，使猪群的采食在时间上得以排序，从而减少采食时的争斗，并可避免出现分餐饲喂时猪群饥饱不均的现象。四是连续自助式供料的控制与保证等。为达到既能确保经久耐用，又可大幅度降低干湿饲喂器的成本的双重目的，饲槽的制作材料选用铸铁。料斗的材料选用热轧镀锌板，为强化防锈和防积拱的效果，料斗的内侧表面进行喷塑处理。为确保下料顺利，下料管选用不锈钢材料制作，在设计上采用摆转结合，并适度放大口径，加上调节杆的带 U 字环转动的设计，可有效地避免饲料的积拱与堵塞，如图 11-12 所示。实践研究表明，干湿饲喂器在减少饲料浪费、提高猪生产性能等方面效果明显。

3. 排泄区——自动清粪系统

规模猪场每天都产生大量粪尿，为保障猪只健康、减少环境污染，需要从舍内粪污收集、清除与舍外有效的处理利用综合加以考虑。目前，国内外规模猪场的粪污收集与清除工艺主要有水冲粪工艺、水泡粪工艺、干清粪工艺等。水冲粪工艺、水泡粪工艺通过用大量的水清除圈内粪尿，虽然可节约人力，也便于作业和保持舍内卫生，但水资源浪费严重，且会产生大量的高浓度污水，环境压力大。干清粪工艺提倡不用水或只用少量水，通过人工或机械方式将粪尿清除到舍外，从而在很大程度上可减少后续粪污处理的难度和成本。其中，将粪尿分离的干清粪工艺是减少猪场污水量、降低污水中有机物含量最为有效的一种方法，圈养和离地圈养均可使用。

图 11-12 一种干湿饲喂器示意图

(1)微缝地板与清粪系统 是针对漏缝地板存在的问题而设计的，其主要目的是实现粪尿的干湿分离，减少地板上粪便残留量。和常规漏缝地板粪便干湿分离相比，微缝地板板缝距离较小，水和尿从缝隙中流出，固体粪便留在地板表面。微缝地板的缝隙是通长的，可配合使用耙齿进行疏通，清粪耙刮除并收集地板表面的固态粪，同时与耙固结的耙齿刮除并疏通缝隙中的粪渣，保持缝隙通畅。与之配套的清粪耙既可手动，又可自动。微缝地板之下或端部设置具有一定倾角的尿沟，漏下的尿液可顺沟排到舍外污水井内(图 11-13)。

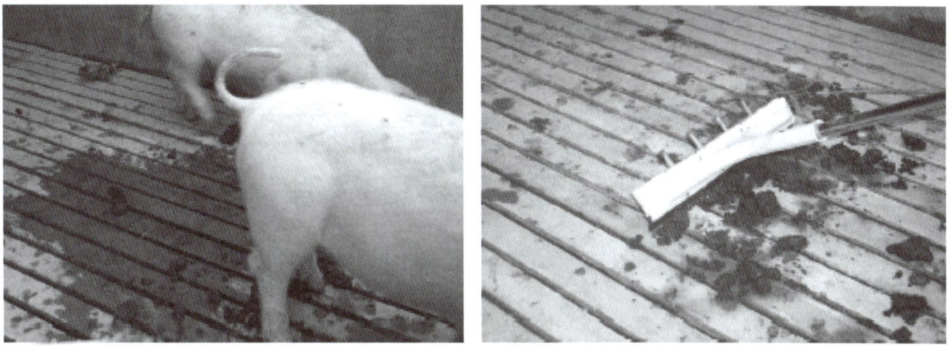

图 11-13 微缝地板清粪系统

通过上述方案设计的微缝地板可选用混凝土材料制作，降低制作成本。由于其目的是分离粪尿而不是漏粪，小的地板缝隙可减少猪粪混入尿液中，有利于粪尿最大限度的分离。通过配套的清粪与清缝设备，可以保持地板表面及地板缝隙的清洁，减少挥发物的暴露面积，同时由于尿液的及时排出，减少挥发物的暴露时间，可以改善舍内空气环境。但该系统在实际应用中仍存在一些问题，由于刮粪耙通过在地板表面移动刮粪，在舍饲散养系统中，猪群出于好奇的天性会对移动的刮粪耙进行拱咬，不仅会扰乱猪群，而且可能对猪只造成皮肤损伤，影响猪群健康。为了解决这一问题，中国农业大学设计一种无伤害自动清粪猪厕所，可有效避免猪只拱咬粪耙，目前在进行逐步推广运用。

(2)链式牵引刮板清粪与往复式刮板清粪设备 为了减少规模猪场清粪工作量，有效提高猪场清粪效率，目前国内规模猪场采用的机械清粪方式主要为2种：一种是针对粪沟位于猪舍外侧使用的链式刮板清粪设备，另一种是针对装有漏缝地板的猪舍，漏缝地板下设置粪沟，运用往复式刮粪板清粪设备。这两种设备均是利用电机带动牵引绳牵引刮粪板进行单次或往复运动，将粪污从猪舍刮出舍外。

从清粪工作量角度，链式牵引刮粪板清粪设备可减轻饲养员将粪污清理至运粪车时的劳动量，对于清粪的工作量减轻较少，并且在舍外建设粪沟需要考虑的受限条件较大。往复式刮粪设备与漏缝地板配合使用，粪污经过漏缝地板落入粪沟内，再被刮粪板收集进粪池内，通过螺旋提升器等机械设备二次倒入运粪车内，这种方式基本省去人工，可有效地提高猪场清粪效率，减轻猪场粪污清理的工作量，如图11-14所示。

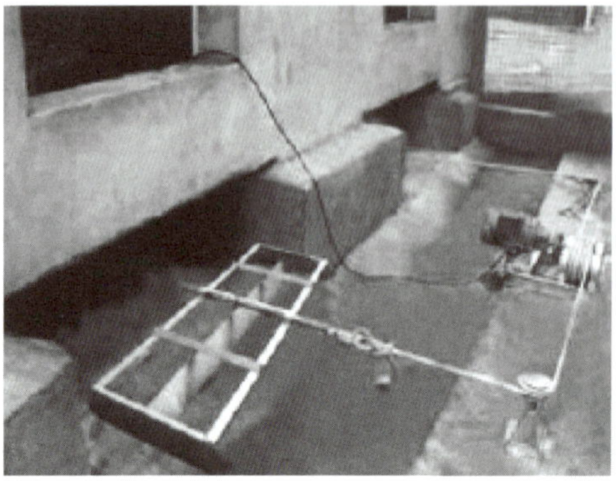

图 11-14　刮板式自动清粪装置

4. 母猪智能化饲养管理系统

智能化母猪饲养管理系统是指在母猪大群饲养条件下，采用射频身份识别（RFID）技术对每头母猪进行身份识别，进而在对猪群行为不进行人为干扰的前提下，实行精准饲养和便捷管理的一套自动化饲养管理系统。我国第一套该系统于2007年底由广东省汕头市德兴种养实业有限公司从美国奥斯本工业公司（Osborne lndustries Inc）进口，于2008年3月安装调试并正式运行。此后，其他国外厂家也陆续进入中国市场，国产设备也不断出现。该套系统进入我国后不断发展，目前全国多数规模猪场都安装了这套系统，对我国规模化养猪业产生了巨大影响。

该系统的硬件系统主要包括电子饲喂站、自动分离器、自动发情检测器、电子耳标和读数器等。

（1）电子饲喂站　是智能化母猪管理中精准实现母猪采食量的关键设备。设备及组成部分如图11-15所示。电子饲喂站的入口门分为气动门和机械门2种。一头母猪进入电子饲喂

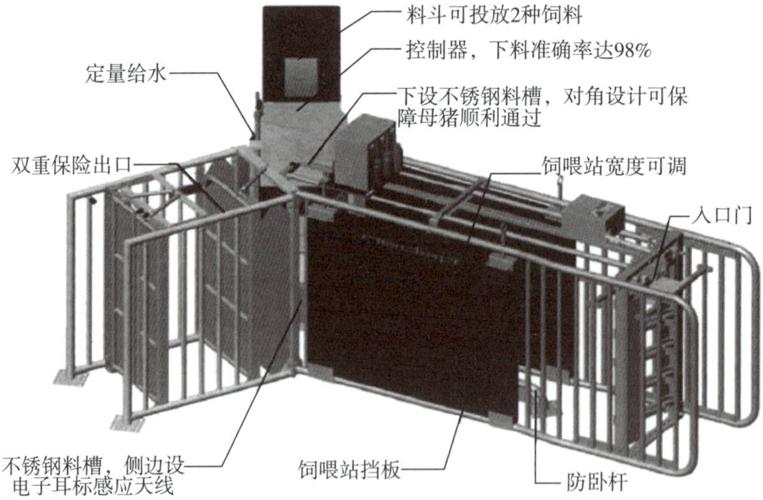

图 11-15　电子饲喂站

站后，入口门将自动锁住，防止其他母猪进入。当电子饲喂站内的母猪采食完成后，出口门会自动打开，此时，入口门会自动打开，另一头母猪可进入站内，前一头母猪自己走出饲喂站或被后一头母猪拱出去。根据工艺流程不同，电子饲喂站可单独使用，也可与自动分离器一起使用。

(2)自动分离器　是母猪大群饲养条件下实现便捷管理的核心设备，如图 11-16 所示。分离器的入口与电子饲喂站的出口相连。每个分离器连接 1～6 台电子饲喂站，可根据客户需求或实际场区情况灵活安装，可垂直连接，也可倾斜连接。

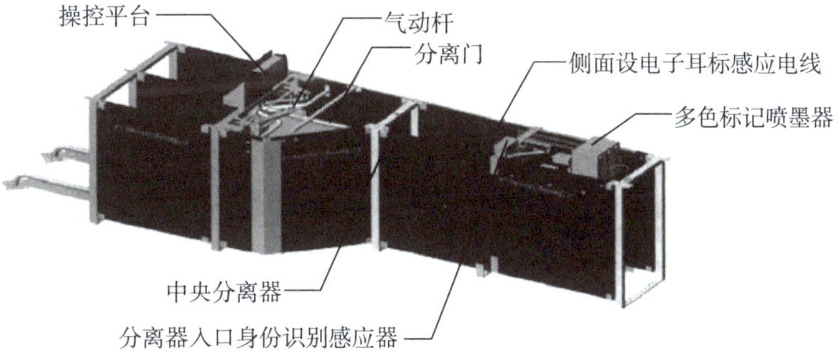

图 11-16　自动分离器

(3)自动发情检测器　在大群饲养模式下，自动发情检测系统由自动发情检测器和公猪栏组成，如图 11-17 所示。公猪栏为实体栏，栏位一侧安装自动发情鉴定器。母猪发情后，依靠气味寻找公猪并通过嗅洞探访公猪。设备一侧有电子耳标感应天线，可全天候监控并记录母猪探访次数、每次探访时间，系统可根据预设数据区分该头母猪是普通探访还是特殊探访(发情)。一旦确定该母猪发情，系统就会即时在用户电脑操作界面上显示发情母猪信息以通知配种员，还直接在发情母猪头部喷墨做标记，并通过分离器将发情母猪从大群中分离出来，方便查找。管理员也可根据观察，通过系统指令，将需要配种的母猪分离出来。

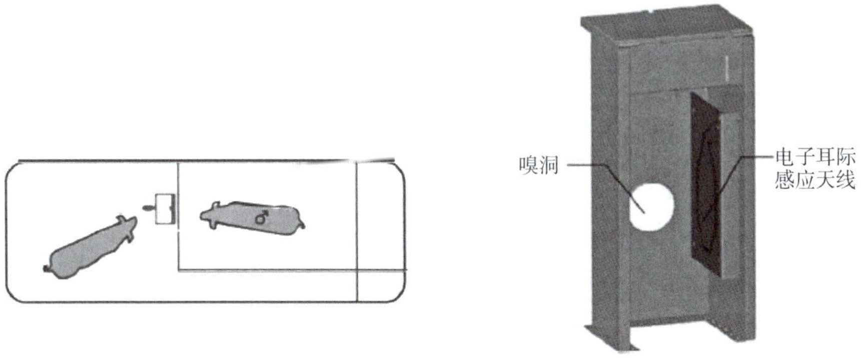

图 11-17　自动发情检测和自动发情检测器

(4)电子耳标　在智能化母猪管理系统中，母猪耳朵上需配备 RFID 电子耳标，如图 11-18 所示。耳标内存有号码，此号码与特定母猪对应，也就是说，电子耳标就是母猪的身份证，系统只有通过电子耳标才能实现对母猪的个性化精细饲养。好的耳标读取距离可达20 m 以上。

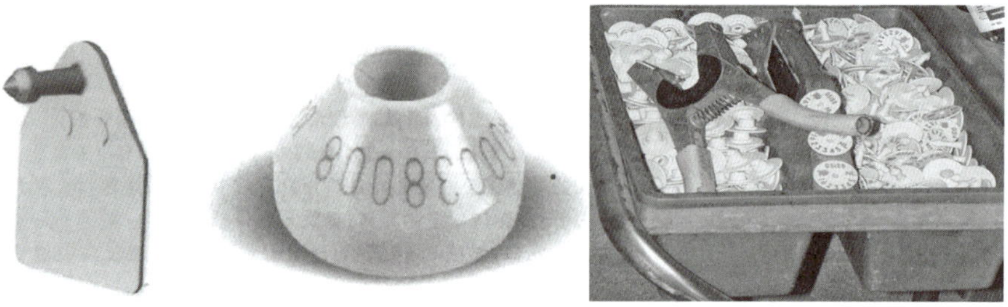

图 11-18　猪用电子耳标

(5)手持读数器　是用于工作现场人为操作时便捷输入生产数据的一种小设备，如图 11-19 所示。该设备可直接扫描电子耳标，确定被操作母猪身份，方便记录操作。

图 11-19　手持式读数器

11.2.2　案例分析——楼房立体养猪系统

随着经济社会的发展，我国养猪业逐渐从千家万户的传统养殖过渡到规模化生产，需要改建、扩建一定规模的养殖场。然而目前国内建设的规模化猪场受到土地资源和环境保护双重压力，生物安全问题明显突出，特别是在非洲猪瘟流行的大背景下，问题更为突出。因此，如何把平面单层养猪场变成立体楼房式养猪工厂，向空间发展，在有限的土地资源上建设规模化猪场，具有重要现实意义。2019 年 12 月，自然资源部和农业农村部联合发布的《农业农村部关于设施农业用地管理有关问题的通知》(自然资规〔2019〕4 号)中，明确养殖设施允许建设多层建筑。

楼房猪场属于集约化养猪猪场设计的分支课题，早在 20 世纪 80 年代便有建设。由于当时饲养管理和配套设备等条件限制，楼房立体养猪系统没有实质性推广。之后楼房猪场开始在湖北、陕西、安徽、江苏等地建设，早期的楼房猪场只是简单的楼层叠加，加上配套生产设施设备落后，生产工艺和育种工艺等处于较低水平，因此相比于单层猪场，楼房猪场在当时没有体现出太大的优越性，并且由于楼房猪场进一步增加了养殖密度，疫病风险成为阻碍其发展的重要因素。近年来，随着养猪工艺和饲养技术快速发展，配套设施设备不断更新，规模养猪场的集约化水平进一步提高。技术进步带动了产业升级，新一代楼房猪场在现代单层规模猪场工厂化水平基础上，结合先进的生物安全设计，在疫病防控和生产效益两方面取得良好表现，是我国未来集约化养殖发展的一个方向(图 11-20)。

新一代楼房立体养猪系统一般在 6 层以上，每一层建设有育成猪舍、育肥猪舍、配种猪舍、妊娠猪舍等，使猪群周转尽量在一层内完成，减少不同层之间猪群的交叉感染和上下层转运过程对猪群造成的环境应激。上下层猪舍之间设有运猪电梯或具有一定坡度的 U 形赶猪通道(图 11-21),正常猪只转运以坡道转运为主,电梯作为淘汰猪、异常猪转运方式,病死猪密封后采用电梯转运或溜管方式移出舍外。猪舍内主要通过侧墙抽风机、进风口、湿帘等进行夏季降温通风,猪舍底部设有轴流风机和排风管道引导舍内空气向下流动,通过侧墙小窗和管道送风模式进行猪舍冬季通风,舍内气体由地沟排出舍外,使猪舍温度、气流场分布均匀。猪舍内清粪方式为机械干清粪,在猪舍底部的粪池设有与粪池主轴垂直的刮粪板。刮粪板由电机驱动,其运行轨迹的两端设有垂直排放管道,能够实现粪尿分离,同时连接到集中处理池,楼房猪舍产生的废气通过风井集中收集,经清洗过滤无害后才能排放至大气中。通过一系列工艺改进和配套设备研发,实现新一代楼房立体猪舍可持续发展。

图 11-20　新一代楼房猪舍

图 11-21　楼房猪舍内的 U 形赶猪通道

和单层猪场相比,楼房立体猪场主要有以下特点:①楼房养猪占用土地少,节约农用土地资源,特别是随着楼层的增加,向立体空间发展,土地利用率将进一步提高。②有利于减轻环境污染,环保问题一直是制约养猪发展的瓶颈,楼房猪舍可利用势能落差,通过管道集中处理粪污,使产区干净整洁,是养猪持续发展的一个显著优势。③有利于疫病防控,通过高标准的生物安全设计,实现猪群周转内部循环,减少外源病毒侵入风险,通过空气过滤设备阻止空气中携带的病毒进入猪场,楼层之间设有挡鼠板等防止鼠、蛇等病原微生物携带者进入猪舍,可极大地减少病原微生物进入和传播的可能性。实践证明,新一代楼房猪舍在抵抗非洲猪瘟疫情方面具有明显优势。④有利于促进我国养猪业的转型升级,楼房猪舍容易实现机械化、自动化和信息化,可大幅度降低劳动力成本,节能减排,在我国产业转型升级阶段发挥重要作用。同时,楼房猪舍目前在我国还处于推广运用阶段,仍存在一些问题有待解决。例如,在成本方面,楼房猪舍模式的一个关键问题是前期建设成本增加,楼层的增加以及其他附属设施的建设(楼道、电梯间、坡道等)使得建设成本较单层规模化猪舍建设更高;在生产工艺方面,猪只转群难度增加,猪群交叉感染风险加大;在设备配套方面,如何保障猪舍通风均匀和饲料提升方案的选择值得思考;在建筑结构设计方面,荷载合理取值、层高等参数的选择有待标准化等。

参考文献

顾招兵,李明丽,高娅俊,等. 自由式分娩猪栏设计及应用效果. 农业工程学报,2011,27(S2):40-44.

郭远奎. 配种母猪的饲养管理分析. 中国畜禽种业,2019,15(11):92.

惠雪,李保明,施正香. 健康高效规模养猪新技术. 猪业科学,2016,33(5):88-91.

惠雪,施正香,李保明. 福利化养猪生产工艺与技术装备. 猪业科学,2016,33(8):43-46.

李保明，施正香．设施农业工程工艺及建筑设计．北京：中国农业出版社，2005．

李伟，李保明，施正香，等．夏季水冷式猪床的降温效果及其对母猪躺卧行为的影响．农业工程学报，2011，27(11)：242-246．

李以翠，李保明，施正香．圈栏面积、形状和隔栏方式对猪排泄行为的影响．农业工程学报，2008(11)：206-211．

刘俊良，侯利利，覃锦华．楼房养猪模式成为解决疫病防控问题的新选择．国外畜牧学(猪与禽)，2020，40(01)：74-75．

施正香，李保明，等．健康养猪工程工艺模式　舍饲散养工艺技术与装备．北京：中国农业大学出版社，2012．

施正香，李国铭，陈刚，等．一种无伤害自动清粪猪厕所．CN104585061A．2015-05-06．

施正香．健康养猪的空间环境构建与养殖技术模式研究．北京：中国农业大学，2014．

王建康，陈安国．猪用干湿饲喂器应用效果的研究．浙江畜牧兽医，2019，44(1)：28-29．

吴志娟，李文刚，焦福林，等．规模化猪场的粪便处理与利用．畜禽业，2017，28(6)：46-48．

吴中红，王美芝．不同阶段猪饲养工艺、猪舍建筑与配套的环境调控要点．猪业科学，2011，28(12)：54-56．

张伟，高岩．浅谈楼房猪舍设计要点．今日养猪业，2020(1)：103-105．

中华人民共和国农业部．GB17824—1　规模猪场建设．北京：中国国家标准化管理委员会，2008．

European Commission. Council Directive 2008/120/EC of 18 December 2008, laying down minimum standards for the protection of pigs. Brussels: EC, 2008.

第 12 章 环境控制智能化

【本章提要】 本章主要介绍猪场环境控制智能化研究状况。主要介绍了国内外环境控制规范的研究现状，从参数检测、身份识别、信息感知及环境调控四大方面介绍环境精准控制物联网系统，并进行典型案例分析。

12.1 环境控制规范

12.1.1 国内研究

我国畜禽养殖行业起步较晚，畜禽养殖环境控制相关的法律法规体系逐步健全。《中华人民共和国水污染防治法》和《中华人民共和国畜牧法》对畜禽养殖污染防治提出了相关要求。2004 年，国家启动了《畜禽养殖污染防治条例》立法工作，各地方相继出台了畜禽养殖污染防治的规章、标准和技术规范。2013 年，《全国畜禽养殖污染防治"十二五"规划》中明确了畜禽养殖污染物防治的基本思路，践行生态文明理念，按照"发展中保护、保护中发展"的要求，以推动农牧结合、种养平衡、循环利用为根本手段，提高农业资源综合利用效益，减少污染物排放，保障区域环境质量和畜牧业健康持续发展。在标准和规范体系建设方面，20 世纪 90 年代后期，我国畜禽养殖规模和集约化程度逐步提高，畜禽场产生的粪便、废弃物、废水、臭气等污染物对环境造成了较大的压力，规范养殖业污染物排放、加强畜禽舍环境控制和管理等相关的标准和规范相继制定，并按照不同畜禽种类、不同规模大小和不同生长阶段等方式不断修改完善。

12.1.1.1 法律法规

总结以上法律法规及相关配套标准和规范可以得到，畜禽养殖环境控制的规范主要针对畜禽场(舍)内环境和畜禽场(舍)对外部环境影响两大方面。①在畜禽场区和舍区环境控制方面：《畜禽场环境质量标准》(NY/T388—1999)最早给出了畜禽场和舍区的空气环境质量要求，对舍内温度、相对湿度、风速、细菌等 8 个参数进行了规定。由于其制定时间较早，规定的项目不够全面，且仅将猪只划分为仔猪和成猪 2 个阶段，适用性较差。《规模猪场环境参数及环境管理》(GB/T 17824.3—2008)规定了规模猪场的场区和猪舍环境相关参数及管理要求，如表 12-1 所示，给出了标准中对规模猪舍温度、湿度、通风和空气卫生相关指标的部分规范。②在排放许可方面：《畜禽养殖业污染物排放标准》(GB 18596—2001)中对不同规模畜禽养殖场的水污染物、恶臭气体的最高允许日均排放浓度、最高允许排水量等进行了强制规定。以养猪场为例，规定猪(25 kg 以上)的数量大于等于 3 000 头的养殖场规模为Ⅰ级，介于 500 和 3 000 之间的为Ⅱ级。这 2 种规模的猪场需满足排水中日均化学需氧量和氨氮的排放浓度不得超出 400 mg/L 和 80 mg/L，臭气浓度不得超过 70(无量纲)。③在畜禽粪污及病死尸体对土壤、空气和水源的影响方面：《畜禽养殖业污染物排放标准》(GB 18596—2001)中要求畜禽养殖业应积极通过废水和粪便的还田或其他措施对所排放的污染物进行综合利用，实现污染物的资源化，多数相关标准对粪污存储和处理的技术层面进行了规范。

除了通过限定污染物浓度和排放参数的阈值对环境进行控制外，部分标准还对环境参数监测和评价方法进行了规范。《畜禽场环境污染控制技术规范》(NY/T 1169—2006)中要求对畜禽场舍区、场区、缓冲区的生态环境、空气环境和水环境以及接受畜禽粪便和污水的土壤进行定期监测，对环境质量进行定期评价，以便采取相应的措施控制畜禽场环境污染事件的产生。《畜禽场环境质量评价准则》(GB/T19525. 2—2004)和《畜禽养殖产地环境评价规范》(HJ568—2010)中对畜禽场(舍)环境评价指标、评价方法等进行了详细规定。例如，《畜禽养殖产地环境评价规范》(HJ568—2010)中规定采用单项污染指数法和综合污染指数法 2 种方法对养殖产地的水环境、土壤环境、环境空气质量环境进行系统评价。

表 12-1　规模猪舍环境参数阈值

项目	猪舍				
	种公猪	空怀妊娠母猪	哺乳母猪	保育猪	生长育肥猪
空气温度/℃	15～20	15～20	18～22	20～25	15～23
相对湿度/%	60～70	60～70	60～70	60～70	65～75
风速/(m/s)	0.3(冬) 1.0(夏)	0.3(冬) 1.0(夏)	0.15(冬) 0.4(夏)	0.2(冬) 0.6(夏)	0.3(冬) 1.0(夏)
通风量/[m^3/(h · kg)]	0.35(冬) 0.55(春秋) 0.70(夏)	0.30(冬) 0.45(春秋) 0.60(夏)	0.30(冬) 0.45(春秋) 0.60(夏)	0.30(冬) 0.45(春秋) 0.60(夏)	0.35(冬) 0.50(春秋) 0.65(夏)
二氧化碳/(mg/m^3)	1 500	1 500	1 300	1 300	1 500
氨气/(mg/m^3)	25	25	20	20	25
硫化氢/(mg/m^3)	10	10	8	8	10
粉尘/(mg/m^3)	1.5	1.5	1.5	1.5	1.5
恶臭/稀释倍数	70	70	70	70	70
细菌总数/(万个/m^3)	6	6	4	4	6

注:《规模猪场环境参数及环境管理》中对 CO_2 浓度的要求严格，在生产中难以满足要求。

12.1.1.2　技术措施

在技术层面上，《畜禽养殖业污染防治技术规范》(HJ/T81—2001)最早对清粪工艺、畜禽粪便存储、污水处理、病死畜禽尸体处理与处置等污染防治的基本技术进行了规范。例如，在清粪工艺和畜禽粪便贮存方面，明确要求新建、改建、扩建的畜禽养殖场应采用干法清粪工艺；采取有效措施将粪及时、单独清出，不可与尿、污水混合排出；应设置专门的贮存设备，远离割裂功能地表水体(距离不得小于 400 m)等。但规范中对于技术的要求比较粗糙，而且缺乏畜禽场和舍区空气质量环境相关的规定。《畜禽场环境污染控制技术规范》(NY/T 1169—2006)中对畜禽养殖空气质量相关技术进行了细化，规定了畜禽舍通风应依据养殖品种、养殖数量，以及配备适当的通风设备，使风速满足畜禽对风速的要求；采用配合饲料、调整饲料中氨基酸等各种营养成分的平衡；及时清除和处理畜禽舍内粪便、污物和污水等措施减少恶臭气体的产生和排放;等等。《畜禽养殖业污染治理工程技术规范》(HJ497—2009)作为强制标准,规定了集约化畜禽养殖场污染治理工程设计、施工、验收和运行维护的技术要求,详细规定了粪污处理、废水处理等工程工艺,对于规模猪场规范自身环境控制措施、减少环境污染具有较大促进作用。

12.1.2 国外研究

20 世纪 80 年代末,欧洲各国启动了大量关于畜禽养殖业产生空气污染物的研究、立法工作和减排计划。欧盟委员会出台了硝酸盐指令(Nitrates Directive,91/676/EEC)和综合污染防治指令(IPPC Directive 96/61/EC)等法律措施对环境污染进行控制。英国、荷兰、丹麦和德国四国在 1992—1996 年对北欧 329 栋不同种类畜禽场的空气污染物浓度和排放水平进行了研究。与此同时,美国也通过立法和执法来限制畜禽养殖业污染物排放,如清洁水法(Clean Water Act)等。20 世纪 90 年代初,美国农业部和环境保护总署及各州相关部门启动了各类有关畜禽养殖场空气质量研究项目,开展了大量的研究工作以确定畜禽养殖生产过程的空气质量与排放,例如,2002—2007 年实施的《国家(畜牧业)气体排放监测》(National Air Emission Monitoring Study,NAEMS),对美国 9 个州的 24 栋不同类型畜禽舍颗粒物、硫化氢和挥发性有机物的浓度和排放进行监测研究。

12.1.2.1 法律法规

①欧美地区均对畜禽场和舍区的污染物浓度进行了限制。国际农业和生物系统工程委员会(International Commission of Agricultural and Biosystems Engineering,CIGR)于 1984 年建议了畜禽舍内二氧化碳、氨气、硫化氢和一氧化碳的最大浓度值,各成员国家在此基础上制定本国的浓度上限值(表 12-2)。CIGR 的推荐值至今仍被较多学者用来作为畜舍环境的评价标准。②在排放许可上,欧盟通过工业排放指令(IED Directive,2010/75/EU),要求任何规模养殖场的污染排放必须获得相应排放许可证,其中将母猪大于等于 750 头或育成猪大于等于 2 000 头的养猪场界定为规模猪场。美国通过国家污染物排放削减许可证制度(The National Pollutant Discharge Elimination System,NPDES),要求任何规模畜禽养殖设施的排放活动均需要获得许可证,针对特殊及一般情况分别制定个体许可证和一般许可证等。排放限值上,以欧盟为例,欧盟委员会通过大气污染物排放上限指令(European Directive 2001/81/EC),对各成员国家二氧化碳、氮氧化物、挥发性有机物和氨气浓度每年的排放总量进行了限定。③畜禽粪污处理上,欧盟和美国分别通过硝酸盐指令和养分管理计划(Nutrient Management Plans,NMPs),对粪污的处理和还田等过程进行了规范。例如,硝酸盐指令中规定每公顷土地每年畜禽粪便的氮素施用量应小于 170 kg N,过渡期内每年每公顷土地最多不可超过 210 kg N 等。

表 12-2 CIGR 推荐畜禽舍污染气体最大浓度值

气体类型	最大浓度/ppm
二氧化碳(CO_2)	3 000
氨气(NH_3)	20
硫化氢(H_2S)	0.5
一氧化碳(CO)	10

12.1.2.2 技术措施

欧盟和美国均在技术层面上制定了相应的准则来控制环境污染。欧盟工业排放指令 IED 中明确规定以最佳可行技术(Best Available Techniques,BAT)为参考,减小畜禽养殖场对空气、水和土壤环境的污染。例如,为了减小猪舍氨气的排放,BAT 要求猪只饲养采用深坑漏缝地板结合营养管理、空气净化系统和粪污酸碱调节等技术手段;BAT 还对粪污(包括固体和固液混合物)存储过程、处理过程以及还田过程的相关技术进行了详细的规定。美国农业部自然资源保护服务组织针对畜禽养殖业的环境保护,制定了技术指南(Field Office Technical Guides,FOTGs)和综合养分管理计划(Comprehensive Nutrient Management Plans,CNMPs)。FOTGs 通过准则的形式对畜禽养殖过程中空气污染物、废弃物处理等提供技术指导,CNMPs 主要对粪便及污水的存储、处理、还田过程进行了规范。

12.2 环境精准控制物联网系统

随着传统家庭式养殖模式逐渐退出,取而代之的是集约化、规模化和设施化的养殖方式,这对猪只的健康高效养殖提出了更高的要求。设施养殖环境是保障猪只生产潜力充分发挥的基础,它不仅关系到猪只的福利健康,更与食品安全、产品质量和养殖场经济效益息息相关。目前,物联网、云计算、大数据等前沿科技手段与养殖环节中猪只生理生长特性的深度融合是环境精准控制的主要特点。环境精准控制物联网系统包括感知层、网络层和应用层 3 个方面:首先借助传感器感知技术检测并获取环境参数、动物身份、行为和健康状况等现场数据;随后建立数据传输和格式转换方法,充分利用无线传感器网络(Wifi、ZigBee、4G、5G)等多种现代信息传输通道,实现采集信息的多尺度的可靠传输;最后将获取的海量信息进行融合、处理并最终通过环境调控措施对猪舍环境进行精准调控,实现猪舍环境的自动化管理、最优化控制,保证猪舍环境的舒适和实现猪的健康高产。因此,猪舍环境精准控制物联网系统主要包括精准环境监测技术、信息传输技术、信息处理技术和环境调控措施 4 个方面。

精准环境检测技术是基于传感器的测量技术。近年来,畜禽养殖环境、生理和生长过程信息实时感知技术的发展十分迅速,这为实现猪舍精准环境控制提供了重要的技术支撑。精准环境检测技术主要包括猪舍环境参数检测、猪只个体身份识别以及体征和行为信息感知。

12.2.1 猪舍环境参数检测

猪舍内环境的精准调控是基于舍内环境参数的采集和系统评估的。环境参数检测的对象主要包括温热环境(温度、湿度、风速、太阳辐射)、有害气体(氨气、硫化氢、二氧化碳、恶臭)和颗粒物(PM2.5、PM10、TSP)。受以往环境检测设备的监测原理、价格昂贵、维修和携带困难等因素限制,环境参数检测设备只能够对单一环境参数进行短周期的离线检测。例如,依据电化学监测原理的氨气传感器存在随着使用时间的增加出现监测准确度下降、灵敏度变差、易出现漂移等现象。常用的颗粒物浓度检测设备,如 TEOM1405(微量振荡天平法)、5014i Beta(β射线法)或 DustTrak 8533(激光散射法)等,均存在价格昂贵、维护成本高、携带困难等问题,这导致环境调控措施多基于单一环境因素变化,无法实时准确反应动物的舒适性需求。现阶段,随着传感器技术的发展,一方面传感器检测原理不断改进,智能化的非接触式传感器不断涌现,大大提高了使用寿命和对猪只舒适程度的检测。如图 12-1(左)所示,丹麦丹迪动态公司

(Dantec Dynamics A/S)的舒适度探测器(Comfort Sense Probe),它能够综合环境中的温度、湿度、风速和太阳辐射等多参数对猪只的影响,通过加入猪只的体感温度评价算法,更加精准地反映猪只的舒适程度。另一方面,价格适宜、携带方便的多元环境参数集成检测设备不断得到使用,中国农业大学开发的便携式检测设备(Portable Monitoring Unit,PMU),如图 12-1(右)所示,通过将多种传感器集成于一个检测单元,结合无线传输技术,PMU 能够对猪舍内外的温湿度以及二氧化碳、氨气浓度等其他污染物进行实时在线检测,可提高环境监测效率,适用于在生产环境中进行长时间的连续监测。

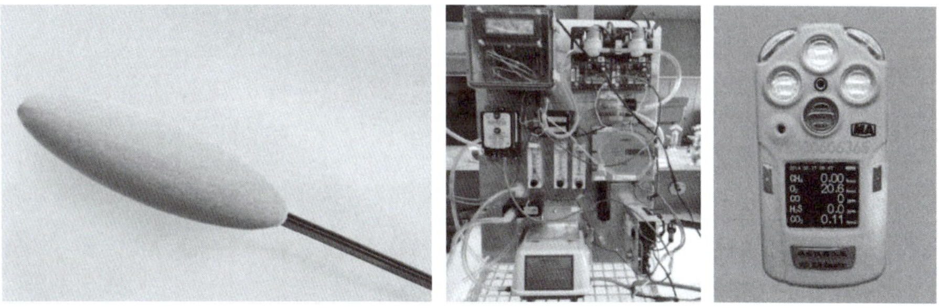

图 12-1 舒适度探测器(左)和畜禽舍多环境参数便携式检测设备(PMU,中、右)

12.2.2 猪只个体身份识别

不同生产阶段、不同生理状况的猪只对于环境的需求存在差异,个体身份识别技术为精准环境控制的个性化提供了信息基础,这在畜产品生产的全程跟踪与溯源中具有更大的意义。以往的身份识别费时费力,识别过程多为接触式,容易造成猪的应激反应,无法满足规模化生产需求。现阶段的个体身份识别技术主要包括图像识别和电子耳标。京东数科旗下的京东农牧公司利用图像处理技术对猪脸部进行识别[图 12-2(左)],猪脸识别过程为非接触方式,不仅减少了猪的应激,还大大提高了识别效率,降低了人力成本,但现阶段猪脸识别技术仍缺乏足够的基础数据,需要进一步完善。电子耳标与射频识别(RFID)技术的结合是目前使用较为广泛的身份识别方式。如图 12-2(右)所示的为无锡富华科技公司自主研制的 RFID 芯片,通过阅读器与标签之间进行非接触式的数据通信,达到了快速识别目的,同一芯片可以封装为不同形式的标签。电子耳标的普遍使用为智能化养猪的推广起到重要作用。

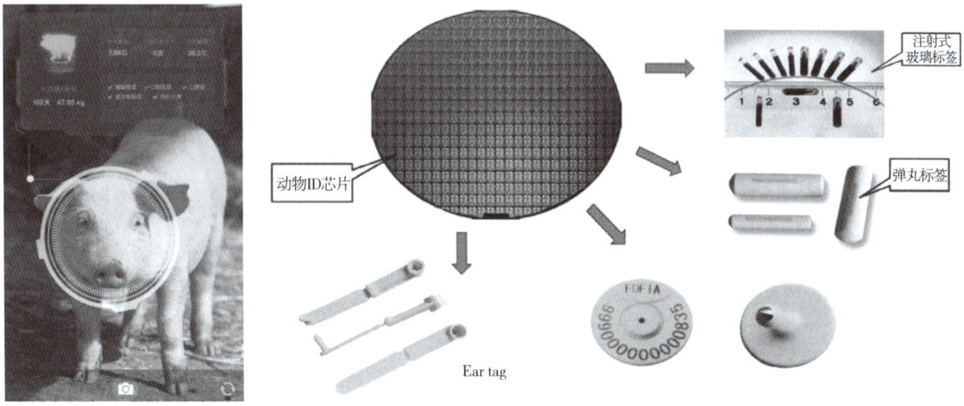

图 12-2 猪脸识别技术示意图(左)和猪电子耳标(右)

12.2.3 体征和行为信息感知

精准环境调控不仅需要检测环境参数的变化，还需要对猪只的体征和行为信息进行实时监测，只有在对猪只的健康状况和行为充分了解的基础上，才能更加准确地掌握环境调控的方式和程度。体征和行为信息实时感知技术是研究猪只行为、反映猪只健康的重要手段之一，其主要借助机器视觉、图像处理、定位和声音识别等方法获取猪只的体态、体尺、地理位置、行为和健康状况等信息。相较于常规周期性人工检测模式，感知技术的特点在于可以实现无接触和无应激式的实时检测，极大地提高了对猪只行为的感知能力。如图 12-3 所示为比利时 SoundTalks NV 公司的呼吸窘迫检测系统（Respiratory Distress Monitor，RDM），该系统将多个微型麦克风悬挂于猪栏上方，通过检测猪只发出的声音，分析声频等信息，抓取主要的咳嗽声，结合呼吸窘迫指标判别猪只的健康状况并锁定声源位置，为早期的呼吸窘迫提供预警。

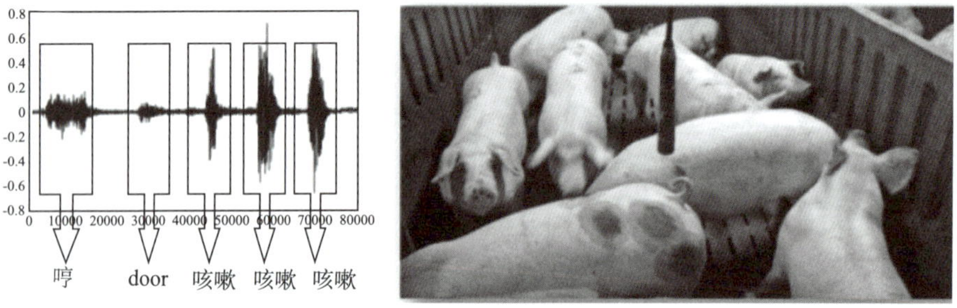

图 12-3　呼吸窘迫检测系统（SoundTalks NV 公司）

12.2.3.1 信息传输技术

信息传输技术是连接物联网系统感知层与应用层的中间环节，节点信息传输的实时性和可靠性关系到环境调控措施执行的准确性，其包括有线传输和无线传输。由于有线网络传输需要铺设大量的电缆，增大了系统投资和维护的困难性，同时存在监测容量较小等不足之处。无线传感器网络（WSN）在计算机技术、传感器技术和网络通信技术不断发展背景下应运而生。WSN 是由大量具有片上处理能力的微型传感器节点组成的网络，通常包括传感器节点、网络基站和监控站点，目的是协作地获取和处理网络覆盖区域中感知对象的信息，并发送给系统。根据通信距离、覆盖范围可以分为无线局域网技术、无线广域网技术。

12.2.3.2 信息处理技术

当节点端信息实时和准确地上传至系统端后，需要信息处理技术对海量数据进行存储、分析和决策，从而将具体的调控措施命令下行至环境控制器，这是精准环境控制的“大脑”。因此，信息处理技术主要包括对数据进行评判的环境评价指标和阈值以及数据处理系统。

1. 环境评价指标和阈值

为了对收集处理后的信息进行准确评价，以便更加合理地做出决策。环境评价指标和阈值是在准确理解猪对生长环境变化的自然行为响应的内涵基础上制定而成的，可用来判断猪只的舒适程度，是精准环境调控决策的主要依据。

环境中的温度、湿度和风速以及太阳辐射是影响猪只舒适程度的重要环境参数。目前，应用较为广泛的环境评价指标是温湿度指数（THI）。THI 指数综合考虑了温度和相对湿度对猪只的综合影响，常用来评价猪的热应激程度，作为通风、降温措施调控的依据，但指标中未计算风速对猪只舒适度的影响。Bjerg 等提出的有效温度(ET)指标考虑了温度、相对湿度和风速对猪只体感温度的综合影响,为猪只在不同环境下的 CFD 模拟提供了参考依据,但指标未给出阈值范围。THI 和 ET 指数的计算公式和阈值如表 12-3 所示,式中 T 为干球温度,单位为℃;RH 为相对湿度,单位为%;V 为风速,单位为 m/s。

表 12-3 评价指标和阈值

综合评价指标	计算公式	阈值
温湿指数(THI)	$\mathrm{THI} = (1.8T+32) - [0.55(\mathrm{RH}/100) \times [(1.8T+32)-58]$	无热应激 THI≤74 轻度热应激 75≤THI≤78 重度热应激 79≤THI≤83 极度热应激 THI≥84
有效温度(ET)	$\mathrm{ET} = T + 0.0015(\mathrm{RH}-50)T + [-1.0(42-T)(V^{0.66}-0.2^{0.66})]$	

除了通过综合评价指标对猪舍环境进行评价,限制各单一环境参数的阈值也是较为常用的环境调控指标。养猪企业通常在国家和行业标准的基础上(如 GB/T 17824.3—2008、NY/T388—1999),更加严格地制定企业标准。中国最大的养猪企业——广东温氏食品集团股份有限公司也总结了在南方设施养殖生猪的环境精准控制参数(表 12-4)。但在实际的环境控制物联网系统中,评价指标和阈值的选定可以因地域、季节及养殖方式等的不同而进行调整,以便增加控制系统的适应性。

表 12-4 温氏集团推荐的设施养猪舍内环境参数控制阈值(熊本海等,2018)

项目		1~7 日龄乳猪	哺乳仔猪	保育猪	生长猪	肥青猪	后备母猪	生产母猪	带仔母猪	公猪
体重/kg		1.0~2.5	2.5~7.5	7.5~20	20~60	60~110	100~130	130~230	130~230	100~250
每栏数量/头					10~20	10~20	1~6	1	1	1
环境温度/℃	高	35	28	28	24	22	18	18	18	24
	低	28	24	24	22	18	16	16	16	18
环境湿度/%		60~70	60~70	60~70	60~70	60~75	60~80	60~75	60~80	60~70
换气量/[m^3(h·kg)]	高	1.88	4.7	4.7	14.1	37.6	112.8	188	244.4	244.4
	低	4.7	14.1	14.1	37.6	112.8	206.8	244.4	432.4	432.4

2.环境控制的大数据技术

大规模和高密度养猪场的节点数据具有数据量大、形式多样、实时性强、关联度高等特点,基于大数据的处理方式能够更加全面地挖掘环境的细微动态变化和相互间的内在关系等,为更加精准和及时的环境调控决策提供知识支持。目前,农业大数据的主要处理技术是 MapReduce软件模型和 Haddoop 分布式系统架构,可处理的数据不仅包含环境数据、动物生理和行为数据，还包括管理信息数据、市场经济数据等。除了具有监测、调控功能外，还可以进行预警、数据挖掘和信息服务等。该系统具体框架如图 12-4 所示，主要包括分布式文件系统(HDFS)与 MapReduce 的并行计算框架：HDFS 的主要作用是整合不同地址的海量数据资源，为并行计算分配不同地址的海量数据资源并向用户分享可公开访问的数据；MapReduce 框架包括 Mapper 主机、Reducer 主机、Worker 主机，Mapper 主机根据用户请求转化为对应的计算任务，根据 Worker 主机数量建立任务池，并下发给各 Worker 主机，Worker 主机依照任务从 HDFS 资源池获取资源、进行运算，运算结果将提交给 Reducer 主机进行进一步的整合、统计，获取从海量数据中挖掘出的价值信息，并将价值信息反馈给用户或进行存储。

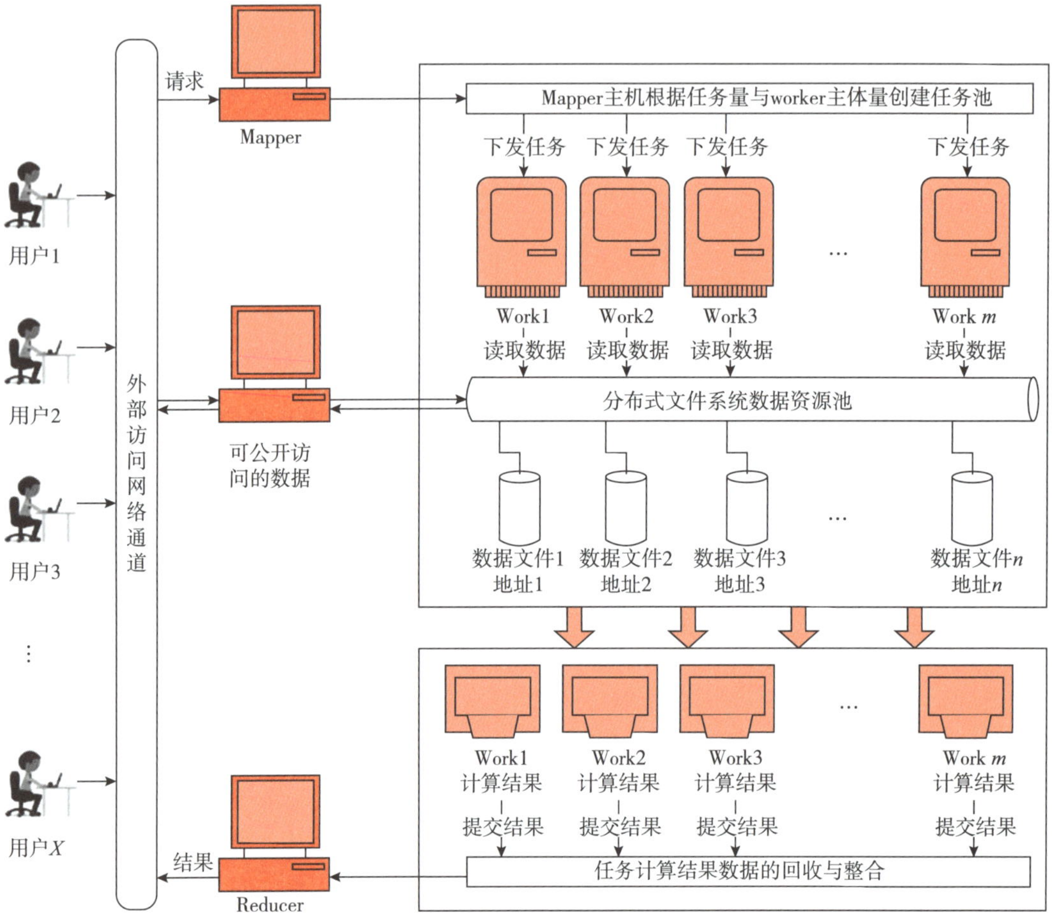

图 12-4　基于 Hadoop 架构与 MapReduce 软件模型的大数据处理与计算框架(李道亮、杨昊，2018)

3. 人工智能技术的应用

人工智能在智能化环境控制方面的应用主要在于深度学习与猪只行为与体征信息识别的结合，进而对环境调控提供参考依据。深度学习算法是一种以人工神经网络数学原理为基础、以多层参数学习体系为结构、以海量数据训练参数的机器学习算法。其特点是可自动抽取数据中蕴含的特征，并可对高维复杂变量间的关系进行数学表示，理论上可以通过深度学习算法对现实世界的一切过程进行数学表达，其中应用最为广泛的是图像识别、语音识别等技术。如图 12-5 所示，猪只个体和行为的准确识别与追踪对于环境造成的猪只应激等具有重要作用，但在摄像头观察中常受到光线弱、相互重叠等因素的影响，传统的机械学习方法无法有效地解决实际问题，基于大数据模式下的深度学习方法（卷积神经网络）等可以大大提高识别和追踪的准确度，及时做出环境调控决策。

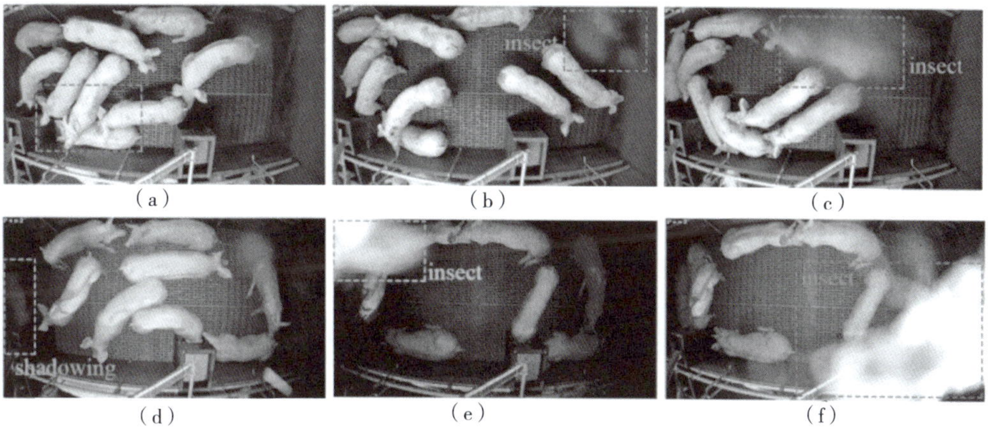

图 12-5 基于卷积神经网络的动物个体和行为识别与追踪（刘平等，1997）

12.2.4 环境调控技术

环境调控技术作为物联网的应用层，是精准环境控制的实现手段，主要包括环境调控措施和环境调控方案。

12.2.4.1 环境调控措施

目前主要的环境调控措施包括通风、降温、保温和加温以及空气净化技术。通风技术通过增加猪舍与外界空气的交换来改善舍内的空气质量，增加空气流动性。降温技术用来减少夏季高温对猪只的影响，降低猪的热应激程度。保温和加温技术通过改善建筑围护结构保温性能或通过增加热源的方式以减少冬季低温对猪的影响，降低猪的冷应激程度。空气净化技术是为了减小猪舍恶臭或污染气体浓度，降低对周边地区和大气环境的影响，主要包括除尘和除臭技术。上述 4 种环境调控技术常会相互联合使用，以更好达到环境调控的目的。

1. 通风

大规模、高密度的养殖方式会导致猪舍内集聚高浓度的有害气体、细菌和病毒等，这对猪只和工作人员的健康产生威胁，还会降低猪的生产性能。通风调控是改善舍内空气质量环境的重要手段。此外，通风还能够加速舍内空气流动，增加猪体的对流和蒸发散热，具有一定降温作用，常与湿帘等降温技术结合使用，提高降温效果。通过改变风机和进风口的位置、调整通风量的大小等方式可以得到不同的通风管理方式。传统的通风方式较为单一，不同时段、不同季节的通风方式和通风量的调控多基于工作人员的经验，无法满足猪只的舒适性需求。如图 12-6 所示为美国地区广泛采用的混合通风系统，即在寒冷的冬季，通过坑道通风方式维持最小通风量[图 12-6(a)]，在保证舍内温度的前提下降低有害气体浓度；在温度适宜的春秋季，通过打开侧墙的方式形成自然通风[图 12-6(b)]，降低耗电量；在炎热的夏季，为了满足猪只的降温效果，减少猪只热应激程度，采用通风量较大的隧道通风或横向通风方式[图 12-6(c)、12-6(d)]。

（a）坑道通风（冬） （b）自然通风（春季和秋季）

（c）隧道通风（夏） （d）横向通风（夏）

图 12-6 混合通风系统（Hybrid Ventilation System）

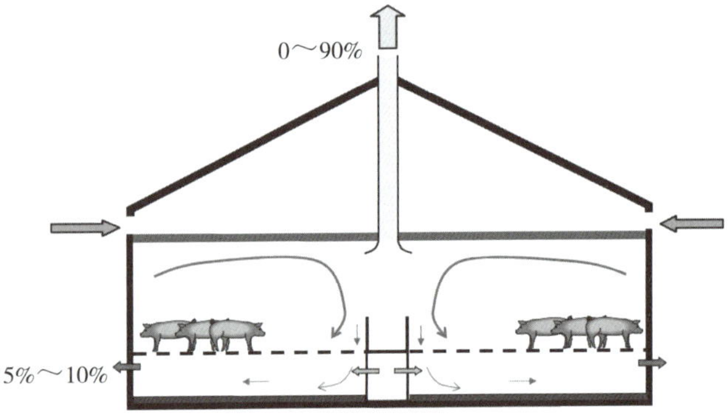

图 12-7 局部坑道通风

除了采用整舍的通风方式外，对猪舍内部分区域进行通风的局部通风方式也是改善舍内空气质量的重要通风调控手段。相较于整舍通风，局部通风能够更加精准地调节舍内环境。坑道通风（Pit Ventilation）是一种负压通风方式，通常在猪舍漏粪地板下方一端安装风机，排出粪道内的有害气体。坑道通风能够减少粪坑中氨气等有害气体向猪舍内流动，可有效降低猪舍内有害气体的浓度。如图 12-7 所示为丹麦奥胡斯大学农业工程学院张国强团队提出的局部坑道通风系统（Partial Pit Ventilation），相较于坑道通风需要较大的通风量，局部坑道通风仅需要 10%的最大通风量，便可有效降低猪舍内有害气体浓度。

2. 降温

高温导致的热应激会严重降低猪的生产性能，导致福利水平下降。降温技术是减轻猪热应激程度的重要措施。除采用通风所带来的对流降温方式外，降温方式还包括蒸发降温、传导降温和辐射降温等，其中蒸发降温属于潜热散热，其余方式为显热散热。降温措施可分为整舍降温和局部降温。如图 12-8 所示，目前国内外使用最为广泛的整舍降温方式是湿帘-风机降温系统，系统主要由湿帘、风机、水循环和自控装置组成。湿帘通常安装在一端山墙或侧墙上，风机位于另一端山墙，排风形成负压环境，迫使舍外未饱和的空气流经多孔湿润的湿帘表面。湿帘的蒸发效率可达到 75%～90%，通风阻力损失为 10～40 Pa，夏季舍内的风速可保持在 0.5～1.0 m/s，气温可控制在 30 ℃以下。湿帘-风机降温系统的降温效果显著，运行稳定可靠，可应用于各生长阶段猪舍。相较于仅进行通风降温的猪舍，湿帘-风机降温猪舍能够显著降低舍内温度，增加温度分布均匀性，提高猪只生产性能。需要注意的是，湿帘-风机降温系统属于蒸发降温，蒸发降温方式利用了水的潜热和显热间的变化，在降温的同时也会导致舍内湿度升高，在高温高湿地区的降温效果会受到限制。

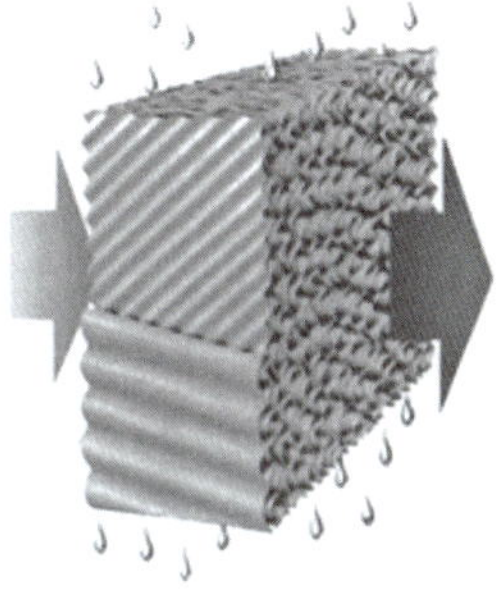

图 12-8　湿帘降温原理与现场应用

除整舍降温外，局部降温作为一种补充降温方式可对舍内局部地区温度进行精准调控，多应用在哺乳母猪舍，可以有效解决母猪与仔猪对温度需求差异的矛盾。常用的局部降温措施有喷淋或喷雾降温、滴水降温、猪鼻部蒸发降温、地板降温等。水冷式猪床降温系统是一种利用热辐射降温原理的局部降温技术，主要应用于妊娠与哺乳母猪舍。该系统根据母猪的体尺、生理需求、行为习性并结合猪栏的结构进行设计，在猪体躺卧区周围搭建拱棚型壁面，壁面由均匀分布的水平镀锌钢管所构成，将钢管内通入流动的地下水对猪体进行辐射降温(图 12-9)。如图 12-10(彩图另见二维码 12-1)所示为水冷式猪床降温系统的气流(左)和温度场(右)的 CFD 模拟结果，从结果可以看出，水冷式猪床降温系统内部出现了明显的对流换热，是典型的自然对流降温形式。猪床内部的空气温度随着时间的增加不断降低，在 180 s 收敛时达到充分换热。水冷式猪床降温系统可有效降低猪体躺卧区周围空气温度，在猪床外界环境波动较大时，内部的空气温度仍可维持在 25～30 ℃，可避免猪体周围小气候的过冷或过热，减少母猪热应激的发生。此外，通入猪床内的地下水还可以用来供猪饮用或其他生产使用，使水资源得到充分利用。

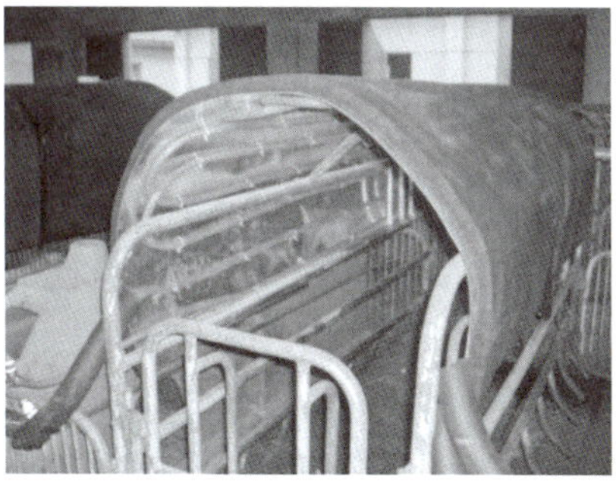

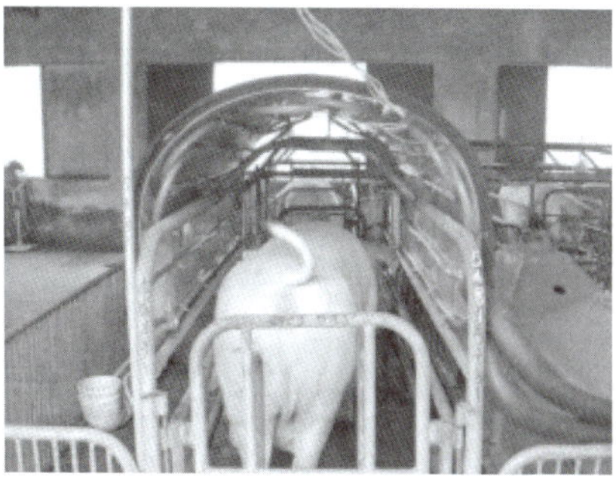

图 12-9　水冷式猪床降温系统

二维码 12-1

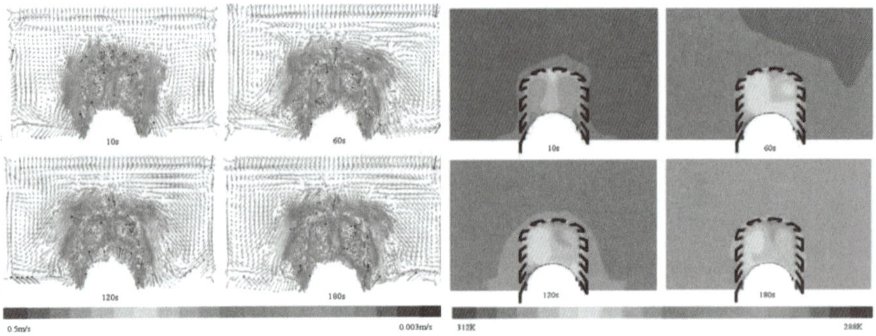

图 12-10 水冷式猪床降温系统气流场和温度场 CFD 模拟结果

3. 保温和加温

低温不仅会导致猪的冷应激，降低猪的代谢能力和生产性能，还会导致舍内出现高湿和有害气体浓度较高的现象，会增加猪呼吸道等相关疾病的发生概率。不仅如此，相较于育成猪，仔猪由于抵抗力较差，对温度的要求更加苛刻，温度的波动会引起仔猪感冒、咳嗽等疾病的发生。因此，冬季猪舍的保温和加温技术是保障猪舍温度适宜的重要措施，特别是北方寒冷地区的猪舍。

建筑围护结构的保温性能对冬季舍内环境控制起到基础决定性作用。围护结构保温性能不达标，一方面导致围护结构内表面结露、结冰，加速围护结构衰变，进一步降低猪只的体感温度；另一方面将导致舍内易形成低温高湿的环境状况，增加温湿度的波动性，增大建筑能耗。因此，应根据所在地区的气候条件，合理设计围护结构保温性能参数。建筑围护结构的热阻是保温性能中重要的参数，加拿大制定了畜禽舍建筑围护结构保温性能手册，建议冬季舍外设计温度在 −12.2 ℃的地区，猪舍的天花板和墙体的围护结构热阻值分别为 2.12(m^2 · K)/W 和 1.76(m^2 · K)/W；与我国东北地区纬度相近的日本，对 1 月平均气温小于 −6.7 ℃的猪舍的围护结构热阻建议值为 1.37(m^2 · K)/W。

在良好的建筑围护结构保温基础上，可采用加温技术提高舍内温度。加温技术分为集中加温和局部加温，集中加温包括热水散热器、热水管和热风炉加温等。由于集中加温一次性投入大、维护成本高、能耗大、较难精准控制温度等，在实际中较少采用。局部加温利用红外加温等采暖设备可以使猪舍的局部区域达到理想的温度，多应用于分娩母猪和断奶仔猪舍中，保障仔猪对温度的需求。目前，局部加温中应用较为广泛的是保温灯、保温箱或电热板等。如图 12-11 所示为美国艾奥瓦州立大学农业和生物系统工程教授 Hoff 研究的智能化局部加温系

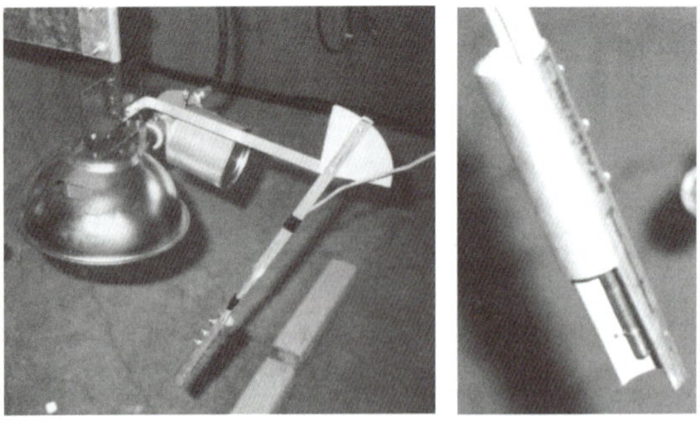

图 12-11 智能化局部加温系统(Matthieu，2017)

统在仔猪舍中的应用。通过在红外辐射加温灯下方一定位置处安装半遮挡的温度传感器，可以测量加温区域内的平均温度，借助反馈调节系统可以精准地对仔猪加温时间、加温温度进行调控，摆脱了传统的仅凭借工作人员经验的加温模式。

4. 空气净化技术

猪舍内的空气污染物不仅会对猪只和工作人员的健康产生危害，当空气污染物排出到舍外时，还会对周边地区和大气环境造成污染。随着环保意识的增强，空气净化技术逐渐成为环境控制系统中必不可少的环节。空气净化技术分为除尘和除臭，主要针对空气污染物产生的源头、扩散和末端处理 3 个过程，原理上主要分为物理法（静电除尘、喷雾除尘、紫外线辐射消毒等）、化学法（臭氧处理、过氧乙酸处理等）和生物法（发酵床、生物过滤器等）。常用的除尘技术有静电除尘和喷淋除尘。在美国和欧洲地区，喷淋除尘中使用植物油或油水混合液代替水被证实是一种降低规模猪舍颗粒物浓度的有效办法[图 12-12(左)]。欧美地区常用的除臭技术为生物过滤器，即利用多孔填料床中的微生物降解技术吸收空气中的污染物，常置于猪舍排风机末端，是一种有效的除臭方式[图 12-12(右)]。

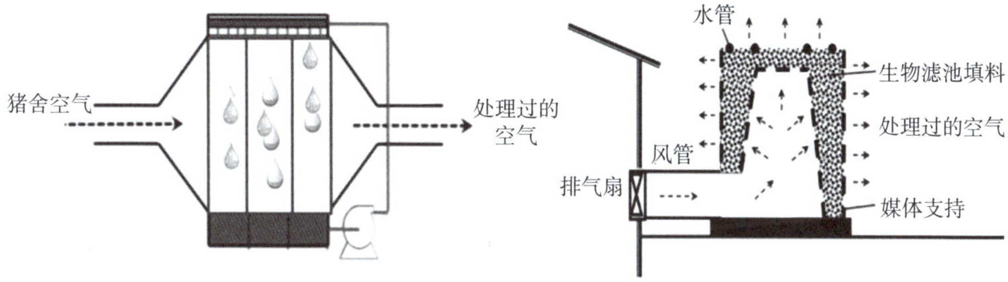

图 12-12　油水混合喷淋除尘系统(左)和生物过滤器(右)(zifei，2006；Big Dutohman，2022)

随着规模化猪舍的不断涌现，除尘和除臭技术逐渐融合为一体，发展成为多阶段的废气处理系统。Big Dutchman 公司发明了猪舍两阶段（IUS-P）和三阶段（MagixX-P$^+$）废气处理装置。图 12-13 所示为 MagixX-P$^+$ 三阶段生物化学废气处理系统，其中第一阶段的过滤层通过喷淋水来主要吸收颗粒物和部分氨气，第二阶段过滤层通过加入硫酸等酸性液体调节 pH，主要用来吸收氨气，能够实现氨气的有效过滤，第三阶段过滤层中填充灌木等实现臭气的微生物转化。这三阶段处理对氨气、TSP、PM10 和 PM2.5 的去除率分别达到了 87%、94%、90%和 97%，可控制臭气浓度小于等于 300 OU/m^3。

图 12-13　MagixX-P＋三阶段生物化学废气处理系统

12.2.4.2 环境调控方案

环境调控措施的选择因不同气候区、不同季节的影响以及不同生理和生长阶段猪只对环境的需求而改变，因此，需要采用不同的环境调控方案。以通风调控为例，对于气候温和的地区，普遍采用的是低能耗通风[图 12-14(左)]，在寒冷季节，冷空气通过侧窗导向屋顶，与上层暖空气混合后下降至地面；在温暖季节，通过增大通风量增大舍内负压，空气高速进入舍内，形成舍内空气循环。对于气温变化较大的热带和亚热带地区，通常采用联合隧道通风[图 12-14(右)]，在寒冷季节，采用侧墙进风中央排风的形式组织通风；在温暖季节，为了增加降温效果，采用湿帘-风机降温方式的隧道式通风。以丹麦地区猪舍的通风调控方案为例，丹麦通常采用烟囱风机排风和屋顶排风的方式组织冬季和非冬季状态下舍内的通风形式[图 12-15(a)、12-15(b)]。引入局部坑道通风改善舍内的空气质量后，冬季采用侧窗射流方式进风，坑道排风的机械通风方式组织舍内空气循环，提高舍内空气质量；非冬季状况下，采用侧窗进风，屋顶和坑道共同排风的自然通风方式组织通风[图 12-15(c)和 12-15(d)]。

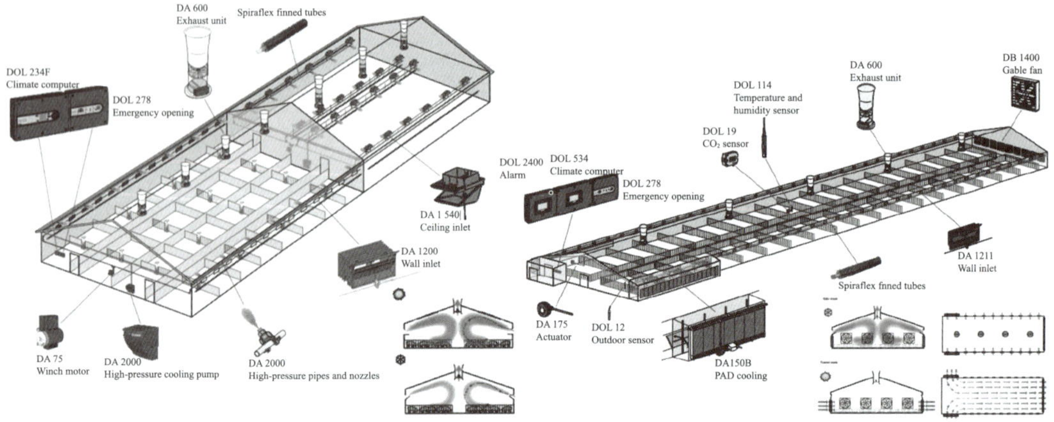

图 12-14 低能耗通风(左)和联合隧道通风(右)(Skov Climate for Growth,2015)

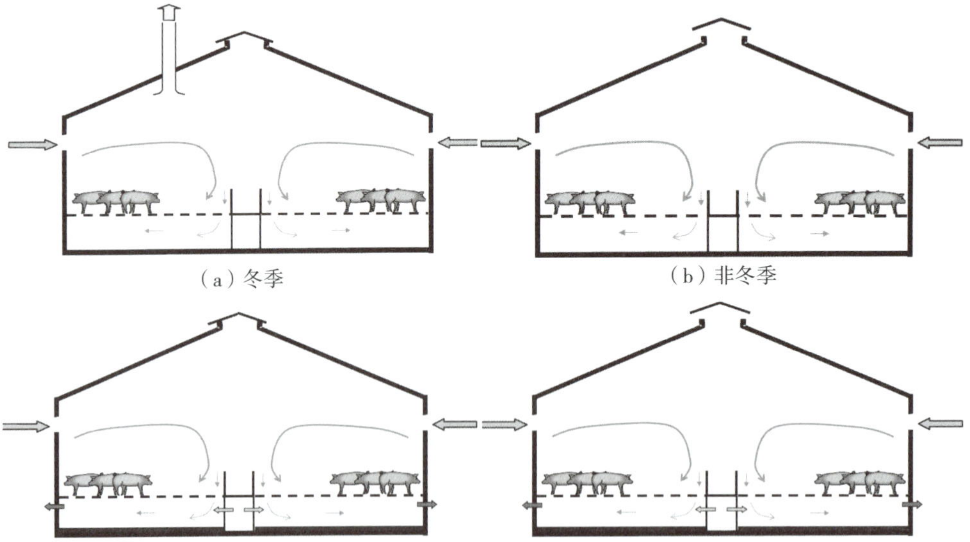

(a) 冬季　(b) 非冬季

(a) 冬季　(b) 非冬季

图 12-15 通风调控方案

12.3 典型案例分析

12.3.1 广东温氏食品集团股份有限公司——“智慧养猪”

广东温氏食品集团股份有限公司是我国最大的生猪养殖企业，率先开展了生猪养殖物联网与大数据平台的应用研究。图 12-16 所示是温氏集团的物联网信息化建设框架与实现的基本功能。在智能化环境控制方面，采用 RFID 电子耳标获取猪只的身份信息，通过视频对养殖栏进行监控并获取猪的生理与行为特征，建立无线传感器网络对猪舍多环境参数进行检测，自动记录数据并利用传输技术将数据集成到数据处理中心，通过智能终端与远程控制的方式对生产设备进行调控，可在手机和网页进行终端显示，紧急情况下可实现手机短信预警等功能。不同于一般的事后分析系统，该物联网系统可在线分析与决策，可实现管理抉择的及时性以及生产效率和效益的最大化。

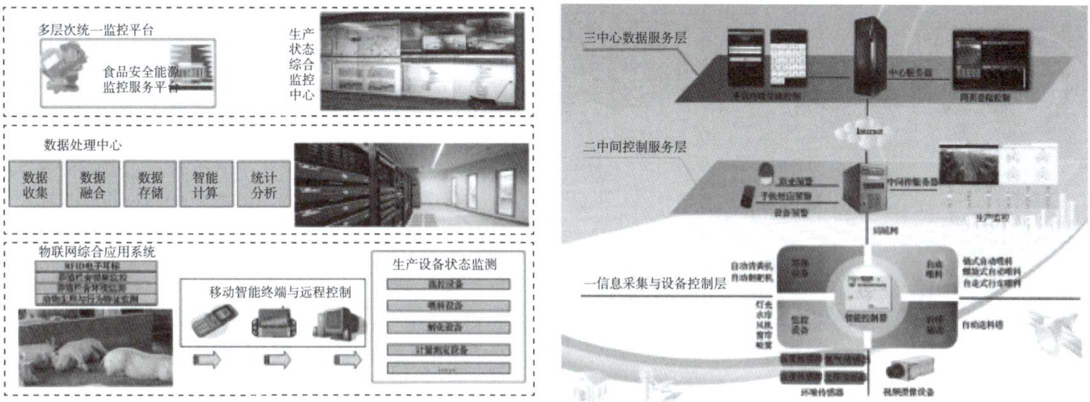

图 12-16 广东温氏食品集团股份有限公司“智慧养猪”物联网框架与基本功能

12.3.2 北京农信互联科技集团有限公司——“猪联网”

北京农信互联科技集团有限公司是一家农业互联网高科技企业，立足于生猪产业，打造了生猪产业智能服务平台“猪联网”，包括猪管理（猪场 SaaS）、猪小智（猪场 AIOT）、猪交易（投入品采购＋生猪销售＋网络货运）、猪金融（产业金融）、猪服务（在线问诊、行情资讯、猪场大脑）五大核心平台，为生猪产业提供全方位的智能化服务体系，开创数字经济时代的智慧养猪新生态。如图 12-17 为“猪联网”物联网和情景化养殖平台，在智能化环境控制方面，“猪联网”系统采用无线传感器网络和机器视觉等技术，实现对环境参数、猪的体重、膘情、发情状况的实时监测，基于大数据平台对数据进行处理和决策。该系统的特点在于：一方面，系统可以将猪场环境管理等方式情景化，提供了一种全新的交互体验；另一方面，通过移动端的掌上猪场管家，可以随时随地检测猪场环境数据，查看分析报告，远程下达命令。

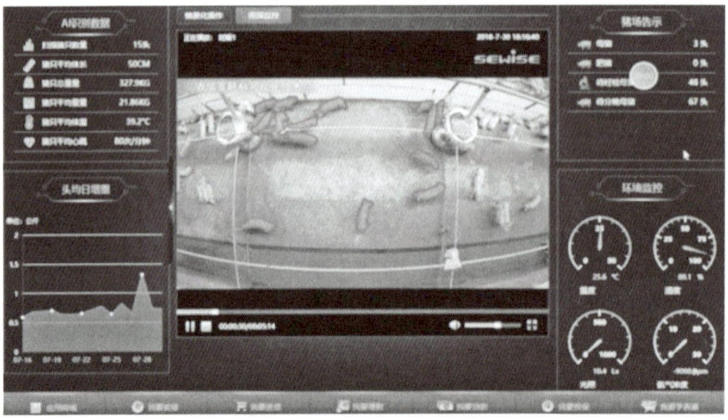

图 12-17 北京农信互联科技集团有限公司——“猪联网”

12.3.3 睿畜科技——“天蓬 AIoT”

睿畜科技是一家养猪产业智能化管理服务提供商，旨在通过信息化、智能化管理应用，提高猪场的生产效率，降低养殖成本，提升猪肉品质。如图 12-18（彩图另见二维码 12-2）为睿畜科技的“天蓬 AIoT”物联网系统，在猪只和环境管理方面，“天蓬 AIoT”物联网系统运用较为全面的传感器感知层，采用放置猪只耳部的低功耗“电子医生”传感器监测猪的体温和排卵时间，通过电子耳标和机器视觉技术进行个体身份追溯、定位和行为识别，通过广域物联网形成互联，最终实现猪只和环境的智能化管理。

二维码 12-2

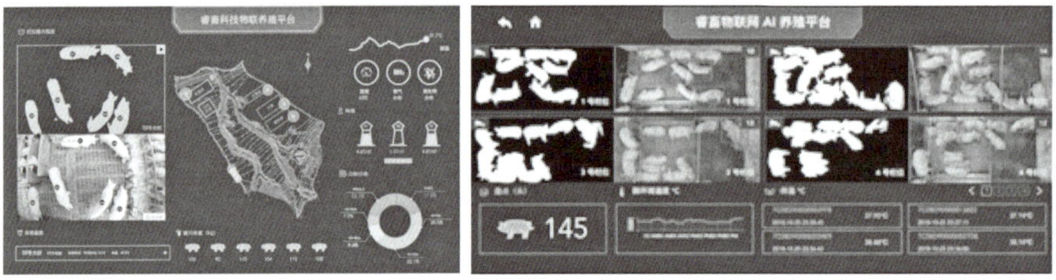

图 12-18 睿畜科技——“天蓬 AIoT”

参考文献

东北农学院. 家畜环境卫生学. 2 版. 北京：农业出版社，1990.

董大明，郑文刚，赵贤德，等. 禽舍硫化氢气体浓度检测系统及方法. CN102269699A. 2011-12-07.

介邓飞，泮进明，应义斌. 规模化畜禽养殖污染气体现场检测方法与仪器研究进展. 农业工程学报，2015，31(1)：236-246.

李道亮，杨昊. 农业物联网技术研究进展与发展趋势分析. 农业机械学报，2018.

刘平，马承伟，李保明，等. 猪舍夏季降温技术应用研究现状. 农业工程学报，1997，13(S1)：54-59.

庞真真. 母猪冷水降温猪床的试验研究. 北京：中国农业大学，2011.

滕光辉. 畜禽设施精细养殖中信息感知与环境调控综述. 智慧农业，2019，1(3)：1-12.

王朝元，计博禹，施正香，等. 一种畜禽舍空气环境质量检测系统及其使用方法. CN105737905A. 2016-07-06.

熊本海，杨亮，郑姗姗. 我国畜牧业信息化与智能装备技术应用研究进展. 中国农业信息，2018，30(1)：

17-34.

翟海英.寒冷地区畜舍建筑节能设计研究.北京:北京农业工程大学,1993.

中华人民共和国国家标准 规模猪场环境参数及环境管理 GB/T 17824.3—2008.北京:中国标准出版社,2008.

中华人民共和国国家标准 畜禽场环境质量评价准则 GB/T 19525.2—2004.北京:中国标准出版社,2004.

中华人民共和国国家标准 畜禽养殖业污染物排放标准 GB 18596—2001.北京:中国标准出版社,2001.

中华人民共和国国家环境保护标准 畜禽养殖产地环境评价规范 HJ 568—2010.北京:中国环境科学出版社,2010.

中华人民共和国国家环境保护标准 畜禽养殖业污染防治技术规范 HJ/T 81—2001.北京:中国环境科学出版社,2001.

中华人民共和国国家环境保护标准 畜禽养殖业污染治理工程技术规范 HJ 497—2009.北京:中国环境科学出版社,2001.

中华人民共和国农业行业标准 畜禽场环境污染控制技术规范 NY/T 1169—2006.北京:中国农业出版社,2006.

中华人民共和国农业行业标准 畜禽场环境质量标准 NY/T 388—1999.北京:中国标准出版社,1999.

Big Dutchman. Porcus. 2022-03-16. https://www.bigdutchman.com/en/pig-production/products/detail/porcus/.

Big Dutchman. PURO. 2022-03-16. https://www.bigdutchman.com/en/pig-production/products/detail/puro/.

Bjerg B, Rong L, Zhang G. Computational prediction of the effectivetemperature in the lying area of pig pens. Computers and Electronics in Agriculture, 2018, 149:71-79.

CIGR. Climatization of animal houses, report of working group on climatisation of animal houses. Report of Working Group, Aberdeen, Scotland, 1984.

European Commision. Integrated pollution prevention and control reference document on best available techniques (BAT). Reference Document for the Intensive Rearing of Poultry or Pigs. European Commission, 2017.

European Commission. Directive 2001/81/EC of the European parliament and of the council of 23 October 2001 on national emission ceilings for certain atmospheric pollution. Off J Eur Union, 2001.

European Commission. Directive 2010/75/EU of the European parliament and of the council of 24 November 2010 on industrial emissions (integrated pollution prevention and control) Off J Eur Union, 2010.

European Commission. Council Directive of 12 December 1991 concerning the protection of waters against pollution caused by nitrates from agricultural sources (91/676/EEC) Off J Eur Union, 1991.

Hahn G L, Mader T, Eigenberg R A. Perspective on development of thermal indices for animal studies and management. EAAP Technic Series, 2003, 7:31-44.

Hoff S J . Feedback Sensor Development for IR-Based Heaters Used in Animal HousingMicro-Climate Control. Applied Engineering in Agriculture, 2009, 25(3):403-415.

Joo H S, Ndegwa P M, Heber A J, et al. Particulate matter dynamics in naturally ventilated freestall dairy barns. Atmospheric Environment, 2013, 69:182-190.

K-STATE Research and Extension. Design and Management of Biofilters for Odor Reduction of Livestock Facilities. 2017-11-01. https://bookstore.ksre.ksu.edu/pubs/MF3387.pdf.

Zhang L, Gray H, Ye X, et al. Automatic individual pig detection and tracking in pig farms. Sensors, 2019(5):1188.

Lévesque A, Girard M, Létourneau V, et al. Achieving a Greater Reduction of Airborne Emissions from Swine Buildings by the Combination of Different Technologies. EMILI, 2017.

Takai H, Pedersen S, Johnsen J O, et al. Concentrations and Emissions of Airborne Dust in Livestock Buildings in Northern Europe. Journal of Agricultural Engineering Research, 1998, 70(1):59-77.

United States Department of Agriculture-Nature Resources Conservation Service (USDA-NRCS). Part 600. 5-Comprehensive Nutrient Management Planning Technical Guidance. National Planning Procedures Handbook, 2003.

United States Environment protection Agency-Complied Concentrated Animal Feeding Operations Final Rule. Part 122. EPA Administered Permit Programs: The National Pollutant Dischange Eliminations System, 2012.

第 13 章 养猪智能养殖设备与养猪机器人研究进展

【本章提要】 本章主要介绍智能养殖设备与养猪机器人的研究进展。智能养殖设备是提高生产效率、增强生产能力的物质基础。本章重点介绍母猪电子饲喂站等智能饲喂设备,以及猪舍消毒机器人等养猪机器人的研究进展。

13.1 引言

畜禽智能养殖设备是智能农机装备的组成部分之一,代表农业先进生产力,是提高生产效率、转变发展方式、增强农业综合生产能力的物质基础,也是国际农业装备产业技术竞争的焦点。当前,我国畜牧业现代化加速发展,畜禽养殖设施化、规模经营比例显著增加,但随着农业劳动力大量转移,对农机装备技术要求更高,产品需求巨大。长期以来,我国畜禽养殖装备技术,尤其是智能设备研究基础薄弱,整机可靠性和智能化程度不高,核心部件和高端产品依赖进口,导致饲料及兽药等投入品管理粗放。核心养殖设备尤其是作业机器人严重缺乏,导致畜牧业生产综合生产力低下且成本居高不下。例如,最能体现一个国家猪业养殖水平的是繁殖母猪的生产力——一头繁殖母猪一年提供的断奶仔猪数量,即 PSY。畜牧业发达国家如荷兰、丹麦可达 30 头以上;尽管近年来我国 PSY 整体水平不断提高,但总体上与高水平的国家差距明显,2016 年 PSY 仅为 17 头左右。考察奶牛场的精细化管理水平,如智能饲喂与自动挤奶设施装备,一定程度上能够反映出一个国家或地区的智能养殖设备状况。以色列奶牛年平均单产超过了 11 t,美国接近 10 t,而我国总体水平为 6.5 t。此外,从生产成本上比较,我国肉蛋奶生产总体成本明显偏高,缺乏市场竞争力。例如,牛羊肉的生产成本是美国、澳大利亚的 2～3 倍,生乳生产成本是新西兰的 2 倍以上。国际多家知名农机企业凭借技术和资本优势全面进入我国,抢占我国高端畜禽养殖设备市场。因此,加快发展智能养殖装备技术与研发新产品,提升智能养殖装备供给能力,缩小与国外主流产品差距,对于支撑现代畜牧业发展、保障畜产品安全意义重大。本章试图总结国际上智能装备的主要研发方向及核心产品,以及我国在本领域已研发产品与存在的差距,为本领域的国产产品的产业化研发提供技术参考。

13.2 养猪饲喂智能设备研发

养猪产业包括种猪的饲养及商品猪的饲养。种猪生产的主要养殖设备包括种猪性能测定站、繁殖母猪饲喂设备等。商品猪的饲养一般指仔猪断奶后用于育肥猪的全饲养过程,其养殖设备主要包括保育猪及生长肥育猪饲喂设备等。

13.2.1 种猪性能测定站

种猪性能测定站主要用于自动测定种猪的生长性能,主要通过动态测定待测猪只个体的体重变化及采食量，用于计算猪只不同生理生长阶段的饲料转化效率，以评价测定种猪的生长性能，即料肉比。因此，对设备或测定站的要求是无应激、精准测定猪只的体重及采食量。为此，国内外众多设备企业研究了不同性能的测定系统，随着物联网感知技术的发展，设备中负责数据采集与数据挖掘分析的嵌入式模块快速发展，且越来越完善，为种猪生产性能测定与分析提供了有效的工具。在国际上，典型的有荷兰 NEDAP(睿保乐)公司生产的产品，可测定猪只生长速度(即日增重)和饲料转化率(即料肉比)，其最大的优势在于：可收集大群饲养中的个体猪只信息及数据，从中筛选出最好的用于繁育仔猪的种猪，真正实现了对种猪生长性能的自动测定，完全满足种猪性能测定中心站或种猪现场测定的需要[图 13-1(a)]。此外，丹麦的 Bopil 也研制了更加符合动物习性的种猪行测定系统[图 13-1(b)]，增加了现场自动采集的数据及数据的可视化分析系统。美国 Osborne 公司也有类似的产品[图 13-1(c)]，其精心设计的护栏，可以限制抢食，减少霸王猪个体对其他个体生长的影响。此外，多年改进的 WinFIRE 管理软件，可以使数据采集、保存、备份简单而安全，提供生长性能测定所必需的记录和报告，实用有效。

(a) 荷兰NEDAP产品　　(b) 丹麦Bopil产品　　(c) 美国Osborne产品

图 13-1　国际上典型的种猪性能测定装置

在国内，最早开展该类设备研发的是京鹏牧业，其研发的种猪性能测定站，即 MLP 系统[图 13-2(a)]，可一批测定的猪只数量为 12～15 头，重点解决单个识别猪只的入栏重量、中间饲料消耗及出栏重量，如果入栏及出栏的重量是某天的数据，就是日增重，加上从记录的数据中获得期间消耗的饲料，就是采食量，由此计算出料肉比。

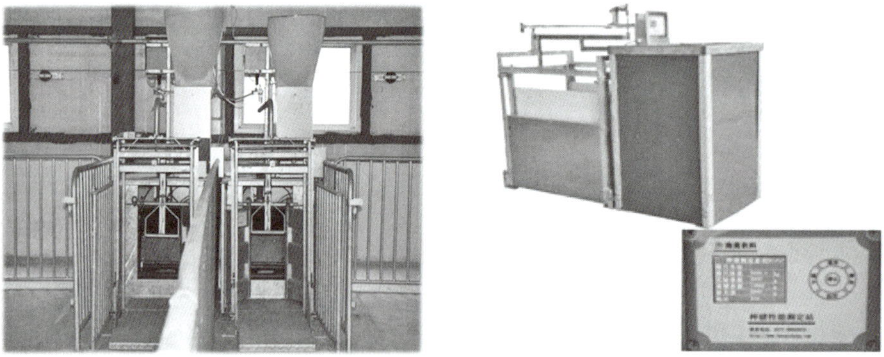

(a) 京鹏牧业种猪性能测定站　　(b) 南商农科种猪性能测定站

图 13-2　国内典型生产的种猪性能测定装置

最新开发的产品则是由中国农业科学院北京畜牧兽医研究所与南商农牧科技股份有限公

司(简称南商农科)联合开发的新一代母猪饲喂站[图 13-2(b)],主要在称重传感器装置上面增加一级弹簧减震装置,减轻猪只采食行为对传感器的冲击,提高动态测量猪只重量的精度,改善料肉比数据的测定精度。智能化的功能主要通过控制面板实现:①下料调整。在控制箱上按“菜单”键进入补充值调整功能,可以通过“增加”“减少”键进行下料调整,准确调整食槽内投喂的饲料量。②猪只称重。在控制箱上按“菜单”键进入台秤调整功能,进入功能设置界面后,利用标准砝码,按“增加”“减少”键校准台秤。校准后,控制器采集称重平台的称重传感器信号,显示出称台物体的重量信息。③食槽称重。在控制箱上按“菜单”键进入台秤调整功能,进入功能设置界面后,利用标准砝码,按“增加”“减少”键校准食槽称重系统。校准后,控制器采集食槽平台上面的一个称重传感器信号,显示食槽重量信息。④射频识别。猪耳朵上佩戴有电子耳标,当接近射频识别系统时,射频识别系统会读取耳标信息,并将信息传达给种猪测定系统的控制器和中间服务器。客户端软件即种猪测定系统将采集的猪只编号、体重、采食量等信息通过无线方式发射,传递给计算机客户端,并通过计算机客户端软件实时查看猪只编号、体重、采食量和采食时间,还能根据客户要求自动生成各种报表、绘制生产性能曲线、打印报表等。表 13-1 列出了南商农科产品技术参数指标。

表 13-1 南商农科种猪性能测定系统技术指标

项目	技术要求
功率(电源:直流 24 V)/W	≤100
下料量误差/g	≤10
猪只称重误差(量程:300 kg)/kg	≤0.2
食槽称重误差(量程:20 kg)/g	≤10
射频识别最大感应距离/cm	≥10
温度适应性	−10～50 ℃下,工作正常
相对湿度适应性	15%～80%,工作正常
电源适应性(电源:直流 24 V)	电压偏差±2 V 时工作正常

13.2.2 妊娠母猪电子饲喂站

13.2.2.1 传统型妊娠母猪电子饲喂站

妊娠母猪是指配种后到产崽之前的母猪,母猪妊娠平均为 114 d。对其饲喂的传统方式是限位栏饲喂,即一猪一栏饲喂。其优点一是可防止胚胎附植前流产,二是有利于妊娠前期限制饲喂量或采食量;其缺点是母猪缺乏运动,容易引起体质退化,同时,限位栏硬件也可能对母猪身体造成伤害,如对肢蹄的伤害。随着电子标识及自动控制技术的发展,尤其在欧美倡导的动物福利理念与实践倡导下,实施个性化精确饲喂成为可能,电子母猪饲喂站应运而生。个性化精确饲喂的原理是数十头妊娠母猪在一个圈栏内饲喂,共用一台母猪电子饲喂站(Electronic Sow Feeding,ESF),猪群采食、休息、排泄,甚至求偶等均在一个圈栏中进行即圈栏散养。因此,电子饲喂站系统的耳标识别及嵌入式控制系统,可以按每头母猪的采食曲线或妊娠日龄,控制每天甚至每次的采食量,并自动获取采食量数据,反过来可依据已发生的采食量,调控后续的采食量,具有智能化控制的特点。长期的饲喂数据及效果表明,采用 ESF 的优点是能增加动物福利，最主要是可以减少母猪肢体疾病，减少应激，改善体况，健康产仔，提高母猪生产使用寿命。如果设备与自动供料线配套，还可明显节省劳动力。

在国际上，研究时间较长且市场占有率较高的 ESF 有荷兰 NEDAP 公司生产的 VELOS 牌 ESF，德国大荷兰人(Big Dutchman)公司的 ESF，法国 Elistar 公司的 ACEMO 牌 ESF，德国的 Compident 牌 ESF，美国奥斯本(Osborne)生产的 TEAM 牌 ESF、以及英国 MPS 公司生产的 ESF 等。不同品牌 ESF 的研发与更新换代的时间从二十多年到四十多年不等，但从不同的方面推动了母猪智能饲喂设备研究理念及技术的创新。

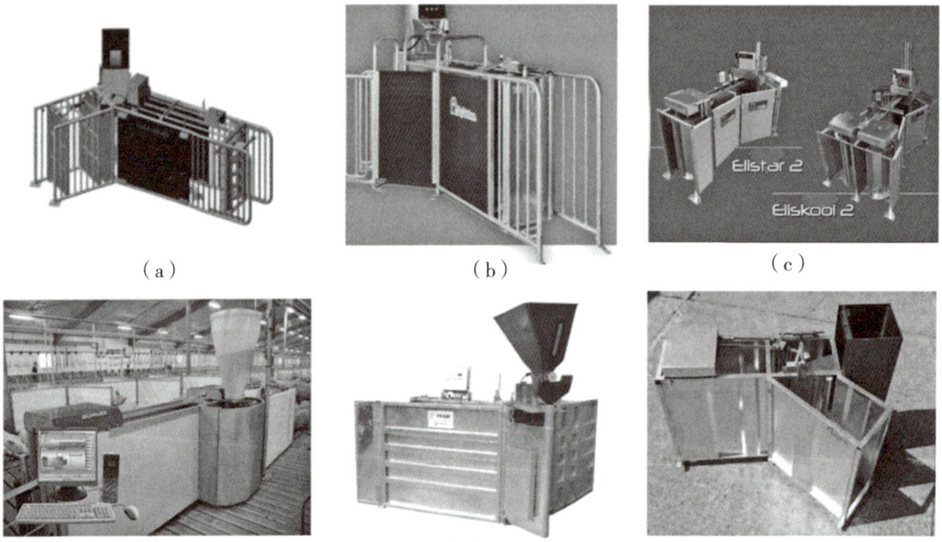

(a) (b) (c)

(d) (e) (f)

图 13-3　国际上典型的母猪电子饲喂站

(a)荷兰 NEDAP 公司生产的 ESF；(b)德国的 Big Dutchman 公司生产的 ESF；
(c)法国的 ACEMO 公司生产的 ESF；(d)美国的 Scahuer 公司生产的 ESF；
(e)美国的 Osborne 公司生产的 ESF；(f)英国的 MPS 公司生产的 ESF

图 13-3(a)中，NEDAP 公司生产的 ESF，理论上设计的 1 台饲喂站饲喂 45～50 头母猪，每头单独进入采食并不受其他猪只的干扰，进入的猪只采食到它应食入的饲料后，会自动停止下料。如果采食完的猪只在规定的时间内不离开饲喂站，入口门也会打开让后续猪只进入，去驱赶前面的猪只离开，在实施个性定量饲喂的基础上，还需提高设备利用率，否则不能完成设备饲喂的预设工作量。这种比较传统的饲喂站往往需要 5～7 d 的调教训练，然后正式进入限定位置的饲喂区域，启动电子自动饲喂及数据采集。

法国的 ACEMO 公司生产的 Elistar 牌 ESF[图 13-3(c)]不断改进，最新版本是针对单一静态猪群的 Elistar2 饲喂站及针对动态猪群的另一种 Eliskool2 饲喂站。所谓静态猪群指单一类型的猪群进行单独的饲喂与管理，而动态 Eliskool2 饲喂站则对不同类型的混合猪群进行饲喂管理。最新的 Eliskool2 饲喂站的特点是配合分离大门后，可实现对动态混合猪群的良好管理。当猪只的体型大小及重量达到饲喂设备规定的目标时，在同一软件的控制下，静态与动态的管理模块可相互结合，实现对目标猪群的精细化饲喂管理。Eliskool2 饲喂站，经对设备结构的升级改造后，可实现从 40～120 头小母猪及经产大母猪的饲喂管理，设备拥有 2 个入口门及 2 个出口门，可以将同一圈内的小母猪及大母猪分离开来，大小猪群分离在 2 个分隔的圈内饲养，但共用 1 个饲喂站。饲喂站两侧各自有进口及出口，但中间的隔板是可移动的，可有效提高设备的饲喂效率。一般地，需要将 2 种设备搭配使用，Elistar 饲喂站管理好动的妊娠母猪，往往是安胎以后的母猪；而 Eliskool 管理需安静保胎少运动的妊娠母猪。总体上与其他品牌的 ESF 比较，该品牌的 ESF 考虑得更为细致，并且配合专门的 Elistar 牌在线饲喂控制与数据分析软件系统。

美国 Scahuer 推出的智能喂料站属于坚固紧凑的产品[图 13-3(d)]，适用于饲养 20～60 头规模的母猪群。它采用的是不同于电动门或机械连锁互动门的气动入口门，可有效防止 1 头以上的母猪占用进料站，可以依靠出口锁处单独支撑的钢轨来防止母猪从这一端进入饲喂站，以最大限度减少猪只采食时常见的干扰甚至损伤。

英国 MPS 研制的母猪饲喂系统[图 13-3(f)]，具有对多达 10 000 头母猪的管理能力，通过上位机可控制多达 64 个饲喂站的饲喂曲线数据，以匹配每头母猪的采食量控制与妊娠期不同阶段。通过自动母猪选择程序，可分配 3 种不同的饲料类型。通过嵌入式控制系统，可详细记录饲喂数量和采食时长，包括每日采食量不足的猪只编号，并给出程度不同的提醒。系统具有数据自动存储的功能设计，甚至电源异常中断后还能存储历史数据。具有远程访问和控制现场管理员的拓展功能等，即具有典型的物联网功能。

上述图 13-3 所示从 a～f 6 种饲喂站，基本上是同质化的类型，也可称为传统型饲喂站，通过多年来的不断改善，增加了新特点和功能。传统型饲喂站总体结构上大同小异，由进入通道、采食区域及离开通道 3 个部分组成。这种结构的饲喂站经过多年的使用，在功能上经不断的优化与提升，实现了按个体的精准饲喂与控制，但存在的问题也非常明显：一是猪只是在 1 个大栏里共用 1 台饲喂站，饲喂的猪头数较多，基本在 40 头左右，限制了每头母猪每天的采食次数，一般不超过 2 次，且大多数母猪在妊娠早期可一次性采食完预设的采食量，很难做到少吃多餐，否则 1 台设备饲喂不了过多的猪只；二是正因为如此数量的猪只同用 1 台饲喂站，猪只为进食而争抢设备，带来的应激与损伤一直是困扰设备结构设计的问题；三是设备工作频繁且时间长，进出下料等工序工作次数多，再好的设备也会出问题，维护麻烦，甚至直接影响一窝猪的正常进食；四是猪只第一次通过设备饲喂前，必须要对猪进行采食训练，增加了额外的工作量等。针对以上 ESF 存在的局限性，必须对传统的 ESF 进行结构性改造，才能获得革命性的突破。事实上这种已改造的新产品已经进入了市场，并获得了养猪业的高度认可。

繁殖母猪除了舍内饲养外，在欧洲一些追求动物福利的猪场以及在我国一些农村的小型猪场，采用原始的散养模式放养母猪。为此，英国 MPS 公司研发了如图 13-4 所示的舍外 ESF，与其他 ESF 相比显著的不同如下：一方面在没有自动料线的局限下明显加大了料仓的容积，但饲料的新鲜度受到挑战；另一方面由于在室外，每台设备上可采用光伏发电板供电，减少能耗，但也会受到天气(如光照是否充足)的影响。此外，在每台 ESF 上均有天线系统，接受来自农场主的远程监控与控制，根据每头母猪的采食量曲线，既可远程控制下料量，又能采集每头猪每次的采食数据。图 13-4(a)给出的是单台设备的整个架构，其太阳能光伏发电板幅面很大，与大的贮料仓在尺寸上很协调。贮料仓壁材料是半透明的，从远处可见料位状态。设备底部有一个完整厚重的底座，可确保设备的平稳，尤其在猪只进食时。图 13-4(b)是 3 台设备的联排效果图，是猪群集中采食的区域。图 13-4(c)中 ESF 的上位机控制相同，即饲喂控制的指挥系统和数据的接受与贮存系统。总之，该设备是探索在舍外散养模式下如何使用智能 EFS 的新体验。

(a) (b) (c)

图 13-4 英国 MPS 农业公司研制的舍外 APOLLO 型号 ESF

在国内，母猪饲喂站的研究方兴未艾，走过了从模仿到自主创新阶段，但大规模应用尚需时日。中国农业科学院北京畜牧兽医研究所联合南商农牧科技股份有限公司，在执行国家“十二五”国家 863 数字畜牧业课题、“十三五”智能农机装备重大专项项目“信息感知与动物精细饲喂管控机理研究(2016YFD0700200)”及“设施畜禽养殖智能化精细生产管理技术与装备研发(2017YFD0701604)”过程中，尽可能实施个性化精确饲喂，从第 1 代模仿研究开始，不断总结经验与教训，直到创新出具有自主知识产权的第 4 代 ESF(图 13-5)，前后获得各项专利技术 20 余项。其主要技术参数列在表 13-2 中。

(a) (b)

图 13-5 南商农科自主研制的第 4 代 ESF

(a)正视图；(b)侧视图

表 13-2 妊娠母猪电子饲喂站达到的性能指标

项目	技术要求
功率(电源：直流 24 V)/W	≤100
下料量误差(每圈 120 g)/g	± 5
采食剩余料误差/(g/d)	≤50
射频识别最大感应距离/cm	≥10
温度适应性	−10～50 ℃下，工作正常
相对湿度适应性	15%～80%，工作正常
电源适应性(电源：直流 24 V)	电压偏差±2 V 时工作正常
最大饲养的怀孕母猪数量/头	≤45

与项目自身研制的前 3 代产品及国际同类型产品相比较，图 13-5 所示的 ESF 在以下几个方面进行了大的改进，并取得较好的效果：①在猪只入口处增加了电动控制装置，当前面进入的猪只在饲喂站驻留的时间超过预设的最长时间时，电动控制装置强行打开进入门，让后面的猪只进入，由后面的猪只驱赶前面的离开，提高设备的利用率并减少人的干预。②解决了长期困扰饲喂站的剩余料问题，进一步提高设备的饲喂精度，基本上实现饲料投喂量与实际采食量的一致。如表 13-2 所示可控制每头每天误差小于 50 g/d。实现的方法是通过在食槽右侧上方安装距离传感器，监测猪采食行为，采用渐进式下料方式，即先多后少，多次下料但每次总量控制的模式进行，经过猪只与下料器的磨合后达到预期的效果。③采用整体设备的构件化设计。将构成设备的每个部件尽量构件化与标准化，一是提供设备工业化生产的效率，减少生产成本；二是便于批量设备的高效运输，降低单位运输成本；三是便于设备的安装与维护，便于部件的更换，有利于设备的推广应用。

13.2.2.2 改进型妊娠母猪饲喂站

如前所述，传统型母猪 ESF 在多年的使用中，开启了母猪精准饲喂的先河，引领了智能养猪技术的发展，但也确实存在因设备饲喂的猪只较多，猪只之间存在相互影响甚至撕咬的问题。此外，设备与猪圈的协同难度较大，设备一旦出了故障，维修较为麻烦，需要专门训练猪群，增加了额外的工作量。正是以上的原因，加上从业人员素质和责任心无法保证，导致传统 ESF 在我国的推广应用艰难。因此，改进型 ESF 就应运而生了。

最早由加拿大 JYGA 公司生产的 Gestal 3G 型号设备填补了该空白。如图 13-6 所示，每台 ESF 可饲喂的头数在 15～20 头，设备紧凑，进出口及通道高度融合，设备占地面积少，设备的安装与移动方便，可依据圈栏面积大小配备不同数量的 ESF，更便于 ESF 与猪栏、料线的融合化设计。图 13-6(a)展示了单台饲喂站的整体架构，显然它的布置更为方便且占地面积小，图 13-6(b)则是 13-6(a)的实体化，而且是 3 台饲喂站联合在一起的状态，猪只进入时拱下门前端，门在自重的作用下开启，门的远端倾斜向下，但不会影响猪只采食。猪采食时，门与猪背并不接触，猪是自由的，而在地上有凸起的直杆，用于阻止猪只躺下影响其他猪只进入。正因为这种直进直出的方式，无须前期训练，猪就能适应设备。图 13-6(c)显示是 2 台组合在一起的结构状态，与单台比较可以更节省材料和使用的空间，而图 13-6(d)展示了 ESF 与饲料供料控制器完美结合在一起的效果。图 13-6(e)给出了这种组合 ESF 饲喂的局部应用场景。在这个区域内所饲喂的猪只共同使用 3 台并联的饲喂器，可以有 3 头妊娠母猪同时采食，与传统的在 1 个区域内由 1 台饲喂站供料相比，其供料效率要高得多，可以减少猪只的采食时间，尤其减少猪只等待的时间。设备的运行负荷较轻，故障率也相应降低，即使有个别出问题也不影响整体的饲喂，设备故障维修也较为方便。此外，猪只间发生的撕咬频率明显减少。图 13-6(e)给出了饲喂车间的整体布局效果，整齐划一，非常便于管理，可以减少人和猪的直接接触，是设计理念及结构的调整带来的根本性突破。

通过新型的直列式自由进出的 ESF 饲喂的实践与观察，与传统的 ESF 比较，其主要优点体现在以下几个方面：

①不用对猪进行训练；②安装简便；③栏体无气动装置；④栏体无电动机械装置；⑤饲喂器采用无线通信技术；⑥可以一组多套，母猪之间竞争更少；⑦灵活，每个自由进出栏管理 15～20 头母猪；⑧不同的设备与猪舍的融合一体化设计，能够管理各种规模的母猪群。

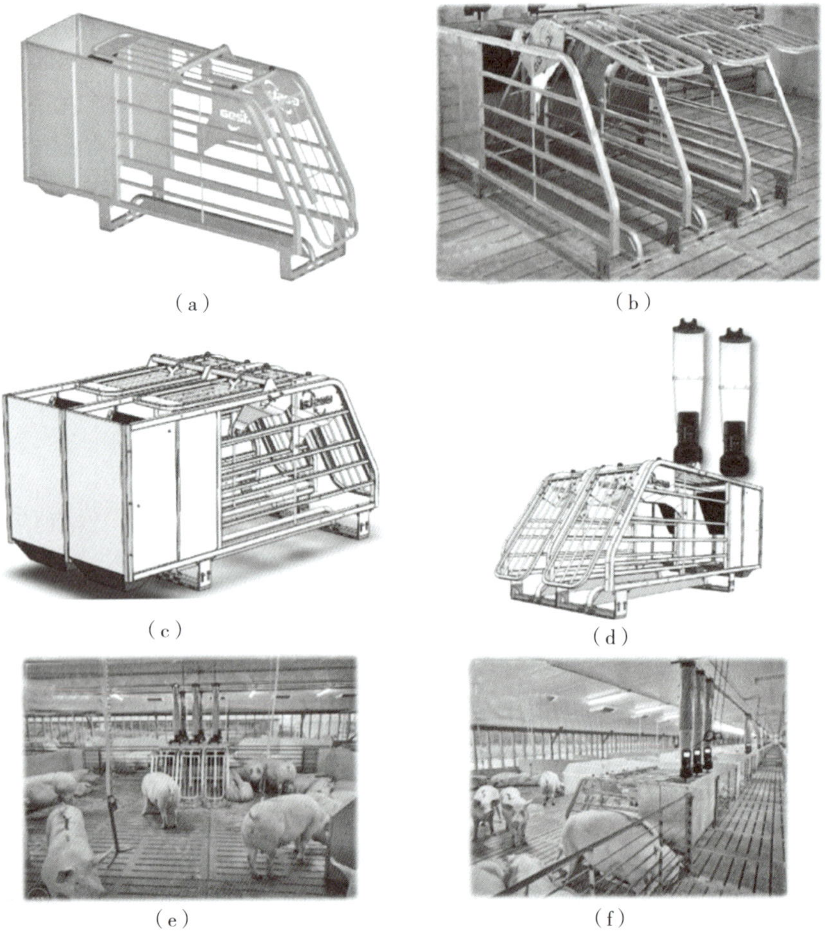

图 13-6　加拿大 JYGA 公司生产的 Gestal 3G 型号的 ESF

(a)ESF 结构图;(b)ESF 三联式实物图;(c)二联式模拟效果图;(d)带料线的二联式模拟效果图

(e)ESF 实际应用局部场景;(f)ESF 实际应用现场场景

与加拿大 JYGA 公司研发的 Gestal 3G 型号产品相类似,国内也有多家设备生产企业学习并自主研发改进轻便型 ESF。最具代表性的且已经投入生产应用的产品由成都肇元科技有限公司(简称肇元科技)设计生产(图 13-7),可饲喂的头数在 16～22 头。这种类型的 ESF 在我国未来相当一段时间内具有广阔的应用市场。

肇元科技的 ESF 产品即“小群散养智能饲喂站 SF-1000”,是在多次的试验验证及反复优化设备的结构基础上,最后成型的可投入生产应用的智能产品,目前在国内市场的占有率最高,该产品在实际应用中特别增加设备的物联网功能,实现数据采集与控制功能,既有下位机的现场控制,又有上位机的移动远程 App 系统的应用。尤其在进入门的结构设计上创新明显:如图 13-8(a)所示,后门是常开的,母猪可以无障碍直抵料槽,料槽上方的读卡器感应到耳标即猪只入位后,由电动自动关下后门,完全做到了无须训练猪。因为其他国内外同类产品需要靠猪拱开重力偏心前门障碍栏,像“跷跷板”一样翻过来落下、关上后门,猪遇到这种类型的障碍门会停下观望、玩耍,甚至玩一会就退出通道,所以想要真正实现门的开闭方式需要对猪进行一定程度的训练,这样还需养猪场额外劳动力的投入,不能实现省人、猪无接触的猪舍无人饲喂的目的。图 13-8 给出 SF-1000 实际应用的场景与配套系统。

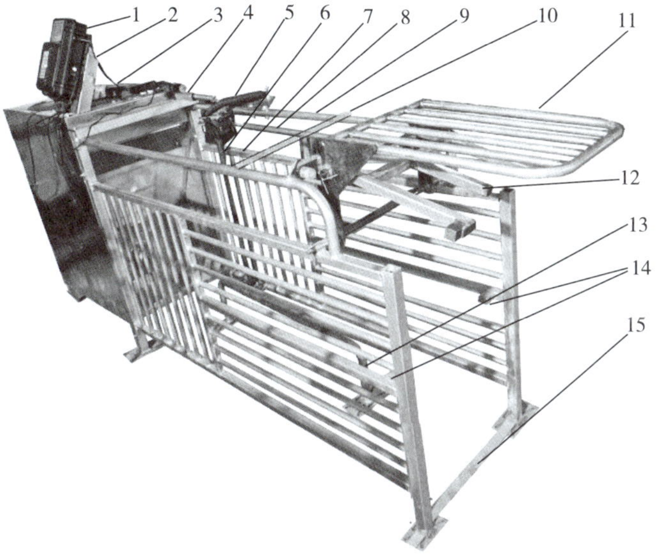

图 13-7 肇元科技自主研制的小群散养智能电子饲喂站 SF-1000 型基本架构与部件

1. 智能控制器；2. 电磁水阀；3. 下料机总成；4. 电动关门系统；5. 弹簧；6. 无前门立轴总成；7. 左护栏；8. 前后门连杆；9. 右护栏；10. 上固定杆；11. 后内门；12. 后外门；13. 防躺卧杆；14. 后内门锁块；15. 下固定杆

(a) (b) (c) (d)

图 13-8 SF-1000 实际应用场景与配套系统

(a)设备安装状态；(b)饲喂状态；(c)下位机控制面板；(d)上位机 App 系统界面

图 13-8(a)为设备在现场安装的状态，与猪舍的布局有密切的关系，但安装的位置需要便于现场操作人员操作控制面板，一般而言，设备的纵向与人行通道是垂直的。图 13-8(b)为实际运行的场景，不同圈栏之间是通过护栏隔开的。如果不是护栏隔开而是水泥墙分开，就需要将区域加大，增加一个圈栏的设备数量并相应增加猪只数量，满足猪只的福利要求。图 13-8(c)为连接在 ESF 上适当位置的下位机嵌入式控制面板，面板左侧从上到下有 5 个功能键，即"电源""读卡""电机""水阀""电门"，以实现不同的功能。右上部为 App 系统的液晶显示屏，依据选择的功能键显示不同的数据或状态信息，右侧中部是菜单设计的调整按钮，右下部是数字数据键等，以满足现场的各种控制，尤其是饲喂量的现场调整等。特别地，本设备研发了上位机移动 App 远程控制及数据在线采集与分析系统[图 13-8(d)]，通过 App 移动端的数据，首先可以不受时空限制浏览所有设备的运行状态，这是最重要的，减少了养猪现场对人的需求

与依赖。其次,在线可观测到每头猪的采食量数据,通过实际采食数据与理论采食量的对比分析,可迅速从中发现哪些猪的采食量不足甚至不进食,哪些猪只采食量总是达到或超过预计量,为下一步进行参数的重新设置,以及对猪只的异常情况诊断提供参考依据。一般而言,采食量可以间接反映猪只的健康状态。

除肇元科技公司研制的小群散养 ESF 外,国内还有南商农科、郑州九川自动化、扬州牧新、深圳惠农等设备企业也生产有类似 SF-1000 的 ESF,结构上各有特点,限于篇幅不做一一介绍。这里仅介绍由中国农业科学院北京畜牧兽医研究所和南商农牧科技股份有限公司研制的同类产品(图 13-9)。该产品的突出特点是在下位机控制下料方式上,将传统式饲喂系统中的下料控制技术移植到本产品系统中,同样可以解决剩余料的问题。在下料量的控制上,下位机中嵌入由中国农业科学院北京畜牧兽医研究所智慧畜牧业创新团队提供的,针对日粮主要消化能及蛋白水平即养分浓度的母猪采食量模型,实际上下料量可按妊娠日龄的变化做到按个体、按天精细自动调整理论采食量,来控制实际下料量。实际上,下料量也不大可能精准做到完全按理论量下料,还受控于下料机构即雨刷电机转动半圈或一圈的下料量。

(a)

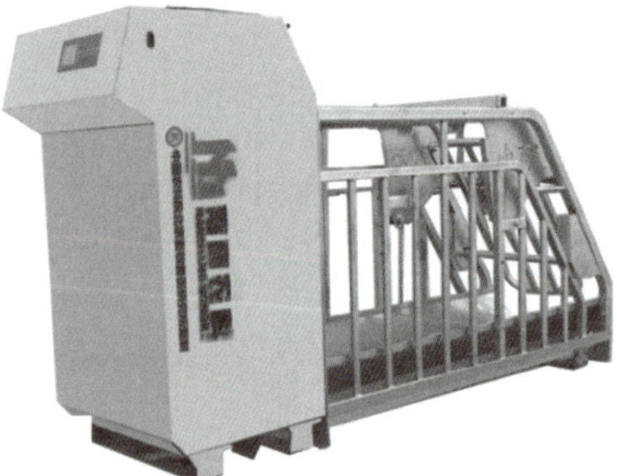

(b)

图 13-9 南商农科与中国农业科学院北京畜牧兽医研究所研制的 ESF

(a)前视图;(b)后视图

图 13-9 所示 ESF 通过了国家机械工业畜牧机械产品质量监督检测中心的检测,产品型号及名称:SLEFS 1.0 型妊娠母猪散养饲喂站。通过检测号:MJ-B1-2019-011。

13.2.3 哺乳母猪智能饲喂系统

不同于妊娠母猪的小群体圈栏饲喂模式,母猪分娩一般上产床,母猪在产床的有限区域内哺乳仔猪,这期间的母猪称为哺乳母猪。随着现代养殖效率的提升,设施养殖场的哺乳期已缩短到 21 d 左右,在此阶段的饲喂目标是使母猪采食量最大化。研究表明,每增加 1 kg 母猪采食量,可提高产仔率 8%,缩短断奶到发情间隔 1.8 d,而且还影响下一胎次的母猪生产成绩。为此,围绕产床母猪的饲喂精准控制智能设备的研究非常活跃,产品也是五花八门、争奇斗艳,随着物联网技术及养猪理念的提升,智能饲喂技术也在不断进步。

13.2.3.1 国际哺乳母猪智能饲喂系统代表产品

在本领域最完善的产品依然是加拿大 JYGA 公司生产的 Gestal 型号的产品,包括 Gestal QUATTRO、Gestal SOLO 及 Gestal F2 不同性能及不同期间的产品(图 13-10)。

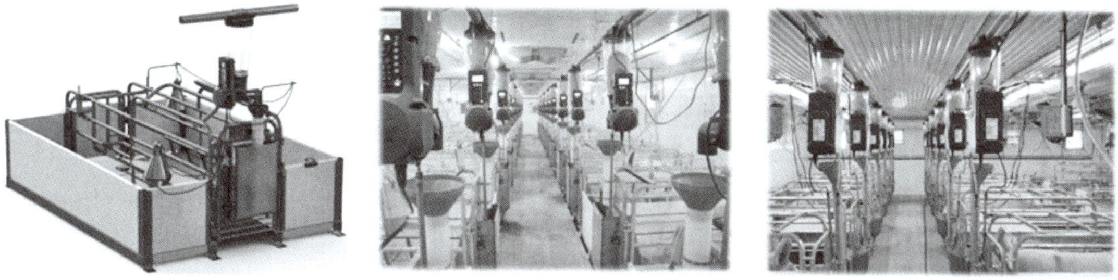

(a) (b) (c)

图 13-10 JYGA 公司的 Gestal 型号的哺乳母猪饲喂装置

(a)QUATTRO;(b)Gestal SOLO;(c)Gestal F2

QUATTRO[图 13-10(a)]的特点:①可增加母猪的采食量,减少饲料浪费,使母猪更容易管理;②因该系统与光照热源/产床垫子有相同的出口,不需要增加额外的电能;③使用定制的加热曲线和温度探头,在提高母猪产仔性能的同时可减少用电需求;④每个喂料器都兼容Wifi,可以快速将数据传送到平板电脑或移动手机端,并帮助工作人员在生产过程中快速传递分娩信息和改进对舍内分娩母猪的监测;⑤使用 2 种饲料供料线,根据每头母猪的规定需要定制多种日粮即改变最终供给的日粮的养分浓度,使分娩母猪一日四餐的营养供应个性化。Gestal SOLO[图 13-10(b)]和 Gestal F2[图 13-10(c)]饲喂器均具有每日每次、连续及精确饲喂,提升哺乳母猪的采食量及泌乳量,改善仔猪断奶重量等优点。此外,当上位机(即电脑)出现故障时,也不影响每台饲喂站的独立运行。与 QUATTRO 比较,Gestal SOLO 和 Gestal F2 不具备接受来自 2 条连线的饲料,因而不会改变日粮的养分浓度,但可控制采食量。总之,上述 3 种类型的哺乳母猪精准饲喂站,代表了当前哺乳饲喂设备的最高水平,从饲喂控制机理方面也代表了精准饲喂的发展方向。在我国,南商农科也研究哺乳母猪饲喂器,尤其第二代称之为“易爱宝”产品,采用上下移动的电动推杆与堵料上下球的联动,可精准控制下料量,并较好地解决剩余料的问题。

13.2.3.2 国内哺乳母猪智能饲喂系统代表产品

南商农科与中国农业科学院北京畜牧兽医研究所在完成国家智能农机装备项目过程中,在消化吸收国内外同类产品的特点及自身前期研究的 1～2 代产品的基础上,创新突破了下料方式,开发了一种下料精准、无饲料残留、操作维护方便、性能稳定、成本低廉且控制便利的新一代哺乳母猪智能饲喂系统(图 13-11)。

图 13-11(a)是设备的整体结构设计,主要由控制面板 1、储料仓 2、定量仓 3、推杆固定板 4、电动推杆 5、缓冲弹簧 6、堵料上球 7、堵料下球 8 及供料管与储料仓的接口 9 组成。整个供料系统的最大特点是结构紧凑,供料系统与下料装置通过储料仓的上部分巧妙连接为一体,电动推杆部件与控制面板的里外融合构成储料仓的上部分,储料仓主体(圆柱部分及倒锥体部分)与定量仓部分通过电动推杆的工作协同下料,使得整个系统从上到下极为紧凑,体积小,耗料少,运行过程节能,维护方便,符合智能农机研发的趋势。

图 13-11(b)和 13-11(c)反映了如何精准下料与控制的原理。该下料结构通过电动推杆上下运动带动堵料上球和下球上下移动,而定量仓体积一定,以确保饲料精准下料。推杆向下运动,堵料上球封堵料仓而堵料下球脱离料仓进行定量下料动作;推杆向上运动,堵料上球脱离料仓而堵料下球封堵料仓进行定量储料动作。可见,这种下料方式通过电动推杆与堵料上下

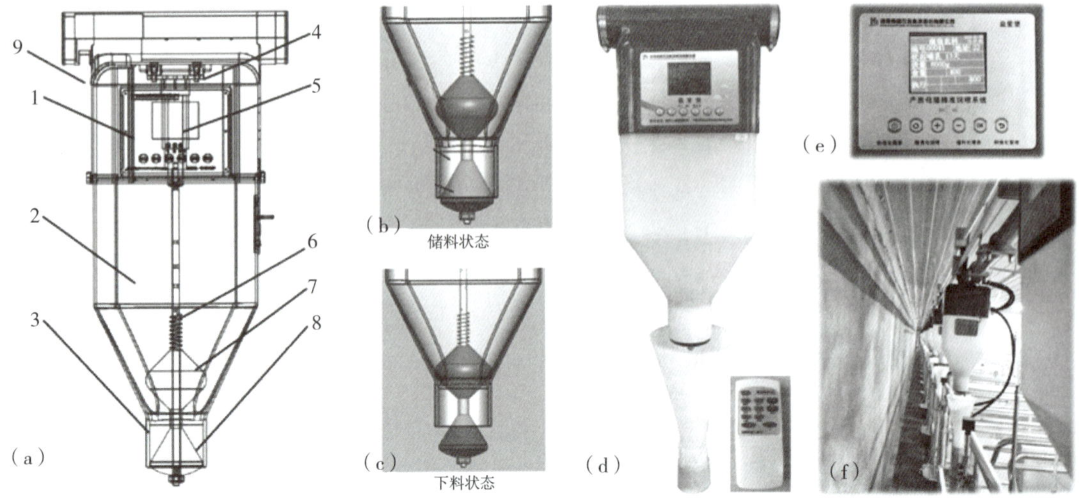

图 13-11　南商农科自主创制的“易爱堡”哺乳母猪饲喂系统

1.控制面板；2.储料仓；3.定量仓；4.推杆固定板；5.电动推杆；6.缓冲弹簧；7.堵料上球；8.堵料下球；9.供料管与储料仓的接口

球的联动，完成定量下料，就饲喂装置的定量仓而言，既无残留，又能搅动储料仓上部分的饲料结拱，结构简单又高效。每次下料的数量直接受控于电动推杆的速度特性，电动推杆速率受电压的影响，电动推杆的工作电压也会受到供电电源的特性、相关设备协同工作的影响，需要通过现场采集数据去测定影响结果。研究表明，当电动推杆速率为 60 mm/s，且电源输出电压为 11.5 W 时，下料的稳定性最好，且推杆不会卡死。

图 13-11(d)是以整体设计为基础研发出的实物产品，且带有遥控器，可对下位机内的下料参数进行控制，图 13-11(e)则是放大后的控制面板，既可实时查看设备的运行状态，又能现场手动修改饲喂参数，包括每天的饲喂次数、饲喂时间点和时长以及每一次下料量占当天饲喂重量的比例等，且每次下料的数据可缓存在下位机的数据寄存器中。因下位机数据寄存器的容量有限，采用先进先出的堆栈方式。一般情况下，下位机缓存的数据在推出之前都会同步保存在上位机的数据服务器中，为整个猪群的采食量状态分析提供数据源。

图 13-12　带下水功能的哺乳母猪饲喂车间

图 13-11(f)是批量饲喂器现场安装的状态，通过供料料线将单个设备串联起来，且料线与每个饲喂器的连接处有一个内部的阀门，阀门打开时，料线在重力的作用下向饲喂器的料仓供料，根据供料时间及采食量数据的计算，控制阀门的开闭，始终保证贮料仓中有足够的饲料。因水拌料饲喂效果不断得到业内认可，以及水拌料可以减少仓内部不断产生的灰尘，目前，市面上出现了水拌料的需求，因此，上述设备上增加了供水线(图 13-12)，干湿比可调。

13.2.4 保育猪及肥育猪智能饲喂设备

13.2.4.1 保育猪粥料机饲喂设备

与种母猪精准饲喂控制的要求及技术实现的难度比较，保育猪及肥育猪饲喂控制相对容易些，但控制的工艺、料盘料位的探测，以及与下料机构的联动控制、干料与水的比例控制、设备的稳定性、设备与猪圈的融合、饲喂数据的自动采集等，也面临很多关键技术与工艺上的难题，需要在实践中去不断摸索及完善，为此国内外围绕该技术设备开展了长期的研究，获得了不少优秀的产品。我国是养猪大国，小规模的饲养占比较大，因此，市场对该类设备的需求反而促进了设备研发技术的不断升级换代，并且这些产品已经投入实际的应用当中。

1. 成都肇元第 1 代保育猪及肥育猪智能粥料饲喂器

肇元科技于 2012 年研制了我国第一代的“单探针式”粥料机（图 13-13），使用后存在的主要问题是由于猪视力不好，两侧机架下方是猪最不愿意去吃的“死角”，探针和料盘之间常有猪吃不净的一小块湿料粘堵，引发电路故障，导致系统不下料，需饲养员每天不停用手指去清理，成了需要人在旁“伺候”的设备。此外，料盘里一个点的探针获取的粥料高度不能准确代表整盘情况，有时下料过多造成浪费，有时下料不足，致使整圈猪单日采食量不足。

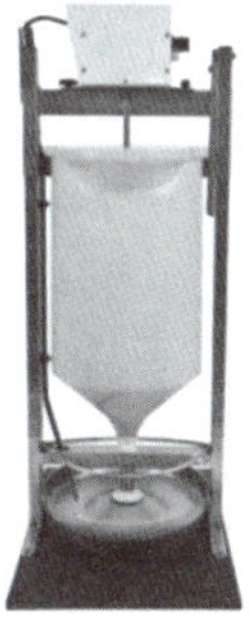

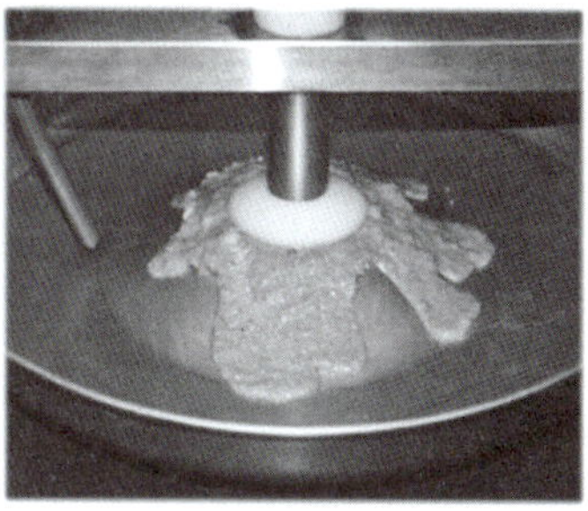

图 13-13 肇元科技第一代保育猪收料机

2. 成都肇元第 2 代、第 3 代保育猪及肥育猪智能粥料饲喂器

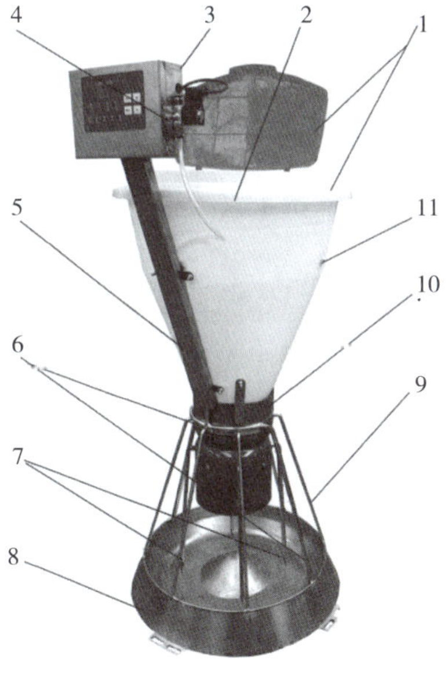

图 13-14 四极法猪用智能粥料机

1. 盖子；2. 电机；3. 智能控制器；4. 电磁水阀；5. 支承架；6. 不锈钢水管；7. 不锈钢电极；8. 不锈钢料盘；9. 隔离条；10. 保护套；11. 料仓

第 2 代是采用无线电探测料位的粥料机，投放猪场试用后发现，超声波传感器工作一段时间后性能开始不稳定，经常误判料位；第 3 代改用激光探测料位，投入猪场试用一段时间后，激光传感器在猪场可靠性也不佳。因此证明，用“无线传感器”测料位的粥料机都没能通过猪场可靠性测验考验，必须另辟蹊径。峰回路转又回到探针法，最后发明了第 4 代“四极法猪用智能粥料机”，经过在实验猪场的测试，突破了在实验猪场 1 年用不坏的记录，最后的定型的产品 PSF-2001 见图 13-14。

（1）粥料机的结构　粥料机主要包括的部件有：盖子 1、电机 2、智能控制器 3、电磁水阀 4、支承架 5、不锈钢水管 6、不锈钢电极（含 4 个对应分布的探针）7、不锈钢料盘 8、隔离条 9、保护套 10、料仓 11 等。肇元科技的第 4 代粥料机的饲喂效果是明显的：①由于粥料比重较大，与料盘之间附着力大，湿猪嘴带走的比干料少得多；②料盘在 360°圆周上被隔成 8 个采食位，料盘深度 105 mm，自动投粥料的上限位高度不超过盘壁 1/3，猪在采食中无法把饲料拱出来，带走粥料的唯一可能是猪退出料位时；③弱猪在强猪全部离开后才敢来采食，料位在盘中低于下限位会智能补料，保障了每一头弱猪能够得到最大化采食，促进膘情的均匀度；④喂粥料可减少猪群呼吸道疾病，同时，饲料的消化吸收率、料肉率均比干料好。

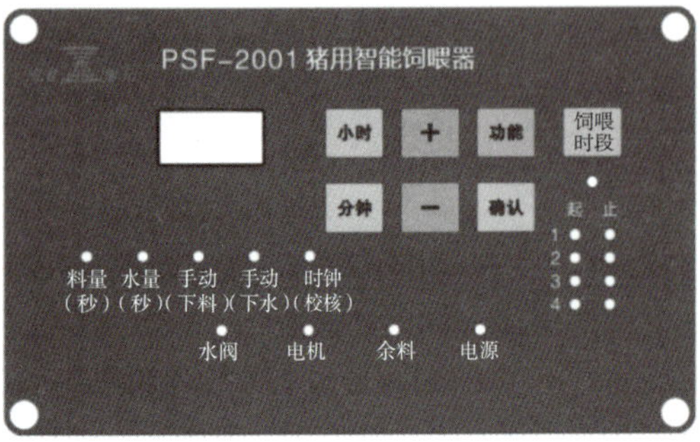

图 13-15　肇元科技粥料机 PSF-2001 控制面板

智能控制器即控制面板（图 13-15），是粥料机的灵魂。在面板上提供丰富的设置与控制功能，例如，按“功能”键至“料量（秒）”灯亮：设置每份下料的时间，按“确认”保存；再按“功能”键至“水量（秒）”灯亮：设置每份下料量配水时间。“确认”即保存。原则上每台喂猪多时，则调大每份投料量和配水量，一般水量为料量 2.5 倍为最佳。特别地，只有在设定的“饲喂时段”才保持料盘有粥料喂猪，其他时段不供料，根据猪多少合理设定饲喂时段，就能防止料盘余料过多导致猪吃到变质粥料。该设备操作简单易学。

（2）保育猪粥料机的应用及功能拓展　如果用作断奶后的保育猪饲喂，因猪的体型较小，机器的尺寸不宜过大或过高，肇元科技的第 4 代粥料机的主体尺寸为：65 cm×55 cm×130 cm。而每台设备究竟适合喂多少头猪呢？这与设备摆放的位置有关（图 13-16）。一般情况下，粥料机置于整猪圈中间时，最大可饲喂的数量达 40～60 头；如果置于连接的 2 个猪圈的中间，则每个栏可饲喂 20～30 头。

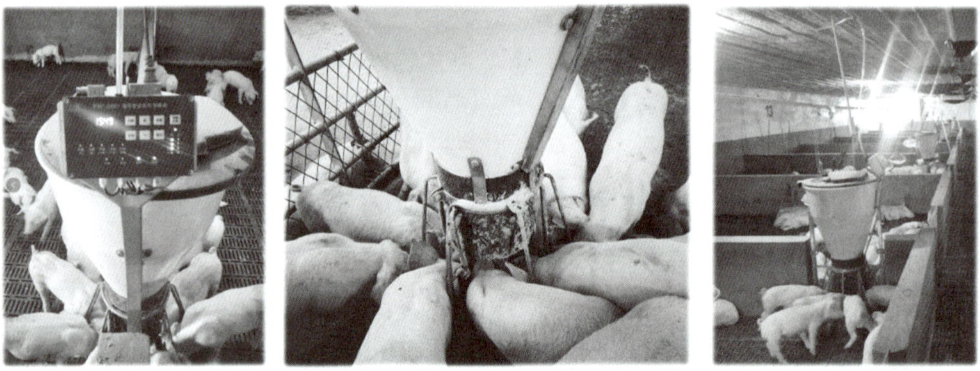

（a）　　（b）　　（c）

图 13-16　粥料机的饲喂布局

（a）两圈中间饲喂；（b）圈栏中间饲喂；（c）猪舍饲喂全景

保育猪的拓展应用表现在放大设备的尺寸到 82 cm×75 cm×150 cm 后，设备就适合 30～60 kg 中大猪的饲喂，设备的外形与图 13-13 一样，但饲喂猪只的数量随猪的体型的增大而减少，料仓的容积也相应增加。

南商农科也自主研制了同类型的产品（图 13-17），也走过了从第 1 代产品到第 3 代产品的升级，第 3 代产品通过了国家机械工业畜牧机械产品质量监督检测中心的检测，产品型号及名称：SPDWEFS 3.0 仔猪干湿饲喂器。通过检测号：MJ-B1-2019-009。第 3 代产品已广泛投入了应用，丰富了保育猪粥料饲喂设备的多样性。

图 13-17（b）所示的第 3 代产品在外观设计及设备的结实耐用性做了重大改进，并提供 2

种饲喂模式：手动饲喂模式可实现干湿比例可调以及空料时间可调；自动饲喂模式可根据猪只数量、日龄等参数，生成饲喂曲线自动进行饲喂。此外，下料量可累计统计和自动清盘等，增加了红外遥控器，可远距离操作设备，更加人性化。

(a)　　(b)　　(c)

图 13-17　南商农科保育猪粥料机

(a)第1代产品；(b)第3代产品；(c)应用饲喂场景

13.2.4.2　肥育猪精准饲喂系统

商品猪体重达到60 kg以后，进入催肥阶段，从饲喂上并不限制采食量，但从精细化管理的角度上，应该动态地获得每个个体的采食量，通过采食量的数据分析，了解猪只个体的体况，便于对采食量不佳的猪只重点关注，也可以在猪只出栏后计算个体及群体的料肉比，为下一批猪只的营养调控提供数据支持。因此，研发肥育猪的饲喂控制系统也逐步成为养猪企业或经营者关注的技术，还可为从事营养精准研究提供技术平台。尽管目前的产品不多，但南商农科着手开始尝试性研究，并获得了合格的产品。

南商农科研制的肥育猪饲喂站(FPEFS 1.0)，同样通过了国家机械工业畜牧机械产品质量监督检测中心的检测，通过检测号为MJ-B1-2019-007。图13-18所示的肥育猪饲喂站主要

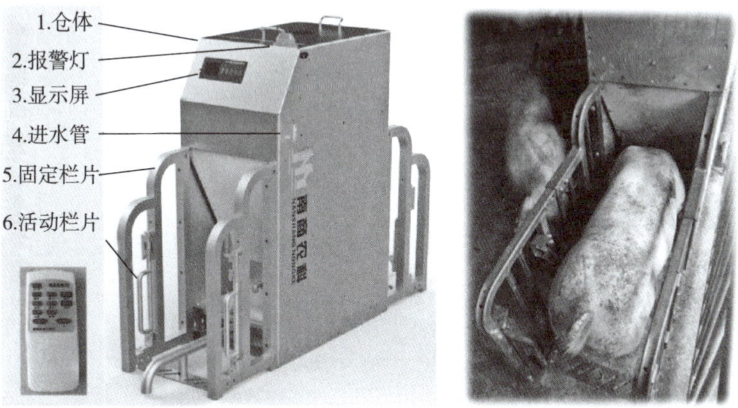

(a)　　(b)

图 13-18　南商农科肥育猪饲喂站

(a)样机；(b)饲喂场景

包括仓体1、报警灯2、显示屏3即智能控制系统、进水管4、固定栏片5、活动栏片6及遥控器。其实，在仓体1内既有料仓，又有看不见的下料控制机构，形成一套育肥猪精准饲喂管理系统，可实现育肥猪的定量饲喂，猪只在定量饲喂的基础上进行自由采食。主要功能：①猪只个体识别，采食数据可自动记录；②可两头猪同时进料；③网络化采集数据，统一管理；④进口通道宽窄可调节，避免多猪抢食；⑤可实现数据化管理。

该饲喂站的下料方式不同于ESF，采用拨轮定容下料，下料精度达到±2%，低于ESF。进入的猪只通过触碰杆控料，随性吃，可避免饲料堆积，减少浪费；水和料一起下，湿料更可口，可保证精确饲喂并大大降低饲料浪费，使最小的饲料成本获得最大的生产性能。上位机系统在收集采食量、采食时间、采食次数等数据基础上，可为制订合理的育肥猪饲喂方案提供依据，及时判断猪只的健康，为科学化、数据化对大规模猪群管理提供硬件保障。

13.3 养猪机器人研究进展

众所周知，规模化养殖场内每天有大量的日常繁杂工作，既累又脏，是养殖工人最不愿意干又必须去完成的工作。例如，每天周而复始的清洗、消毒、清粪等，在没有可替代的前提下，对劳动力的依赖性很强。尤其当前我国劳动力结构正在发生巨大的变化，“60后”“70后”的农村劳动力逐渐老去，“80后”“90后”的农村劳动力转移到城市，寻找真正肯干活的猪场工作人员，已经变得越来越困难，甚至在有些地区“一将难求”。还有，廉价劳动力的“红利”时代已经成为历史，而退休可返岗的“60后”“70后”大部分进城后多倾向于选择轻体力劳动工种。为此，未来需要劳动力投入的种植及养殖生产，必须依赖智能设备甚至养殖机器人技术，通过机器换人或者无人值守的远程控制在我国已经刻不容缓！实际上，在欧美国家，人们一直致力于畜禽养殖辅助设备尤其是机器人的研发，例如，专门从事家庭养猪机器人研究的荷兰Lely公司，在20世纪成功开发Lely挤奶机器人的基础上，不断开发了饲料投喂机器人、饲料制作机器人、饲料清扫机器人及清粪机器人等，引领了养猪机器人技术的研究及产业应用。

13.3.1 猪舍消毒机器人

随着养殖集约化程度不断提高，高密度养殖对周边环境安全形成巨大挑战。消毒是畜禽养殖过程中最基础、最有效、最广泛的防疫措施。通过科学规范的消毒防疫作业，消灭散播于外界环境中的病原微生物和有害物质，切断传播途径，阻止疫病的传入和蔓延，减少有害物质排放风险，是预防、控制和消灭传染病以及维持养殖环境生态可持续发展的主要途径。

防疫消毒作业频次高、作业规范严格、作业过程工作条件恶劣，依靠人工进行防疫消毒耗时费力，且不利于保证作业规范和防疫效果，因此研发和应用自动化防疫消毒设备，代替或辅助人力作业，对于保障我国养殖高效和安全生产具有重要意义，国内也涌现了一些研究畜禽养殖智能消毒机器人的研究。针对畜禽养殖智能化防疫消毒作业需要，在国家“十三五”智能农机装备重大专项“设施畜禽养殖智能化精细生产管理技术与装备研发(2017YFD0701604)”实施过程中，国家农业智能装备工程中心组织研发了专用于畜禽舍防疫消毒第一代机器人。防疫消毒机器人的系统结构由7个主要部件组成(图13-19)。其中消毒液雾化喷雾子系统(图13-20)则有14个构件组成。

图 13-19 防疫消毒机器人系统结构

1. 机载路由器(Wifi 通信天线);2. 控制器;3. 药箱;4. 承载平台;5. 环境监测传感器;6. 机载摄像机;7. 消毒液雾化喷嘴

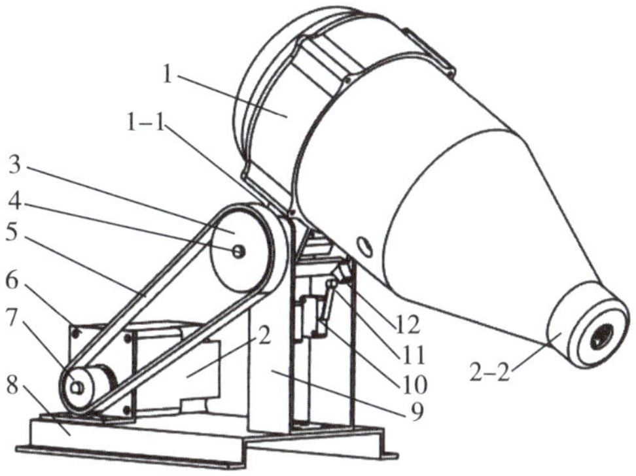

图 13-20 消毒液雾化喷嘴

1. 导流罩;1-1. 导流罩支撑座;2. 电机;2-2. 导流端盖;3. 大带轮;4. 转轴;5. 同步带;6. 电机固定板;7. 小带轮;8. 底座;9. 喷嘴支撑座;10. 接触开关;11. 接触开关摆杆触点;12. 限位块

(1)系统构成 防疫消毒机器人系统主要由承载平台、喷雾部件、监测部件和控制单元构成。其中承载平台用于承载机器人在畜禽舍内按既定路线巡行导航。喷雾部件对化学药液进行变量雾化和风送扩散,其包括风力雾化喷嘴、药箱以及流量控制阀。监测部件实时反馈畜禽圈舍内工况环境和机器人消毒作业信息,包括机载全景摄像机、养殖环境检测传感器(温度、湿度、有害气体和粉尘检测)、喷雾流量检测传感器。控制单元负责执行舍内自动消毒计划和用户遥控作业指令,包括机器人机载总控制器、机载路由器、PC 监控终端以及移动监测终端。图 13-21 给出最终研制的防疫消毒器人样机。

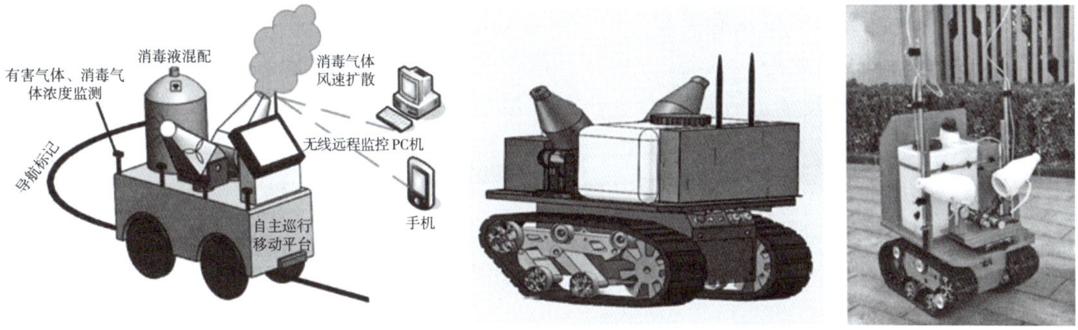

(a) (b) (c)

图 13-21 第一代防疫消毒机器人

(a)消毒原理图;(b)机器人模拟 3D 图;(c)样机

(2)机器人功能 具备自动导航、消毒液精准喷洒、远程视频监测、智能控制等功能,可实现养殖舍内无人化消毒喷雾,并支持 PC 机和智能手机终端的远程监控。消毒机器人具有全自主和遥控 2 种作业模式。用户通过控制终端设置喷洒时间、剂量和作业范围,形成机器人防疫消毒作业计划,机器人按照消毒时间自动启动。此外,用户也可以通过 PC 机或手机终端,对不同作业区域的消毒剂量和喷雾距离进行动态调节。

(3)作业模式 防疫消毒机器人支持自动和遥控 2 种作业模式。在自动模式下,用户按照既定的防疫规范要求,设置养殖场内消毒液喷洒时间、剂量和作业范围,形成机器人防疫消毒作业计划。机器人按照消毒时间自动启动,随磁标路径在养殖环境内巡线行走,并根据用户设置参数自动调节电磁阀开闭频率控制消毒液喷洒流量、自动调节风机转速控制消毒液喷洒距离,从而实现养殖环境内的无人化消毒作业。在遥控模式下,用户通过 PC 机或手机终端,实时向机器人发送行走和喷雾的操作指令,实现对机器人行走轨迹和速度的实时操控,同时根据用户自主判断,对不同作业区域的消毒剂量和喷雾距离进行动态调节。表 13-3 列出第一代防疫消毒机器人的主要性能参数。

表 13-3 第一代防疫消毒机器人的主要性能参数

项目	参数
外形尺寸	885 mm×800 mm×950 mm
电源	48 V 锂电池
功率	450 W
作业速度	≤3.5 m/s
大流量消毒液喷雾射程	≤8.3 m
高层笼架喷雾高度	0.3～3 m
高层笼架喷雾距离	0.6～0.9 m

13.3.2 清粪及清洗机器人

在国际上,荷兰 Lely 公司是专门生产畜禽养殖业机器人的专业公司,有着悠久的畜牧业机器人研究历史,尤其是在研究适合家庭牧场用挤奶机器人领域取得了领先地位,拥有了第 4 代产品。在养猪机器人领域也有涉猎,例如,图 13-22 为其研制的 Lely Discovery Collector 清粪机器人。这款设备是典型的机器人,具有自行走及遥控的功能,通过遥控可以事先规划好路线,实现了所谓触手可及的远程操作。主要工作原理:利用传感器判断障碍物,并通过导航和信息处理系统确定行走方向,避开障碍物。机器人行走时,机器人底部的刮板就会将地面上的猪粪刮进储粪仓内,并在清理的过程中,机器人还会在前面洒水便于清理,再接着二次洒水清洁,双管齐下对猪圈环境进行清理。储粪仓储满后,会按设定的导航路线去粪便收集中心卸掉后再进行工作。改进后的机器人像扫地机器人一样带有自动充电功能,作业完成后,能够自动返回充电,等待下一次作业。

(a)

(b)

图 13-22 Lely 清粪机器人

(a)看遥控;(b)边喷水边收集

还有畜舍内的清洗机器人的研究，主要针对工厂化的繁殖母猪场设计。在产房内，限位栏或圈养的妊娠母猪临近分娩，从妊娠舍转移到产房的产床上，分娩并哺乳初生仔猪大约 20 d 后，母猪又要下产床去配种，受胎成功后进入妊娠舍，开始下一个周期的繁殖生产，而断奶的仔猪也要离开“妈妈”进入保育生长阶段。因此，产房是一个不断有猪只进出的场所，需要定期清洗、消毒，而且对各个位置的消毒强度要求有区别。规模化猪场的产房面积大，排列整齐，适合机械化或机器人作业。目前典型的产品有荷兰 Hokofarm GROUP 生产的 Compact 牌机器人（图 13-23），消毒参数可预先设置，具有效率高、消毒幅面依据产房可调、消毒强度可变的特点，已走出实验室在规模化猪场得以应用。

图 13-23 Compact 牌清洗机器人

与 Lely 清粪机器人比较，两者尽管实现的功能一样，但清粪与清洗的方式有很大不同，前者是通过刮板在圈栏内将粪刮走，机器人是在圈栏内按规划路线去收集粪便，要求地面相对平整些，收集的效率高且节能，适用于固定圈栏内的散养模式下的清粪。后种方式称为清洗机器人，自然具有清粪的功能，可对第一种清粪机器人无法进去的猪舍进行清洗，在高压水枪下冲洗，特别适合对母猪产床的清洗，通过机械臂的伸缩覆盖冲洗的区域。后种方式能耗要高一些，但却是前一种方式无法替代的。

13.3.3 公猪牵引机器人

在繁殖猪场，不断有后备母猪及经产母猪发情后需要交配，需要引导或赶公猪去交配，或者是引导公猪去检测母猪是否发情，即寻情，使得驱赶公猪是繁殖场最危险、最繁重的任务之一，公猪牵引机器人应运而生（图 13-24）。就是这个小东西，在公猪身上绑上绑带，把牵引车身钩住绑带，就可以用遥控器控制牵引车的运动速度和方向，将公猪牵引到配种舍或特定区域。在引导公猪查情的时候，不需要人为赶公猪，人也不需要在母猪头部过道走来走去，人只需要在母猪身后遥控并查看母猪是否发情即可。

图 13-24 公猪牵引机器人（左）与猪发情查情器（右）

公猪牵引机器人具有的特点如下：①在配种时能精准地控制公猪在每头配种母猪前停留的时间，让公猪与配种母猪亲密接触，在加强母猪静立反应行为的同时，还可以促进母猪对精液的吸收；②不用人为地赶公猪，能更好地保持周围环境的安静，减少人员的进出；③配种时间长时，公猪容易累就会躺下去，影响配种效果，这时直接遥控牵引车就能把公猪赶起来；④正是这种可远程遥控的机器人，大大减少人和繁殖种猪的直接接触机会，可降低重大疫病尤其是非洲猪瘟(ASF)传播的风险。

总之，公猪不用人去赶，配种工作高效又轻松！

13.3.4 公猪自动采精机器人

还有一种与种猪配种有关的机器人，是公猪自动采精机器人(图 13-25)。这种机器人可以模拟发情的母猪(假母猪)，配合公猪完成公猪的交配，达到公猪射精及采精的目的。

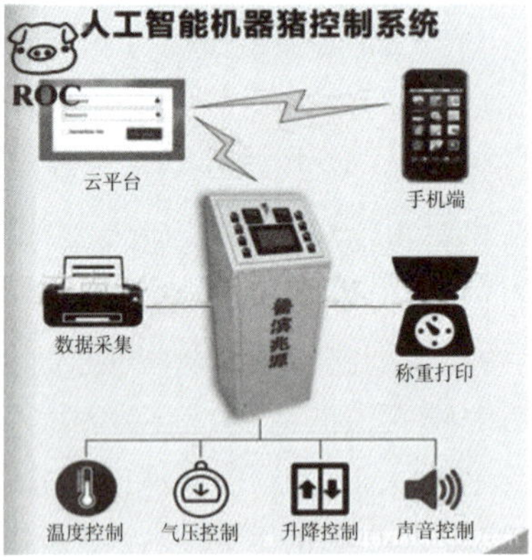

(a)

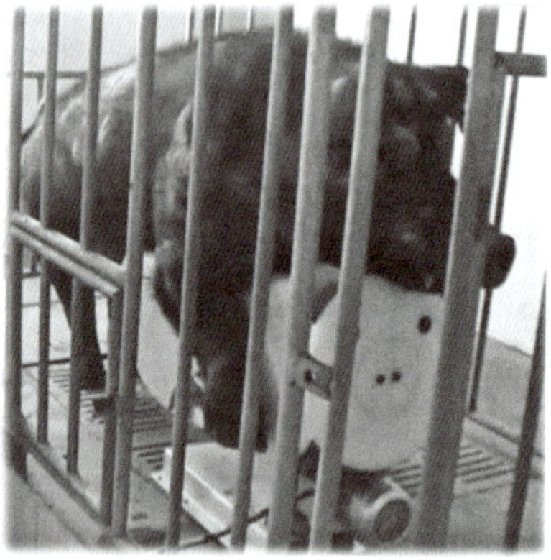

(b)

图 13-25 济南洛克畜牧科技公司产公猪自动采精机器人

(a)机器猪控制系统；(b)采精台

如图 13-25 所示，该“机器人”应该是一个初级产品，实际上是一个可控制的假母猪台，具有人工智能的机器猪控制系统，可以控制假母猪内部假阴道的温度、气压；依据公猪的体型控制假母猪台的高低，并模拟母猪发情的声音，刺激公猪的性欲。为了保证公猪的精液质量，如活力及浓度，采精过程是一个非常重要的生理过程，如何保证自动采精过程的精液品质，对假阴道的环境控制及消毒非常关键，而且在公猪排精过程中保护阴茎不受损伤也十分关键，一定要仿生交配，满足动物的福利。

13.4 智能设备与机器人的发展趋势分析

13.4.1 智能养殖与装备研制的国际态势

当前我国畜牧业生产面临的主要问题是劳动效率低，主要投入品如饲料及兽药的投入成本高，加之私人养殖场甚至规模化养殖场的设备装备水平较低，导致畜牧业生产力低、综合成本高已是不争的事实。第一，从成本上看，国际上追求奶牛高产的国家如以色列、美国和加拿大，成母牛年单产超过了 10 t；追求生乳高品质的和生产综合效益的澳大利亚及新西兰，尽管单产低于我国 6.5 t 的水平，但生乳产出的低成本优势明显，分别为 2.56 元/kg 及 1.79 元/kg，而我国则在 3.6 元/kg 左右，且乳的品质差距较大。第二，从生产效率上看，在欧洲，一个装备规范、各生产环节智能化、生产化程度高且养殖服务专业化的养鸡企业，一个工人可饲养管理的只数达 12 万羽，但在我国，即便是装有自动供料、供水的养殖场，人均可管理 3 万～4 万只，仅为发达国家的 1/4～1/3。第三，从智能设备的研发思路上看，国际上密切结合动物的福利，甚至与文化、生活体验融合起来，追求人、机、动物与环境的和谐发展。例如，欧美的家庭牧场，一般采用种养结合模式和采用全机械化作业模式，一个家庭就可管理几百头规模的奶牛场，不仅奶牛的福利好，利用年限长，而且将养殖当作一辈子家族事业的传承，不过度追求高回报，善待动物尤其家畜，整体上养殖效率较高，生产行情相对稳定，加工养殖产业链延伸，行业大起大落的现象逐步得到宏观的调控。第四，作为从事养殖的牧民或农场主，将养殖看成是很体面的事业，一直追求生活的品质和解放劳动力，所表现的对设备尤其是智能养殖设备的不懈研制与应用，典型的 Lely 公司，研制了大量的智能化和满足动物福利的产品，引领着畜牧业智能设备的发展方向。

随着各种感知技术的发展与成熟，尤其随着人工智能技术的发展，国内外智能设备的研发如火如荼，一方面是现代信息技术、感知技术与自动控制技术与农艺的结合，向各个专业领域的渗透与应用，探索新技术的增长点；另一方面就畜牧业生产本身而言，迫切需要解放劳动力，追求生产效率和提高“新农人”的生活品质，使农牧业成为体面的行业，使未来的农牧业生产成为“触手可及”的轻便型劳动行为，成为新的“工业”。因此，从前面介绍的主要养猪智能养殖设备甚至机器人，都从不同程度体现了“触手可及”的追求，尽管实现的程度在不同的设备及同一设备在不同应用阶段达成的程度有一定区别，但研发的目标都是朝着更智能、更便利、更可靠及更经济推进。智能设备研究的另一个特别关注点是要与养殖模式结合，与养猪舍建筑与生产工艺结合，与动物福利结合起来，体现设备的“畜性化”。例如，妊娠母猪电子饲喂站的研究目的是希望将过去对妊娠全过程的限位栏饲喂回归到圈栏自由饲喂，也可以在小群圈栏饲喂前在限位栏内饲喂几周后，让母猪安胎保胎后进入圈栏饲喂，在一定的空间内休养生息，繁衍后代，不仅符合动物福利，同时还明显提高母猪的生产力水平。产床母猪饲喂器则从另外一个角度追求猪只的福利，这就是通过计算机控制饲喂的次数和变化的采食量，促进哺乳母猪采食量的最大化，满足母猪本身及抚养仔猪的养分需求。此外，本章节介绍的 4 种类型的养猪机器人，体现了在现代牧业生产方面，无论是小规模的家庭牧场，还是大规模的现代牧场，正在追求每个环节的自动化甚至机器人生产，朝着机器换人的方向未雨绸缪，率先引领了全世界人工智能与智能养猪的发展方向。

但是，智能装备或机器人的应用也是具有先决条件的，首先是养殖设备必须与养殖模式结合起来，而养殖模式是与建筑结构及基础设施相关联的。例如，限位栏的猪圈结构就无法使用母猪 ESF，牛舍内的喂料通道如果地面不平整或宽度不够，喂料、推料及清粪机器人也无法正常工作。因此，智能设备尤其全自动机器人的使用需要从畜舍结构建设的顶层设计着手，为设备的使用预留位置及作业空间。

其次，凡是智能设备均具有计算机控制系统，包括上位机系统、下位机系统及远程 App 或微信小程序系统。下位机即所谓嵌入式控制系统，一般以控制面板的方式呈现在运行设备的某个位置上，有些还配有现场通过蓝牙技术通信的遥控器。从图 13-1 至图 13-24 所示的每台机器均有控制面板系统，可直接显示或设置控制参数，而上位机系统则是接受来自系统内各个设备的饲喂控制参数及实际发生的数据，也可远程设置管辖下位机的参数，以及对采集的数据开展数据分析及可视化展示等。因此，要求从业者具有一定的综合素质与技能，可维护整个系统的协调运转，并最好发挥出设备的应用效果。

最后，对设备或机器人的作业对象——畜禽，也存在一个与设备协调互作的适应问题，要求设备应满足家畜的习性。因此，无论开发何种畜禽的饲喂或养殖设备，一定要充分了解畜禽的习性，如行动特点、采食行为、排泄行为、发情及求偶行为等，才能够使研发的设备要与畜禽的行为相适应或协调。一般情况下，采用智能养殖设备，当设备与作用对象有密切接触时，往往需要进行人为监督下的适应性训练。典型的有母猪 ESF、奶牛的自动挤奶设备及挤奶机器人等，都需要事先训练，消除家畜的恐惧心理并对使用设备产生肌肉记忆，让家畜意识到饿了去饲喂站进食，乳房胀了让机器人挤奶，形成条件反射。

13.4.2 我国智能设备研制面临的挑战与展望

在前面的 13.2、13.3 两节，分别介绍了我国在种猪性能测定站、种猪及商品猪的精准饲喂设备，以及消毒机器人、公猪采精机器人等典型设备取得的研究进展。有些已进入产业化应用阶段，有些还处在测试与样机试用阶段，但都从不同层面推动或者促进我国养猪智能装备的研究，是我国人工智能与智能养猪事业必须经历的阶段，是在模仿与自主创新进程中逐步走向成熟的必经之路。但是，必须看到，目前国产设备的结构还基本处在跟踪模仿阶段，设备的制造工艺与外观 UI 设计方面与国际的主要产品有不小的差距。除设备本身方面外，与设备运行配套的料线也极其重要，因为保证饲料从料塔到设备缓冲斗的稳定送料是保证每台设备精确下料的前提。因目前国产智能饲喂设备尚未大范围商品化应用，智能设备与料线的结合问题虽未涉及但不可忽视，良好的料线系统设备是保证整个智能饲喂系统正常工作的一个主要的环节，在新建猪舍的结构设计上须做好事先规划。

总之，全球的畜牧业朝着标准化、规模化与智能装备化的发展态势不可逆转，迫切需要现代智能装备甚至养殖机器人的支撑，需要设备与信息技术的高度融合。只有将信息感知技术、精准饲喂理论与设备的自动化控制结合起来，才能开发具有嵌入式系统控制的从种畜禽到商品畜禽的智能化养殖设备以及各种养殖生产过程的机器人，包括全自动清洗消毒、收粪、配料及饲喂、挤奶，甚至公猪采精机器人等。智能养殖设备尤其是机器人的工业化应用必须与养殖模式、畜舍结构布局结合起来，才能充分发挥设备的使用效率，也必须与动物的生理、生长及行为结合起来，从满足动物的福利出发，形成设备与动物的互作和相互适应。总之，智能设备的研究必须与畜牧业生产的理论、目标产品的功能驱动及养殖方式的创新协调一致，不断地更新换代，进一步助推畜牧业的转型升级。

参考文献

班洪赟，周德，田旭. 中国奶业发展情况分析：与世界主要奶业国家的比较. 世界农业，2017(3)：11-17.

大北农集团农信研究院. 中国猪产业“互联网＋”发展研究报告(2017)(内部资料).

费玉杰. 智能饲喂系统设计及投料控制算法的研究. 哈尔滨：哈尔滨工程大学，2015.

傅衍. 国外母猪的繁殖性能及年生产力水平. 猪业科学，2010，27(3)：32-34.

公猪牵引机器人. http://cj.zhue.com.cn/zimeiti/PSYyingyongyanjiuyuan/2017/1226/309721.html.

郭彦存. 如何提高母猪年生产力. 现代农业，2018，507(9)：68-69.

李修松. 母猪饲养的革命：智能化母猪饲喂系统在现代化猪场的应用. 猪业观察，2014(8)：60-64.

刘俊杰，王秀珍，余涛，等. 挤奶机器人国内外研究现状. 农业科技与装备，2015(7)：30-33.

刘娜，郭文川，张伟华，等. 家禽养殖场自动清扫机器人设计. 农机化研究，2009，31(4)：98-99，103.

刘素梅，田席荣，张谦，等. 智能化饲喂系统对妊娠母猪繁殖性能的影响. 畜牧与兽医，2016，48(4)：71-72.

刘玉满:破解倒奶困局需让奶业回归理性. http://www. hesitan. com/kxyn_zjft/2016-01-08/168581. chtml.

马玲娟,皇才进,祁亚卓. 国外挤奶机器人的发展现状. 中国奶牛,2015(22):78-81.

母猪电子饲喂管理系统(TEAM®). https://osborne-ind. com/.

妊娠母猪小群养智能饲喂站. http://www. ttzy. net. cn/index. php? _m=mod_product&_a=view&p_id=246.

王进圣,罗平涛. 制约我国肉鸡业发展的主要因素//全球肉鸡产业论坛暨第二届中国白羽肉鸡产业发展大会会刊,2010.

熊本海,蒋林树,杨亮,等. 种猪生产性能测定系统开发与性能测试. 农业工程学报,2017,33(9):174-179.

熊本海,杨亮,郑姗姗. 我国畜牧业信息化与智能装备技术应用研究进展. 中国农业信息,2018,30(1):17-34.

熊本海,杨亮,曹沛,等. 哺乳母猪自动饲喂机电控制系统的优化设计及试验. 农业工程学报,2014,30(20):28-33.

熊本海,杨亮,郑姗姗,等. 哺乳母猪精准饲喂下料控制系统的设计与试验. 农业工程学报,2017,33(20):177-182.

杨亮,曹沛,王海峰,等. 妊娠母猪自动饲喂机电控制系统的优化设计与试验. 农业工程学报,2013,21(29):66-71.

叶娜,黄川. 荷兰 Velos 智能化母猪饲养管理系统在国内猪场的应用. 养猪,2009(2):41-42.

以色列农业考察. 以色列奶牛:全球乳产量冠军的秘密. http://www. israel-agro. com/israel/israel-da.

英国智能农业:用机器人挤牛奶靠专家软件种地. 工业设计,2013(5):32-32.

种猪生产性能测定系统(FIRE®). https://osbornelivestockequipment. com/product-category/fire-performance-testing/.

Baker G,类维青,刘增素. 仔猪自动化粥料饲喂系统. 养猪,2015(1):24.

CallMatic 电子母猪饲喂系统. https://www. bigdutchmanchina. com/product/18.

Complident 种猪性能测定站(MLP). http://www. jpxm. com/cn/general/index_159. html.

Elistar 公司 ACEMO ESF. http://www. cooperlchina. cn/index. php.

Nedap Velos. 种猪性能测定系统 http:/cn. nedap-livestockmanagement. com/%E8%A7%A3%E5%86%B3%E6%96%B9%E6%A1%88/%E7%8C%AA%E4%B8%9A/pig-performance-testing/.

Apollo:Outdoor electronic sow feeding system. http://www. mpsagri. co. uk/apollo/.

Bopil animal performance testing system. http://svin. bopil. dk/csr-i-bopil/.

Compact Cleaner. http://v. zhue. com. cn/a/201705/17-290410. html.

Compident Electronic Sow Feeding. https://www. schauer-agrotronic. com/en/pig-equipment/pig-feeding/compident-electronic-sow-feeding/.

Farrowing Products. http://jygatech. com/farrowing/.

GESTAL 3G:Computerized Feeding System For Group-Housed Sows. http://jygatech. com/products/gestal-3g/.

Gestal Quattro. The new evolution of the Gestal system in lactation. Feed sows while saving electricity. [2018-11-07]. http://jygatech. com/products/gestal-quattro//#info.

Gestal Solo. Computerized feeding system for farrowing sows. [2018-11-07]. http://jy gatech. com/products/gestal-solo-2/.

Global Full-Automatic Milking Robots Market-Lely, DeLaval, Hokofarm, GEA Farm, Fullwood. https://www. openpr. com/news/889053/Global-Full-Automatic-Milking-Robots-Market-Lely-DeLaval-Hokofarm-GEA-Farm-Fullwood. html.

Goodband B, DeRouchey J, Tokach M, et al. Nutritional Considerations for Optimizing Reproductive Efficiency. In K-State Research and Extention, Kansas State University, Department of Animal Sciences and Industry. Manhattan, KS, USA, 2006.

Indoor electronic sow feeding system. http://www.mpsagri.co.uk/chieftain/.

Lely Discovery Collector. https://www.lely.com/solutions/housing-and-caring/discovery-collector/.

Rodenburg J. Robotic milking: Technology, farm design, and effects on work flow. Journal of Dairy Science, 2017, 100(9):7729-7738.

第14章 “猪联网”大数据平台案例分析

【本章提要】 本章结合“猪联网”大数据平台的案例，主要针对其中的猪管理模块，分析介绍家畜个体标识技术、传感器技术、智能装备、养猪过程的数字化管理等技术在实际生猪产业中的应用。

14.1 引言

近年来，在国家政策的驱动及社会各界的高度关注下，我国猪产业“互联网＋”获得了较好的发展态势。2018年8月以来，非洲猪瘟席卷了我国，给养猪业带来前所未有的冲击，但在冲击的背后，人们也窥见其中蕴含的机遇，特别是对智能养猪的普及和推广。农信互联是一家中国农业互联网＋金融平台生态圈企业，其专注于用“互联网改变农业”的使命，致力于成为服务三农的农业互联网平台运营商，推动中国农业智慧化转型升级。“猪联网”则是农信互联针对我国养猪业存在的生产效率低的问题和弊端，通过人工智能、移动互联网、物联网、云计算、大数据等多种技术手段与传统养猪业深度融合，创建的生猪产业链大数据智能服务平台。“猪联网”包括猪管理、猪交易和猪金融三大核心平台，其中“猪管理”是智能养猪管理SaaS平台；“猪交易”是生产资料和活体生猪交易平台；“猪金融”解决农户的资金难题，贯穿整个生猪产业链的各个环节。

14.2 “猪联网”大数据平台概述

“猪联网”通过互联网的思维和技术手段，将与生猪有关的主体、资源、产品、渠道、金融和服务连接起来，形成一个闭环。它通过物联网、人工智能技术帮助猪场从一大堆报表中解脱出来，在线上进行数据记录、数据整合，让猪场管理者对生产情况一目了然，可以更加方便地进行相关管理决策。在数据收集的同时，“猪联网”进一步挖掘数据价值，通过智能分析猪场的猪只毛利、生产成本、生产力等数据，与“猪联网”收集的全国养猪大数据进行对标分析，找出制约猪场生产力提升的关键因素，让每头猪的数据对猪场产生无限的价值。

从“猪联网”运行情况来看，它是目前国内服务和交易猪头数最多的互联网平台：管理和服务生猪5 956万头，服务猪场5万余家，平台累计交易额超过1 587亿元，累计贷款和理财资金超过234亿元，带动上下游43万家企业实现降本增效。“猪联网”平台数据显示，使用“猪联网”的猪场，相比全国平均水平，PSY高出3.98头；每头母猪年节省900元，意味着千头母猪场年节省90万元，可帮助猪场每头猪年增收约151元。

14.2.1 “猪联网”智能猪场的解决方案

“猪联网”主要针对的是当前困扰养猪企业的三大痛点，解决养猪生产中的关键问题：①生

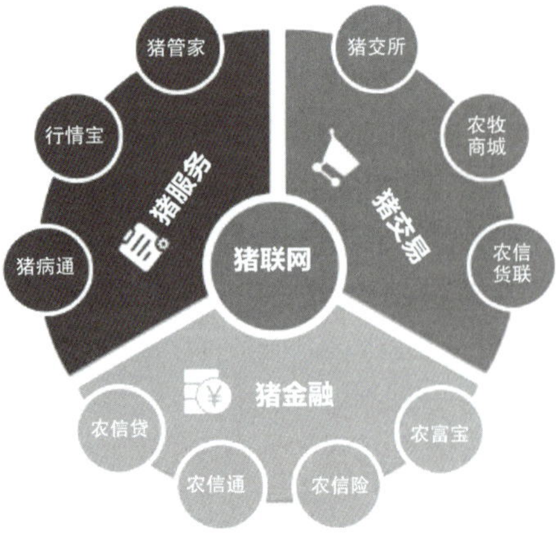

图 14-1 “猪联网”的生态链

产效率低。从 PSY 指标来看,我国生猪养殖效率远低于发达国家,管理规范差、信息化基础弱、智能化水平低是三大主要制约因素。②交易问题多。我国生猪流通环节多,交易链条过长,产品标准化程度低,导致交易成本一直居高不下。③金融资源匮乏。我国农村金融与城市金融相比,存在信用基础差、贷款难、信贷成本高、金融网点少、结算支付难等现象。

因此,“猪联网”提出的解决方案就是将与猪有关的资源连接成网,形成以猪为核心的生态链(图 14-1)。“猪服务”利用互联网大数据管好猪、养好猪;“猪交易”利用电商模式卖好猪,买好猪;“猪金融”帮助涉猪人群做贷款、理好财、做结算。用互联网连接各家猪场,通过软件服务,精准管理猪场,目标是将 PSY 指数从 20 头提高到 22 头。

14.2.2 养猪移动化

通过掌上猪场管家(图 14-2,彩图另见二维码 14-1),用户可以随时随地监测猪场数据,查看分析报告,远程下达猪场任务,手机现场处理养殖过程,实时接收生产预警,执行任务,连接智能设备,将事后管理转化为实时过程管理。

二维码 14-1

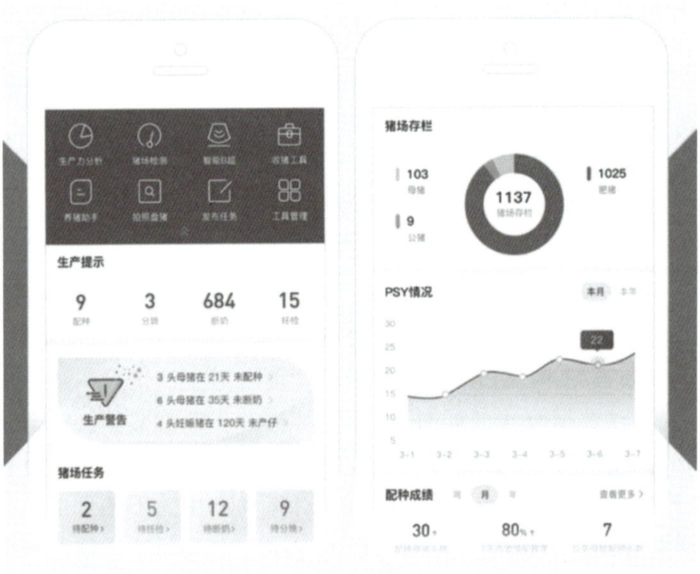

图 14-2 “猪联网”掌上猪场管家

14.2.3 养猪情景化

用户可以选择游戏化过程管理猪场(图 14-3),告别传统软件的复杂单据录入,年龄偏大、计算机水平较低的猪场管理人员也能操作,其中批量选择或者点击拖拽操作,可以大大减少需手动录入的数据,提升猪场的工作效率。

图 14-3 “猪联网”的游戏化猪场管理

14.2.4 养猪数据化

通过数据化管理(图 14-4),形成猪场的数据积累,自动生成数据分析报告,实时分析猪场绩效,横向分析全集团所有公司的生产指标、实时存栏、成本和销售业绩,为猪场制订解决方案提供有效的数据决策依据。

14.2.5 养猪智能化

通过智能监控、智能盘猪、智能称重、膘情检测、智能查情、智能环控、智能饲喂,实现猪场管理的智能化(图 14-4,彩图另见二维码 14-2),提高养猪过程的智能控制水平、养殖效率及收益,为猪场生物安全和生产经营保驾护航。

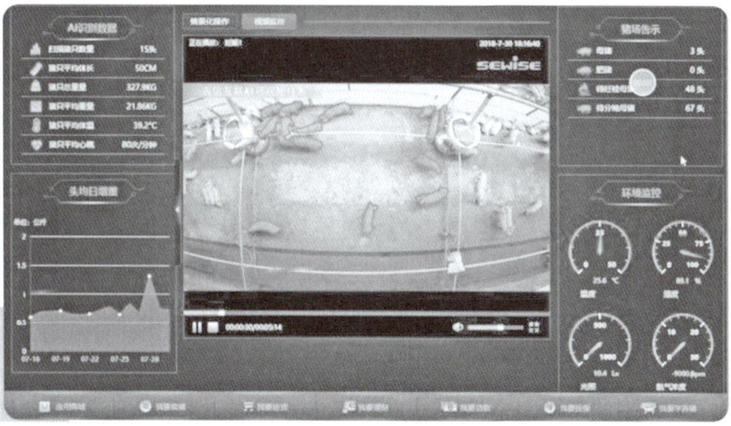

图 14-4 “猪联网”猪场管理智能化

二维码 14-2

14.3 “猪联网”物联网平台与设备应用

“猪联网”的核心功能是连接,它通过连接各种传感器与智能装置,对猪场内的环境状况、个体身份认证、体征状况、生长指标、生产活动等进行感知，并通过网络传输，进行数据互联、计算、处理和知识挖掘，实现人、设备、猪、猪场之间的信息交互，以对猪场进行实时控制、精确管理和科学决策。接下来，从物联网平台、生物佩戴设备、智能饲喂设备、智能环控设备和智能监测设备等6个方面详细介绍其应用效果。

14.3.1 物联网平台

物联网平台不是一个数据信息系统而是一个物联网信息服务的集合，主要包含3方面的服务：①连接服务。将养猪业的各类通信资源接入并汇聚，以及进行网络接口之间协议的转换，包括大量物联网软/硬件设备、各类相关信息应用系统、网络资源、各类数据接口、软件功能模块等资源。②技术服务。为猪场客户提供大数据、云计算、边缘计算和数据库云存储等服务。③数据服务。实现系统间数据交互，实时整合数据分析工具，对外输出大数据应用。

农信云平台的"猪小智"（图14-5），就是一个智能化养猪设备的超级连接器，可以连接市面上所有的猪场监控、饲喂、环控、监测等设备，实现设备的一键接入，帮助猪场快速拓展设备连接能力，并提供设备管理、预警，使猪场管理自动化；还能对系统采集的多维数据进行存储、智能分析，最终形成最佳决策，指导猪场生产。

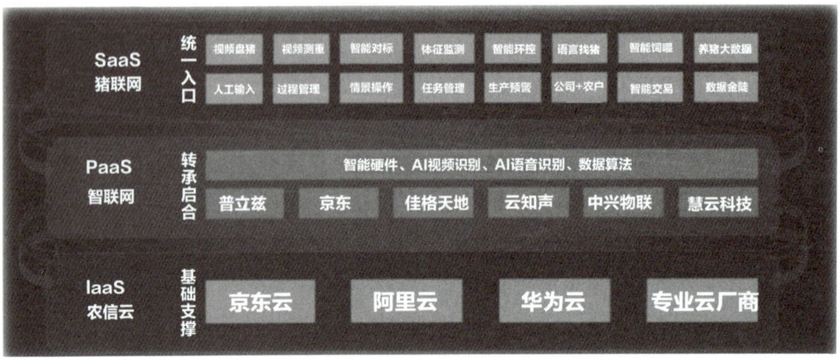

图14-5 农信云平台"猪小智"

14.3.2 生物佩戴设备

不稳定的生产效益和不可控的疾病风险一向是养殖行业的两大痛点。生物佩戴设备的研发就是希望解决这些问题。如图14-6所示是"猪联网"中接入的目前市场上第一款，也是唯一一款适合生猪穿戴的微型感知器，名叫"电子医生"。"电子医生"造型有点像方形的无线耳机，直接佩戴在生猪的耳朵上。它以全天候的生理监测为特色，实时监控动物的生理状况。同时，人工智能算法在后台默默工作，通过对生理数据的提炼，自动诊断生猪的深度状态。"电子医生"不仅可以预报疫病暴发，还可以预测母猪的最佳受孕时间，最终为猪场建立最佳的育肥和育种模型。除此之外"电子医生"在工作中有很多细节使用了人工智能，例如通过深度学习，对生猪的运动情况进行全面的掌握，继而结合生猪的其他生理特征判断健康情况；"电子医生"一旦侦测到异常的生理数据，还可以实现疫病预警和病猪的早期隔离，降低疫病暴发的风险。

还有一款可穿戴设备可以与"电子医生"组合使用，名叫"智能耳标"（图14-6）。这个"智能耳标"以物联网技术为基础，可以远程追踪生猪身份，并自动上报生猪的日龄和位置。当下很多农产品推出了可追溯系统，但现有的一些可追溯系统采用二维码，容易出现造假或损毁问题。而"智能耳标"是从小猪诞生开始佩戴激活的，属于"一猪一标"，还有自毁和全程数据加密设计，这样的设计不仅仅是消费者希望看到的，还能进一步为金融机构和政府监管部门服务。借助这一设计，保险公司可以远程监控追溯个体生猪，确定投保生猪身份的真实性与唯一性。

图 14-6 "电子医生"与智能耳标

14.3.3 智能饲喂设备

智能养猪的关键环节之一就是智能饲喂系统，主要包括对种母猪（怀孕母猪与哺乳母猪）的智能精准饲喂及生长肥育猪的精准智能饲喂，逐步取代传统的人工粗放式饲喂，猪场的饲喂方式从传统的人工给料、自动化饲喂向智能化饲喂发展，如图 14-7 所示。

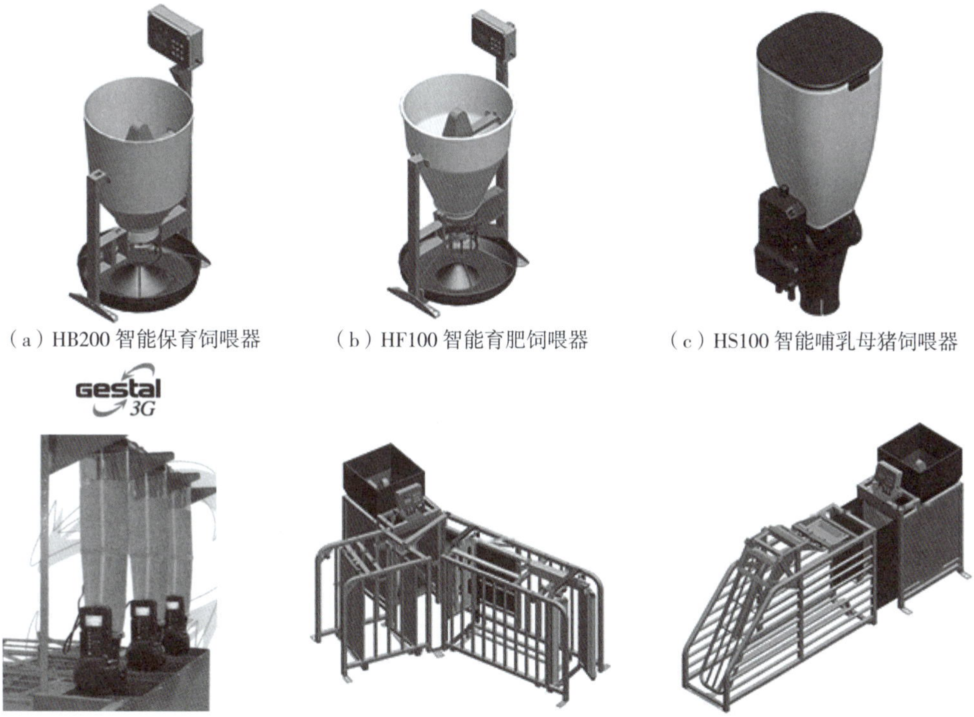

（a）HB200 智能保育饲喂器　（b）HF100 智能育肥饲喂器　（c）HS100 智能哺乳母猪饲喂器

（d）Gestal 3G 哺乳母猪饲喂器　（e）HG200 智能怀孕母猪大群养系统　（f）HG100 智能怀孕母猪小群养系统

图 14-7 物联网系统中的智能饲喂设备

哺乳母猪的饮食，既影响母猪的身体恢复，又影响仔猪健康成长，因此，给分娩后的哺乳母猪提供特殊时期的"月子餐"极为重要。需要注意的是，母猪分娩后不同时期的采食量和营养需要有一定差异，哺乳母猪智能饲喂系统可为每头母猪提供精细化饲喂方案，通过少量多次反复饲喂，实现更高的采食量，使母猪加快体况恢复，促进泌乳，使仔猪健康成长，保证猪场高效生产。

母猪智能饲喂系统又称智能化母猪饲养系统，是动物福利和消费需求的双重产物。该系统使用电子设备大群饲喂和管理怀孕母猪，让母猪更加自由、更加健康，实现了母猪从“枷锁”到“自由”的革命。同时，个性化的精准饲喂能够保证母猪的体况更加均匀，使得母猪提供的断奶仔猪数从 20 头提高到 30 头以上成为可能，大大提高了母猪生产性能。

14.3.4 智能环控设备

猪场环控指通过一定的设备来创造猪舍内适宜的环境，让猪群感到更加舒适，猪舒服了，自然生产力也就上去了。在过去，管理者要获得环境数据，或者先由生产者进行统计，再如今，将统计结果上传到网络，或者定期导入电脑中，而如今，互联网和人工智能却可以轻松解决这个问题。为了让环控更加智能化和自动化，降低猪场的生产管理成本，“猪联网 3.0”在今年推出“智能环控”，引起了养殖户们的注意。如图 14-8 所示是接入“猪联网”的各种智能传感器设备。

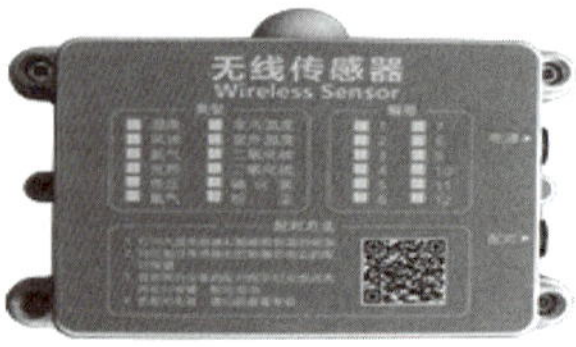

（a）氨气传感器

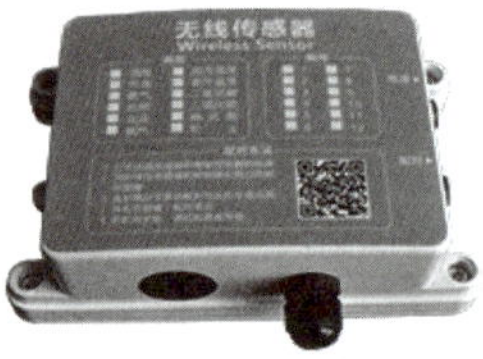

（b）二氧化碳传感器

（c）湿度传感器

（d）温度传感器

（e）智能控制器 SC1200

（f）智能控制器 SC1800

图 14-8　猪场设施养殖智能环控器

互联网和人工智能的智能环控，不仅能将猪舍的实时情况通过摄像头反映在电脑或手机上，还能显示当前的温度、湿度等环境参数，工作人员通过电脑或手机就能随时查看设备情况和实时参数，还能马上调整(图 14-9)。同时，智能环控还伴有智能提醒功能，在出现异常情况时，工作人员可以马上收到智农通 App 的提醒，帮助其及时处理问题。并且，智农通 App 将猪场的生产、交易、金融全部打通，所有环节通过一部手机就能连在一起，智能环控也不再是猪场单独的一部分，工作人员在环控上的操作以及产生的各项数据，也可以为其他的生产操作提供参考，从而发挥出“1+1>2”的作用。

图 14-9 “猪联网”智能线控数字化与可视化

14.3.5 智能监测设备

智能监测设备包括了云台监控设备(图 14-10)、便携式智能监测设备等。通过云台监控设备，采集猪只视频，利用视觉识别技术进行猪只识别和猪只计数，智能估算体长、体重、背膘等指标，智能疾病诊断和监测猪只行为，结合行为学判断猪只的健康状况。以“猪联网”的视频盘猪功能为例，对猪场来说，盘点猪头数一向是耗时耗力的事情，以一个千头母猪场来讲，猪场场长很难了解猪场的实际情况，如后备母猪、怀孕母猪、哺乳母猪、哺乳仔猪的数量，只能在周度、月度或年度猪舍管理员移交的汇总报表上才能得知具体数据，往往出现管理延误。同时，猪舍管理员也仅仅知道自己所管理猪舍猪的数量，对猪场整体认识不足，并且常常将精力耗在手写、整理舍内猪群具体数据中，给管理带来不少的难题。通过安装人工智能视频设备，管理员就能实时监测舍内猪的数量，再在“猪联网”上汇总，场长就能随时知道猪场内所有品类猪的数量、分布，方便安排下一步工作。更重要的是，猪舍管理员可以不用费时费力记录舍内猪数量，摄像头一扫，数据自动上传，猪只一旦转入和转出，数据也会随之变化。

(a) 拾联-思维盒

(b) 大华 DH-IPC-HFW4238M

(c) 大华 DH-SD2904-GN

(d) 海康威视 DS-2DC2204IW-D3W

图 14-10 各种可选用的智能检测设备

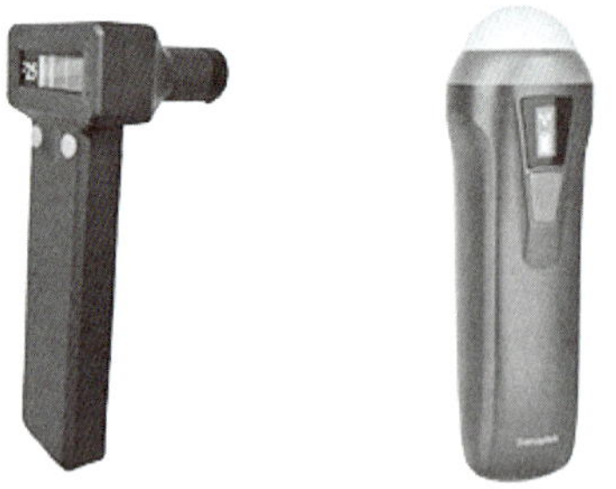

（a）智能背膘测量仪　　（b）智能B超测孕仪

图 14-11　便捷式智能检测装置

便携式智能监测设备（图 14-11）主要用于生猪发情、怀孕识别、个体素质辅助监测等。以背膘仪和 B 超为例，现在，市面上有大量的背膘仪和猪用 B 超，其性能、使用方式大都相近。猪场的工作人员使用这两个工具对母猪进行测量，测定结果手动记录，并依据结果调整母猪的生产及饲喂。而智能背膘仪、无线 B 超的无缝连接，让养殖户可以通过智农通 App 对结果直接进行观察，检测结果一目了然，十分清晰。检测之后数据会自动录入"猪联网"，不仅免去了手工记录的烦琐，系统还能自动分析母猪的生理健康状况，之后还有"猪病通""农信商城""养猪课堂"等服务为猪场提供相应的解决方案。

不仅如此，工作人员通过智农通 App（图 14-12），还可以直接对被检测的母猪进行在线操作。检测结果以及每一步操作产生的这些数据，都会被"猪联网"保存下来。随后，大数据技术会让它们发挥出巨大的作用，这些数据将作为"猪联网"猪场生产的基础数据，帮助养殖户分析猪场的效益、生产能力和竞争力，真正实现用大数据经营猪场。

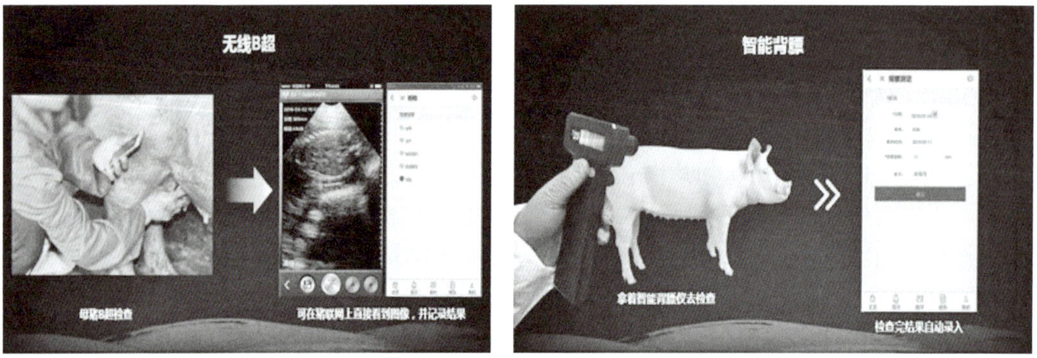

图 14-12　"猪联网"智能通 App

14.4　"猪管理"——从猪场生产到管理的闭环

对养殖户来说，猪场的管理是最重要的事。借助数据管理提升生产成绩是养猪过程数字化管理的目标。在"猪联网"中，猪管理模块（图 14-13）可以将各地不同的猪场管理方式规范起来，改变原本各自一套管理方法的局面，变万家猪场为一家猪场，通过统一管理的手段，提高效率，让母猪多生小猪，让小猪存活率更高。这里数据也不再是单纯的收集，而是实实在在的运用。

"猪联网"利用 RFID 电子身份证在系统中建立生猪档案，并通过电子耳标、无线 B 超、智能背膘、自动饲喂系统等物联网设备的使用，详细记录每头猪的出生、转舍、配种、分娩、免疫、销售、饲料消耗量等生产数据，对生产事件进行提示和预警，对生产指标进行实时分析，生成各种标准报表，基于时间驱动和条件驱动的任务管理，结合生猪饲养、屠宰加工、物流配送、实体销售环节，提供标准化生产流程管理，为猪场构建一套适合自身特点的现代化数据管理体系。

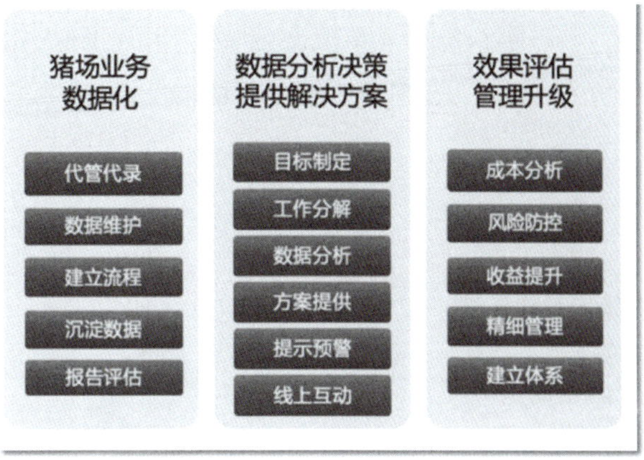

图 14-13 "猪联网"的"猪管理"

14.4.1 猪场业务数据的管控

猪场的业务繁杂,"猪管理"将猪场的业务分为以下几个部分:①猪生产:包含从猪场育种、母猪管理到商品猪管理的全过程生产管理、监控及预警系统。②猪放养:包含排苗投苗计划管理、猪苗与物资申请管理、生猪放养过程管理、养户放养结算管理。③猪育种:包含育种值计算、个体与群体近交系数计算、测定性能分析、遗传进展分析、育种结果评估管理。④猪物资:包含物资集采、生猪销售、投入品及交易商城、物资领用、物资投喂、物资盘点、物资损耗管理。⑤猪成本:包含猪场按批次、按日龄、按栋舍自动核算,实时核算头均成本、每斤成本,对接财务及绩效管理系统。⑥猪财务:包含猪场的财务管理、资金管理和收付款管理以及猪场的账务管理。⑦猪绩效:包含基于 PSY(一头经产母猪一年可提供的断奶仔猪的头数)的猪场生产成绩报告、以栋舍为核心的猪场绩效指标系统、猪场绩效分析报表、饲养员绩效管理系统。

可以看出"猪管理"是为养殖户量身打造的集采购、饲喂、生产、防疫、销售、财务与日常管理为一体的管理平台,对业务数据的管控不是单一的搜集,而是要做到数据有反馈、反馈有操作、操作有结果的一个闭环控制(图 14-14)。针对具有多元化产业经营管理的大型农牧企业,"猪联网"提供统一的信息化管理系统,可解决数据孤岛,实现上下游产业一体化的数据闭环管理。

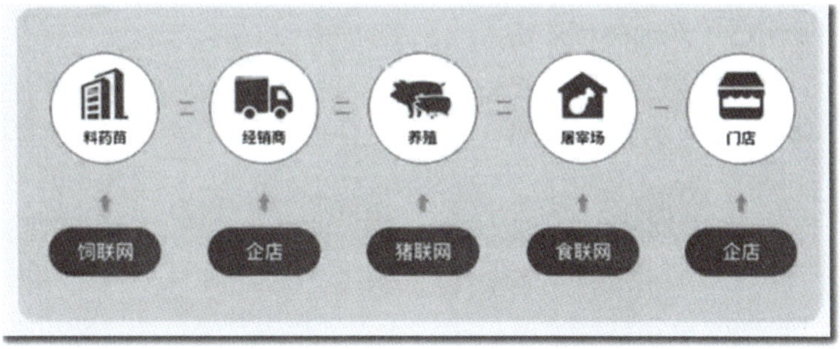

图 14-14 "猪联网"与养猪产业链的关联

14.4.2 智能数据报告

"猪联网"通过猪场的 PSY、NPD(母猪非生产天数)、窝均产仔数、仔猪存活率等综合数据分析(图 14-15),快速精准地找到猪场问题,提供有效的数据决策依据,提高猪场生产效率。将数据返回到生产中去指导生产,发掘问题并提供解决方案,由过去经验式养猪转变为数据智能决策,同时帮助落地执行方案,现场+远程进行跟进和结果反馈,让数据管理实现最优效果。

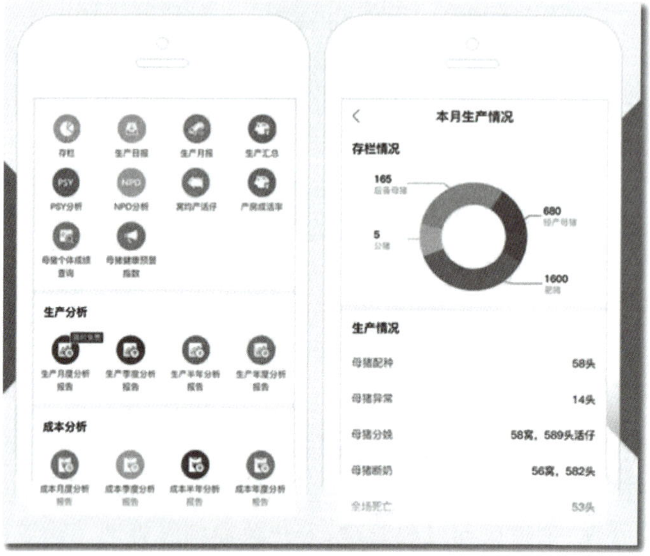

图 14-15　智能数据报告

14.4.3　成本管理

养猪的目的在于效益,而效益的来源与 PSY 和养殖成本有直接关系。"猪联网"数据管理系统(图 14-16)的特色是为猪场提供详细的 PSY 和成本分析。一键计算成本,支持阶段、批次成本核算,让猪场成本、利润一目了然,提升精细化管理水平。

图 14-16　"猪联网"数据管理系统

14.4.4 溯源管理

养猪过程的数字化管理是实现安全溯源管理的前提，基于标准化生产，通过将 RFID、条形码、二维码作为猪肉的身份标识贯穿于原料采购、养殖生产、屠宰加工、运输、销售的整个过程中，实现对完整供应链的全程监控。“猪联网”全程可追溯平台（图 14-17）运用互联网、物联网、区域链等技术，实现猪生产—交易—运输全程来源可追溯，责任可追究。

图 14-17 “猪联网”全程可追溯平台

14.5 平台应用效果

“猪联网”的战略价值在于形成养猪的生态圈，通过其将与养猪业相关的所有环节中的企业和从业者聚拢起来，形成一个闭合的生态圈，在这里可以找到猪场，包括生猪资源和养猪数据，饲料、动保、设备厂商，仓储、配送、服务中间商，屠宰场（包括收猪、屠宰和市场等资源），以及贷款、结算、理财等金融机构，让养猪人齐聚“猪联网”（图 14-18）。

图 14-18 某猪场使用“猪联网”进行猪场远程监控管

“猪联网”目前已经聚集了超过 1.1 万个中等规模以上的专业化养猪场，50 万专业养猪人，覆盖生猪超过 1 700 万头，成为国内服务养猪户最多、覆盖猪头数规模最大的“互联网+”养猪服务平台。截至 2016 年 8 月 2 日，国家生猪市场共完成网上交易 100 亿元，日平均交易额超过 1 亿元，农牧商城累计完成网络交易额超过 660 亿元，农信金融为农户累计发放无抵押、无担保贷款 35 亿元，管理闲置资金 109 亿元，累计实现理财收益 5 600 万元。2019 年，平台可服务商品猪超过 4 600 万头，发放科技金融贷款 100 亿以上，实现生猪电子交易量 2 亿头，交易额 3 000 亿。

参考文献

班洪赟，周德，田旭. 中国奶业发展情况分析：与世界主要奶业国家的比较. 世界农业，2017(3)：11-17.

陈丹晖，刘红. 条码技术与应用. 北京：化学工业出版社，2006.

大北农集团农信研究院. 中国猪产业“互联网+”发展研究报告(内部资料)，2017.

费玉杰. 智能饲喂系统设计及投料控制算法的研究. 哈尔滨：哈尔滨工程大学，2015.

傅衍. 国外母猪的繁殖性能及年生产力水平. 猪业科学，2010，27(3)：32-34.

耿韶磊. 上海《动物电子标识通用技术规范》出台. 中国牧业通讯，2005，14：19.

公猪牵引机器人. http://cj.zhue.com.cn/zimeiti/PSYyingyongyanjiuyuan/2017/1226/309721.html.

郭彦存. 如何提高母猪年生产力. 现代农业，2018，507(9)：68-69.

李道亮. 中国农村信息化发展报告(2017). 北京：电子工业出版社，2017.

李修松. 母猪饲养的革命：智能化母猪饲喂系统在现代化猪场的应用. 猪业观察，2014(8)：60-64.

梁成彪，闫庆博，杨林. 出口兔肉备案养殖场追溯体系的建立. 家畜生态学报，2006，27(6)：160-163.

刘俊杰，王秀珍，余涛，等. 挤奶机器人国内外研究现状. 农业科技与装备，2015(7)：30-33.

刘娜，郭文川，张伟华，等. 家禽养殖场自动清扫机器人设计%Research on Poultry Farms Automatic Cleaning Robot. 农机化研究，2009，31(4)：98-99，103.

刘素梅，田席荣，张谦，等. 智能化饲喂系统对妊娠母猪繁殖性能的影响. 畜牧与兽医，2016，48(4)：71-72.

刘玉满：破解倒奶困局需让奶业回归理性. http://www.hesitan.com/kxyn_zjft/2016-01-08/168581.chtml.

陆昌华. 动物及动物产品标识技术与可追溯管理. 北京：中国农业科学技术出版社，2007.

马玲娟，皇才进，祁亚卓. 国外挤奶机器人的发展现状. 中国奶牛，2015(22)：78-81.

母猪电子饲喂管理系统(TEAMR). https://osborne-ind.com/

农业部畜牧兽医局. 动物防疫法律法规汇编. 北京：中国农业出版社，2003.

妊娠母猪小群养智能饲喂站. http://www.ttzy.net.cn/index.php? _m=mod_product&_a=view&p_id=246.

上海市农委信息中心. 上海生物电子标识有限公司. 2014-07-02[2017-10-20]. http://e-nw.shac.gov.cn/xwkd/zhuanti/IoT/market/201407/t20140702_1471950.htm.

王进圣，罗平涛. 制约我国肉鸡业发展的主要因素//全球肉鸡产业论坛暨第二届中国白羽肉鸡产业发展大会会刊，2010.

王立方，陆昌华，谢菊芳，等. 家畜和畜产品可追溯系统研究进展. 农业工程学报，2005，21(7)：168-174.

王毅. 解读汉信码. 中国自动识别技术，2007(6)：52-54，30.

无锡富华科技责任有限公司. 公司简介. 2005-08-10[2017-10-20]. http://www.fofia.com/home/ch/aboutUs.html.

邢文英. 美国的农产品质量安全可追溯制度. 世界农业，2006，324(4)：39-41.

熊本海，蒋林树，杨亮，等. 种猪生产性能测定系统开发与性能测试. 农业工程学报，2017，33(9)：174-179.

熊本海，杨亮，郑姗姗．我国畜牧业信息化与智能装备技术应用研究进展．中国农业信息，2018，30(1)：17-34.

熊本海，杨亮，曹沛，等．哺乳母猪自动饲喂机电控制系统的优化设计及试验．农业工程学报，2014，30(20)：28-33.

熊本海，杨亮，郑姗姗，等．哺乳母猪精准饲喂下料控制系统的设计与试验．农业工程学报，2017，33(20)：177-182.

熊本海．我国畜牧业信息化与物联网技术应用研究进展//中国畜牧兽医学会信息技术分会．中国畜牧兽医学会信息技术分会第十届学术研讨会论文集．中国畜牧兽医学会，2015：11-24.

许博渊．澳大利亚建立畜产品原产地跟踪标签制度．2002-07-08. http://finance. sina. com. cn/b/20020708/230139. html.

杨亮，曹沛，王海峰，等．妊娠母猪自动饲喂机电控制系统的优化设计与试验．农业工程学报，2013，21(29)：66-71.

杨亮．猪肉质量安全可追溯系统养殖环节的设计与实现．农业网络信息，2007(12)：42-44.

叶娜，黄川．荷兰 Velos 智能化母猪饲养管理系统在国内猪场的应用．养猪，2009(2)：41-42.

英国智能农业：用机器人挤牛奶　靠专家软件种地．工业设计，2013(5)：32-32.

游战清，刘克胜，吴翔，等．无线射频识别(RFID)与条码技术．北京：机械工业出版社，2007.

张有光，唐长虹．ISO/IEC RFID 技术标准概述．中国标准化，2008(3)：23-26，63.

中华人民共和国农业部．畜禽标识和养殖档案管理办法．中华人民共和国农业部令第 67 号．http://www. gov. cn/flfg/2006-06/29/content_322763. htm.

种猪生产性能测定系统（FIRER）．https://osbornelivestockequipment. com/product-category/fire-performance-testing/

Baker G，类维青，刘增素．仔猪自动化粥料饲喂系统．养猪，2015(1)：36.

CallMatic 电子母猪饲喂系统．https://www. bigdutchmanchina. com/product/18.

Complident 种猪性能测定站(MLP)．http://www. jpxm. com/cn/general/index_159. html.

Elistar 公司 ACEMOESF http://www. cooperlchina. cn/index. php.

Klaus Finkenzeller．射频识别(RFID)技术．2 版．陈大才，译．北京：电子工业出版社，2001.

NTT COMWARE 株式会社研究开发部．RFID 的现状和发展趋势．郑维强，译．北京：人民邮电出版社，2007.

Apollo：Outdoor electronic sow feeding system. http://www. mpsagri. co. uk/apollo/.

Barcos L O. Recent development in animal identification and the traceability of animal products in international trade. Revue Scientifique et Technique，2001，20(2)：640-651.

Compact Cleaner. http://v. zhue. com. cn/a/201705/17-290410. html.

Farrowing Products. http://jygatech. com/farrowing/.

GESTAL 3G：Computerized Feeding System for Group-housed Sows. http://jygatech. com/products/gestal-3g/.

Gestal Quattro. The new evolution of the Gestal system in lactation. Feed sows while saving electricity. [2018-11-07]. http://jygatech. com/products/gestal-quattro//#info.

Gestal S. Computerized feeding system for farrowing sows. [2018-11-07]. http://jy gatech. com/products/gestal-solo-2/.

Global Full-Automatic Milking Robots Market-Lely，DeLaval，Hokofarm，GEA Farm，Fullwood. https://www. openpr. com/news/889053/Global-Full-Automatic-Milking-Robots-Market-Lely-DeLaval-Hokofarm-GEA-Farm-Fullwood. html.

Goodband B，DeRouchey J，Tokach M，et al. Nutritional Considerations for Optimizing Reproductive Efficiency. In K-State Research and Extention, Kansas State University, Department of Animal Sciences and Industry. Manhattan, KS, USA. 2006.

The Global Standard for Live Stock Data. http://www.icar.org/.

Indoor electronic sow feeding system. http://www.mpsagri.co.uk/chieftain/.

ISO. Information technology-Radio frequency identification for item management-Part 2: Parameters for air interface communications below 135 kHz. ISO/IEC 18000-2,2004.

ISO11784. 1996-Radio Frequency Identification of Animals-Code Structure.

ISO11785. 1996-Radio Frequency Identification of Animals-Technical Concept.

Janet M C. RFID and PC technology pave way to increased profits in aggregate industry. Instrumentation & Control Systems, 2002, 75(7):20-23.

Lawrence S G. What you need to know about RFID. Automotive manufacturing & production, 2000, 112(2):46-49.

Lely Discovery Collector. https://www.lely.com/solutions/housing-and-caring/discovery-collector/.

Rodenburg J. Robotic milking: Technology, farm design, and effects on work flow. Journal of Dairy Science, 2017, 100(9):7729.

Terry D H. Animal Identification and Trace back in Canada. https://wenku.baidu.com/view/b2e2351352d380eb62946d8c.html.

Vitiello D J, Thaler A M. Animal identification: Links to food safety. Revue scientifique et technique (International Office of Epizootics), 2001, 20(2):598-604.